U0198200

3ds Max + ZBrush 影视动画CG角色创作揭秘

优塔数码（UDA）编著

清华大学出版社

北京

内 容 简 介

本书囊括了国内资深数字艺术家的3D杰作，通过这些作品，你将看到他们是如何进行CG作品创作的，感受他们极具趣味的创作构思，以及软件技术的分享，并且参考他们精湛的技巧与技艺，以及一些切实可行的诀窍和方法。

全书共6章，每章讲述一个精彩的案例。案例将重点阐述整体的创作流程及处理方法，着重介绍一些比较关键的技术，引导读者了解怎样制作精致的CG作品，以及身临其境地感受作品的内在故事。

本书适合有一定基础的CG爱好者和学习者阅读。

图书在版编目（CIP）数据

3ds Max+ZBrush影视动画CG角色创作揭秘 / 优塔数码编著. -- 北京 : 清华大学出版社，2018（2023.1重印）

ISBN 978-7-302-48280-2

Ⅰ. ①3… Ⅱ. ①优… Ⅲ. ①三维动画软件 Ⅳ. ①TP391.414

中国版本图书馆CIP数据核字(2017)第209872号

责任编辑：陈绿春
封面设计：潘国文
责任校对：徐俊伟
责任印制：宋　林

出版发行：清华大学出版社

网址：http://www.tup.com.cn，http://www.wqbook.com
地址：北京清华大学学研大厦A座　　**邮　编**：100084
社总机：010-83470000　　**邮　购**：010-62786544
投稿与读者服务：010-62776969, c-service@tup.tsinghua.edu.cn
质量反馈：010-62772015, zhiliang@tup.tsinghua.edu.cn
课件下载：http://www.tup.com.cn,010-83470236

印装者：小森印刷（北京）有限公司
经　销：全国新华书店
开　本：210mm×285mm　　**印　张**：13.5　　**字　数**：618千字
版　次：2018年1月第1版　　**印　次**：2023年1月第6次印刷
定　价：89.00元

产品编号：076419-01

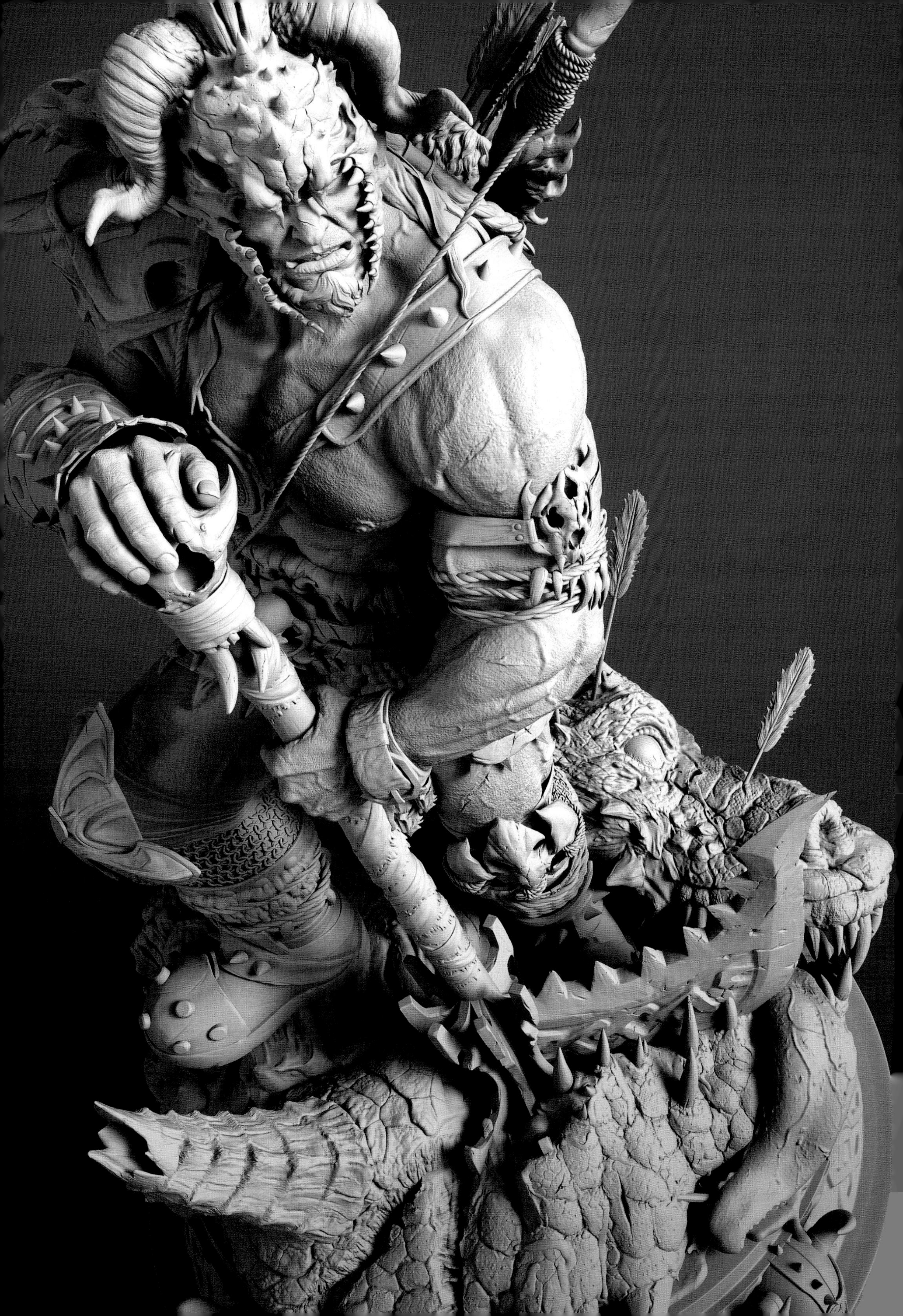

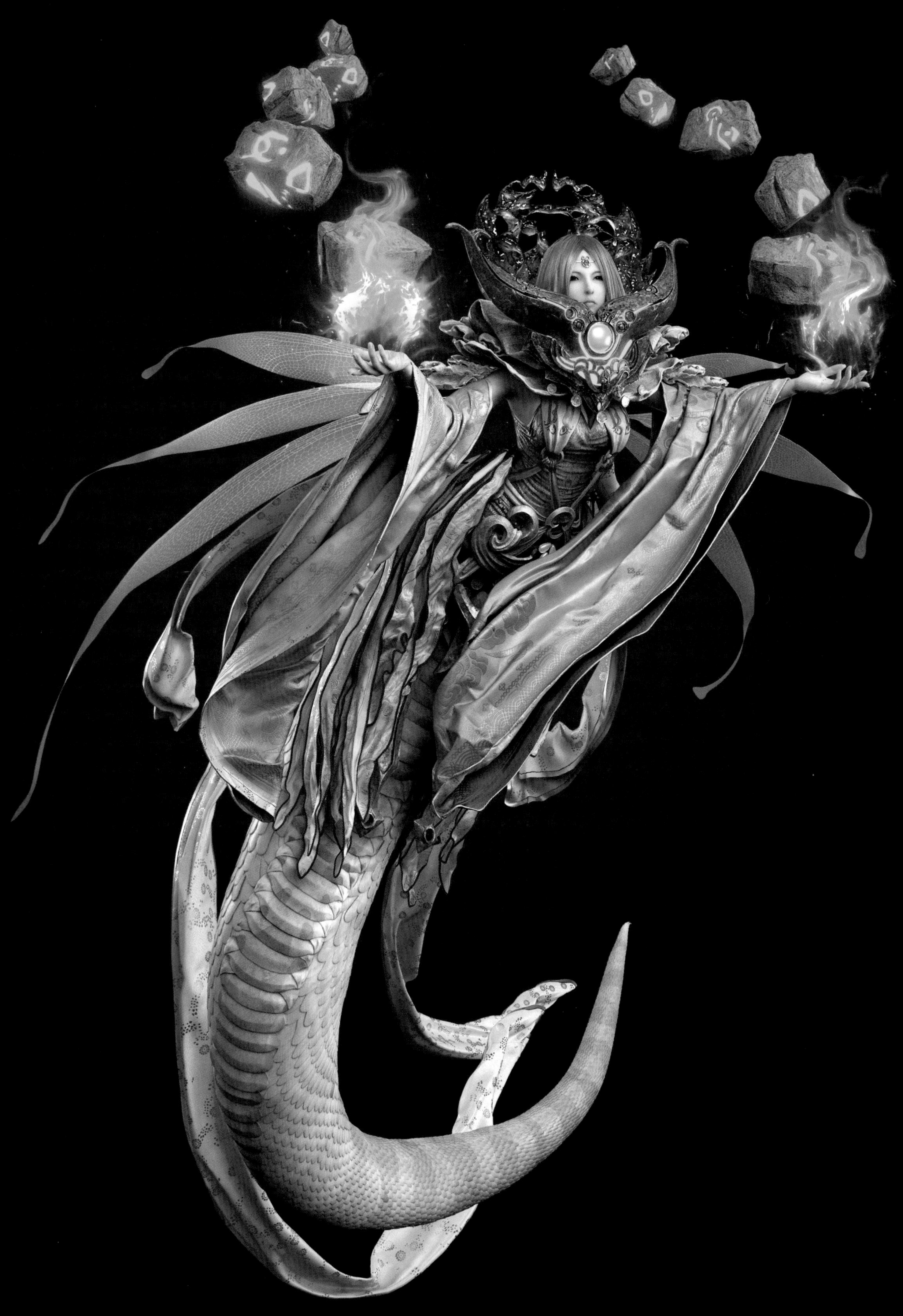

PROTECT HER TOY
PROTECT YOUR HOLIDAY
Sammies for Kids
by Samsonite
The Broken Doll Drama
The Broken Doll Tragedy

I WANT MY ROBOT BACK!
BROKEN ROBOT TRAGEDY
PROTECT HIS TOY
PROTECT YOUR HOLIDAY
Sammies for Kids
by Samsonite

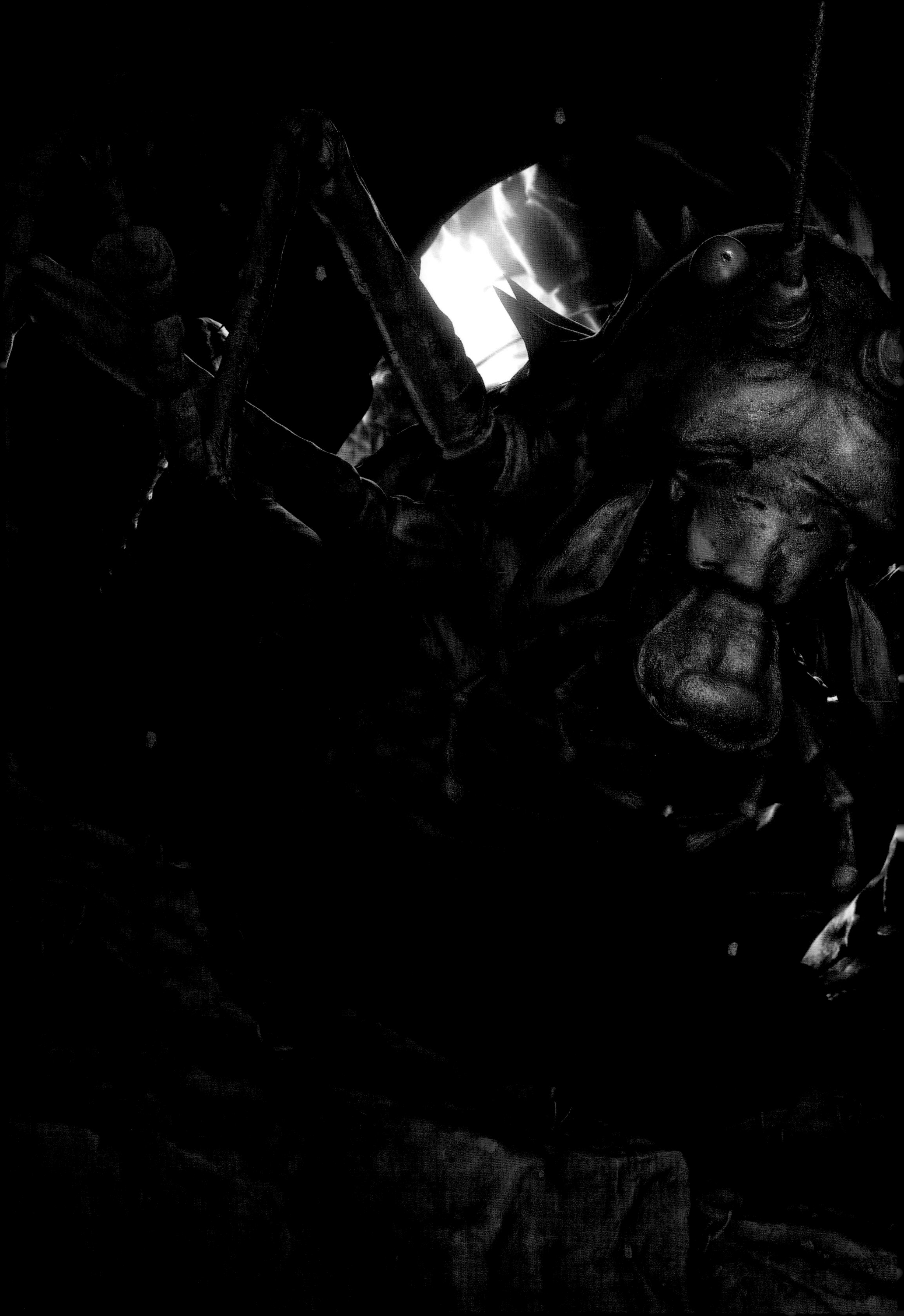

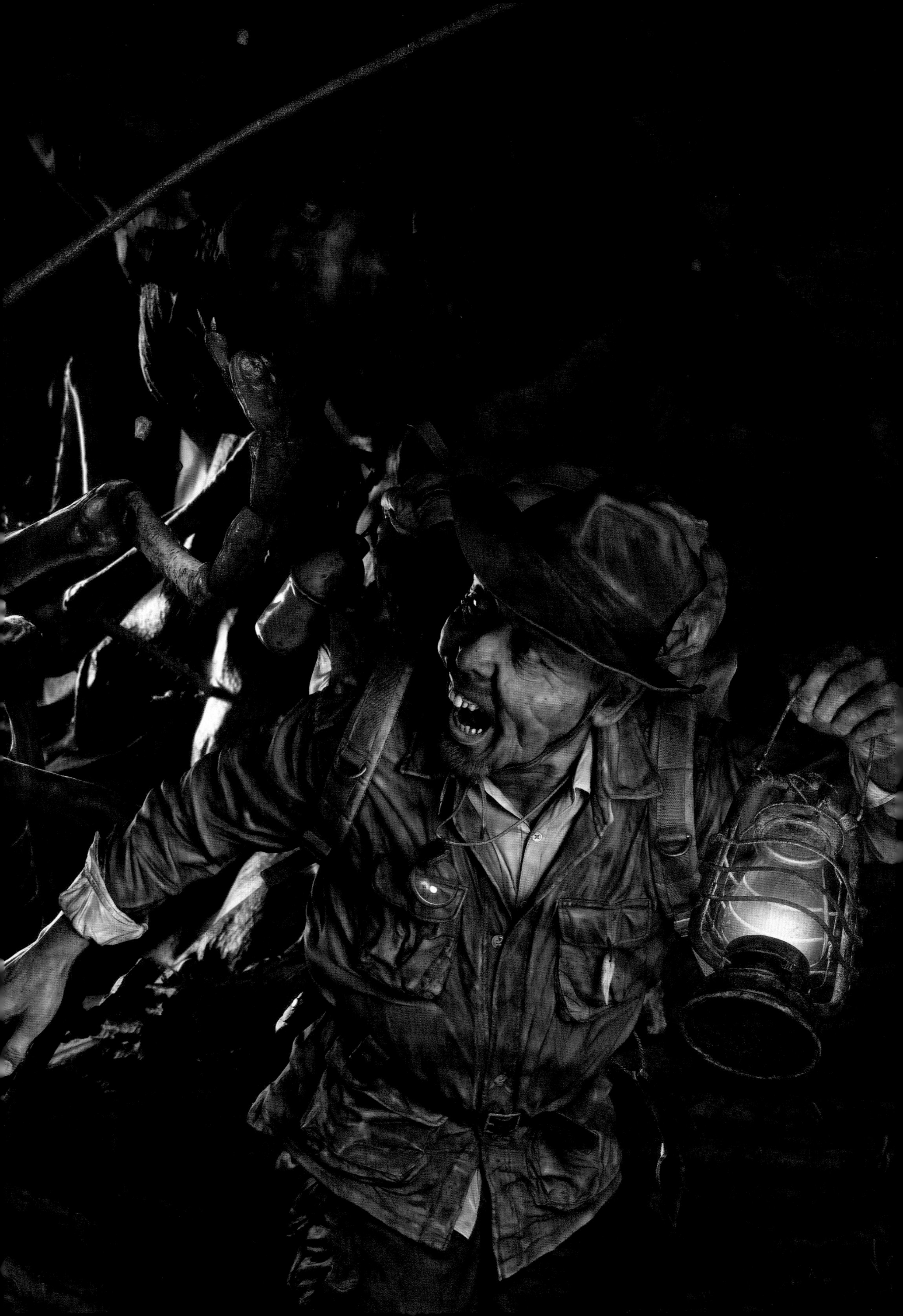

WARCRAFT

前言

近年来，CG 艺术发展到了一个新的阶段，涌现出了一大批优秀的 CG 艺术家，同时也出版了一些优秀的 CG 图书。如果你想要制作耐人寻味的艺术作品，构思一个充满深意的背景故事，寻找一个无限精彩的创作历程，将传统的概念转化为 3D 效果，那么本书正是让你通往艺术殿堂的捷径所在。本书包含了国内知名数字艺术团队优塔数码（UDA）精心准备的 6 个作品，让你细细品味艺术的由来，了解传奇的诞生。

优塔数码（UDA）于 2011 年在上海成立，集高端教学和制作于一体，学员及团队成员的很多作品入选国际顶级知名 CG 社区和 Exotique、Exposé 等国际出版物。本书作者的愿望是编写一本能够给广大的 CG 艺术爱好者有所帮助的图书。在优塔数码（UDA）的支持下，这个愿望实现了，此书诞生了，一本均由世界获奖艺术作品作为案例的，从设计到制作的精彩图书。

本书采用图文结合的展现方式，带给你的不仅仅是视觉上的享受，更是与艺术的交流，创作思路的分享及技术的讲解。通过本书，你可以清楚地了解如何进行艺术和技术的结合。良好的艺术修养、精湛的软件技术、灵活的思维方式、足够的耐心、细致入微的观察力和洞察力是本书作者的共同特点。

这是一本适合中、高层次 CG 艺术家阅读的图书。对于数字艺术世界的新人来说，第一眼看到本书毫无疑问会手足无措，但即使处在这样的初级阶段，仔细阅读本书后，关于图像创作的基本过程和思路也会清晰起来。通过本书，那些经验不足的数字艺术家在处理新的项目时，会获得可以遵从的原则指导，而经验丰富的数字艺术家，会发现书中那些细节处理技术和提示帮助是很有价值和启迪作用的。

本书虽然只有 6 个作品，但是作者在每个作品上都投入了 100% 的精力，所以每个页面都非常精美、雅致，这也充分体现了作者的责任感和创造力。可以相信，我们已经进入了 个数字艺术的文艺复兴时期，也感受到本书能够影响并鼓励创新的新一代。对于那些已经开始自己的数字艺术之路的朋友来说，这本书能够帮助他们在行程中找到耕作的灵感，从而取得更大的成就。

优塔论坛：http://www.udacg.com

优塔 Blog：http://blog.sina.com.cn/cgradiation

优塔技术交流 QQ 群：158323892

投稿热线：028-87037857

作者

2017 年 7 月

目录

瞬间
M O M E N T

郑虎 作品

使用软件：3ds Max、 Maya、 ZBrush、Photoshop、 Mudbox、 VRay

作者简介

郑虎，资深艺术家，1986年出生于安徽亳州。毕业于安徽师范大学传媒学院动画专业，小学时开始喜欢画画，最喜欢的就是在历史课本上给古代和现代名人脸上画胡子、眼罩和黑痣等。

引言 INTRODUCTION

《瞬间》是我近期的一个作品，创作的原因是对生活的一些感悟。人在活着时要珍惜身边的人和物，让生活过得充实、有意义，它们对我是至关重要的。作品是对生命的一种思考，不管未来要去何方，让我们开心地去面对每一天。希望你会喜欢这个作品。

S构思的小经验
SMALL EXPERIENCE IN CONCEPTION

很感谢朋友们喜欢这个作品，很多朋友第一次看到它会给我回帖说：“我很喜欢你的创意，你是怎么想到和做到的？”下面我简单跟大家分享一下个人构思的小经验。

平常喜欢观察身边生活的小细节

01

在我们生活中身边经常会出现各种各样的事情，这些事大到国际争端小到家庭的油盐酱醋，你要时刻保持清醒的头脑并提醒自己：跳出来看看这是怎么样的。用另一种方式去思考这些事就没那么复杂了，然后把你感兴趣的事记录下来，就像做一道美味的佳肴，只有原料是完成不了的，它还需要我们精心地烹饪。如果一幅作品的题材定好了，只能算完成了 70% 的工作，剩下的 30% 就要靠我们对题材的理解了，是要它滑稽些、严肃些、温馨些、唯美些，还是更有意义些，等等，根据自己的口味去做出美味的佳肴。

喜欢收集有意思的图片

02

一个好的设计师都有自己的素材库，这些素材可以是在网上淘的，也可以是自己拍的。

当前是信息大爆炸的时代，互联网上有五花八门的图片，图片传达的信息种类也是多姿多彩的，你只需要在计算机里建好分类文件夹，例如动物类、人物类、风景类和机械类等。把自己感觉值得收藏的图片放到文件夹里，告诉自己这些你以后会用到。

自己拍一些好的题材就更方便了，时刻带上你的相机，看到有意思的一幕，拿起相机对准焦距按下快门，咔嚓！一个好的素材就手到擒来了。比较悲剧的是我没有相机，在下面我会解释自己是怎么人工抓拍的。

看世界各国的漫画

03

世界各国都有很多优秀的漫画艺术作品，这些作品很多都充满讽刺和幽默，画面简洁而直白，从中我学会了很多东西，它们开拓了我的思路，教会我怎么把复杂的问题简单化，在简单的基础上提炼我要的灵感，也就是创意。这里给大家推荐《世界名家漫画》一书，相信你也能从中得到启发，吸收很多有意思的题材。

看电影

04

电影是一门包含文学戏剧、摄影、绘画、音乐、舞蹈、文字、雕塑和建筑等多种艺术形式的综合体，但它又具有独特的艺术特征。电影在艺术表现力上不但具有其他各种艺术的特征，又因可以运用蒙太奇这种艺术性极强的电影拼贴剪辑技巧，具有超越其他一切艺术的表现手段，可以给我们带来非常好的题材。当然这些题材都需要我们后期加工，例如《斯巴达 300 勇士》是一个非常好的古典战争题材，我们可以在这个战争题材的基础上加点颜色，给每位战士配上一匹坐骑，每个坐骑长着犀牛般的皮肤、凶狠的獠牙，跟波斯国国王狠狠地大战一场。

画速写

05

速写是一种快速的写生方法，地下、墙上、布上只要能出现痕迹的，就会有我们天马行空的线条，可以帮助我们去加深对事物的印象，给大脑供电，同时可以练习我们的手上功夫和观察物体造型准确性的能力。对于绘画创作者来说，速写是感受生活、记录感受的方式。速写使这些感受和想象形象化、具体化。

跟 CG 前辈请教、聊天

在 CG 圈子里，我们刚入行，在选择题材和制作方面都会欠缺经验，很多是我们看不到的，就像我们在喜马拉雅山脚下，资深的前辈则在山顶上，我们感受不到山顶的壮观、开阔。谦虚、真诚地向老前辈请教，试着用前辈的眼光看问题，他为什么这样想，我怎么没有想到。开始这样去思考，你就已经站在巨人的肩上了，时间长了你也会站在山顶上看世界。

以上六点仅是个人在学习路上的小经验，还有很多好的方法需要在以后的日子里慢慢去发现。

收集参考素材
COLLECTION OF REFERENCE MATERIAL

三轮车

首先要找到足够的三轮车参考图，越多越好，确保每个零件细节结构都能看得足够清晰。这些是我个人制作模型的前提，现在也成了我的习惯。如果是制作幻想类的物品或者人物，可以找到一些生活中能见到的相似物作为参考。参考如右图（这里展示的只是九牛一毛）。

轮胎

在网上找的一些轮胎的结构图和照片。

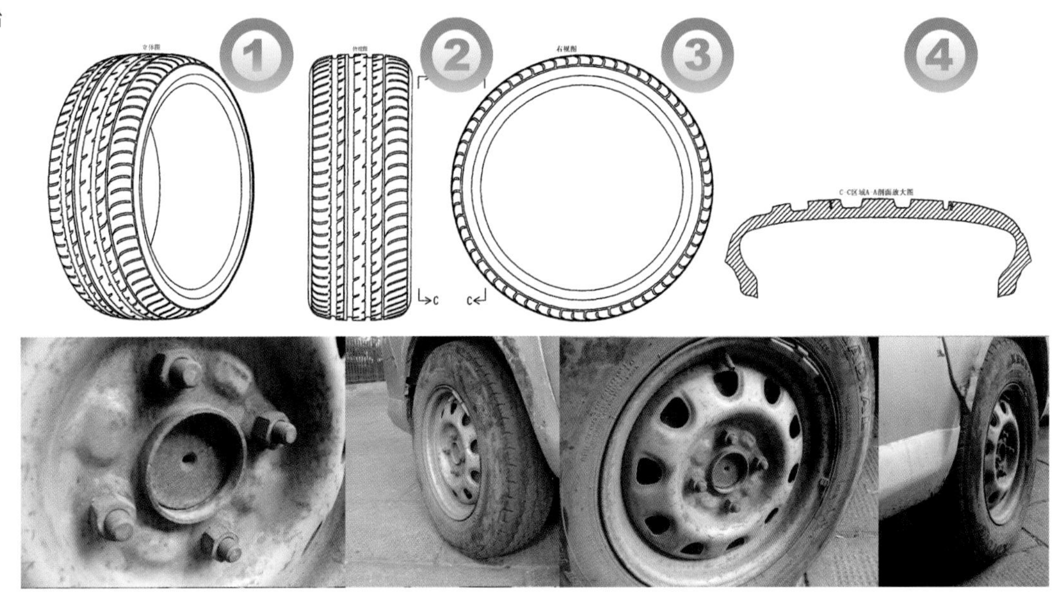

西瓜

西瓜的参考资料比较容易得到，网上找一部分，也到市场买一个西瓜回来参考。主要是为了看西瓜的形状、纹理、瓜瓤和瓜子的形状。当时挑了一个长得比较漂亮的西瓜，纹理选择花皮瓜，瓤在九成熟，瓜子黑白相间，看起来会丰富一些。

M 制作模型 ODELING

制作三轮车

拿到足够的参考资料后要计划接下来的制作顺序，每个人的制作方法和顺序都不同，这里介绍一下我的制作习惯供大家参考。

三轮车的形体比例用基本的几何体搭出来，这样能很好地控制三轮车的比例。搭建的几何体不需要太复杂，能表达它们之间的关系即可。如果你的时间允许，可以搭建得再完整一些，也是非常好的。

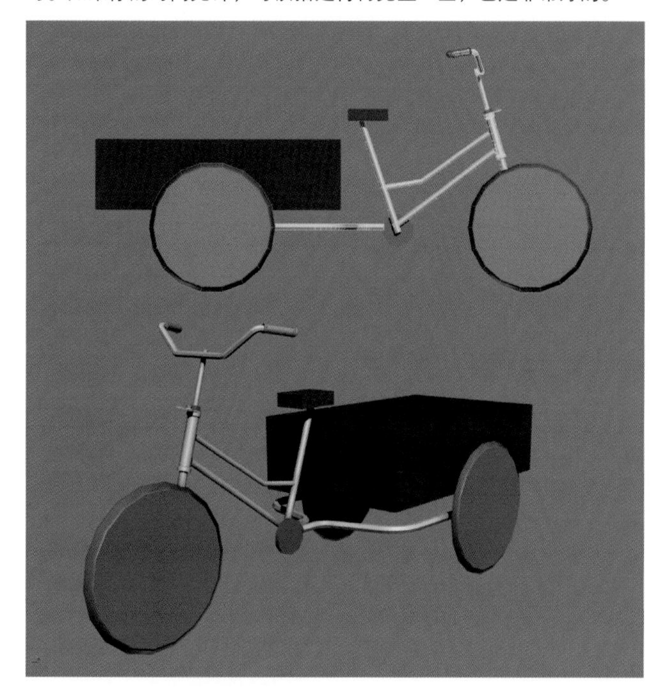

把三轮车拆分成 4 部分制作——轮胎、牙盘链条、车身支架和车兜。这里要具体到物体的形状，我选择从车胎开始。要考虑到车胎的纹路是什么样的、轮胎钢丝有多少根、气嘴是什么结构等。

这里详细地介绍链条的制作方法。首先创建一个圆柱体，参数设置如下。

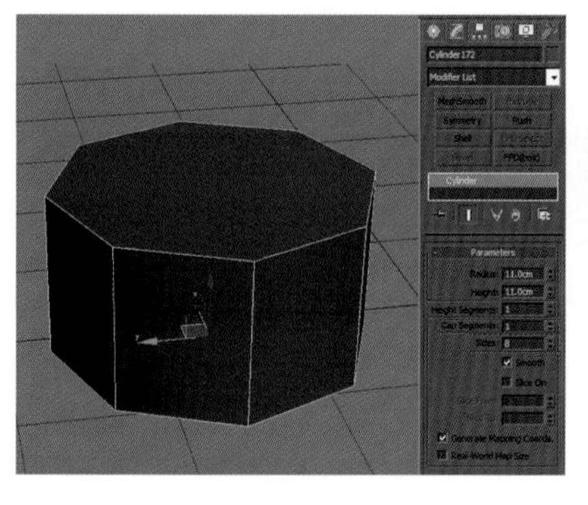

选择圆柱体，右击，在打开的快捷菜单中选择“Convert to>Convert to Editable Poly”命令。

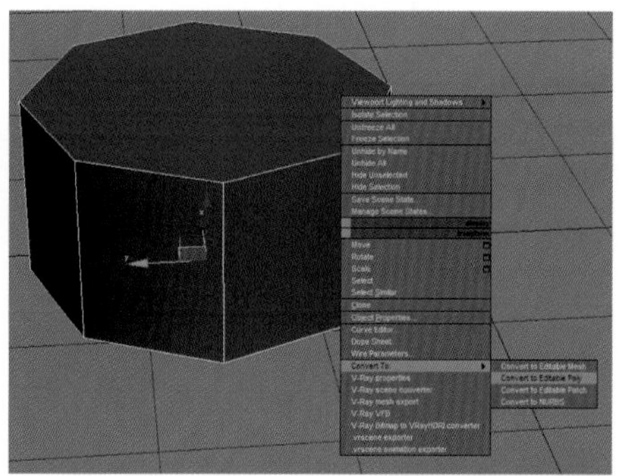

选择圆柱体中间和底部的面，然后进入面的元素，接着删除选中的面。

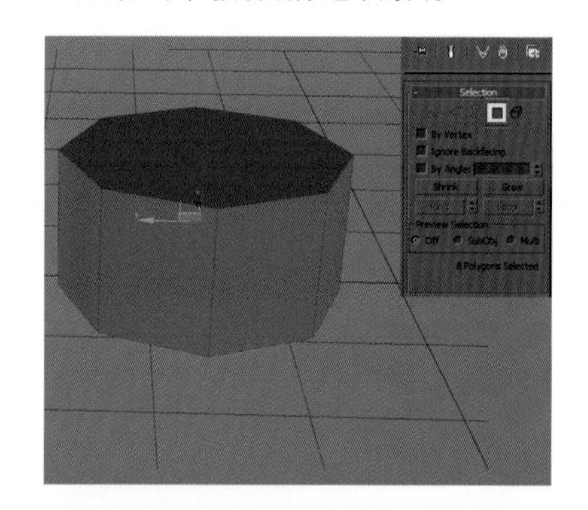

选择面，右击，在打开的快捷菜单中选择 Bevel 命令，设置挤出的方式为 Local Normal，挤出的高度为 0cm，挤出的宽度为 –1cm。

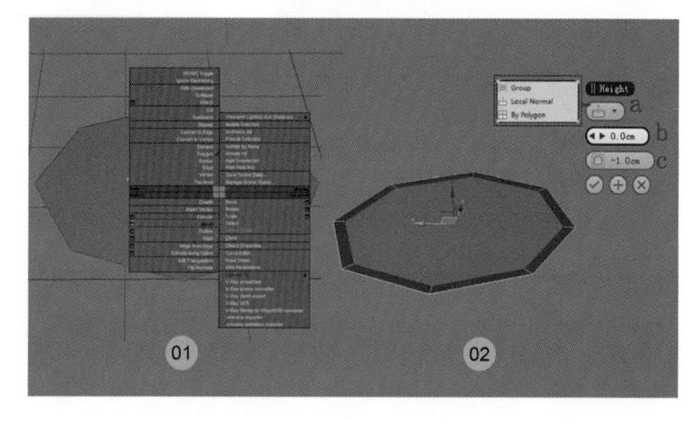

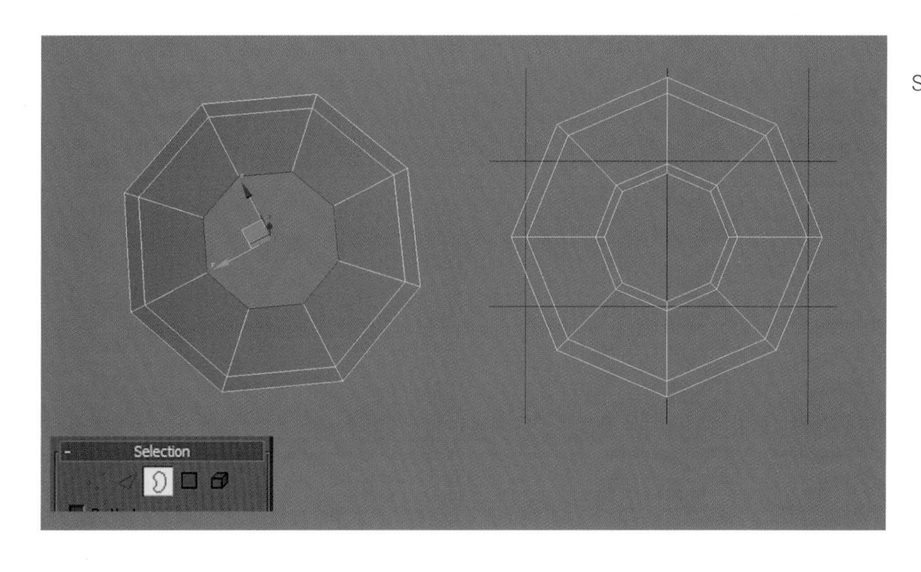

进入元素编辑模式，然后选择边界，按住Shift 键向内收缩。

选择下面的两条边，然后按住 Shift 键，将操作杆切换到移动模式后向下拖曳。接着按 1 键可以进入点的编辑模式，再右击，在弹出的快捷菜单中，选择 Cut 命令为模型添加边，最后删除多余的边。

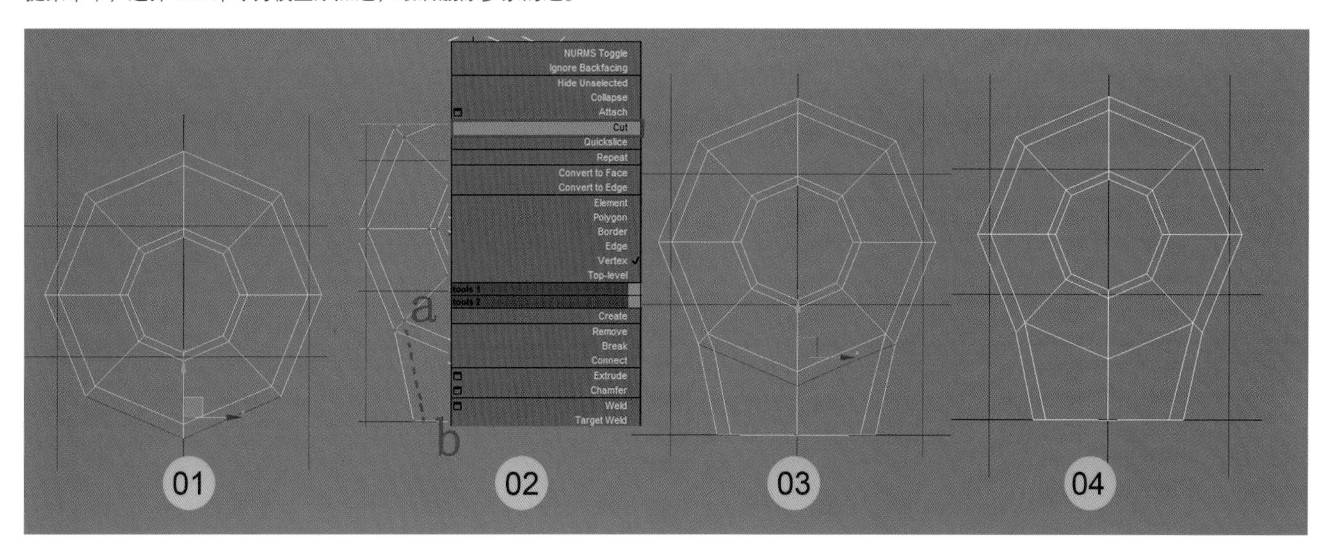

选择物体，单击“Hierarchy>Pivot>Affect Pivot Only”按钮，然后调整中心点的位置。

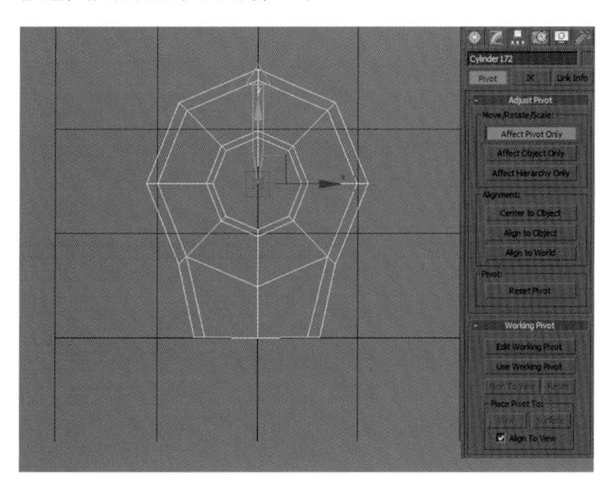

制作的模型处于世界坐标中，我们可以把修改坐标中心这一操作定义成快捷键。选择“Customize>Customize User Interface”命令（快捷键为 Ctrl+F12），然后在打开的对话框中单击 Keyboard 选项卡，设置 Group 为 MainUI、Category 为 All Commands，接着在列表中选择 PivotToOrigin 命令，再设置 Hotkey 为 Right Arrow（→方向键），最后单击 Assign 按钮。此时，按→方向键即可激活该坐标中心功能。

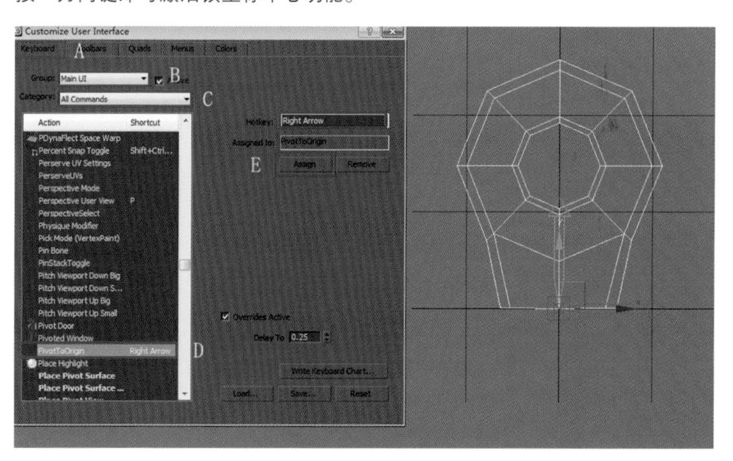

选择物体，选择“Tool >Mirror”命令，然后在打开的对话框中设置 Mirror Axis 为 Y、Clone Selection 为 Copy。

现在是两个物体，选择其中一个，单击 Attach 按钮，然后单击需要结合的物体。

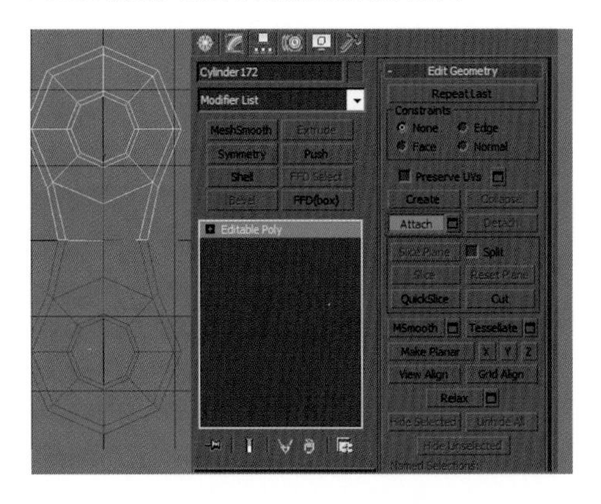

选择中间的点，右击，在打开的快捷菜单中单击 Weld 前面的按钮，在打开的 Weld Vertices 属性中可以设置可缝合的范围，值越大缝合的距离越大。

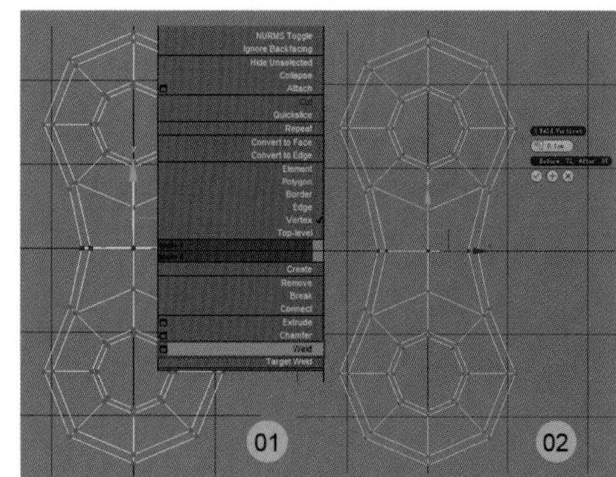

选择模型，然后在修改器中选择 Select By Channel 和 Shell 选项，接着选择 Shell 选项，最后设置其参数。

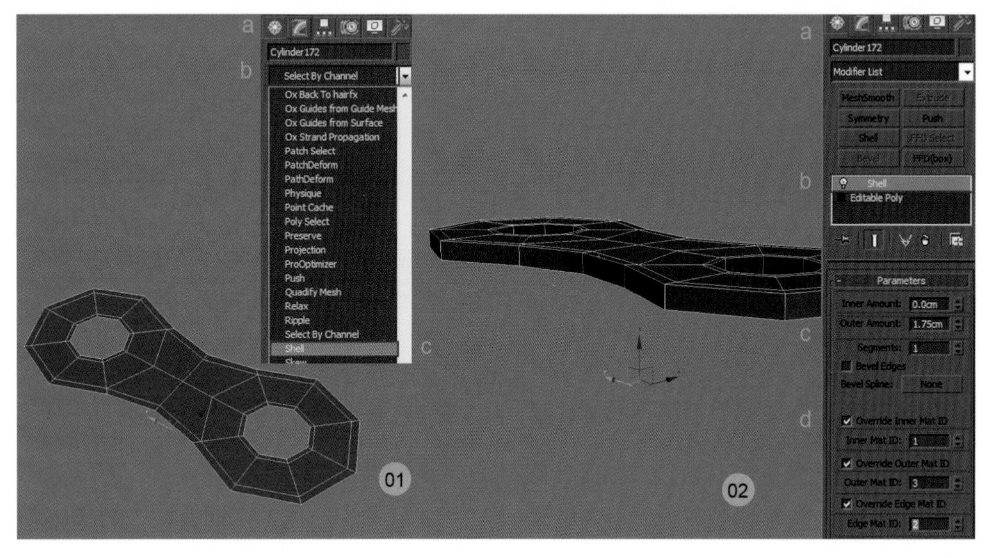

把物体转换成多边形网格，然后加线。这里可以加一个 MeshSmooth 效果，看一下卡线和没卡线的对比。

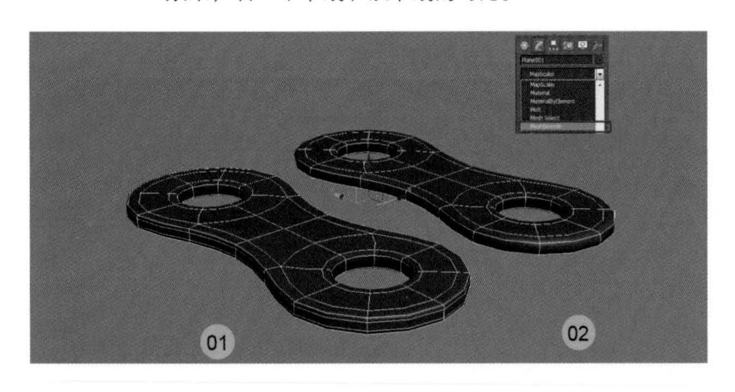

复制一个完成的物体，调整为下图的形式。

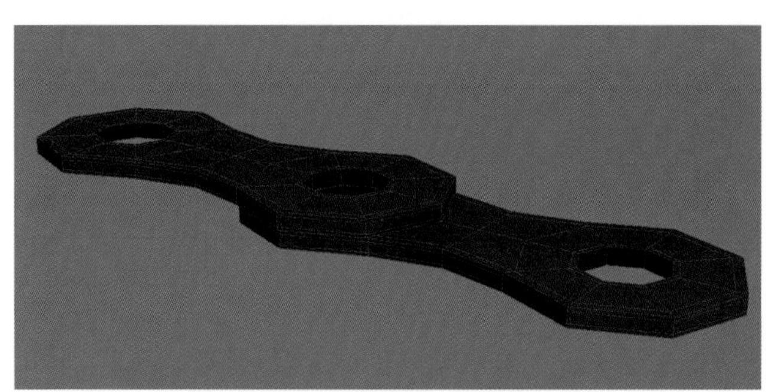

创建一个管子，面数为 8。

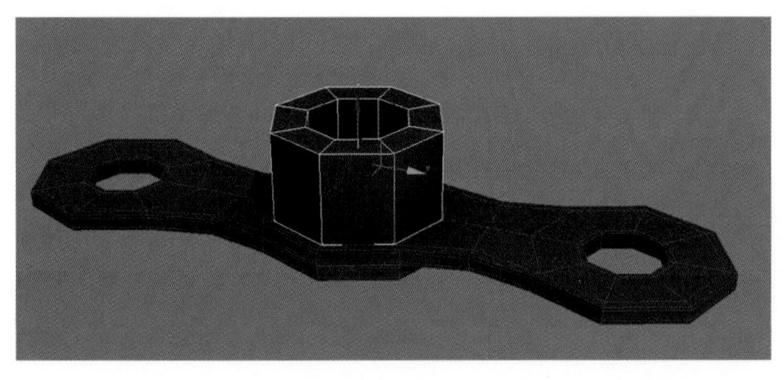

复制下面两个物体，然后调整复制对象的位置。

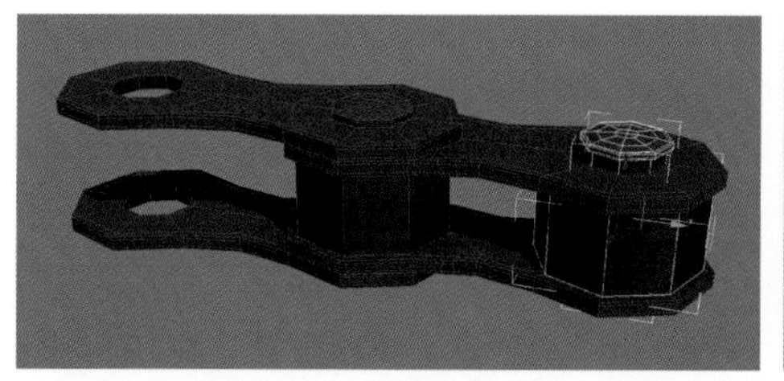

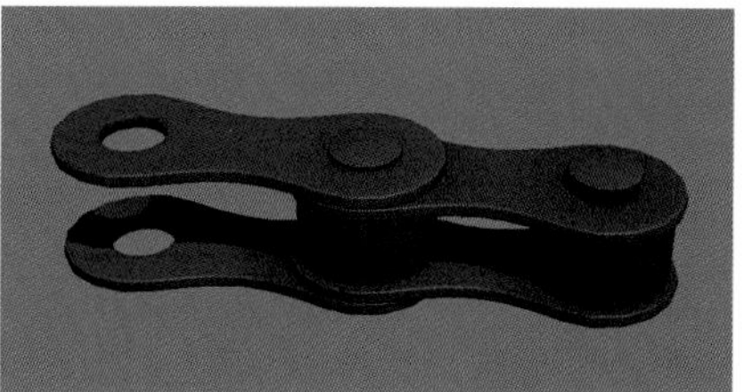

复制中间的管子和圆柱，然后放在链条的一端。这样，链条中的一环就制作完成了。

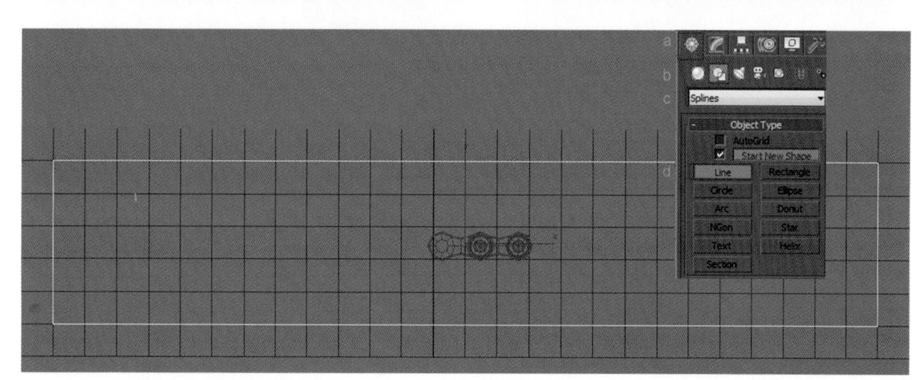

把链条有序地连接起来。切换到创建面板，然后选择 Shapes 面板，接着选择 Splines，最后在侧视图单击 Line 按钮，创建线。

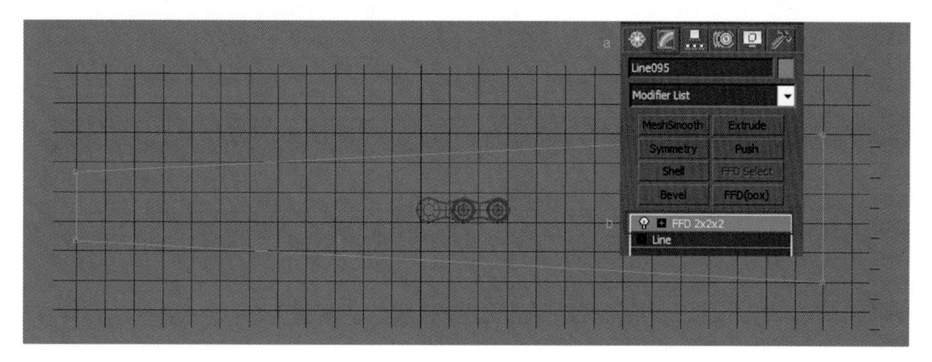

三轮车后面的牙盘偏小，这里把后面做小一些。在修改器中选择 FFD 2×2×2 晶格，然后按 1 键进入点模式，对后面的两个点进行缩放，完成后将晶格转换成曲线。

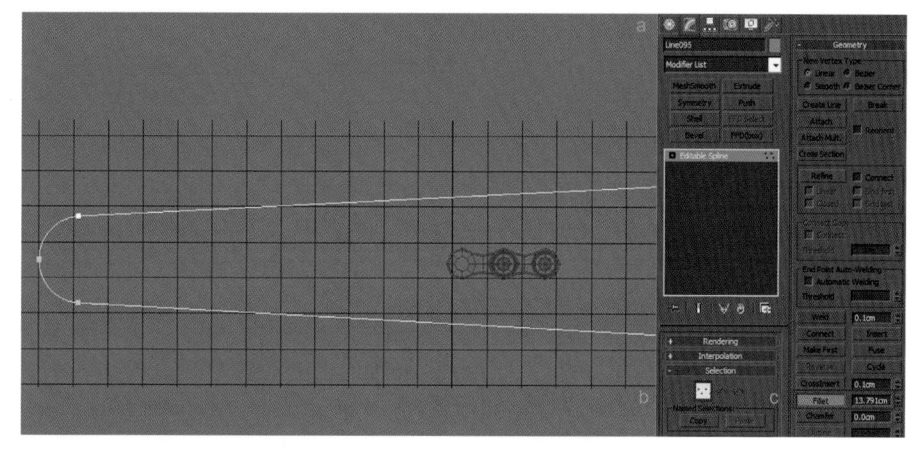

这里需要对点进行圆角处理。选择需要处理为圆角的点，单击 Fillet 按钮，然后调整圆角的大小。

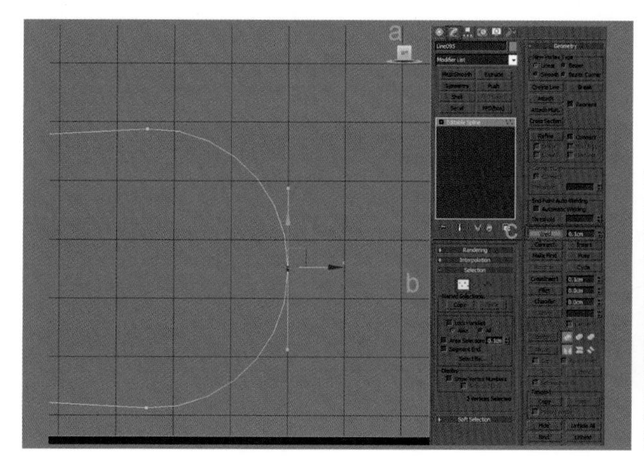

因为中间是两个点在一起的，所以需要对重合的点进行焊接。选择重合的点，单击 Weld 按钮，然后设置焊接的距离。

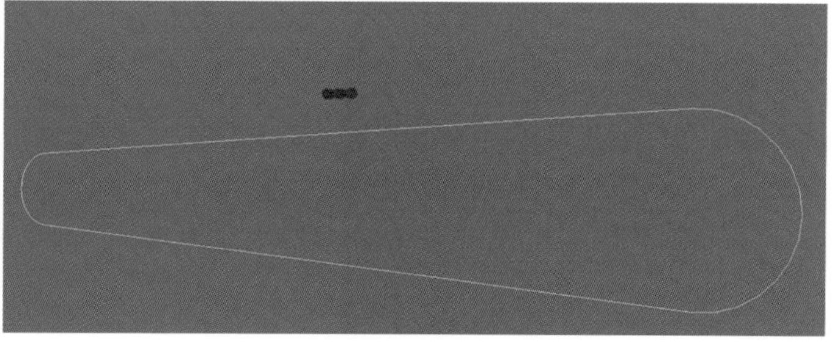

选择链条模型，然后切换到运动面板，展开 Assign Controller 卷展栏，接着选择 Position 选项，再单击 Assign PositionController 按钮，并在打开的对话框中选择 Path Constraint 选项，最后单击 OK 按钮。

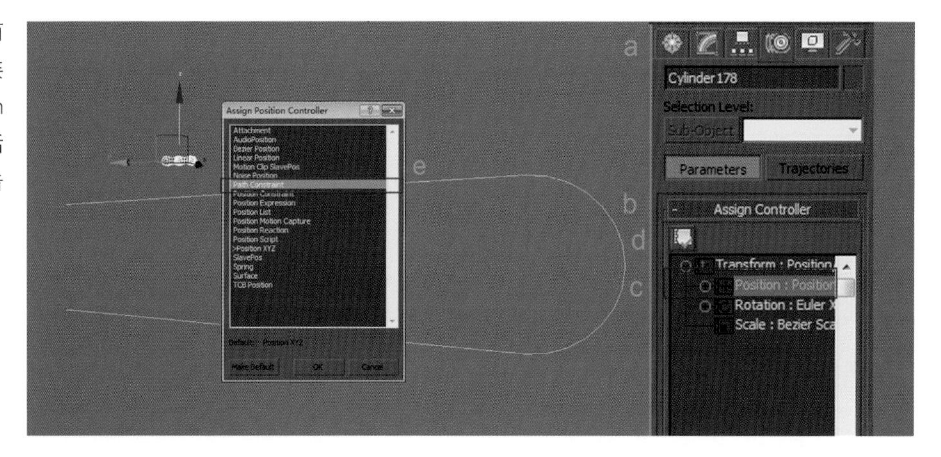

此时，没有产生效果，还需要设置一些参数。单击 Add Path 按钮，然后选择曲线，这时链条吸附到曲线上了，但是效果不理想。选择 Follow 选项，然后设置 Axis 属性，调整链条的方向。这时拖曳时间轴，链条可沿着曲线运动。

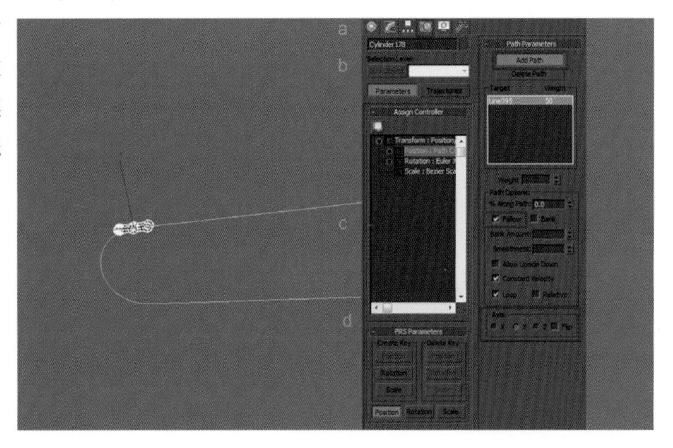

选择“Graph Editors>Track View-Curve Editor”命令，在打开的对话框中调整 Value 属性可以控制重影的距离。

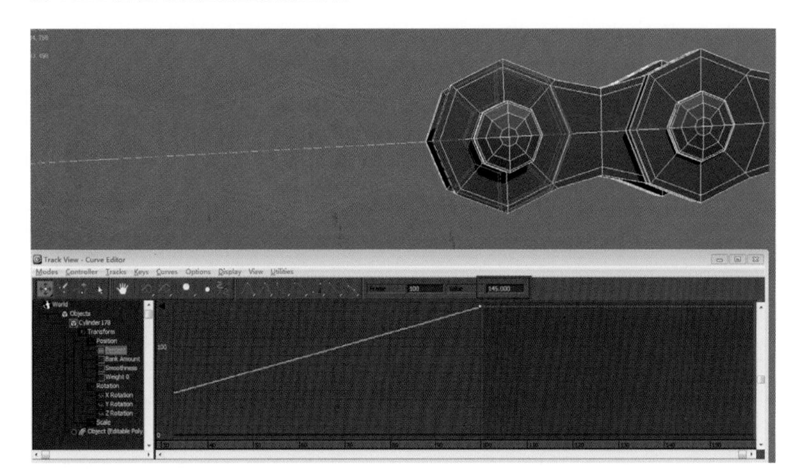

打开 Views 菜单，选择 Show Ghosting 选项。这样我们可以观看到链条运动时的重影，这时的重影比较密，不适合我们做快照。

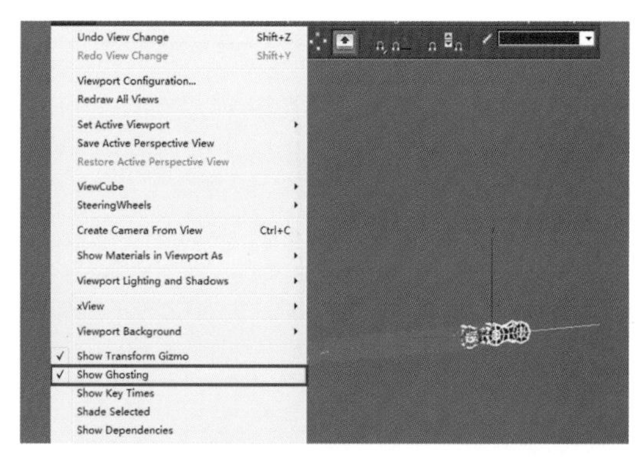

选择“Views>Show Ghosting”命令关闭重影，然后选择链条，选择“Tools>Snapshot”命令，在打开的对话框中选择 Rang 选项，接着设置 To 为 100、Copies 为 145、Clone Method 为 Copy，最后单击 OK 按钮。

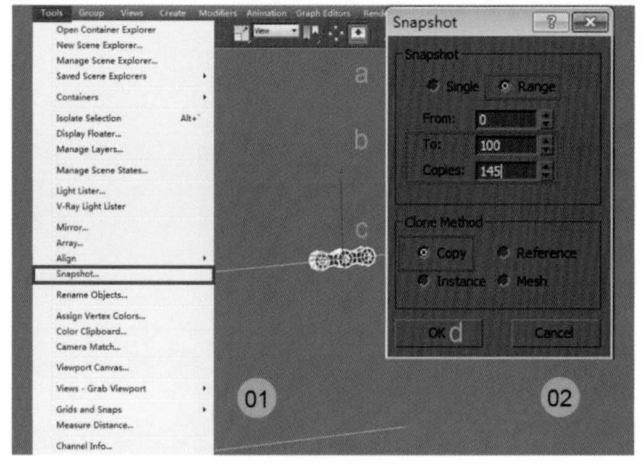

链条制作完成后，选择所有锁链进行 Attach 操作，用不到的曲线就可以删除了。

这里介绍的方法不光可用在制作链条上，还可以用在铁链和佛珠等有序排列的模型上。

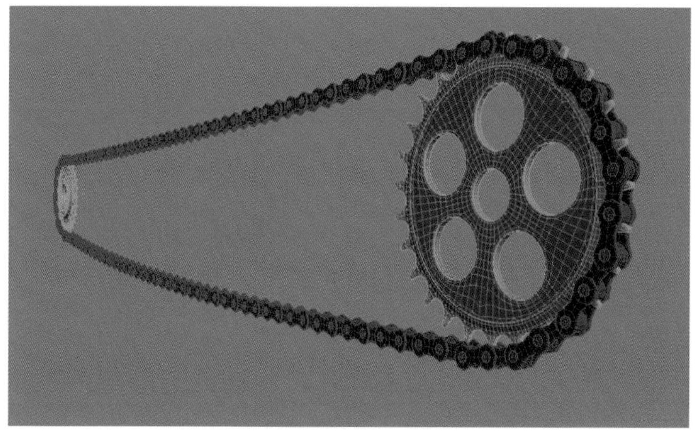

在整体的基础上做细节就非常简单了，只需专注一个单体的制作，可以把每个小零件都完成的非常精致，完成后放到三轮车上即可。这样制作起来，心里的压力也会小很多。

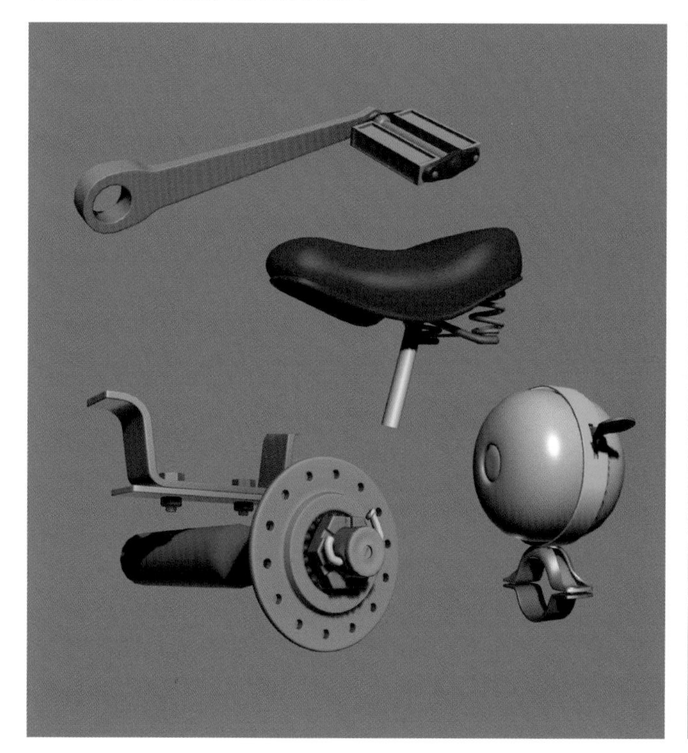

如果在制作前不对三轮车进行规划，直接就做是行不通的，因为东西比较烦琐，思路也不清晰。如果由简再到繁呢？回想上面的思路，再看三轮车就一目了然了，你会发现制作起来会轻松很多。

制作轮胎

我先根据参考图中的胎面纹路，制作出其中的一段，然后旋转复制完成整个胎面，接着使用同样的方法制作出轮胎的其他部分。

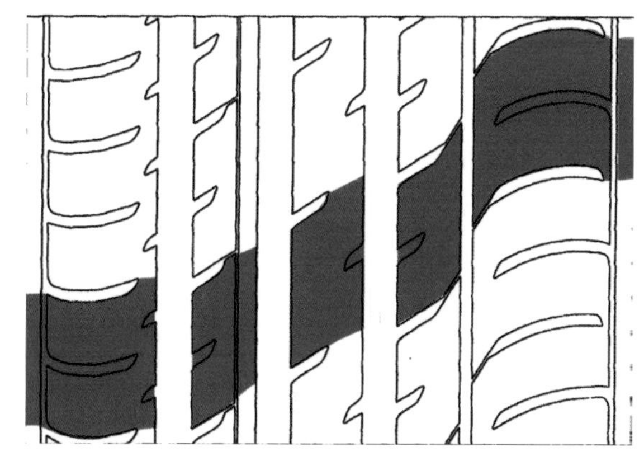

制作西瓜

制作思路分析

一般我在制作物体之前会考虑用那些方法去实现，哪些要先做哪些后做等。在制作这个西瓜时，要考虑的就是完整的和破碎后的西瓜的UV该怎么处理。这里，完整西瓜和破碎西瓜共用一套UV，先在三维软件（3ds Max 或 Maya）中把西瓜的低模制作完成，然后在Maya中展平UV，UV切缝尽量按照瓜纹的纹理走。UV展平后就可以开始制作破碎西瓜的模型了，这里要复制一个完整的西瓜备用。对完整的西瓜低模进行切割画线，这个就要根据自己想要分割的情况来切割。随后选择边缘线，向内挤压面来制作瓜瓤，再对制作出的瓜瓤选择面，进行映射UV，并摆放好。

制作低模

在视图中创建一个球体，设置Radius为30cm，这个不是一定的只要接近现实生活的尺寸即可。设置Segments为14，如果设置得比较密，后面的切线时会不太方便。

选择模型并塌陷成多边形，然后把模型调成椭圆形，这个操作根据参考资料去调整会容易一些。

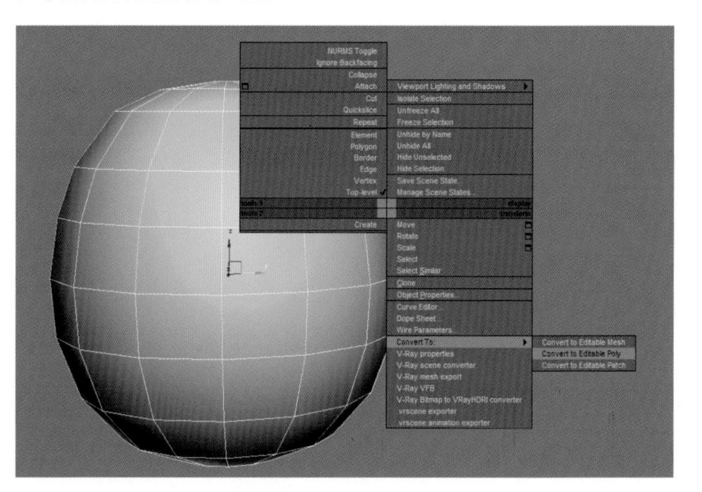

下面制作瓜茎和瓜蕊。利用加线挤压工具完成瓜茎和瓜蕊的制作。

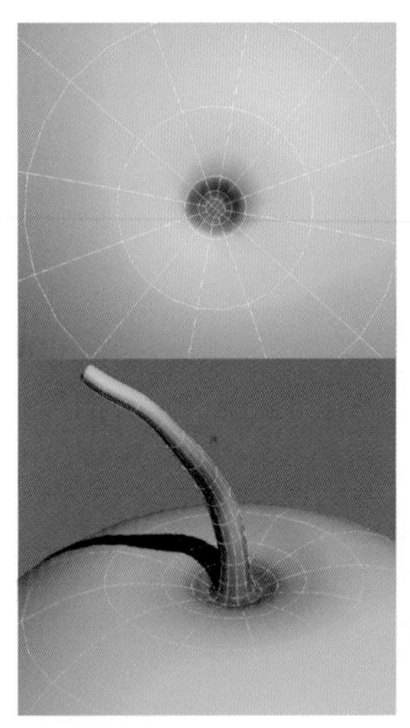

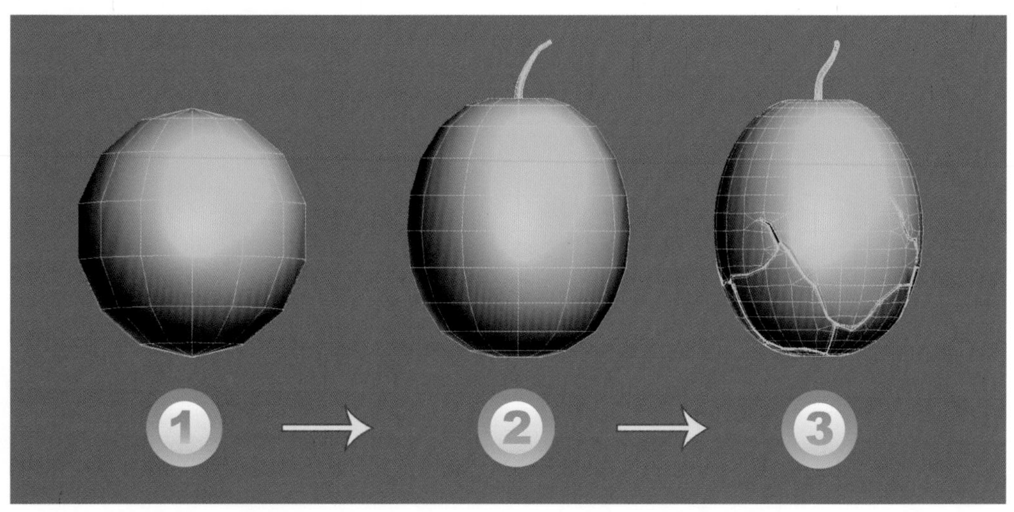

处理 UV

西瓜低模完成后要考虑一个问题，如果完好的西瓜和破损的西瓜想用同一套 UV，该怎么处理呢？这就需要对刚做好的西瓜分好 UV，然后用拆分好 UV 的模型制作碎的西瓜。要牢记的是，在拆分破碎西瓜的 UV 时，表皮的 UV 不可拆分。

选择制作好的低模，在 3ds Max 中将模型导出为 OBJ 文件 。

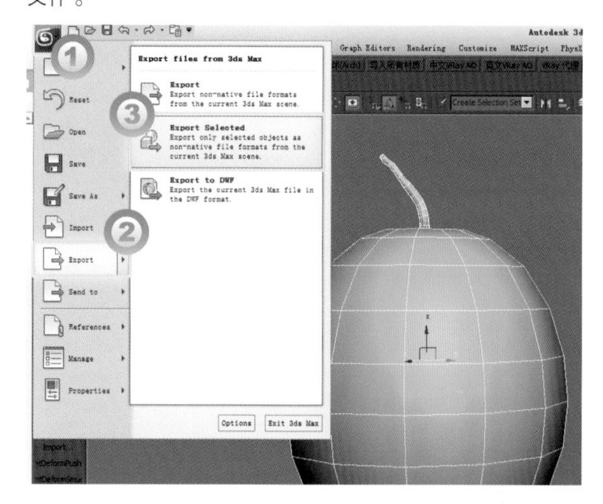

在打开的对话框中设置 Faces 为 Polygons、Scale 为 1、Prese t 为 NONE。

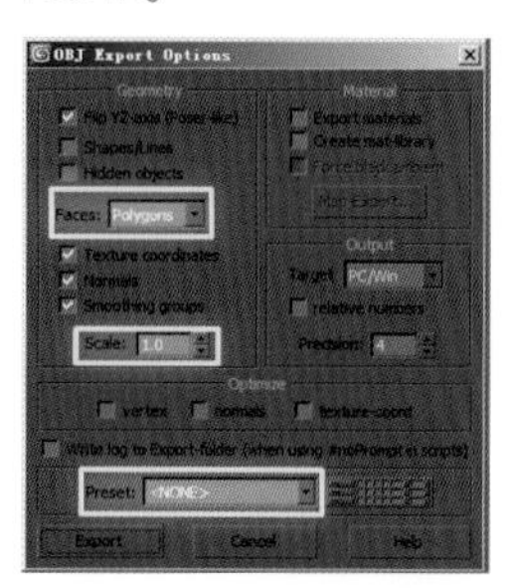

使用 Maya 2012 来拆分 UV，我觉得 Maya 的 UV 编辑器比 3ds Max 的要好用得多，这里只是笔者的个人偏好。在 Maya 中选择“File>Import”命令，导入模型。

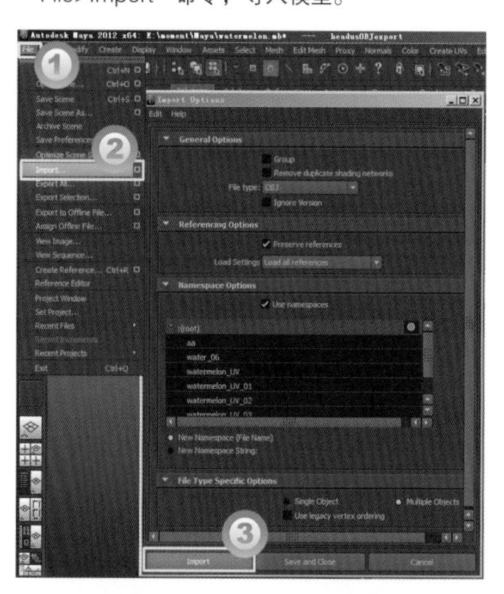

选　择“Window>Saved Layouts>Perps/UV Texture Editor”命令调整视图。这样比较方便观察 UV 和视图中的模型，从图中可以看到 UV 是凌乱的。

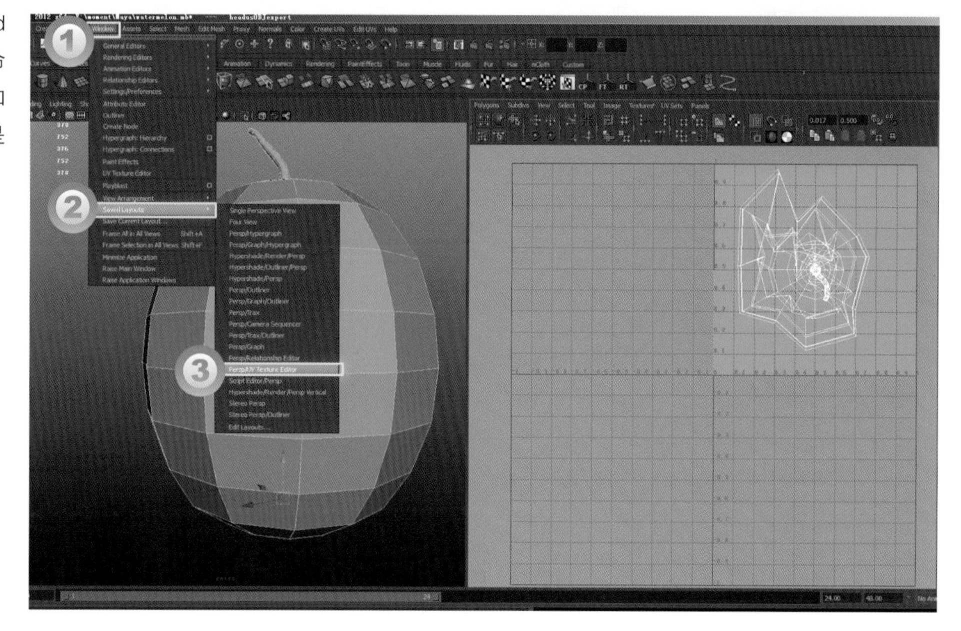

右击，在打开的快捷菜单中选择“Assign Favorite Material>Lamert”命令，为模型赋予一个 Lamert 材质。

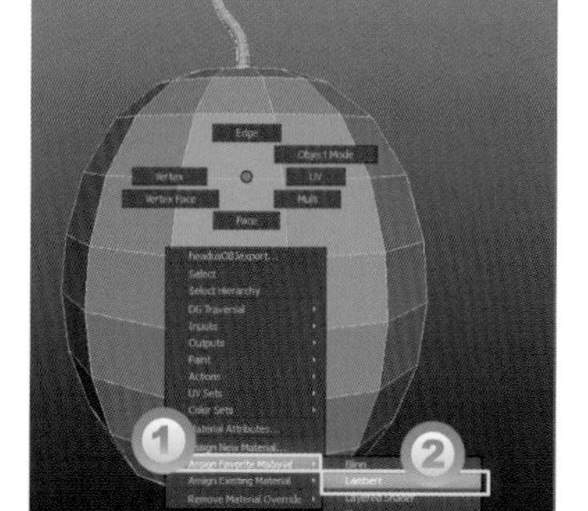

选择模型，按快捷键 Ctrl+A，打开“属性编辑器”面板，然后为 Color 属性连接一个 Checker 节点。这样可以根据 Checker 棋盘格的显示效果，检查模型的 UV 是否被拉伸。

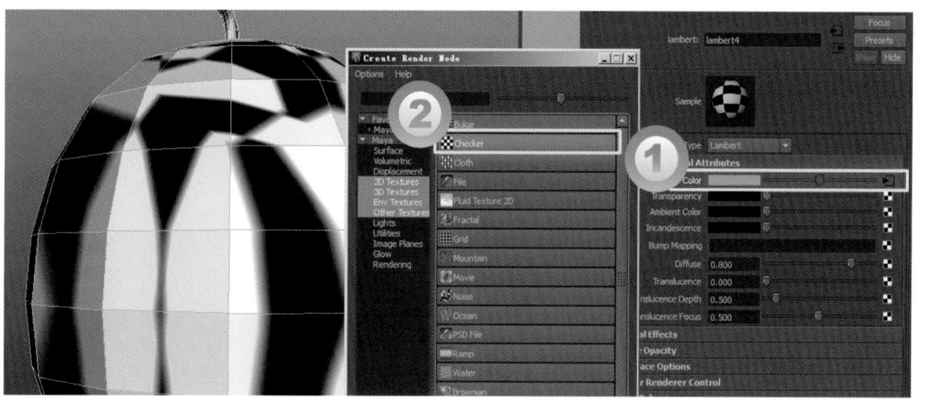

选择 Checker 的 Place2dTexture 节点，然后设置 Repeat UV 为（20,20），增加纹理的重复数量。图中可以看到西瓜的 UV 拉伸得比较大。

打开“Create UVs>Planar Mapping”的设置对话框，然后设置 Project from 为 Z axis，接着单击 Apply 按钮。

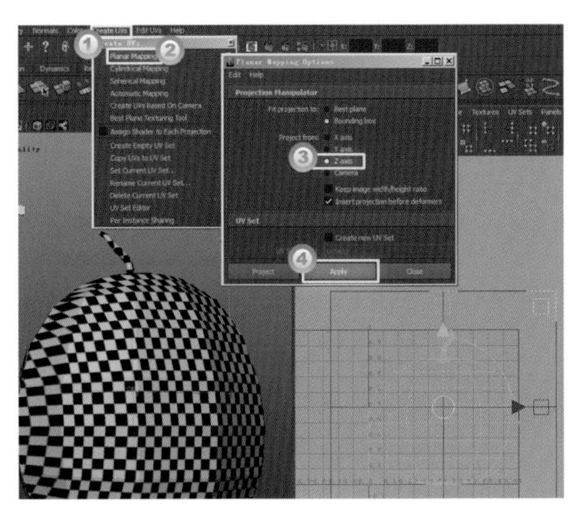

选择要切分的线段，然后在 UV 编辑器中进行切割，再打开高亮边显示，这样查看解开的 UV 边比较方便。

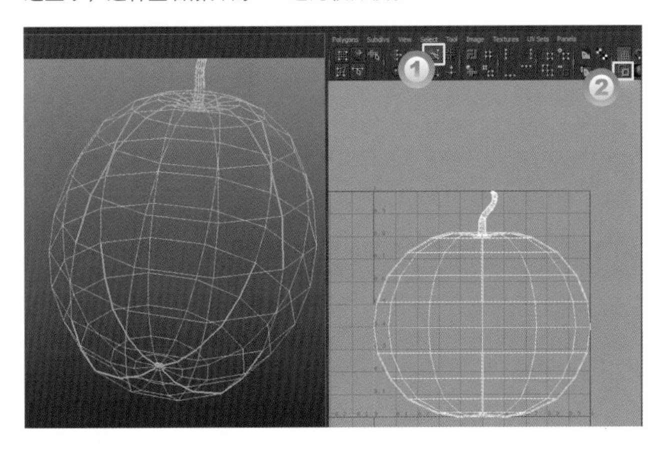

在 UV 编辑器里通过右击，然后选择 UV 编辑模式，接着对 UV 进行松弛处理，可以多次松弛把模型 UV 展平，在透视图观察物体的棋盘格来判断。模型的 UV 展好后，将其摆放好。

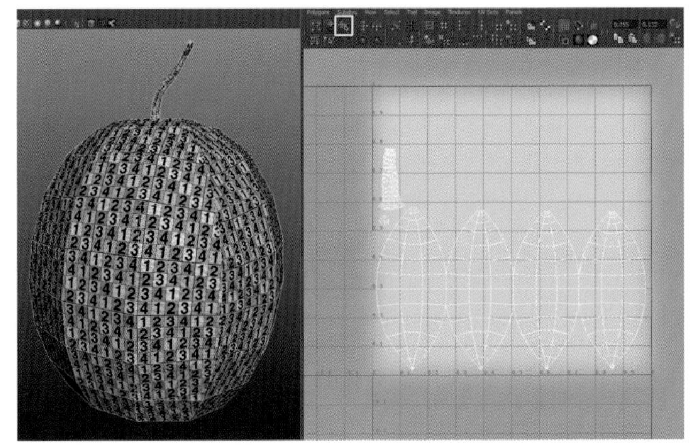

制作破碎西瓜

将拆分好 UV 的模型导入 3ds Max，塌陷后绘制出破碎的区域。进入点模式，然后右击，在弹出的快捷菜单中，选择 Cut 命令。

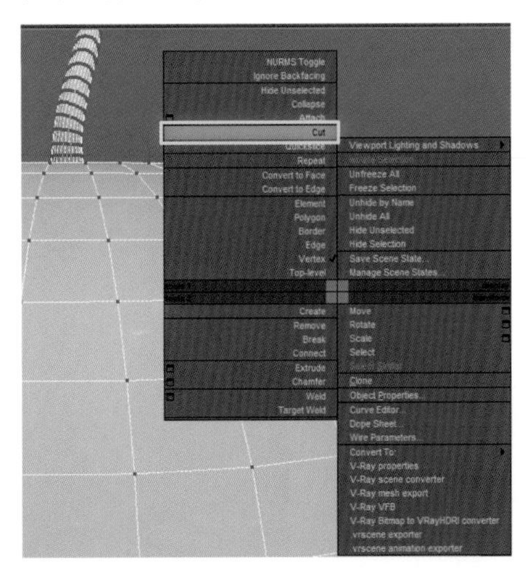

按数字键 4 进入面级别，然后选择绘制好的面，在编辑面板中单击 Detach 按钮，接着在打开的对话框中设置参数。

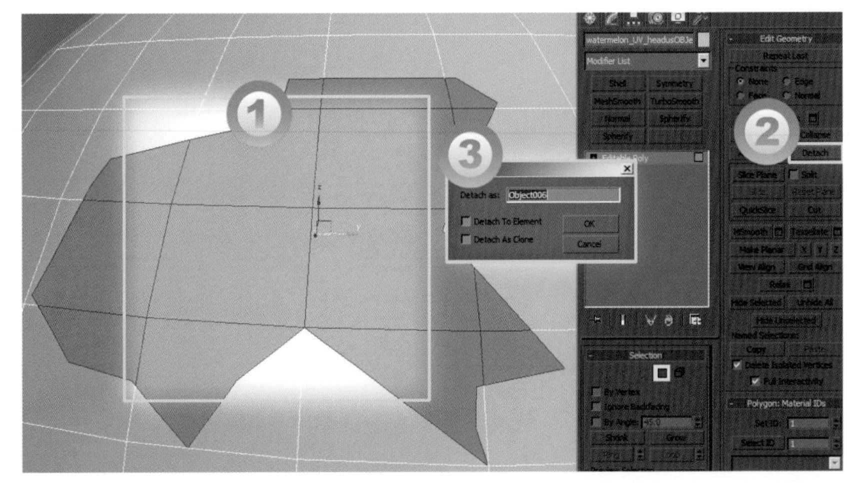

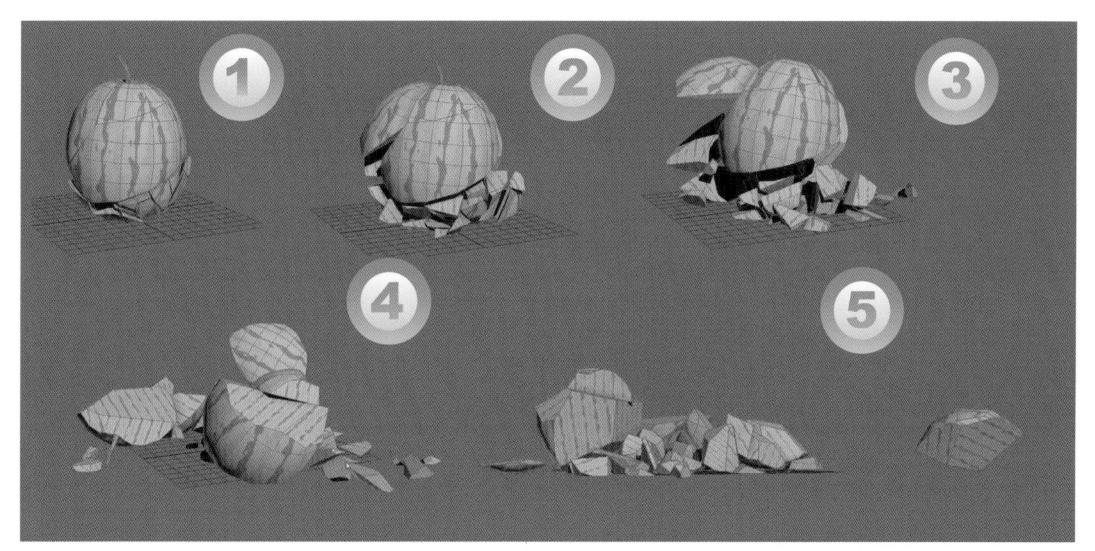

在制作西瓜破碎的效果时，我准备用 Rayfire 来完成，测试出的效果非常好。但是也生成了很多小破面，形状控制起来比较困难，主要还是在拆分 UV 上比较烦琐。

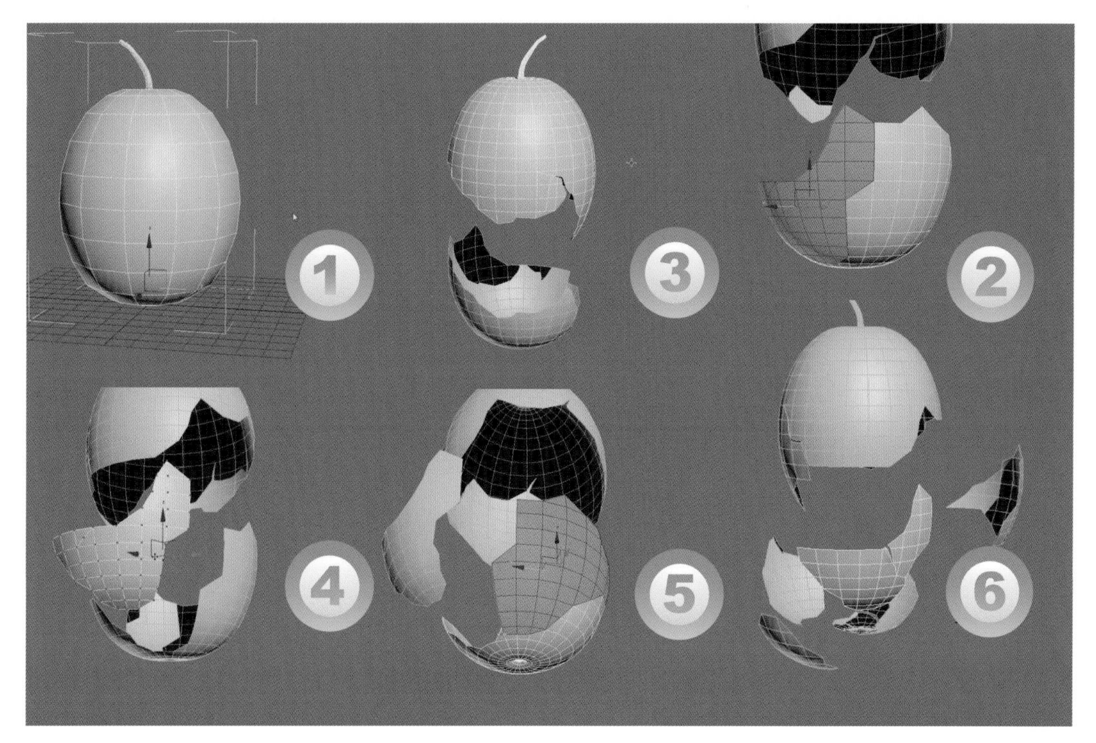

最终，我还是选择手动来分割，这样可以根据自己事先想要的切割效果，重复以上命令即可得到。

下面制作瓜瓤模型。选择模型，按数字键 3 进入模型的边界编辑模式，然后在空白处右击，在弹出的快捷菜单中选择 Extrude 命令进行挤出。

在空白处右击，然后在打开的快捷菜单中选择 Cap 命令。

使用Cut命令将没有连接的线连接上。

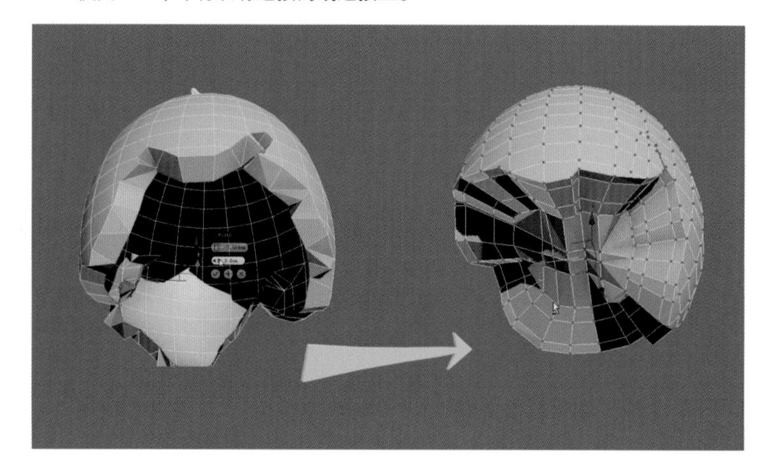

对边缘进行加线来固定形状，为进入ZBrush雕刻做准备。这里使用Cut切割、SwiftLoop添加循环线、Collapse缝合点。打开Customize User Interface对话框，单击Toolbars选项卡，然后设置Group为Main UI、Ca tegory为All Commands，接着在Action列表中选择Swift Loop选项，将其拖曳到工具架上，即可直接使用了。

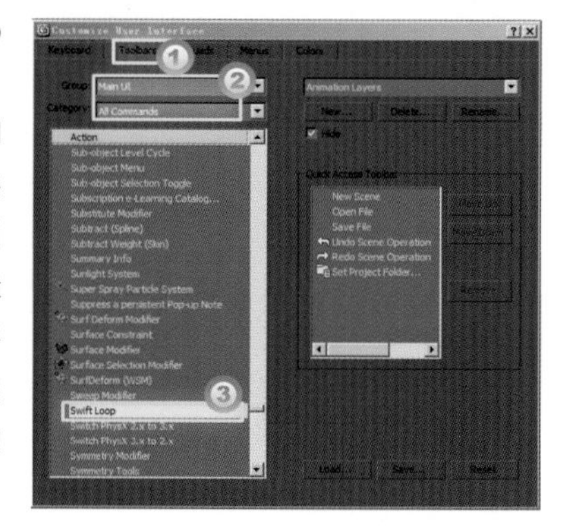

为每个碎块添加保护线，然后选择分开的模型，将它们的位置复位。

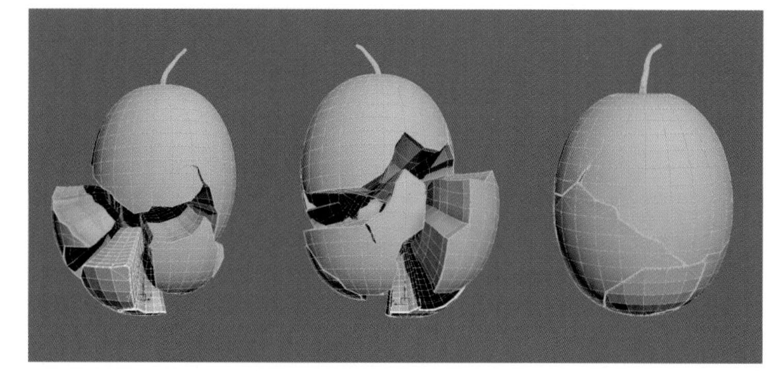

在制作高模之前，要先把瓜瓤的UV拆分好，当然高模后分也是可行的。为了保险起见，笔者还是喜欢在进入高模之前拆分UV。之前我们已经把西瓜的表皮UV拆分好了，剩下的只需要把瓜瓤切割下来展平摆好即可。

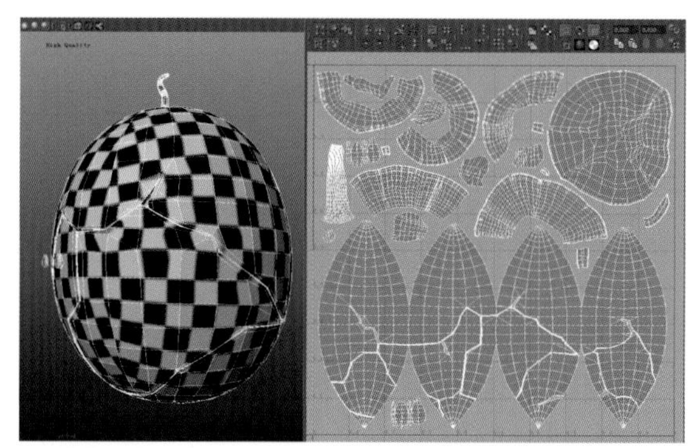

制作西瓜高模

在3ds Max中把模型分别导出为OBJ文件，这里一定要注意，每块分别导出和整体导出得到的结果是不一样的。笔者主要考虑后面要添加瓜子和摆放位置，才选择分块导出，这样对于后面的制作比较方便。

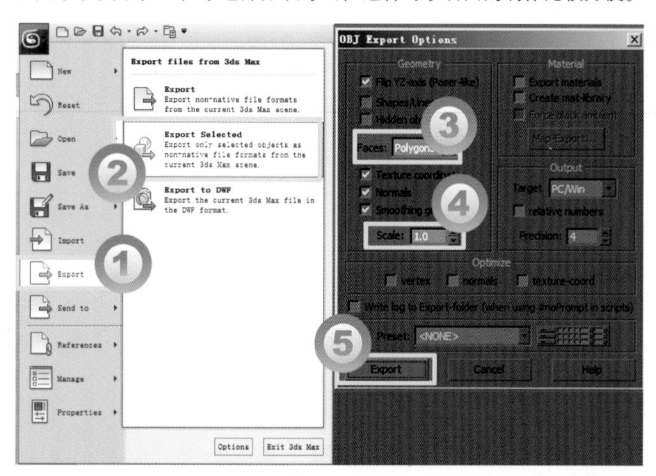

打开ZBrush，单击Import按钮，然后选择要导入的模型。当模型进入ZBrush后再单击ZBrush自带的几何形体，继续单击Import按钮添加剩下的模型。

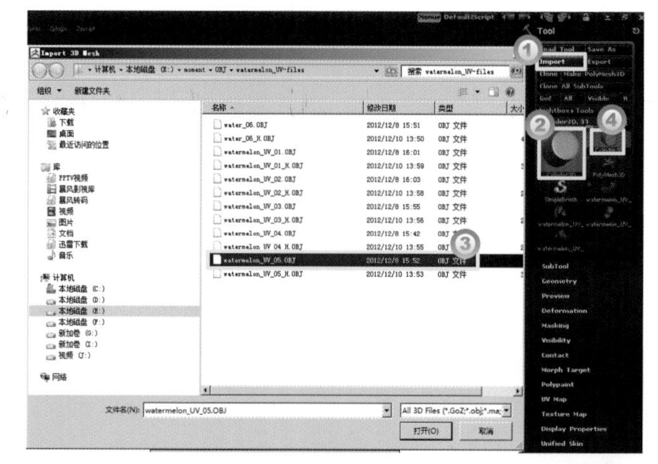

选择最后一块导入的模型，在视图中间拖曳显示，然后按T键或者单击工具栏上的Edit按钮进入可编辑模式，打开Subtool卷展栏可以看到当前的对象。

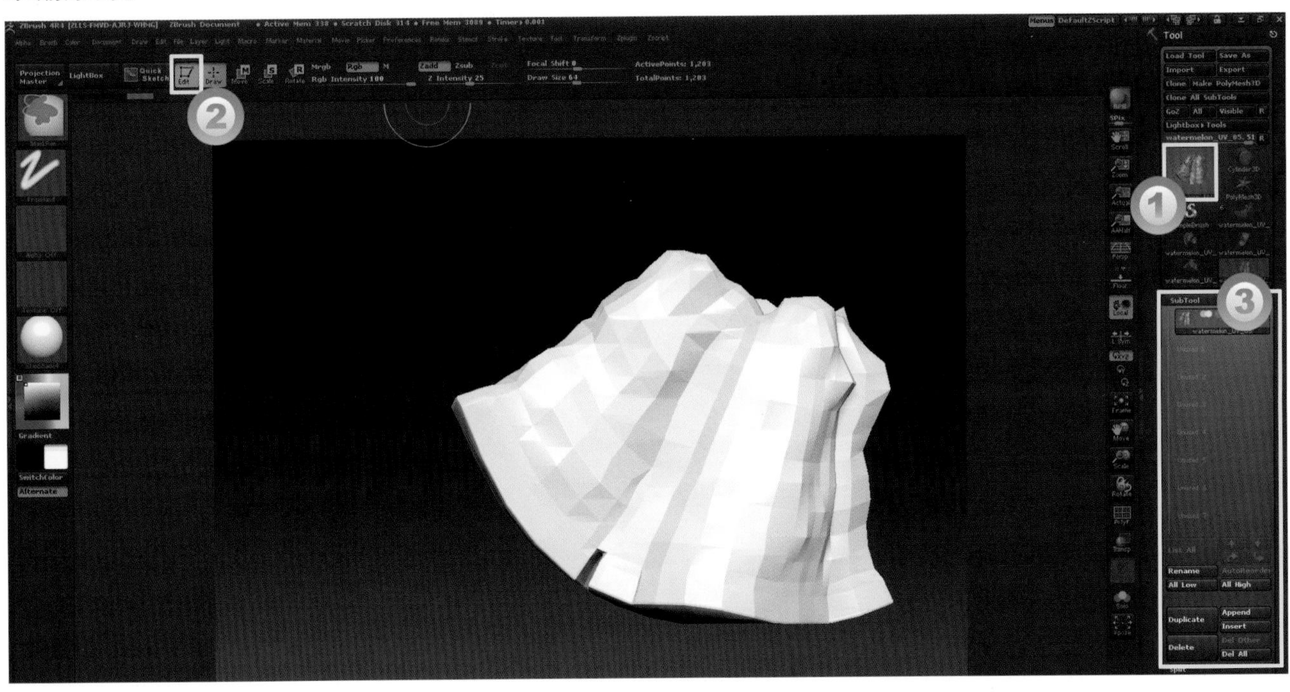

在SubTool下单击Append按钮添加对象，一次只能添加一个对象，重复数次即可全部导入。

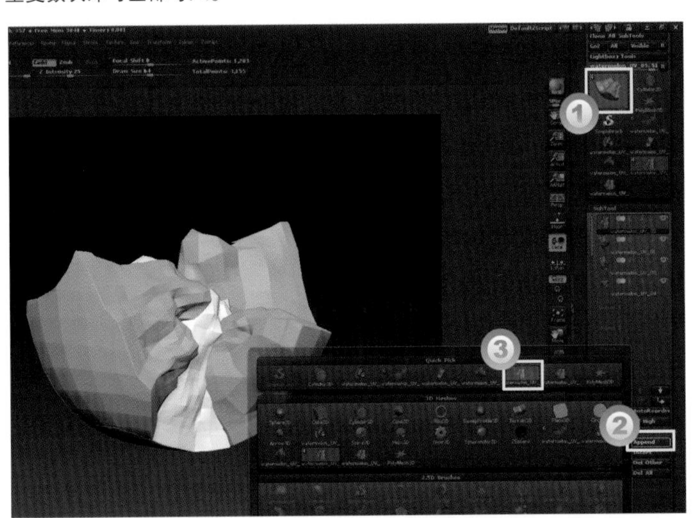

选择一个对象开始雕刻，在Geometry卷展栏中单击SDiv按钮进行细分，其快捷键为Ctrl+D，其他部分可以先隐藏。

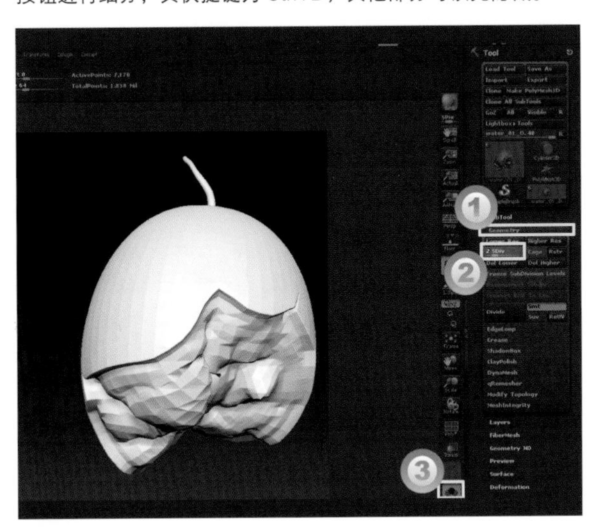

雕刻瓜瓤，高模完成的效果如图所示。

制作公鸡

制作低模

在 3ds Max 中制作出公鸡的大形。

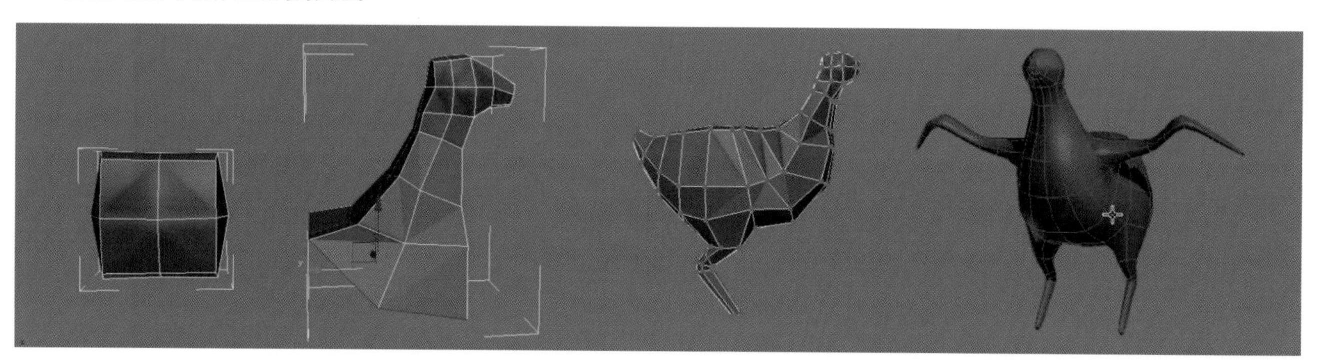

将模型以 OBJ 文件格式导出。

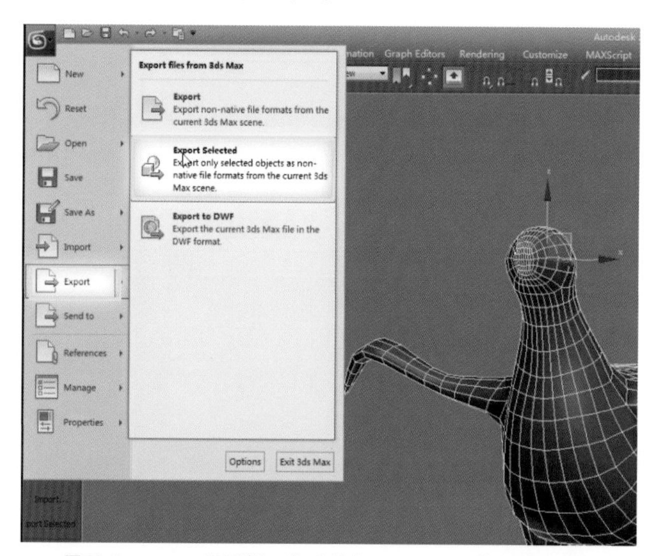

展开 Geometry 卷展栏，然后单击 Dynamesh 按钮将模型自动布线细分。

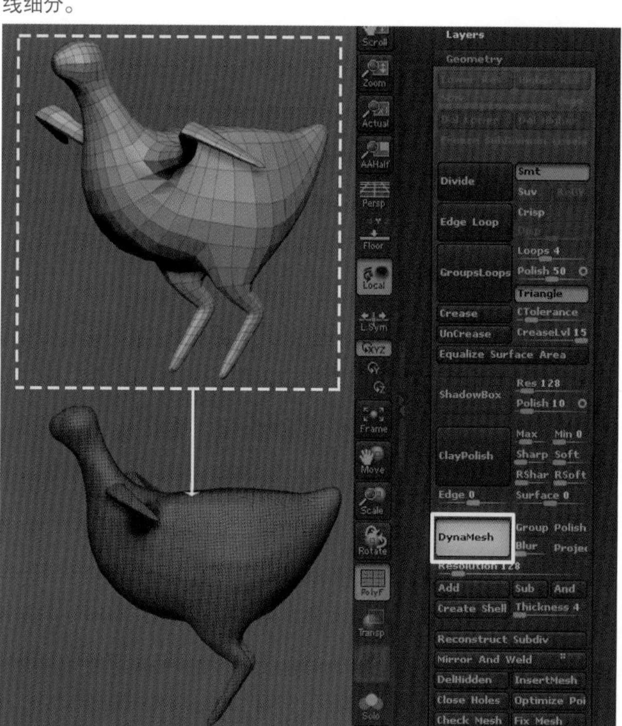

打开 ZBrush，然后单击 Import 按钮导入公鸡的模型。

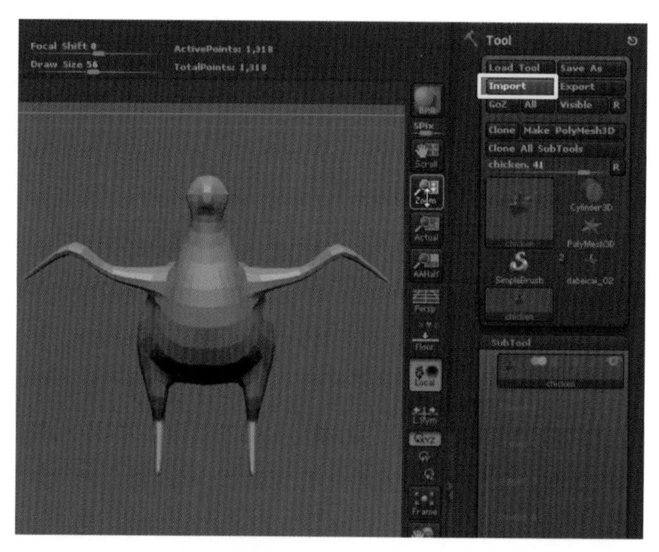

将公鸡的头部和身体上的大致形态表现出来。

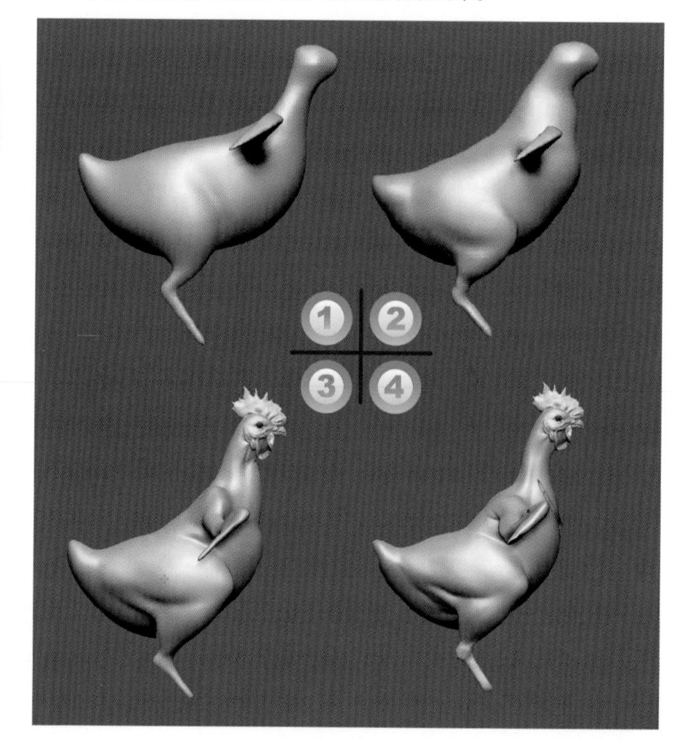

制作出公鸡的爪子。

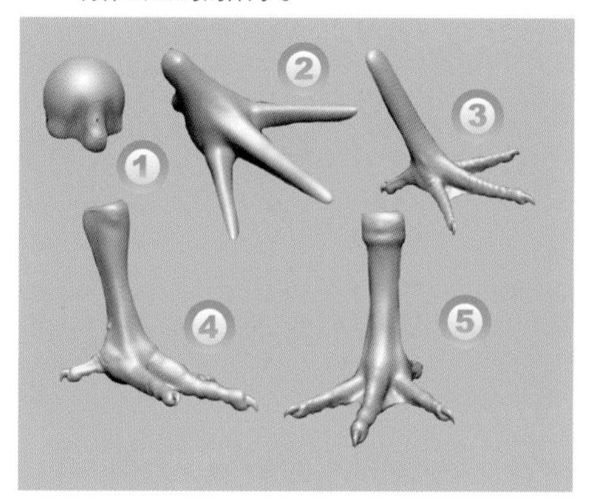

将制作好的公鸡模型提取一半并导出为 OBJ 格式的文件。

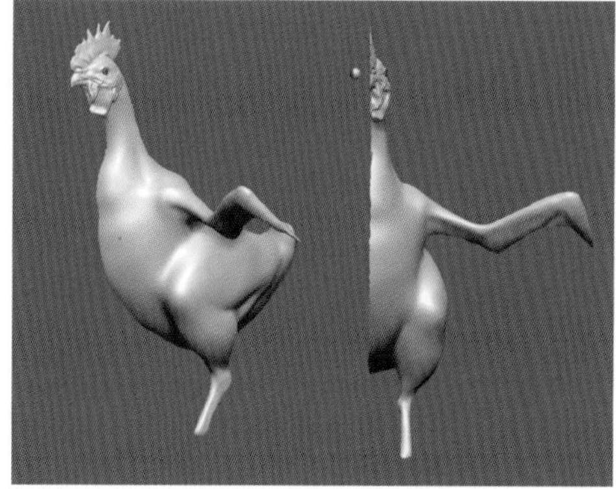

在拓扑前可以预先构思出拓扑的结构，也可以直接用 Photoshop 绘制出线条。

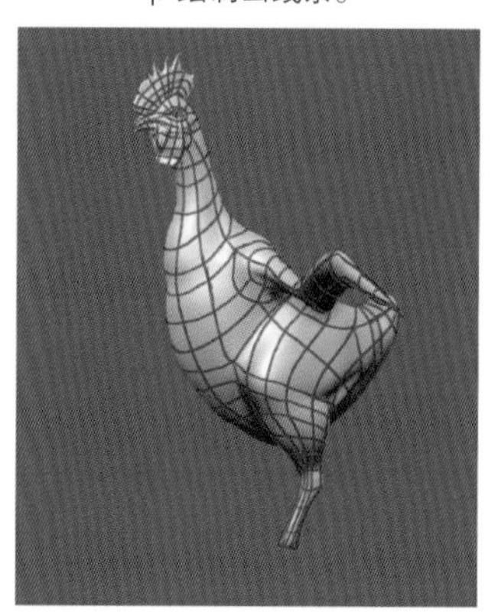

根据之前绘制出的拓扑参考图制作公鸡的低模。

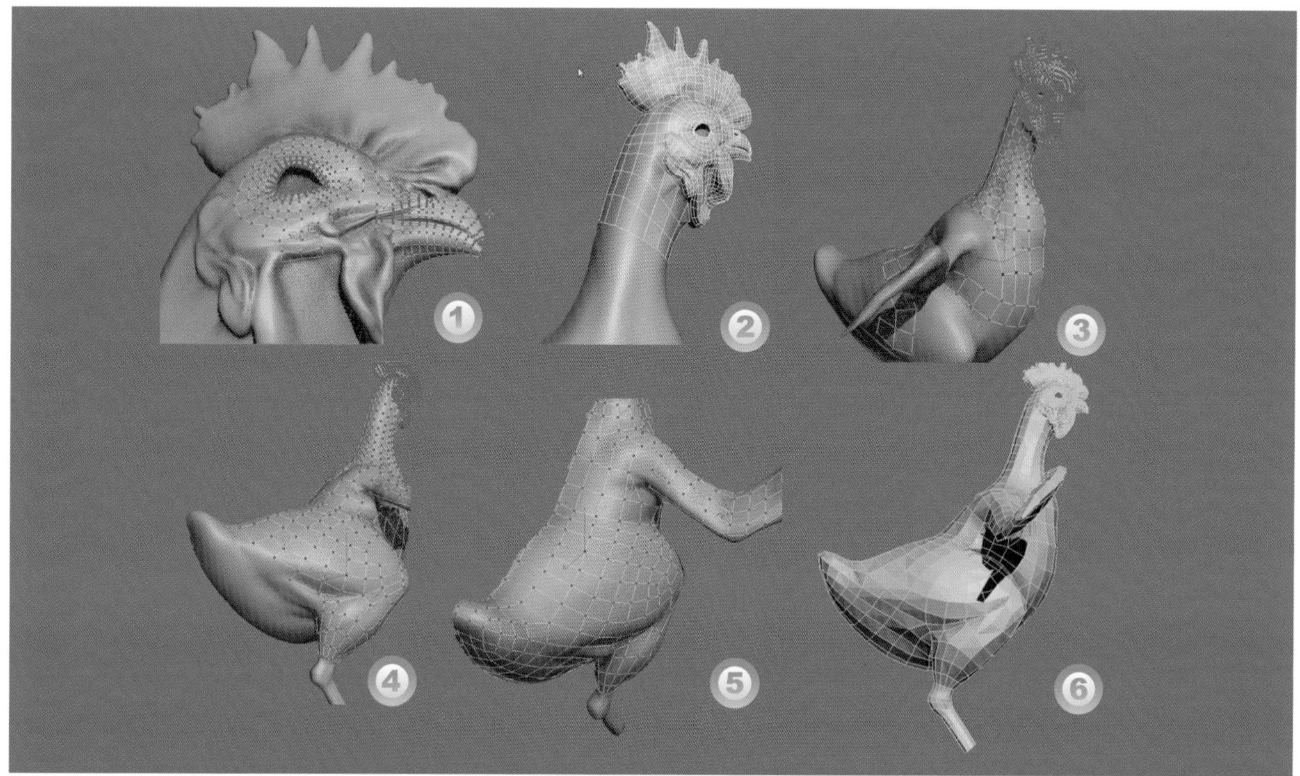

UV

将拓扑好的低模导入 UVLayout。

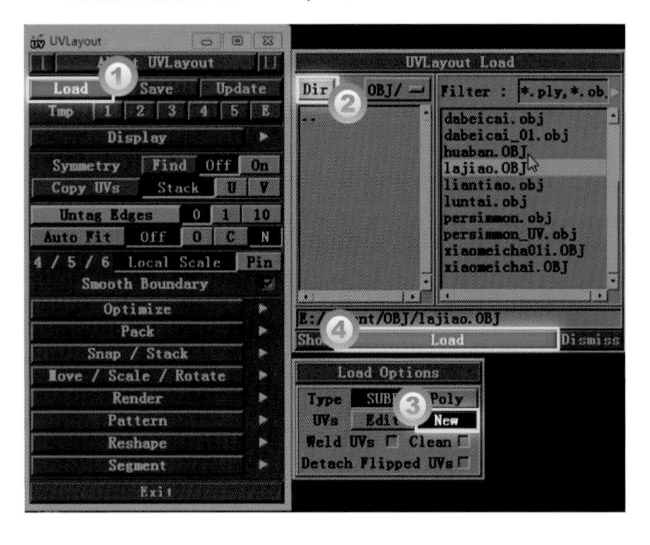

因为公鸡模型是完全对称的，所以选择公鸡中间的对称线，然后激活镜像功能，这样可以提高拆分 UV 的效率。

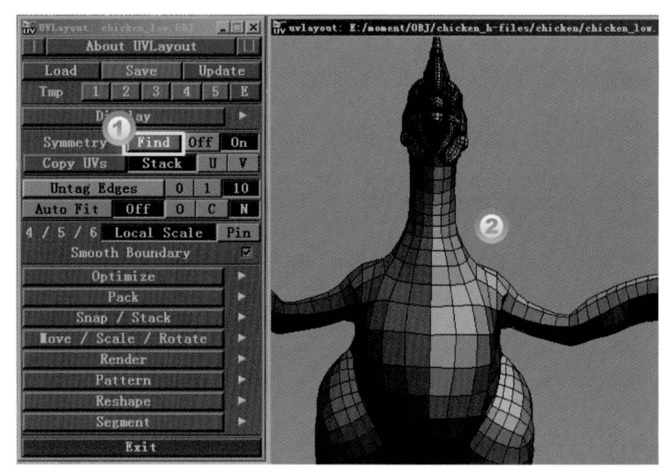

根据公鸡的身体结构，将 UV 拆分为若干块。

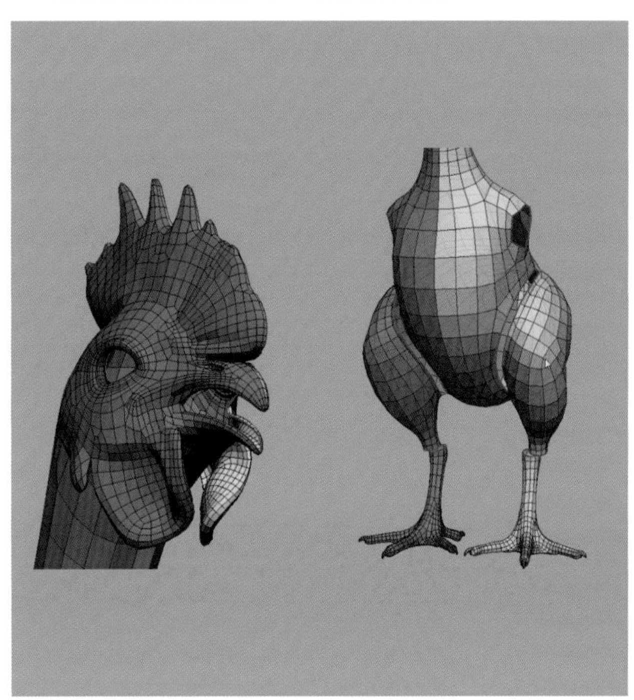

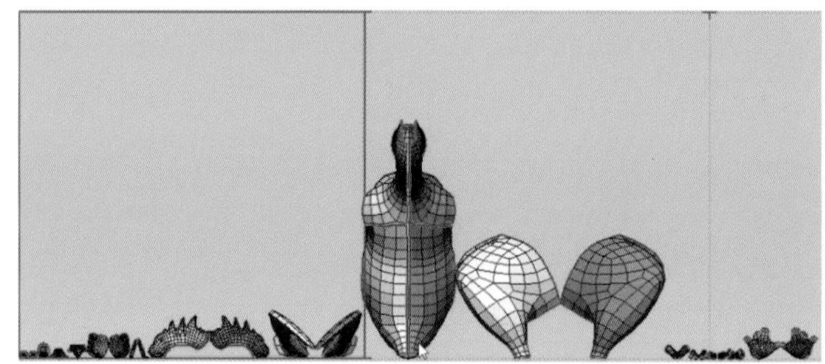

将分割好的 UV 一块一块地展平，然后摆放好 UV。

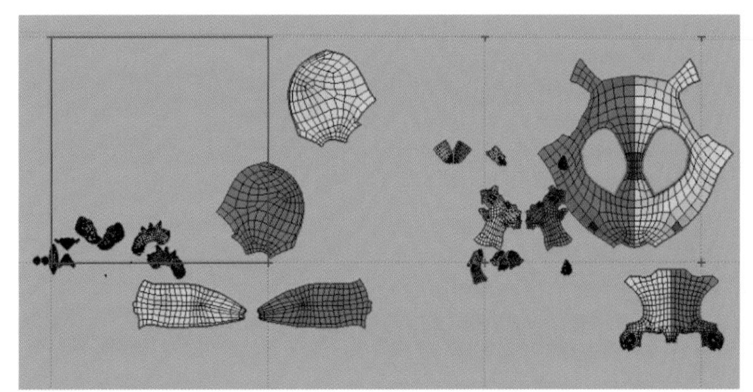

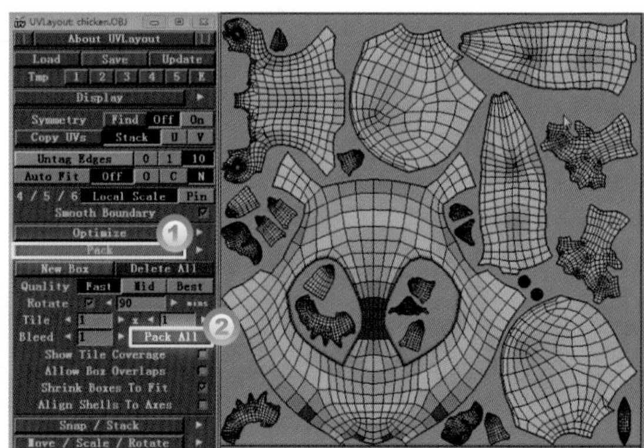

将拆分好 UV 的模型导出，然后导入 Maya 调整不合适的位置。

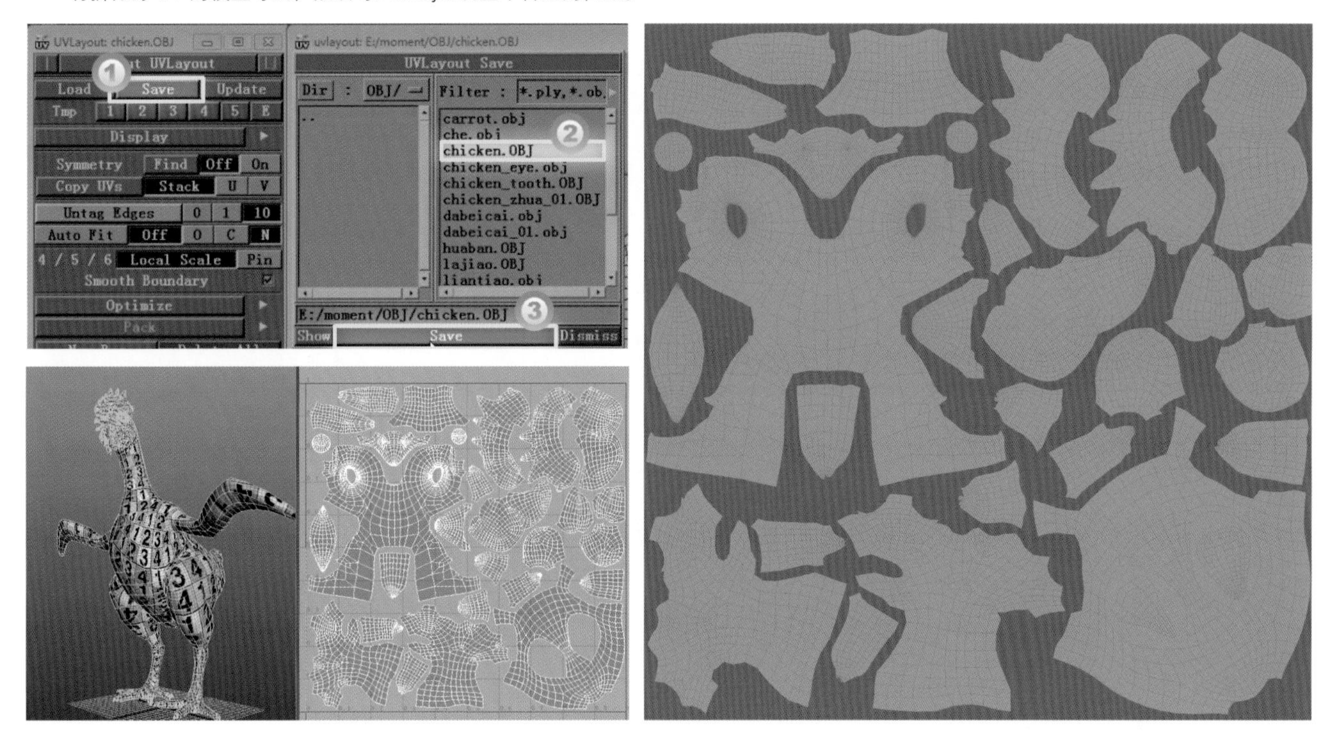

高模制作

UV 展好后，即可在 ZBrush 中制作高模了。这里就不介绍公鸡的雕刻方法了，我展示一些不同阶段的图片供读者参考。

细分 1 级

细分 2 级

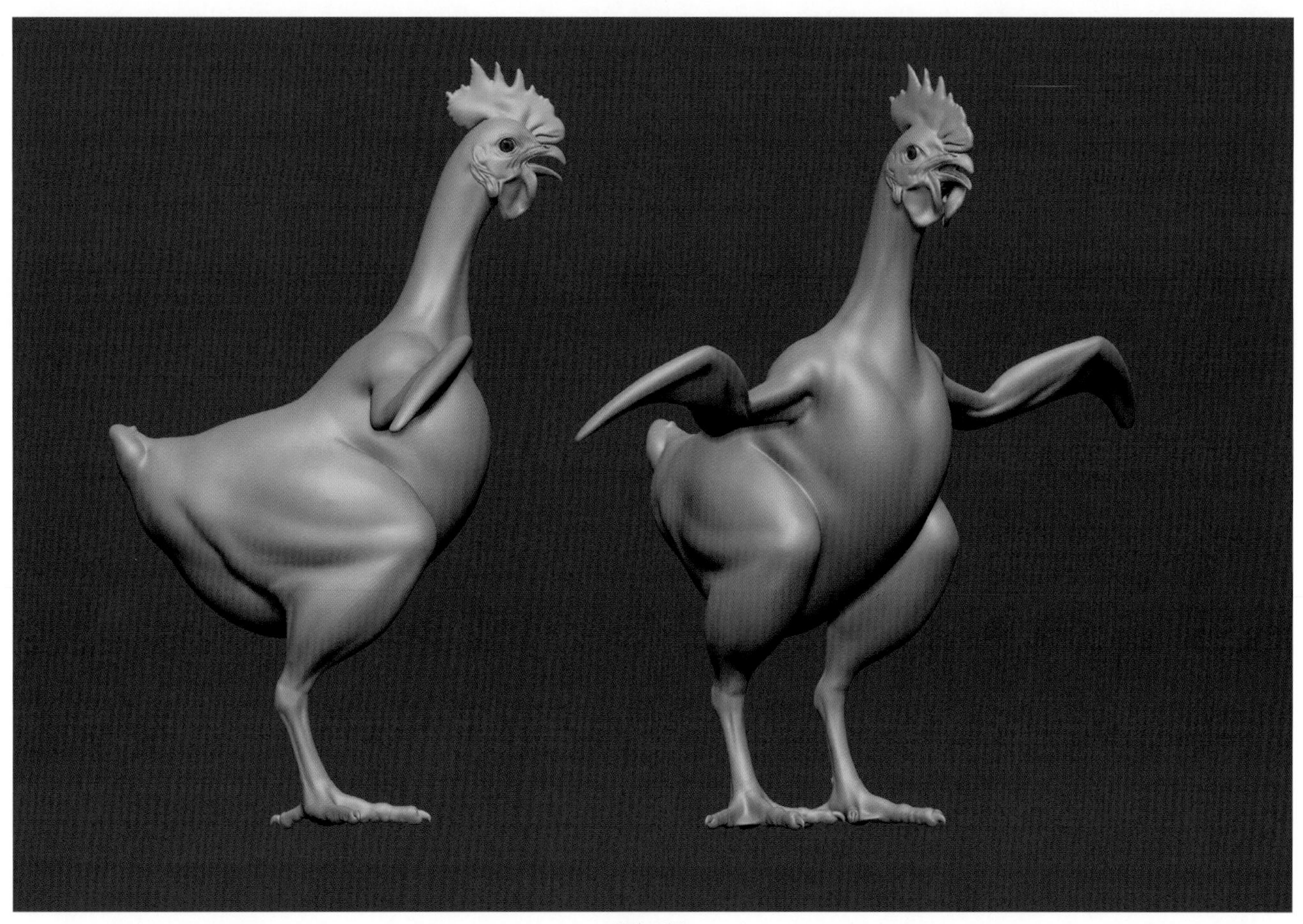

细分 4 级

细分 5 级

细分 6 级

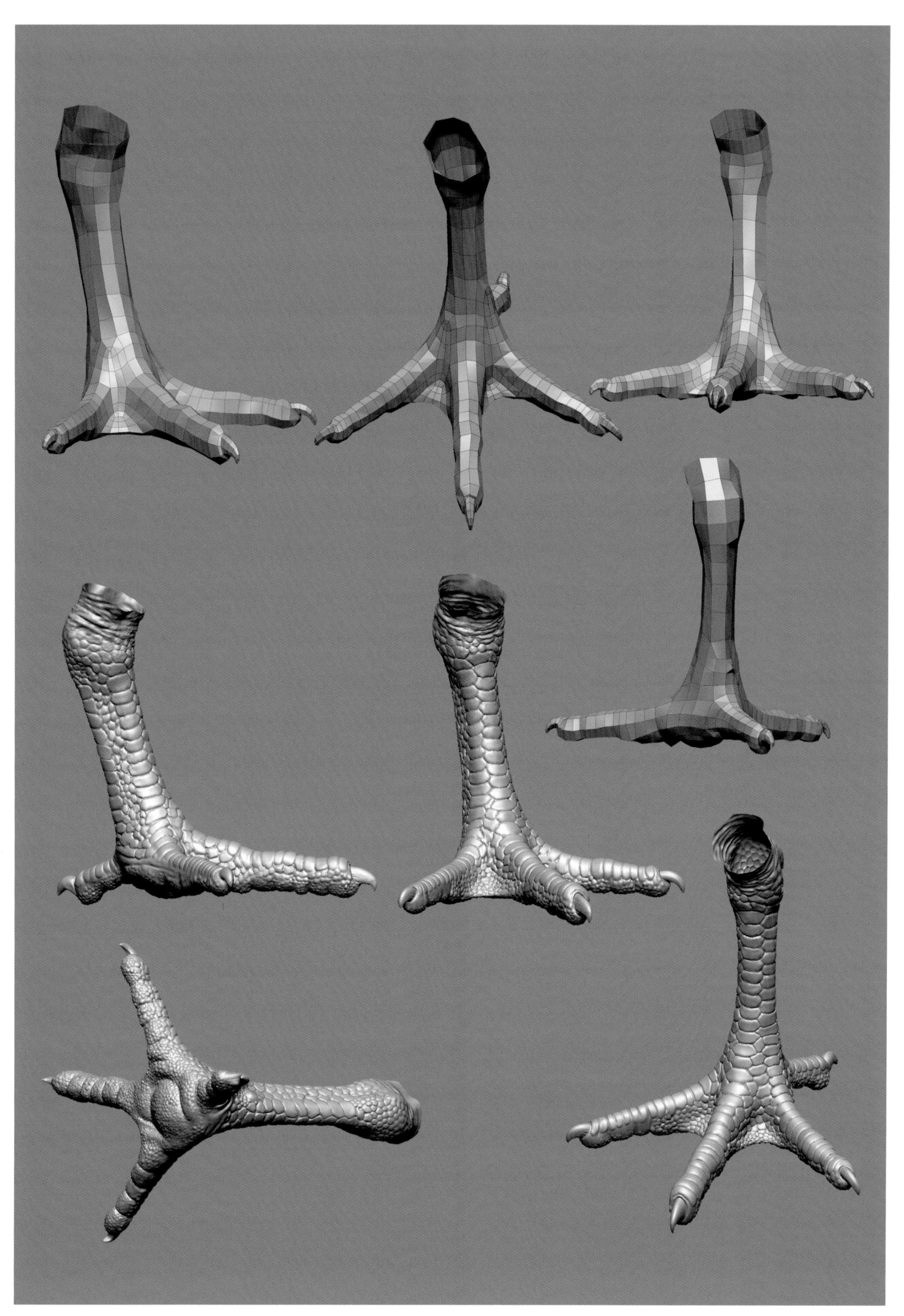

高模展示

制作毛衣

分析制作思路

毛衣模型看起来比较复杂，但使用的工具很简单。主要是制作的思路要清晰，笔者开始制作时考虑了两种方法。第一种是用置换的方法，第二种是模型减面贴 Bump 贴图。置换渲染起来比较慢，效果和减面差别不大。笔者选择了第二种方法——Poly+Decimation+Bump。

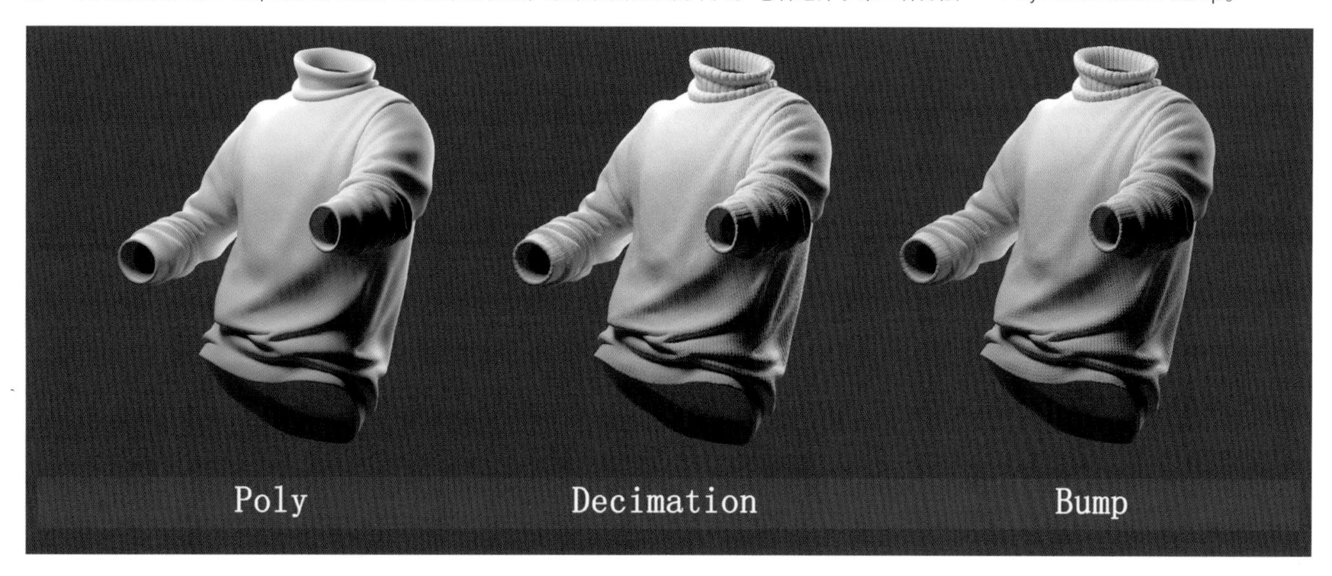

在制作毛衣的环节中，拆分 UV 和摆放 UV 起到至关重要的作用，一般在低模制作完成后就需要考虑怎样处理才不会有拉伸。拆分毛衣的 UV 时，注意以下几点。

- 切口处要根据毛衣的接缝线来拆分。
- UV 方向要与毛衣的纹理方向一致。
- 领口和袖口的 UV 单独切出来，边界要做平，处理成矩形。
- UV 占用的面积尽量相等。

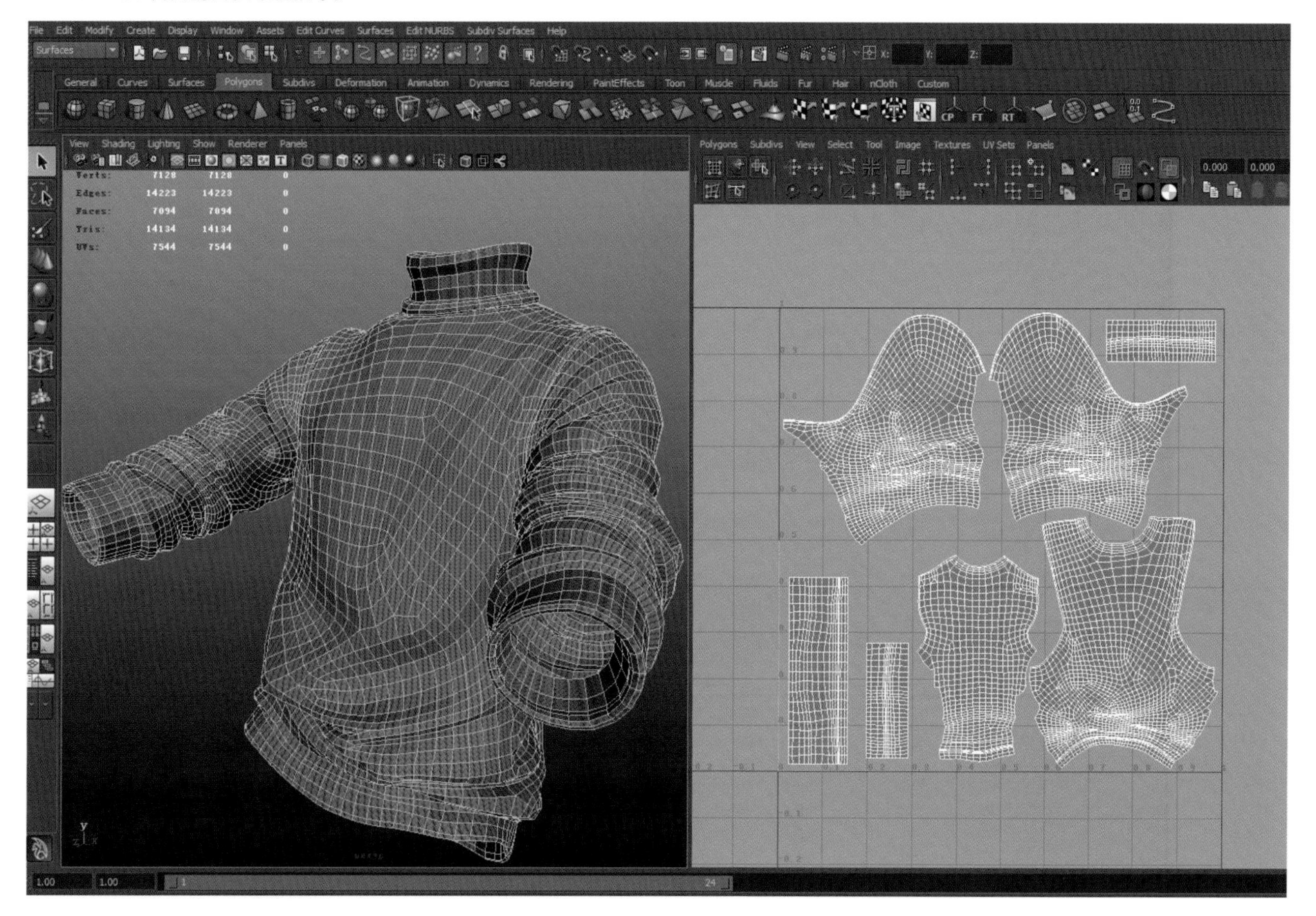

制作纹理

毛衣低模 UV 准备好后开始制作毛衣的纹理，可以在网上收集一些自己比较喜欢的纹理，然后分析它们的规律，一般是一个四方连续的图案。把需要的花纹都分析出来之后就可以开始制作了。这个制作方法不只限于制作毛衣纹理，还可以用于制作少女的麻花辫等。

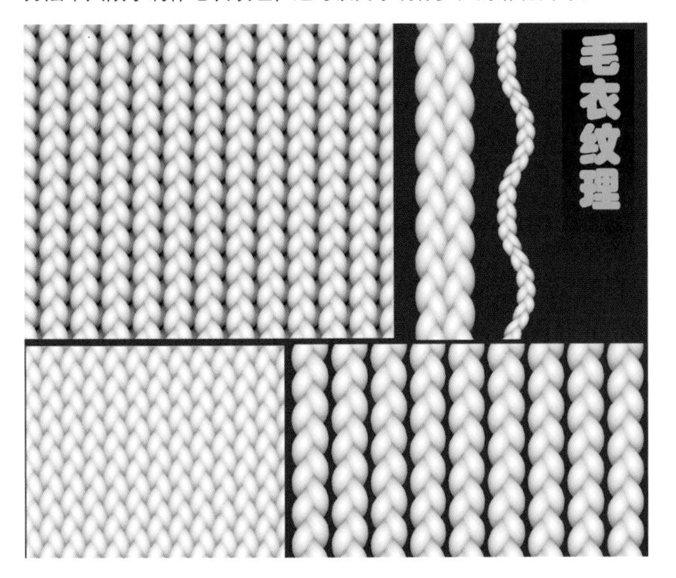

制作模型

在创建面板中单击 Helix 按钮，然后选择 Enable In Viewport 选项，接着设置 Thickness 为 10cm、Sides 为 12、Radius1 为 6cm、Radius2 为 6cm、Height 为 227.907cm、Turns 为 10.138，这些参数可根据需要调整。

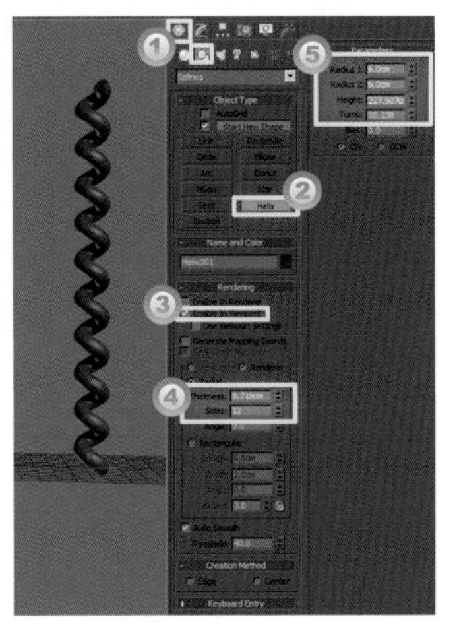

复制出一个螺旋体，然后将其向上移动。

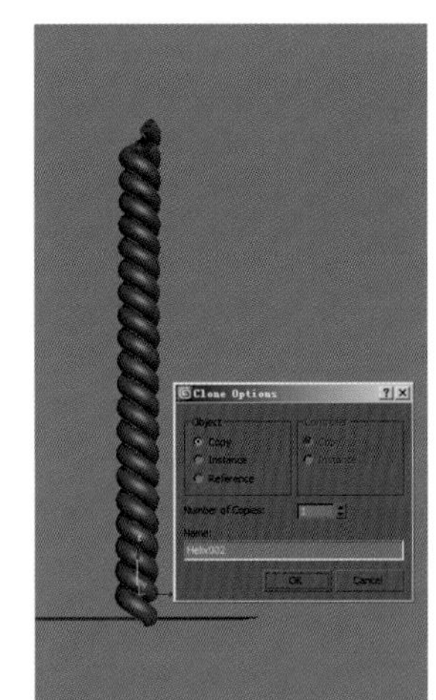

选择两个模型，然后复制，接着在工具架上单击“镜像”工具，在打开的窗口中设置镜像的轴向，最后设置 Clone Selection 为 No Clone。

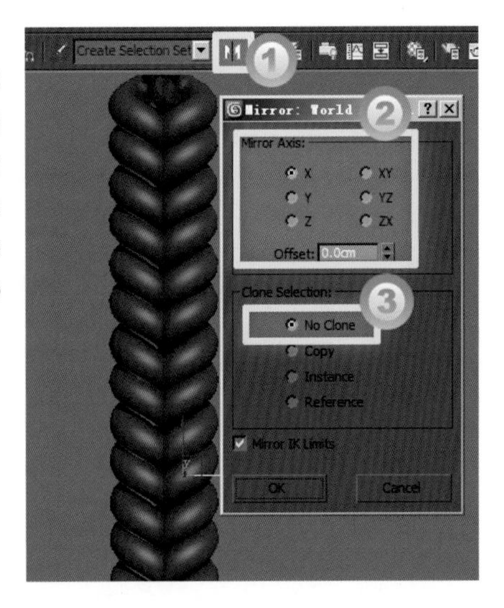

选择镜像好的两个模型，调整它们的位置。

打开 Clone Options 对话框，设置 Object 为 Copy、Number of Copies 为 20，复制出更多的模型。

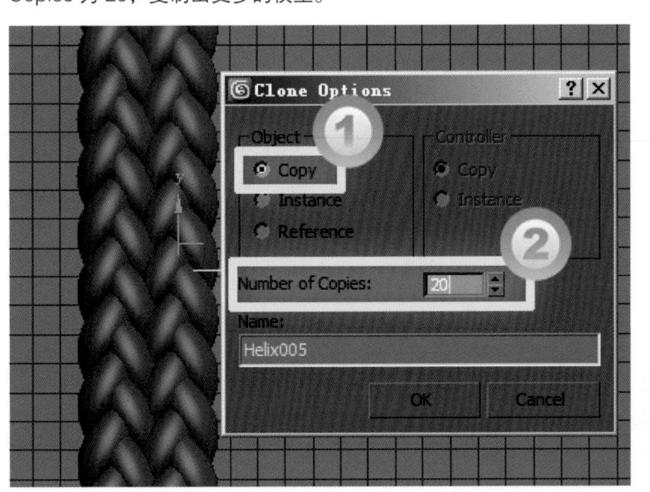

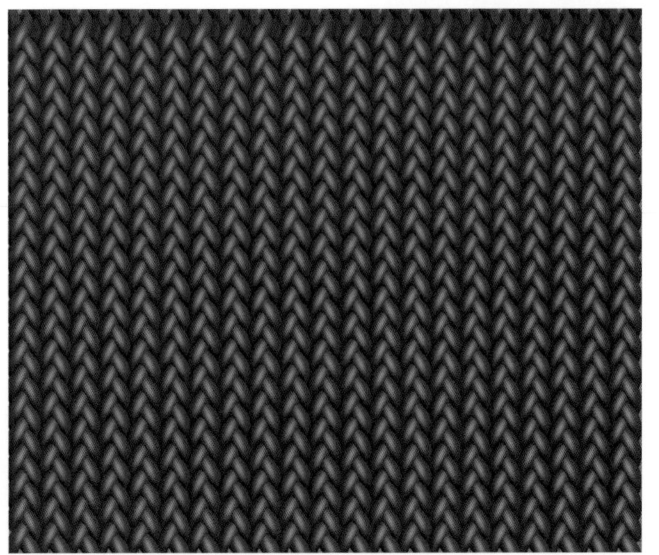

生成贴图

按 M 键打开材质编辑器，然后给模型赋予一个普通材质。

为材质的 Diffuse 通道连接一个 Gradient Ramp 节点，然后把材质的 Self-Illumination 设置为 100。

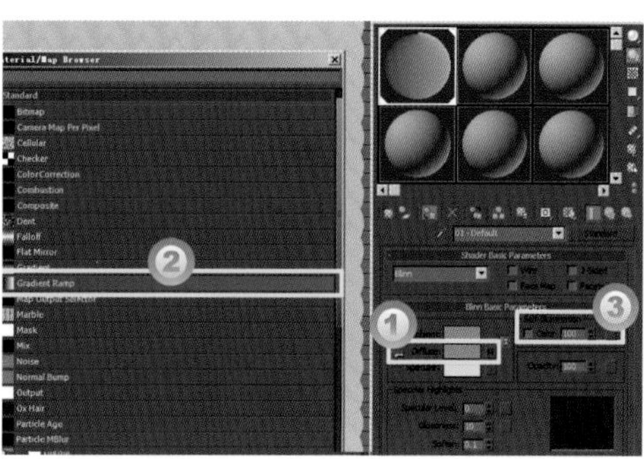

创建 UV 的步骤如下图所示。

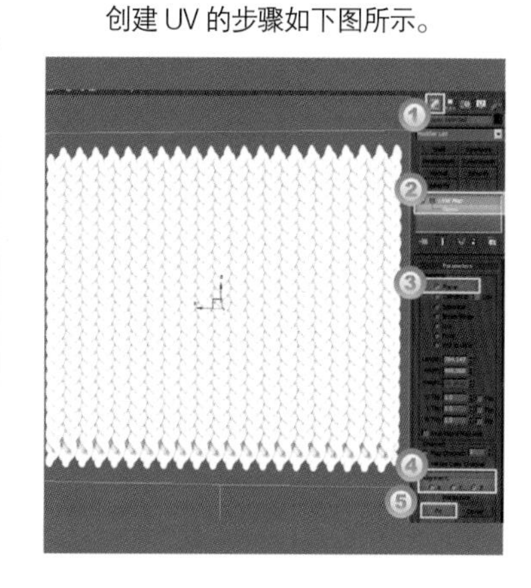

调整 Ramp 的步骤如下图所示。

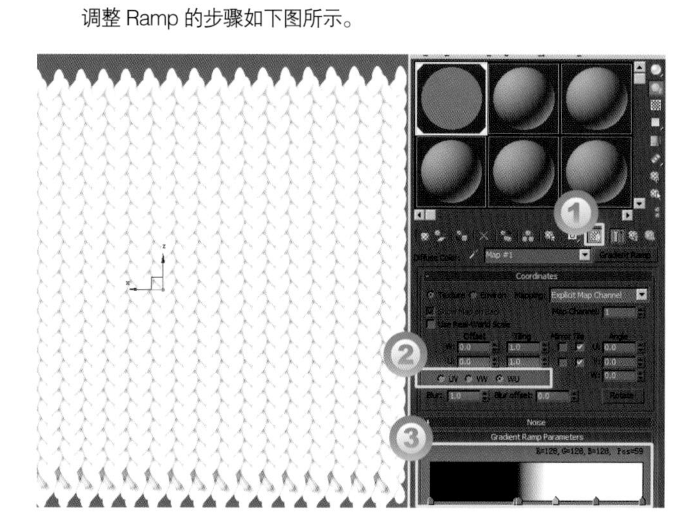

渲染设置如下图所示。

制作无缝贴图

将生成的图片导入 Photoshop，然后选取中间的一部分区域。

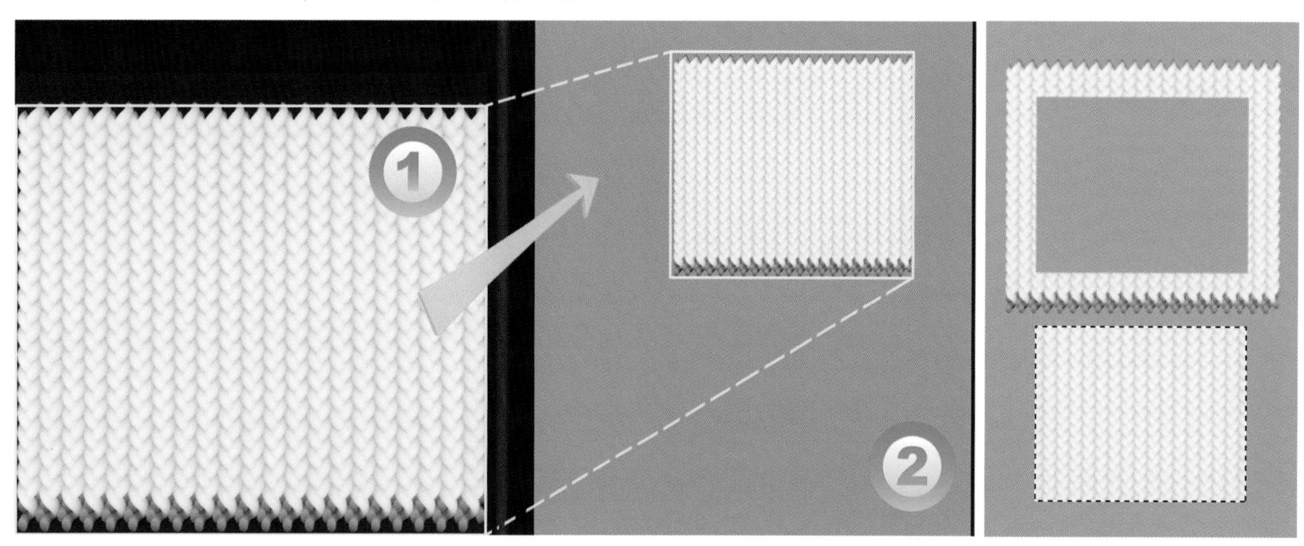

复制图层，然后将两张图拼接在一起。

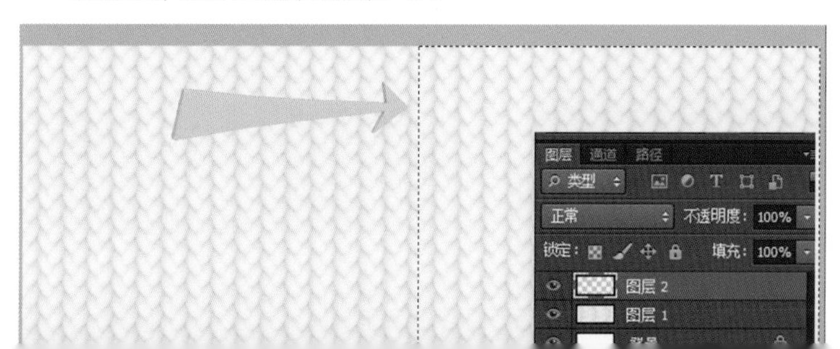

复制图层，然后向下拼接。

调整到 UV 里

将制作好的无缝贴图整理到毛衣的 UV 中，需要注意的是贴图的纹理走向要与毛衣的结构协调。

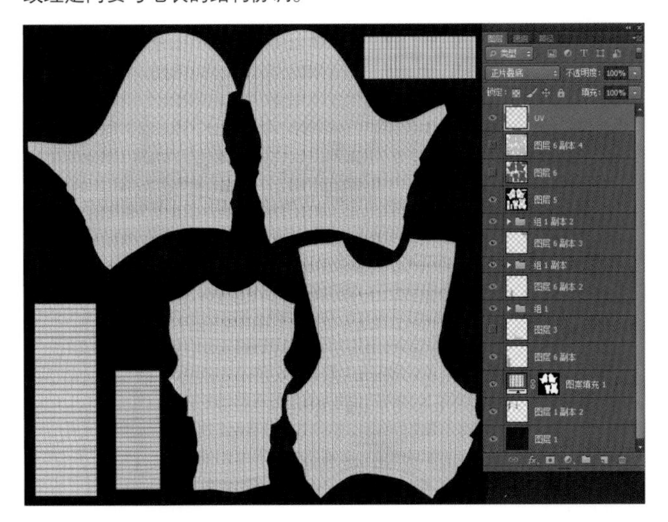

将调整好的贴图添加给模型。

制作毛衣高模

在 ZBrush 中，单击“Tuxture>Import”按钮，然后导入制作好的 UV 贴图。

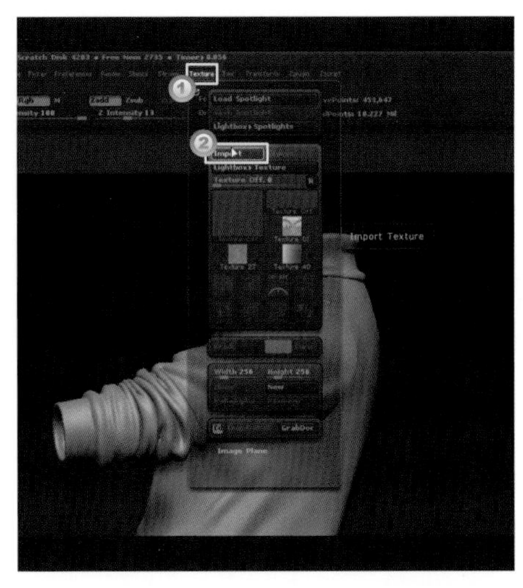

选择贴图，单击Flip V按钮，垂直翻转贴图。

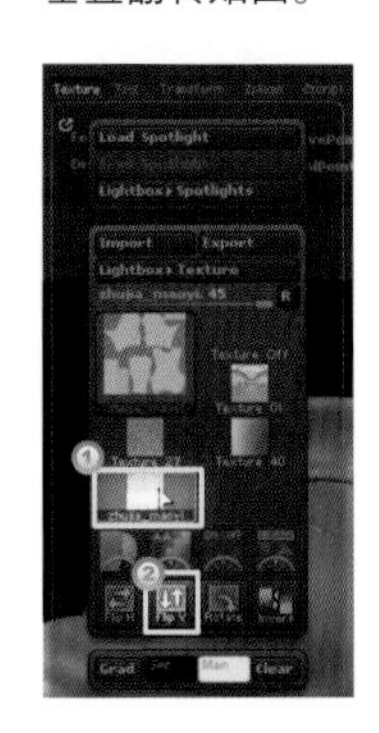

为模型添加遮罩，然后取消贴图查看遮罩效果。

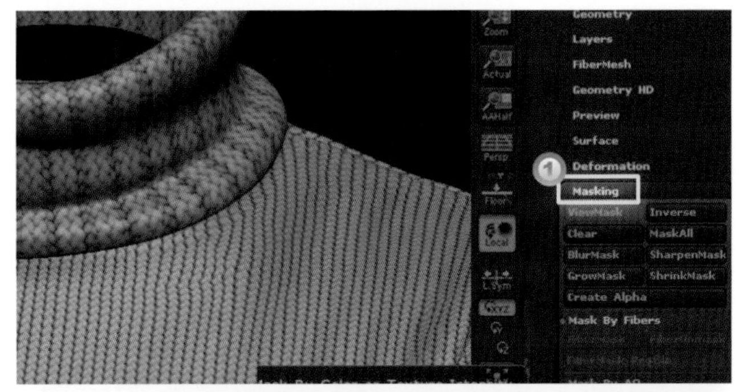

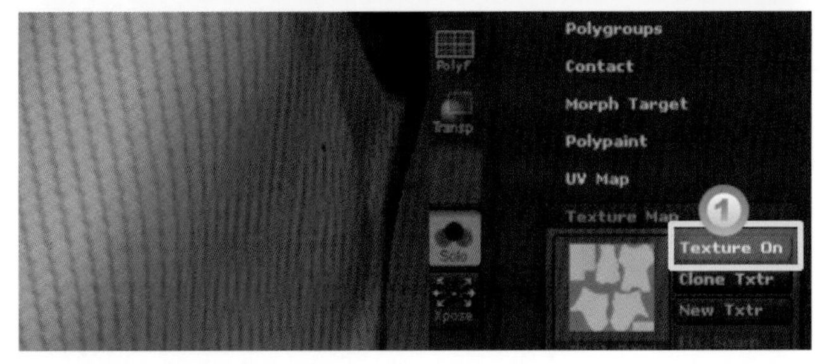

在 Deformation 卷展栏中设置 Inflate 值，使毛衣表面产生纹理的效果。

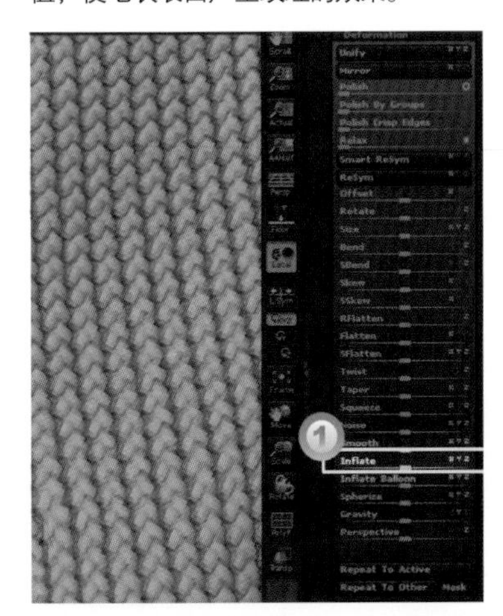

调整 Smooth 属性，使纹理变得更光滑。

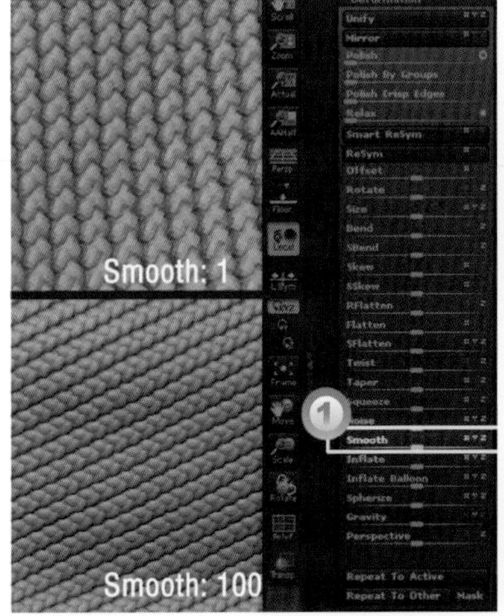

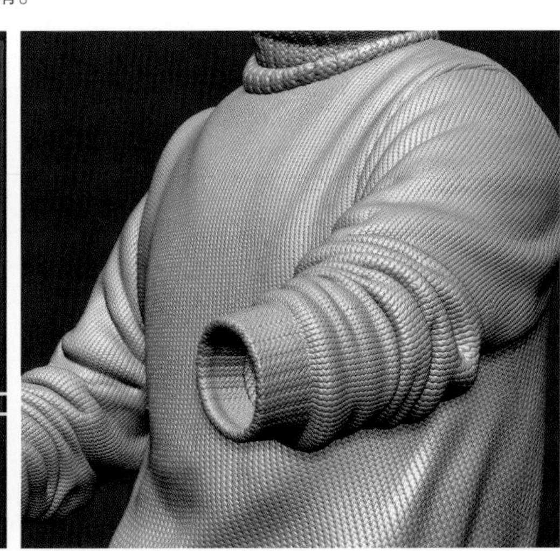

西瓜贴图

西瓜大家都不陌生，是酷夏时的必备水果。我相信大家吃了那么多年的西瓜，一直都没仔细看过西瓜的纹理吧！在制作这个作品之前我也没有仔细观察过，只知道西瓜有花纹瓜、黑皮瓜、青皮瓜。在记忆中就是一个大概的印象，现在想要制作一个偏写实的西瓜就要仔细地研究一番。

本作品制作的是花皮西瓜，它的表皮颜色大致分为大条纹绿色，这个颜色最深，在大条纹中还有细小网纹，瓜瓤的颜色主要是偏暖色的，以大红为主，其次是玫瑰红，瓜丝偏黄色，这部分的颜色很小，但是对于丰富瓜瓤起到至关重要的作用。

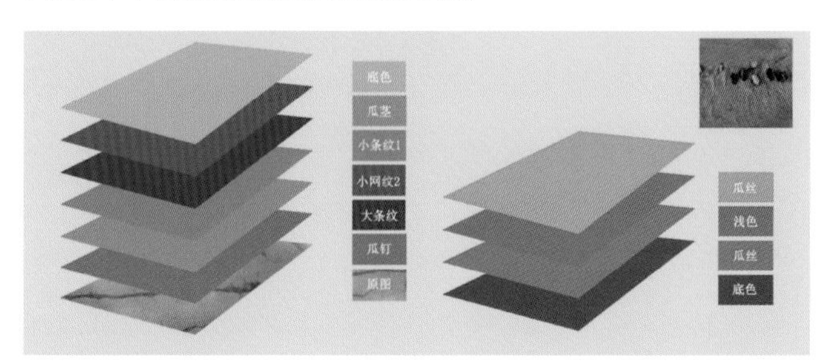

西瓜纹理形状也很丰富，大纹理是整个西瓜的颜色变化，主要依区域体现，最明显的纹理是大长条纹，每个西瓜的条纹数都不一样，根据需要绘制即可。小碎纹是依一些小点存在的，比较密集。最后还有很多相互连接的网状纹，这些通过仔细观察都比较容易得到。

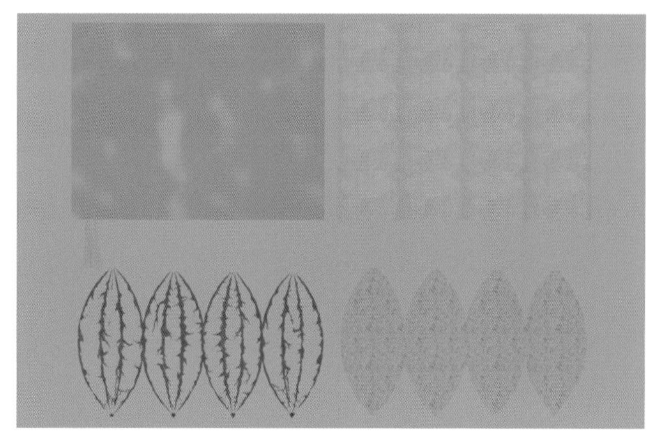

绘制贴图

ZBrush 的顶点着色功能很强大，可以直接在模型的顶点绘制颜色，然后转换成颜色贴图输出。激活 Rgb 功能，然后关闭 Zadd 功能，接着选择一个比较亮的材质。主要是方便观察颜色的变化，让颜色的呈现更直观。

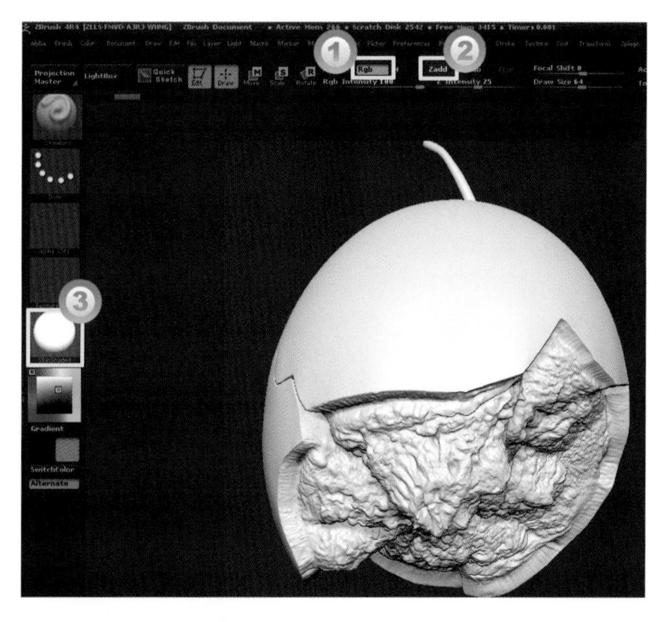

选择 Color 命令，然后在色盘中选择白色，接着单击 FillObject 按钮填充颜色。

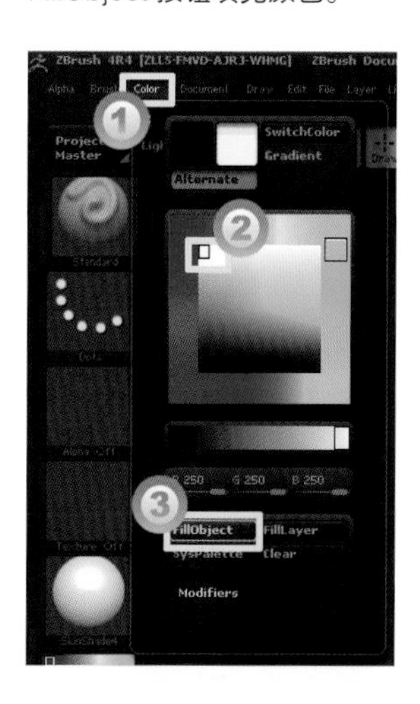

在左侧的工具盒中选择要绘制的颜色，然后调整 RgbIntensity 和 Z Intensity 属性，接着开启 Colorize 功能。

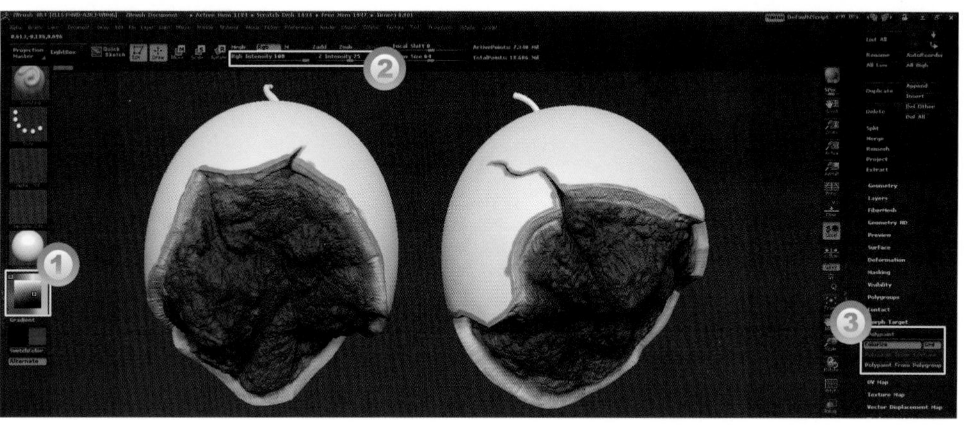

烘焙贴图

在 ZBrush 中烘焙出西瓜的置换贴图，操作步骤如下图所示。

在 ZBrush 中烘焙出西瓜的法线贴图，操作步骤如下图所示。

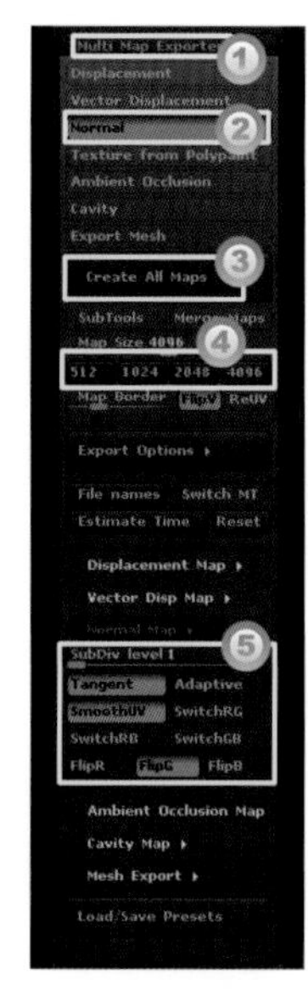

在 ZBrush 中烘焙出西瓜的颜色贴图，操作步骤如下图所示。

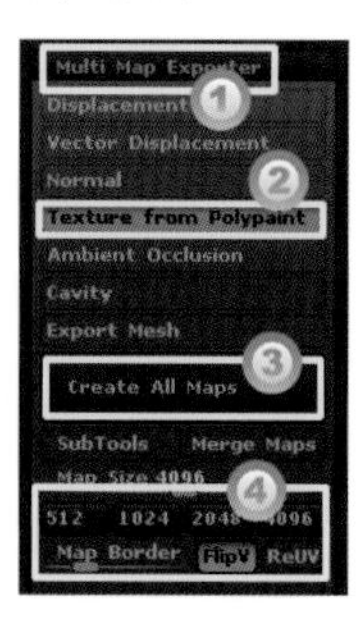

修图

在 Photoshop 中把烘焙的贴图整合起来，这个根据自己绘制贴图的习惯来放置。基底色是物体整体颜色倾向和大的颜色变化；纹理层是西瓜表皮和瓜瓤的细小变化，例如之前分析的网状纹、条形纹和瓜丝等；AO 层是由 ZBrush 中导出的置换和 AO 贴图组成的，它们可以添加贴图细节，丰富贴图的明暗变化；UV 网格是观察物体的位置和选择物体的区域，这样绘制起来会很方便。

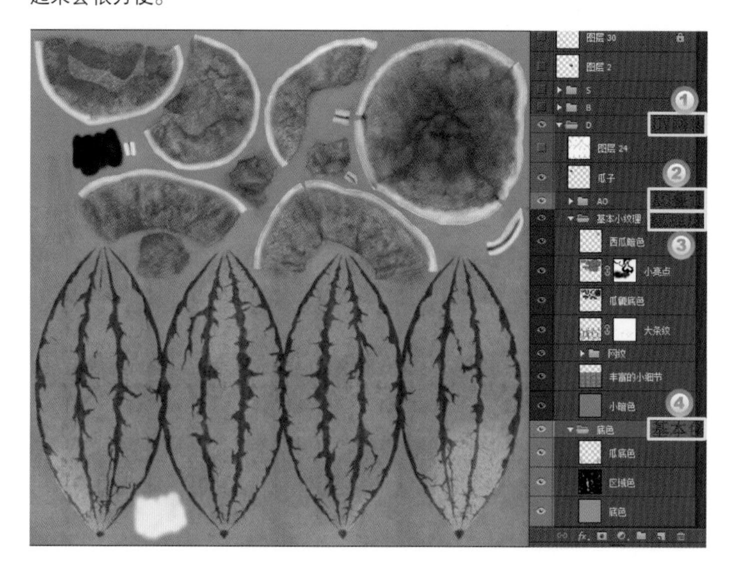

Bump 贴图的调整步骤如下图所示。

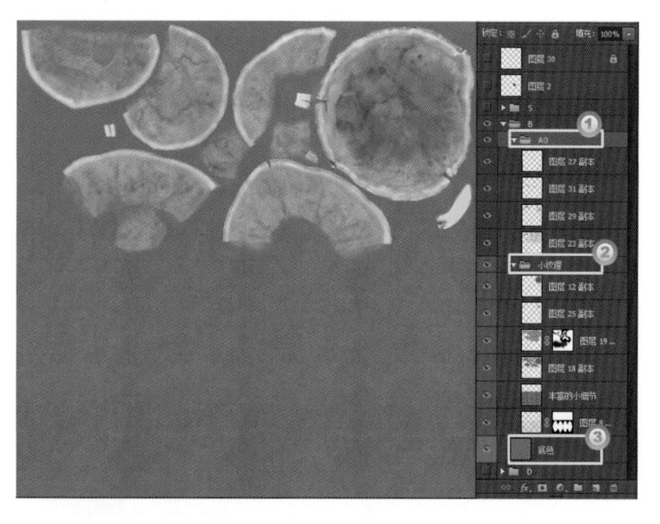

高光贴图的调整步骤如下图所示。

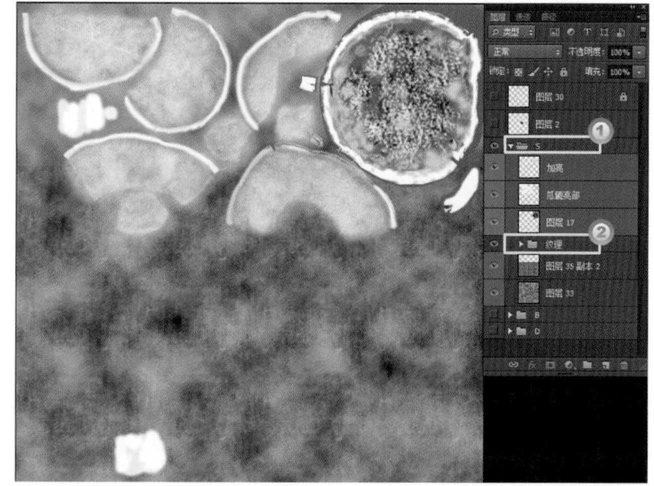

调整完的贴图效果如下图所示。

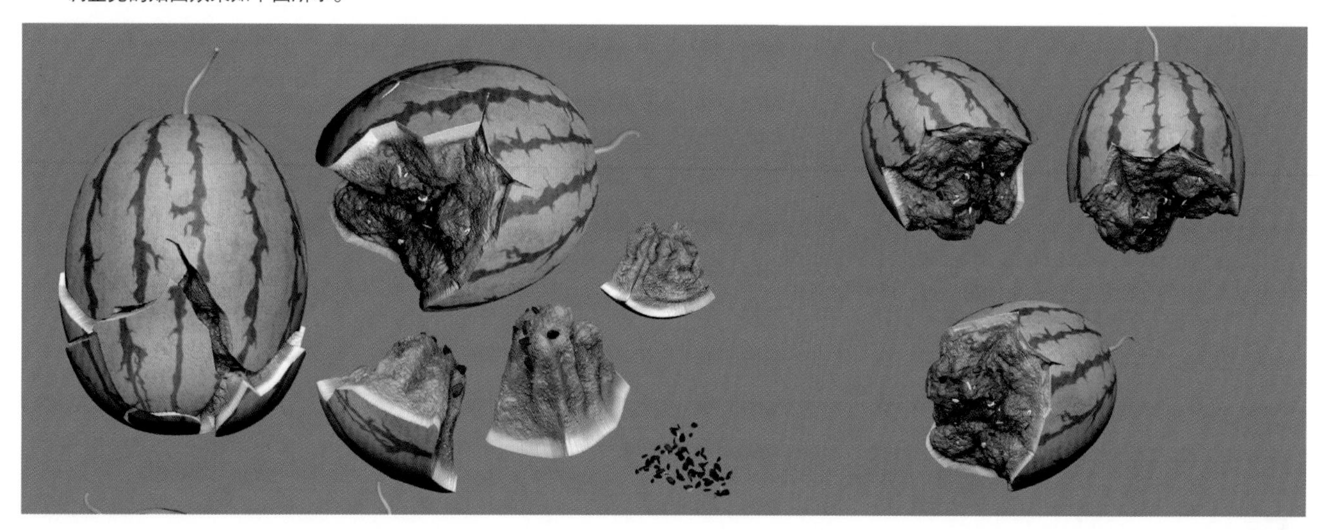

西瓜材质

在材质编辑器中创建 VRayFastSSS2 材质，然后将前面制作的贴图连接到相应的通道中，具体的操作如下图所示。

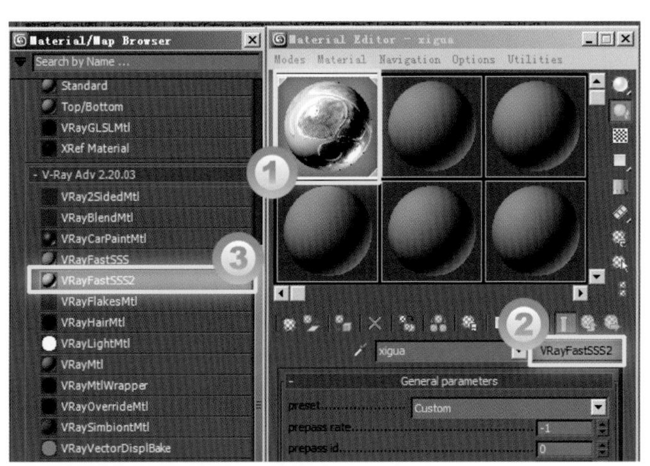

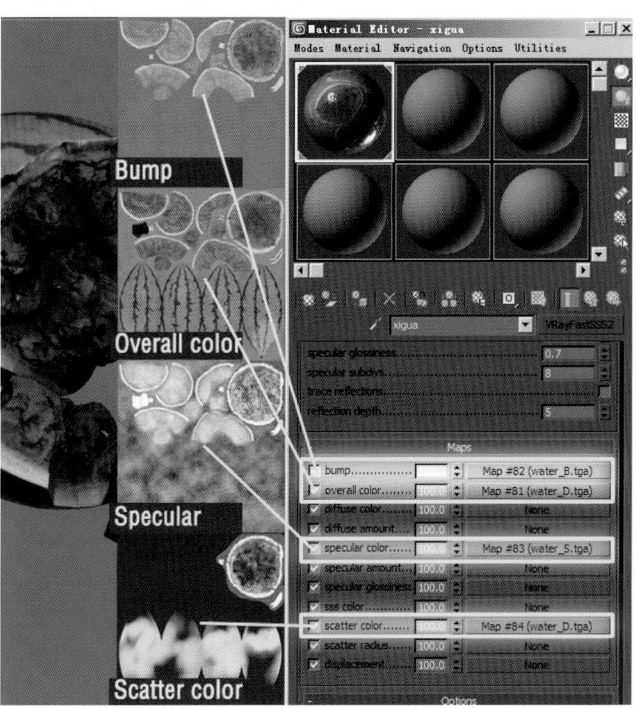

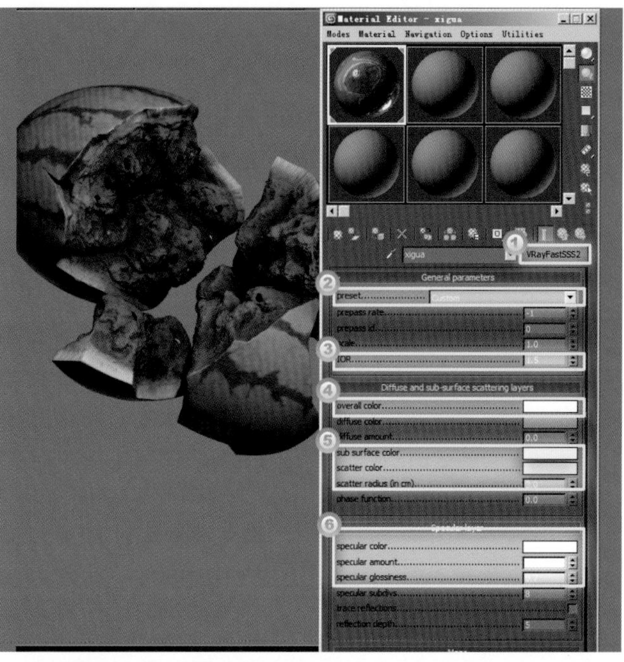

绘制妇女皮肤纹理

为了让角色的贴图细节更丰富，我使用了ZBrush映射加手绘的方式。

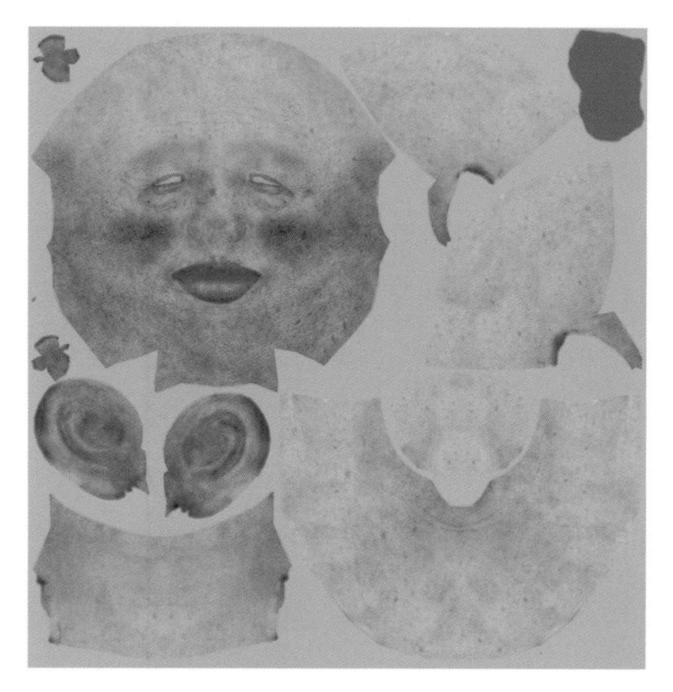

前期的准备

在映射之前就是要找到需要映射的素材，图片的精度越高越好，并且每张图片的光影和色彩差别不能太大，有高光的地方，需要手动修补。

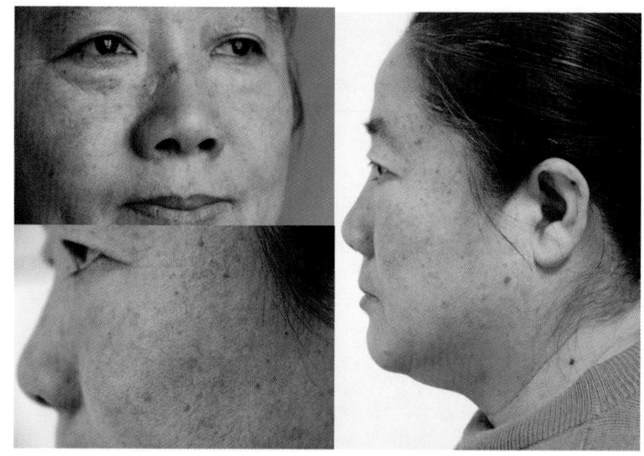

使用 Spotlight

用ZBrush打开雕刻好的高模，这里所说的高模是没有太多细节的，考虑要用到映射，所以就没有过多雕刻，映射完成后可以根据贴图的纹理继续塑造，这样折痕和纹理能够完美匹配。

将人物模型导入ZBrush，然后按T键进入编辑模式。

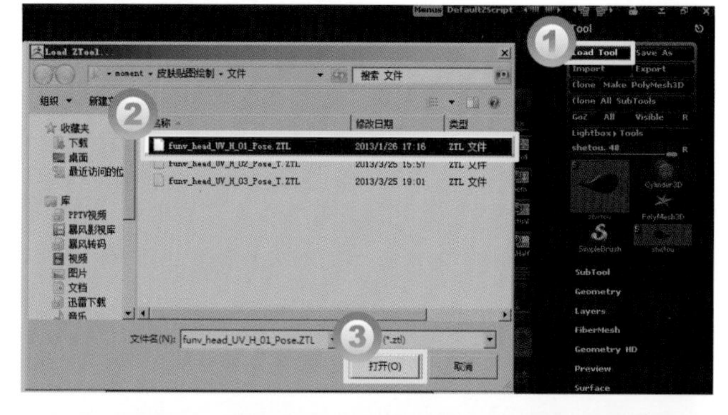

ZBrush默认打开的材质为土红色的，在映射贴图时不方便观察，单击材质球，然后选择一个白色的材质，这样映射上去的纹理比较便于观察。

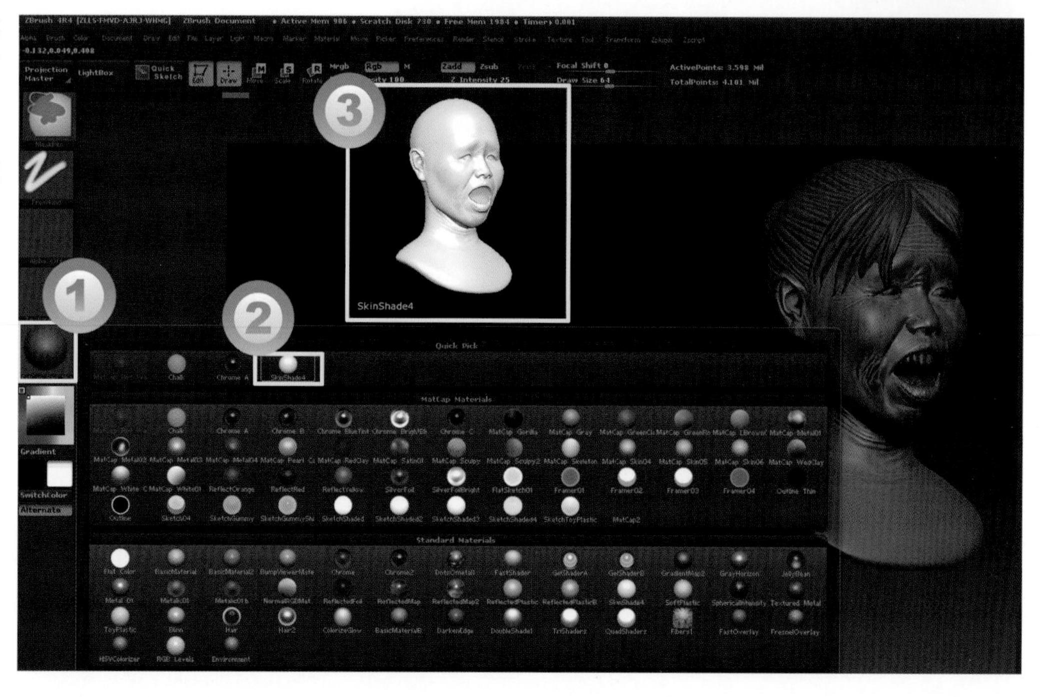

将映射的素材导入 ZBrush。

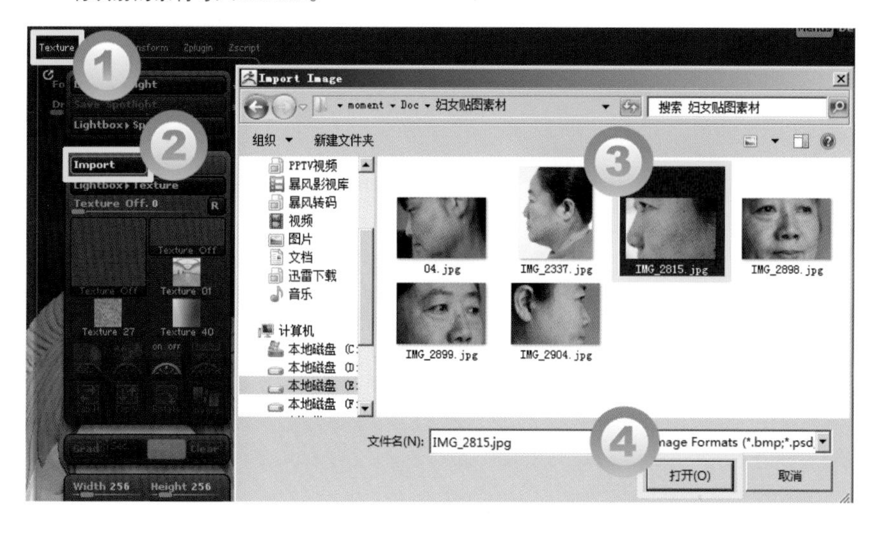

选择图片素材，然后单击 Add to Spotlight 按钮，将素材载入视图。

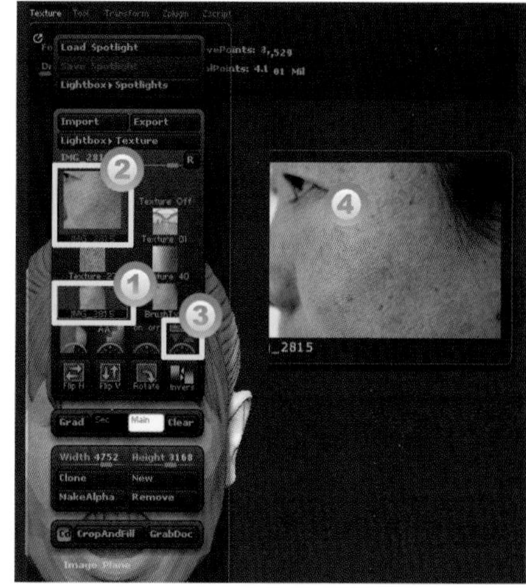

现在的模型不可操作，在视图中可以看到一个转轮，转轮上放置了很多工具，工具可以对图片进行移动、缩放、旋转和透明度等操作，这里主要是为了便于映射。

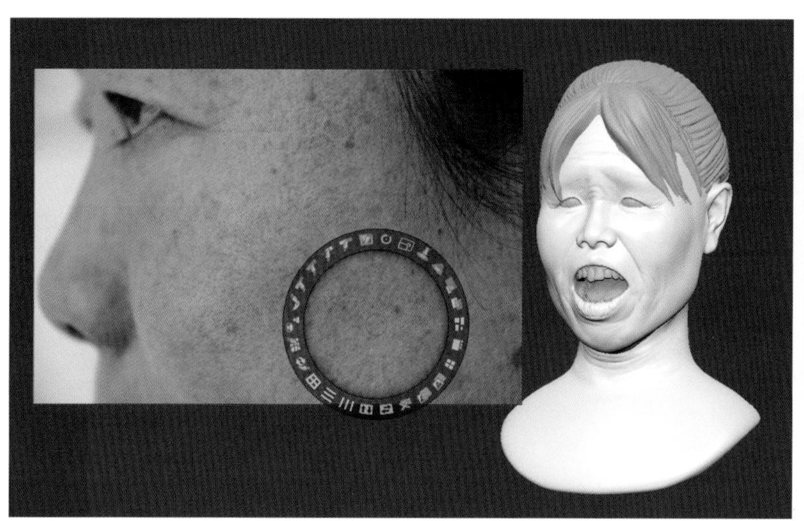

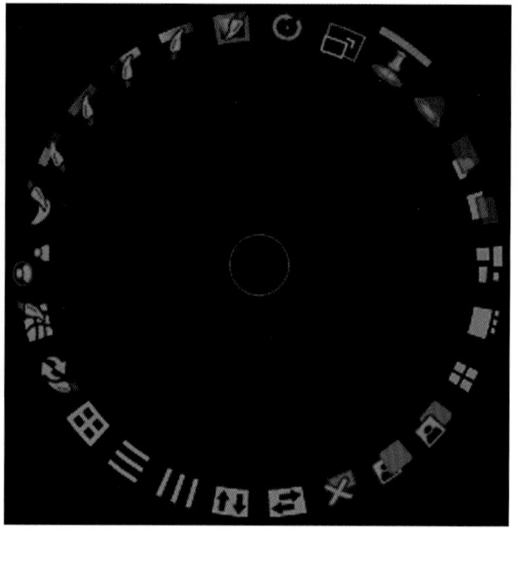

开启 Rgb 功能，关闭 Zadd 功能，然后按 Z 键切换控制模型。把模型放到一个合适的位置，尽量填满视窗，这样映射出的图像会更清晰。再按一次 Z 键控制贴图素材与模型基本对齐，主要是对齐需要映射的那部分。对齐完成后按 Z 键在模型上绘制即可，这时素材上的内容就会映射在模型上。如果要关闭图片，可以按快捷键 Shift+Z。

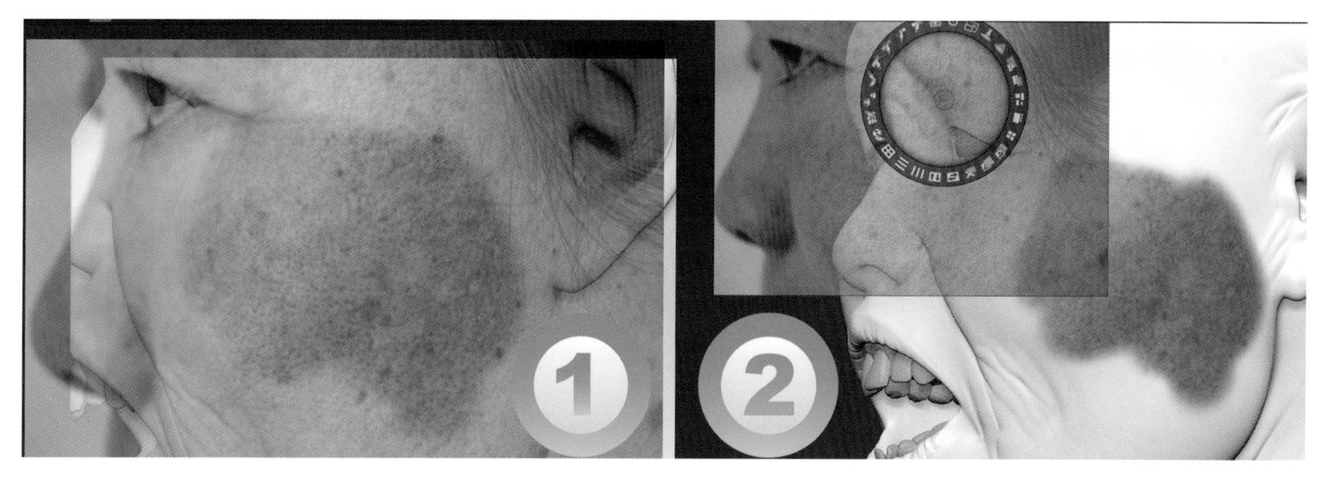

重复以上步骤映射不同位置的图片，完成模型贴图的映射。到这里还不算结束，映射完成的图片没有我们想象得那么完美，会出现区域接缝和颜色差异等问题。

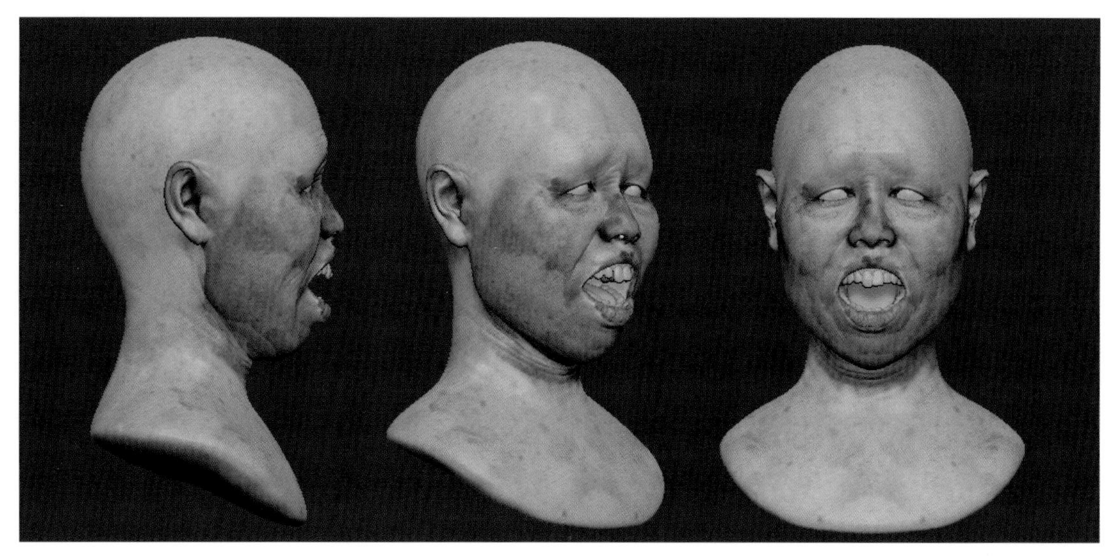

使用 ZApplink

在 ZBrush 中处理接缝，需要用到 ZApplink 功能。该功能可以将 ZBrush 连接到 Photoshop，在 Photoshop 中绘制 ZBrush 模型的贴图，再将贴图导回 ZBrush 的模型上。ZAppLink 实际上是连接 ZBrush 和其他图像编辑包的桥梁，省去了很多烦琐的操作。在使用 ZApplink 功能时，需要注意以下几点。

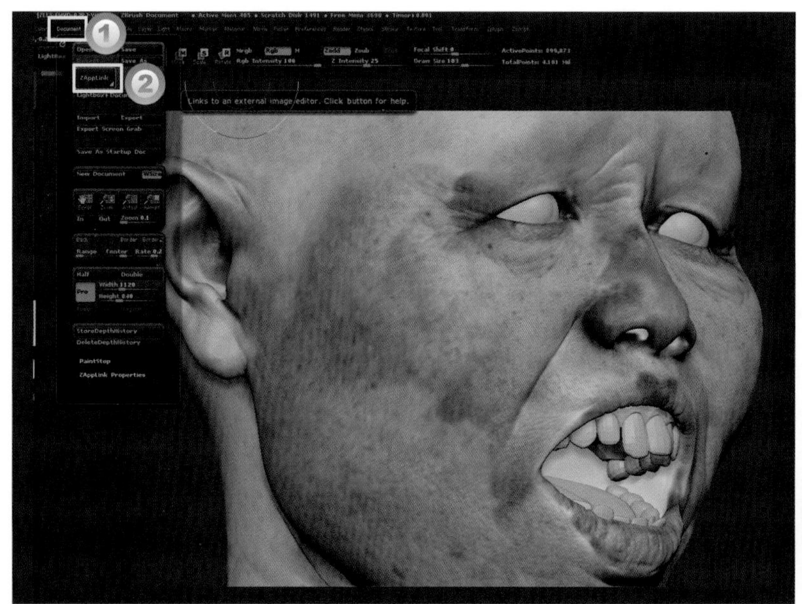

- 模型尽量填满视图窗口，这样提取的像素会比较多。
- 在使用 ZApplink 功能时，材质最好用 Matcap Materials。如果用 StandardMaterials 可能不能映射。
- 为防止穿透，也可以分块映射，即把不需要映射的面隐藏。

选择"Document>ZApplink"命令，在打开的对话框中根据需要设置其参数，设置完成后单击 DROP NOW 按钮。

此时，会自动启动 Photoshop，如果没有打开 Photoshop，回到 ZBrush，单击 Set Target App 按钮设置打开软件即可。在 Photoshop 中会自动建立 3 个图层，它们的次序都不能改动。第 1 个图层和第 3 个图层被锁定，说明不能编辑。

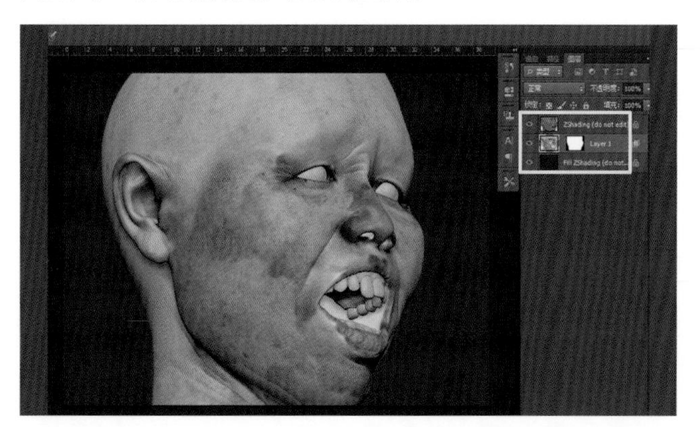

我们只需要在第 2 个图层中工作即可，这里可以用 Photoshop 中所有的工具来完成你想进行的工作，笔者常用的是修复、羽化、色阶，以及饱和度等工具。

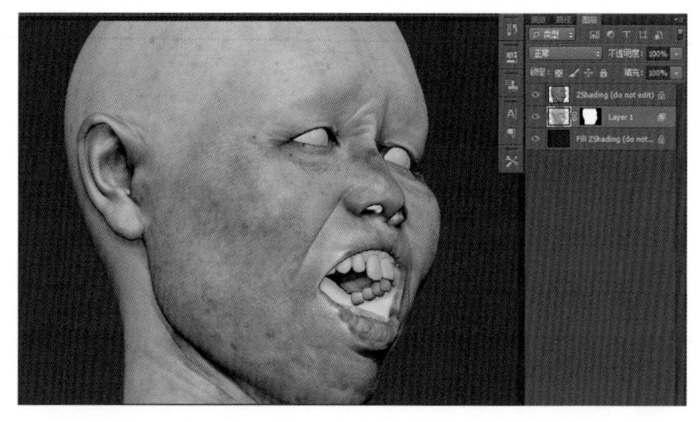

修补基本完成后按快捷键 Ctrl+S 保存，然后回到 ZBrush。此时，会打开一个对话框，单击 Re-enter ZBrush 按钮用来回到 ZBrush 并改变原有贴图，而单击 Return to external editor 按钮用来返回 Photoshop 继续编辑。

还有一种没有成功的情况。单击 OK 按钮不做处理；单击 Re-Check 按钮用来回到 Photoshop 继续检查；单击 Return to external editor 按钮用来返回 Photoshop 继续编辑。

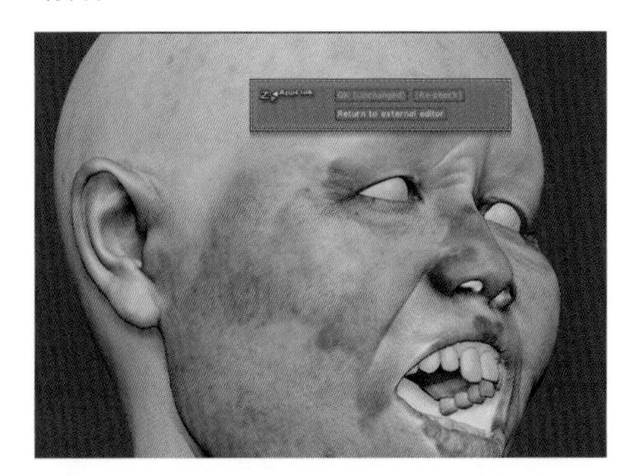

单击 Re-Check 按钮还会打开一个对话框，单击 Pickup Now 按钮，Photoshop-editor 中的内容发送到 ZBrush 中。

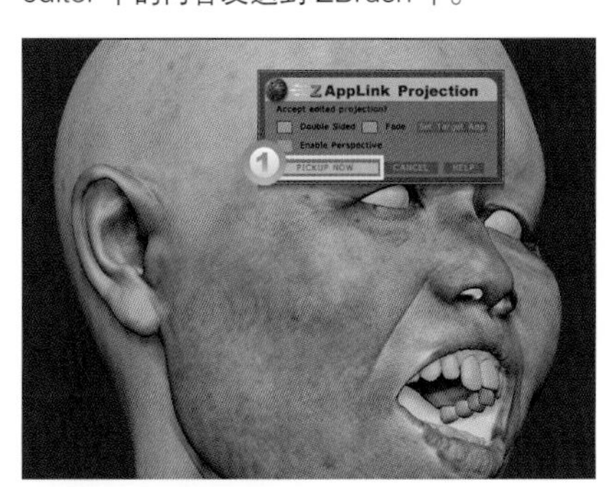

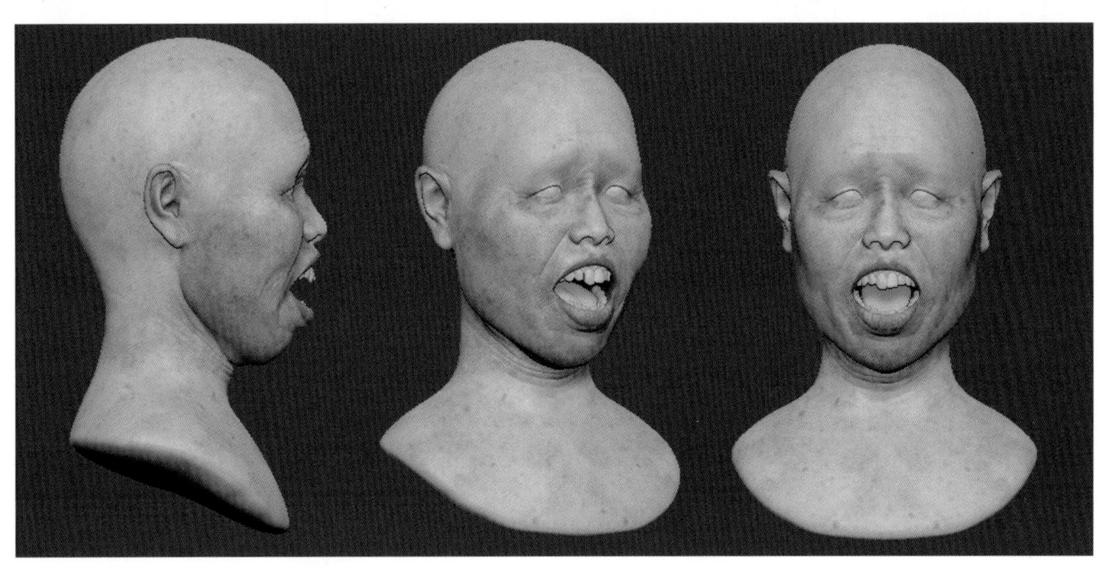

重复以上操作，修改不想要的位置，可以完成模型贴图的接缝修理。左图为最终修复接缝的完成图，到这里贴图才完成了一小半。

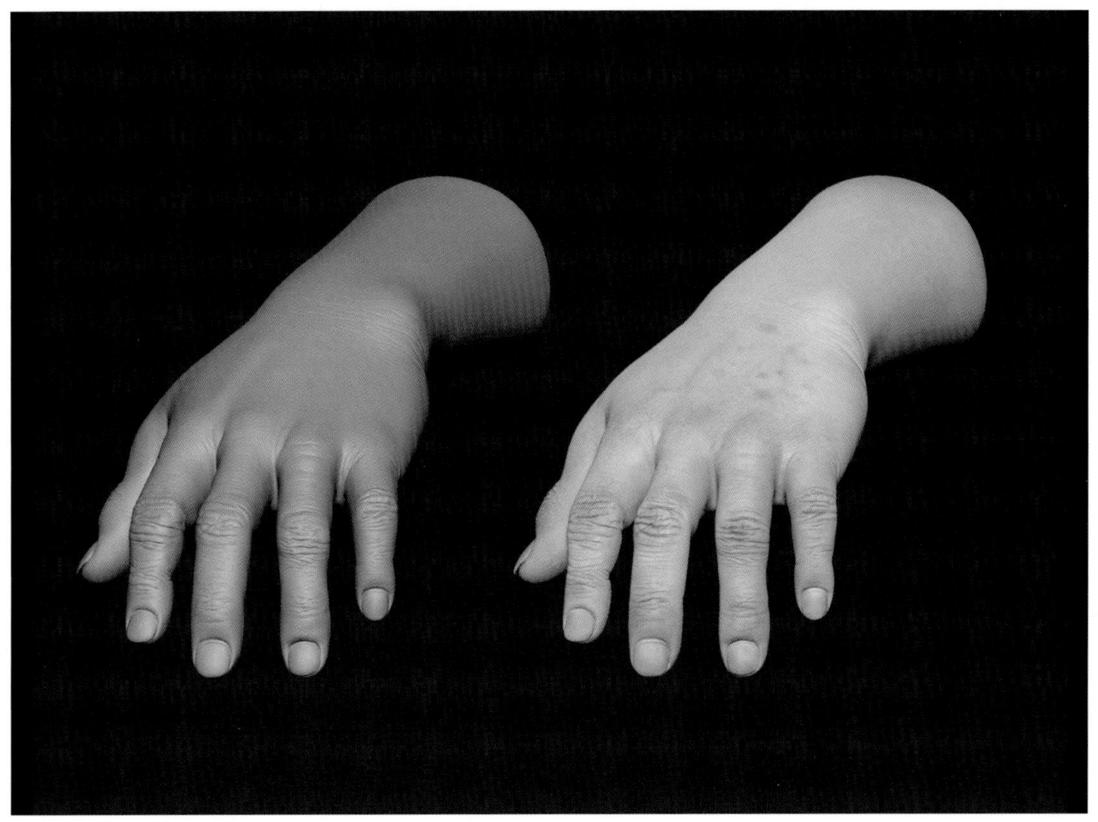

寻找丢失的颜色

映射的过程失去了很多像素和颜色变化，这时想要贴图更接近肤色、细节更丰富就需要再继续加工，在加工之前我们先来分析一些比较丰富的皮肤变化需要哪些要素。

这时用Mudbox来完成颜色的冷暖变化，再加一些筋脉、斑和血管等。

颜色贴图完成后在 Mudbox 中继续完成 Bump 贴图和高光贴图。

M 制作毛发 ODE HAIR

我使用 3ds Max 的 Ornatrix 插件来制作毛发。OX 的命令是依照修改器的方式存在的，有些命令需要添加别的命令才会出现，例如添加 Ox Guides from Surface 命令后才会出现一些子命令。这个可能不是太好理解，我用颜色区分出它们的使用类型，红色是制作毛发必须添加的修改器，黄色是对创建出来的毛发做修改的；蓝色是一些比较特殊的命令，没有标注的是我基本上没用到的。下面例子中我会讲到这些命令的大致用处。

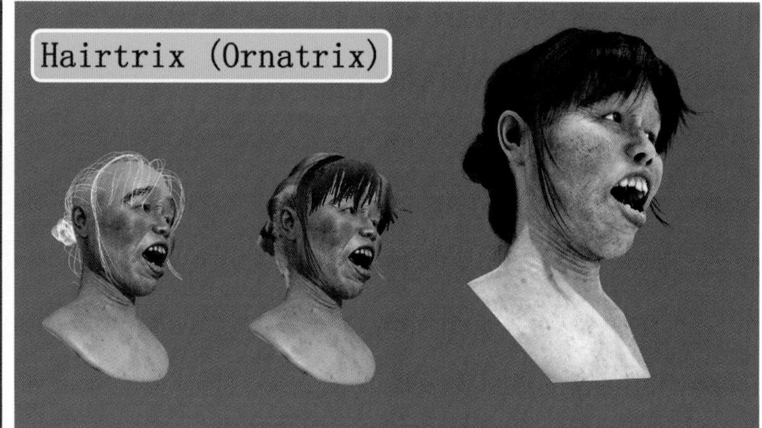

分析结构

根据角色的年龄和职业，选择一个中年的盘发造型，再添加刘海。制作这样的头发大概分 7 块来完成。把分出来的面用修改器的 Push 命令向里推几个单位，让它看起来在角色模型里面，这样生长出来的头发就会比较逼真。

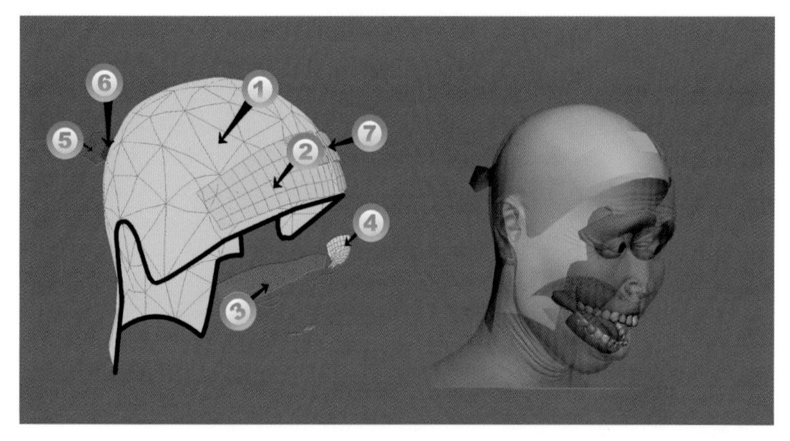

类似在 3ds Max 创建一个球体①，然后在原地复制球体①，将生成的球体②同比例缩小，放置在球体①里。这样生成的毛发会感觉是从头皮里生长出来的。这里要注意的是成长头发的模型面不要太密，否则后面梳理的时候比较烦琐。

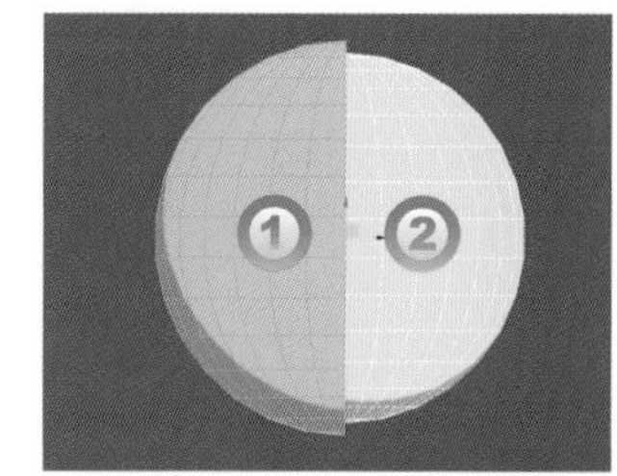

创建毛发

选择数字表示的第 1 块，在修改器面板中，选择 Ox Guides from Surface 选项。

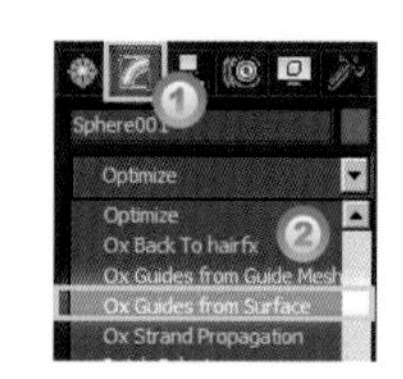

选择生成的引导线，在修改器中找到 OX 命令，你会发现增加了很多。

这时模型变成引导线，按照默认形式分布，基本示意图如下。

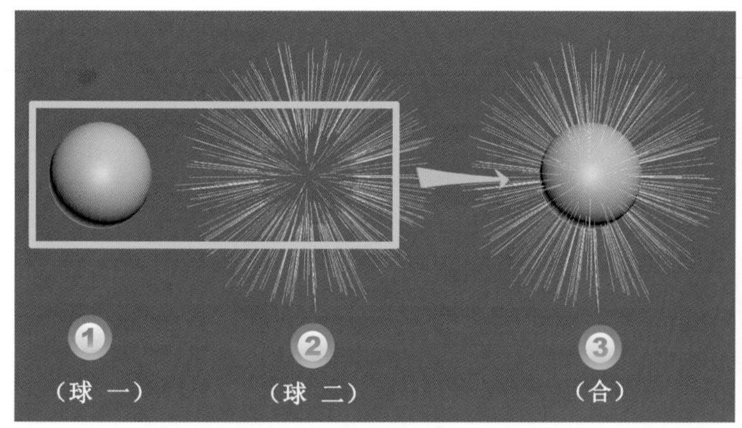

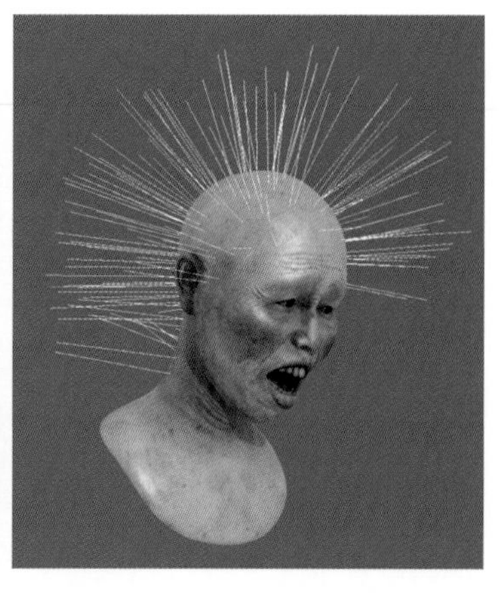

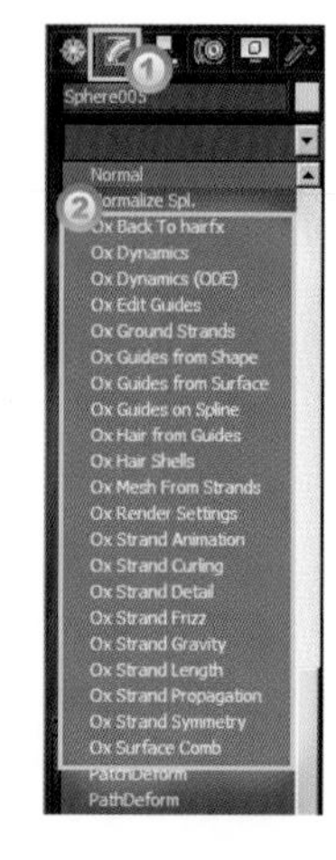

从表面生成引导线

我们先来学习第一个加的命令，也是做毛发必须加的 Ox Guides from Surface。选择引导线，进入修改器面板，添加Ox Guides from Surface属性，常设置的参数如图所示。

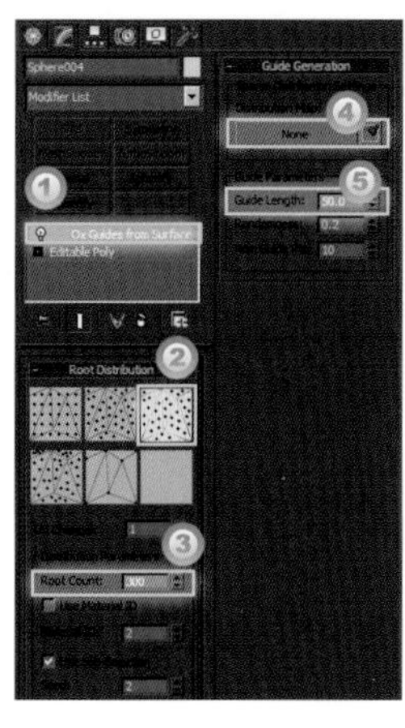

Root Distribution 有 6 种引导线的生成方式：Uniform Distribution、Random （UV -based）Distribution、Random （Area-based）Distribution、Random （Per-face） Distribution、VertexDistribution、Parametric Distribution，第 3 种比较符合这里的头发生长方式。

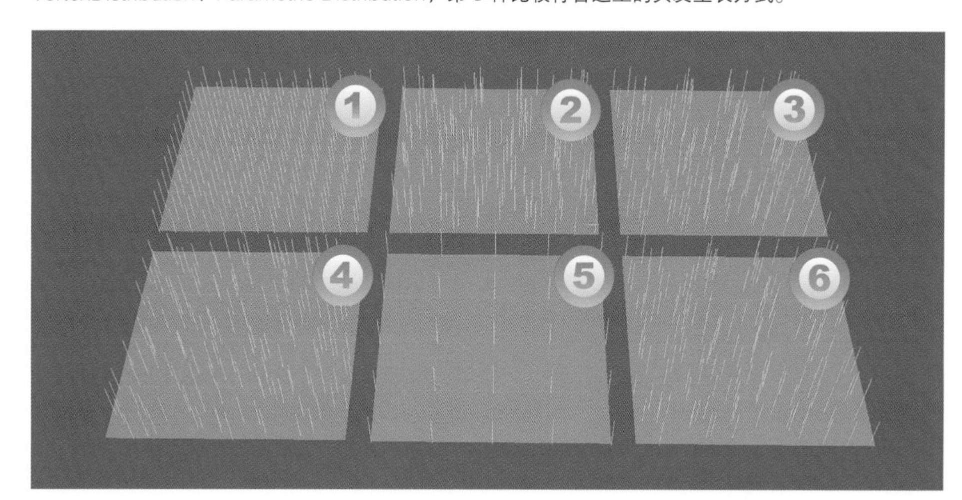

Root Count 属性控制引导线的数量，值越少引导线越少，反之越多。这里的引导线将直接控制头发的造型，引导线越多控制越精细。但是带来的工作量也会增加，所以控制数量不宜太高。

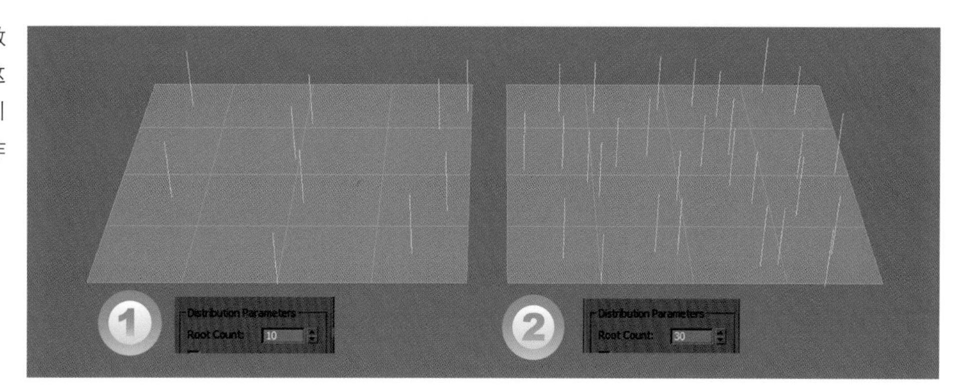

Distribution Map 属性可以用一张贴图来控制引导线的生长位置，主要是以黑白来控制的，白色为有，黑色为无。

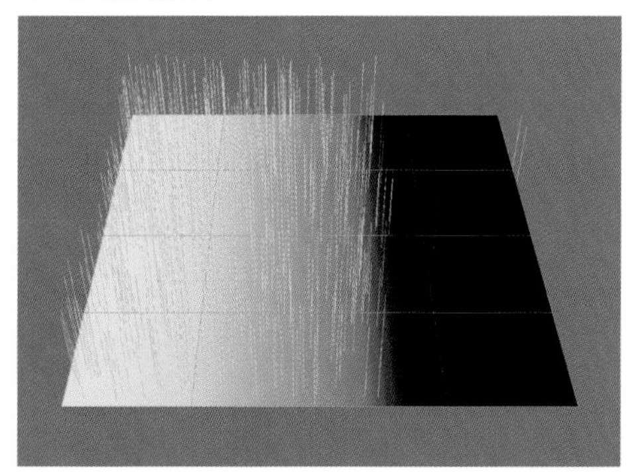

Guide Length 属性控制引导线的长度，也决定生长出来的毛发的长度。在制作过程中，引导线的长度要比预期要制作的头发长一些，这样后面好打理。

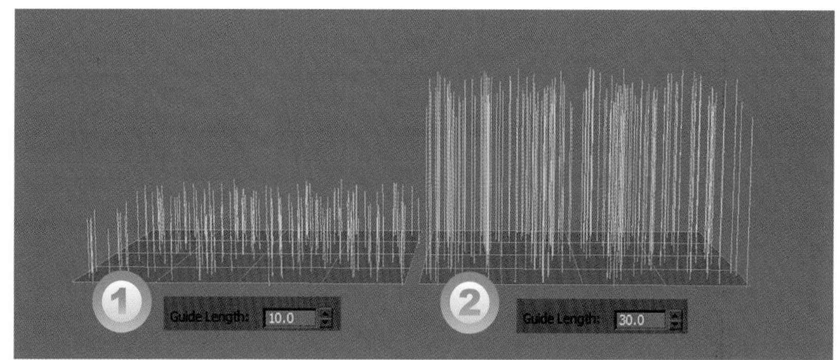

当 Randomness 属性为 0 时，每根引导线长度相等。Randomness 值越大，长度越不一致。

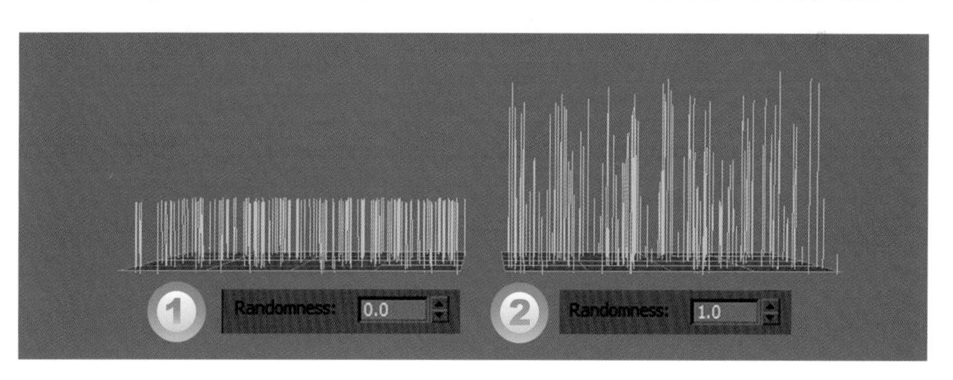

编辑引导线

对生成好的引导线进行编辑，也就是调整头发的大概走势。这里是向后梳，在后面扎一个小辫的感觉，只需要把发梢梳到后面集中到一点上即可。

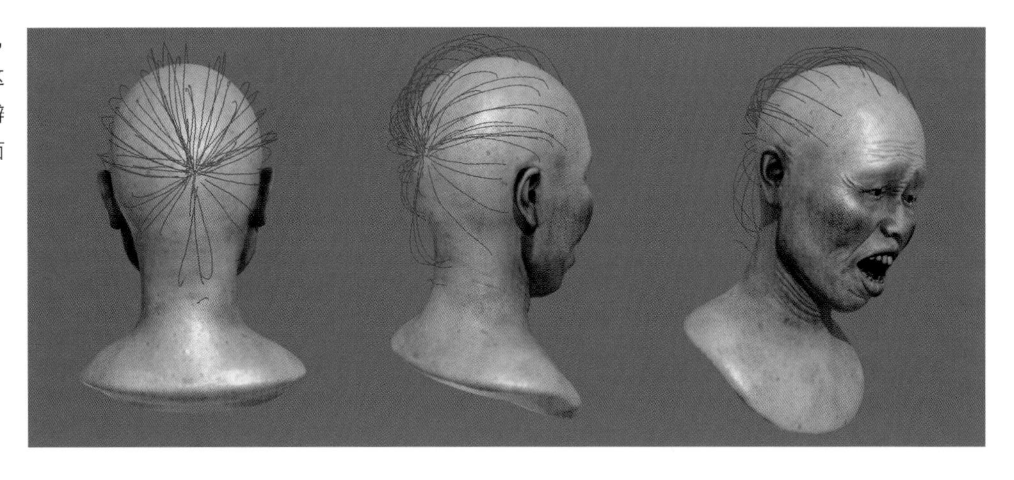

进入修改器面板，展开 OxEdit Guides 卷展栏，该卷展栏中包含 3 个属性，分别为 Root、Strands 和 Brush。

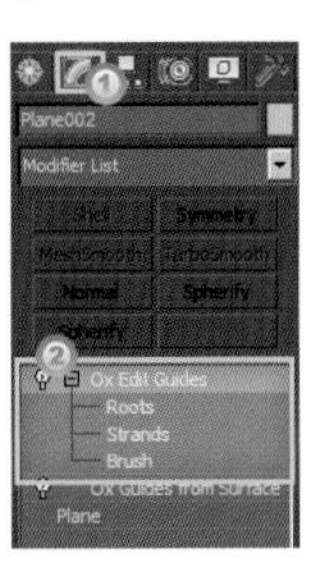

大部分对毛发的修改命令都集中在 Brush 中，常设置的参数如图所示。

选择 Brush 进入子面板，此时的图标已经切换到笔刷模式，在 Brush Options 属性组中可以设置笔头的形状，一般圆形用着会舒服一些。设置 Size 属性可以控制笔刷大小（快捷键为 Shift+ 鼠标左键）；Strength 属性则控制笔刷的强度（快捷键为 Shift+Ctrl+ 鼠标左键）。选择 Affect Selected Only 选项，只对选择的引导线产生效果。最后展开 Brushes 卷展栏，可以选择不同的笔刷来调整毛发的形状。

选择 Roots 属性，在 GuideSettings 卷展栏中的 Hide/UnhideAll 按钮可以隐藏与显示所有引导线；Freeze/Unfreeze All 按钮可以冻结与解冻引导线；Show Vertex Ticks 选项可以显示引导线的点；Plant/Remove 按钮可以插入引导线和移除引导线。

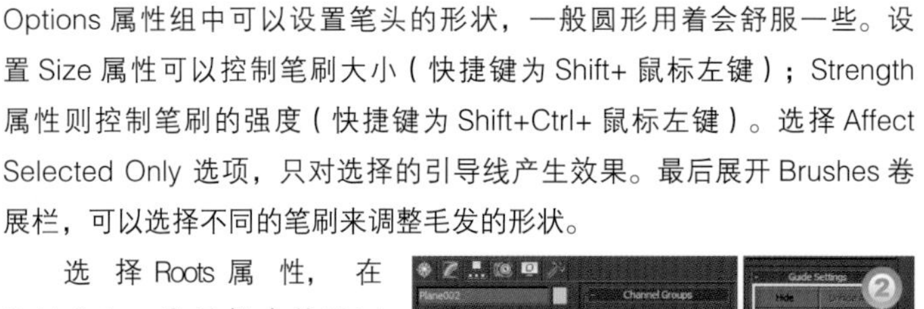

由引导线生成毛发

在修改器中添加 Ox Hair from Guides，然后选择 Ox Hair fromGuides 属性，与 Ox Guides fromSurface 命令相似，生成毛发的分布形式，依然选择第 3 种方式。

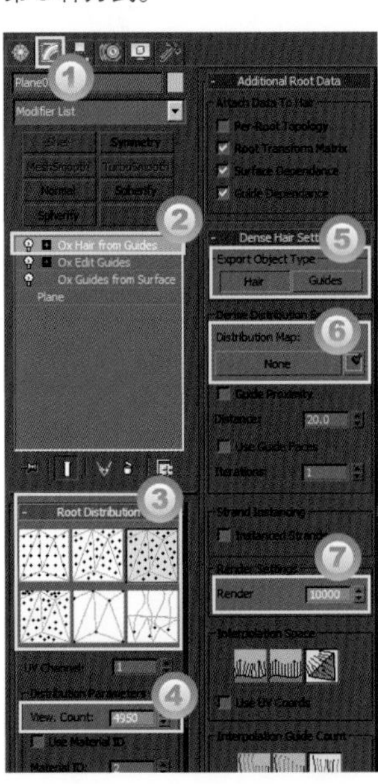

使用 View. Count 属性可以调整显示头发的数量，这些显示的毛发只提供视图的简单预览和最后渲染毛发没有任何关系。注意，设置得过高会影响操作速度。

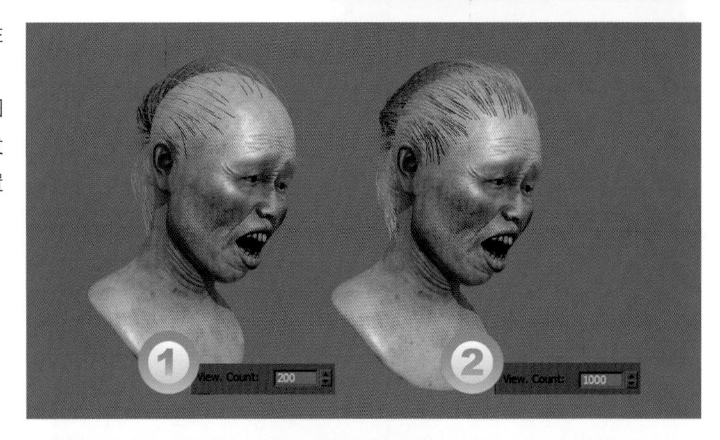

Export Object Type 有两种类型。第 1 个是 Hair 转换成毛发；第 2 个是 Guides 转换成引导线，可以对其继续添加 Ox Edit Guides 毛发编辑器，这样二次调整编辑可以得到更精细的控制。

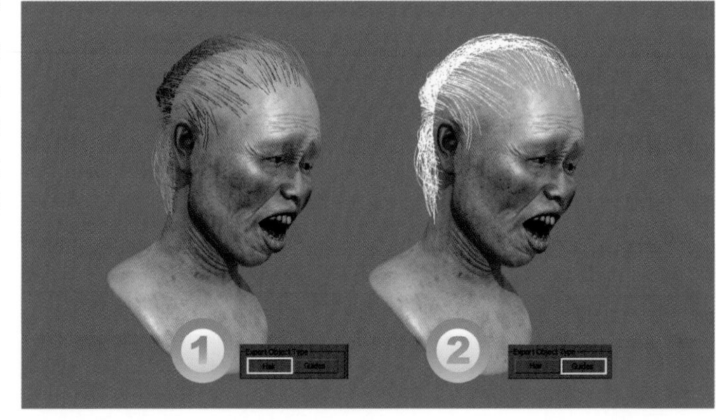

Distribution Map 属性可以连接一个贴图，用贴图的方式控制毛发的数量。白为有，黑为无。该属性可以连接 Vertex Color 和 Mapping Channel 两种贴图形式。

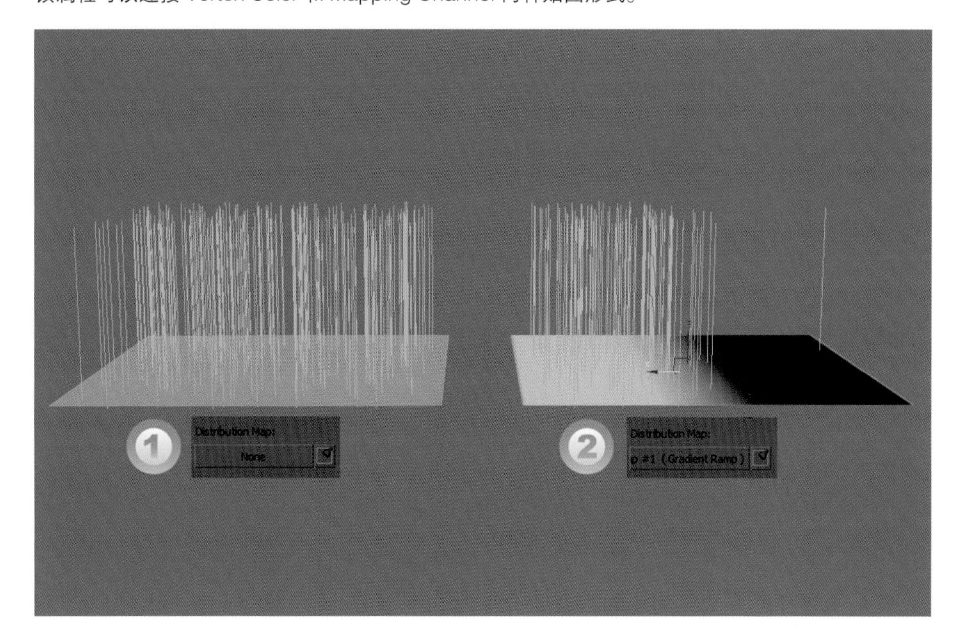

Render Setting 属性可以设置渲染数量，即最终渲染出多少根毛发，直接影响最终效果。

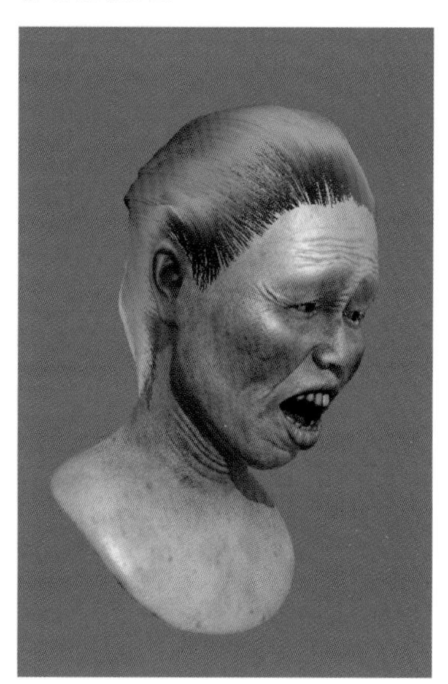

控制毛发的长度

使用添加修改器 OxStrand Length属性，可以控制毛发的长短，经常设置的参数如图所示。

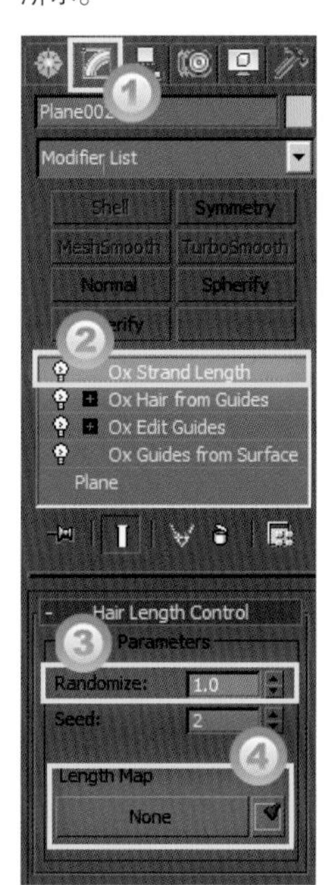

使用 Randomize 属性可以控制随机度。值越大，长度越不一致。

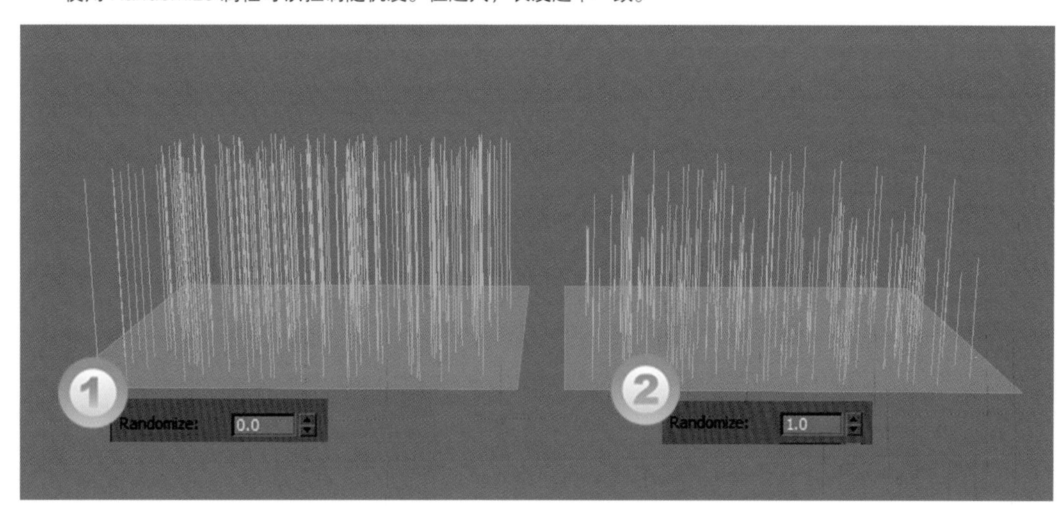

使用Length map属性可以连接一个贴图，以便控制毛发的长短，也可以把它当作剪刀来使用。

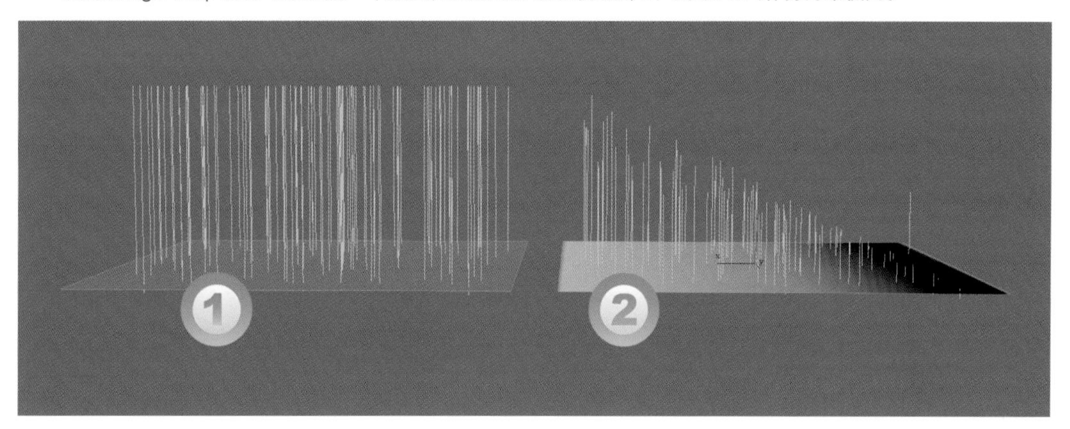

控制毛发的卷曲程度

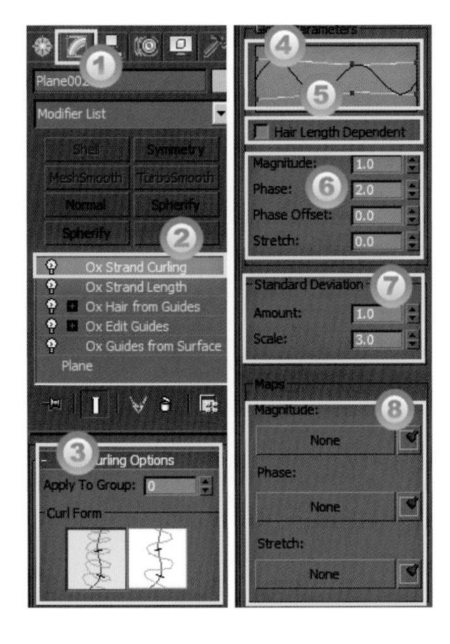

◀ Ox Strand Curling 属性主要控制毛发的卷曲程度，常设置的参数如图所示。Apply to Group 属性可以改写到组，一般保持默认值。Globe Parameters 控制头发的卷曲状态，上下的红点可以定义头发卷曲的状态，曲线的两头分别代表毛发的根和头发的末梢。

▼ Magnitude 属性控制卷曲的力度，值越大卷曲弧度越大，反之越小。

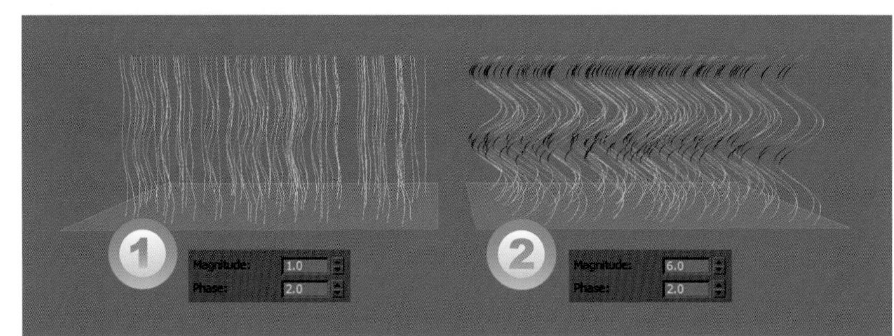

Phase 属性控制卷曲的弯曲段数，这个参数受引导线的段数影响，引导线段数越多，弯曲的弧度越平滑。

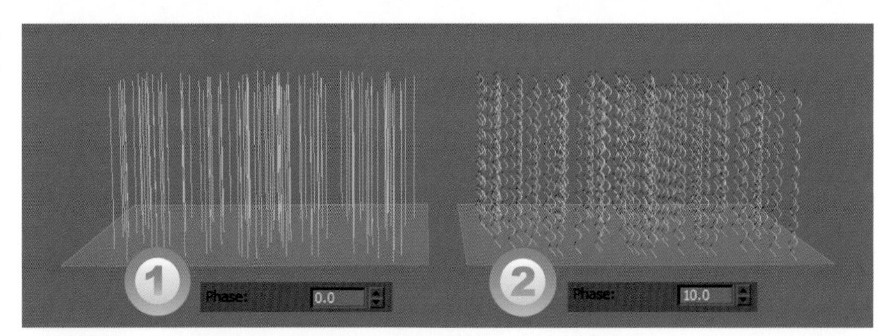

Phase Offset 属性控制卷曲段数的偏移，有点像随机值；Stretch 属性控制控制卷曲的疏密度。

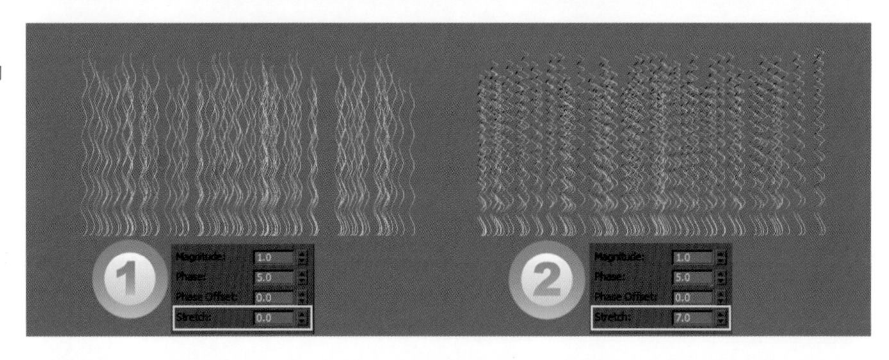

Amount 和 Scale 两个值需要配合使用，Scale 只要不为 0，Amount 就开始起作用。

Map 中的 Magnitude、Phase 和 Stretch 属性，可以通过贴图控制毛发的效果。

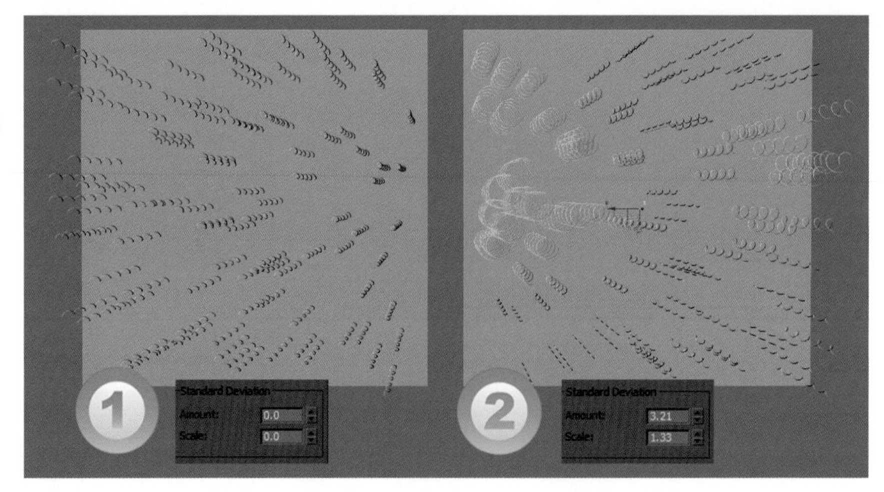

控制毛发的段数

Ox Strand Detail主要控制毛发段数，段数越多毛发造型越顺滑，常设置的参数如图所示。

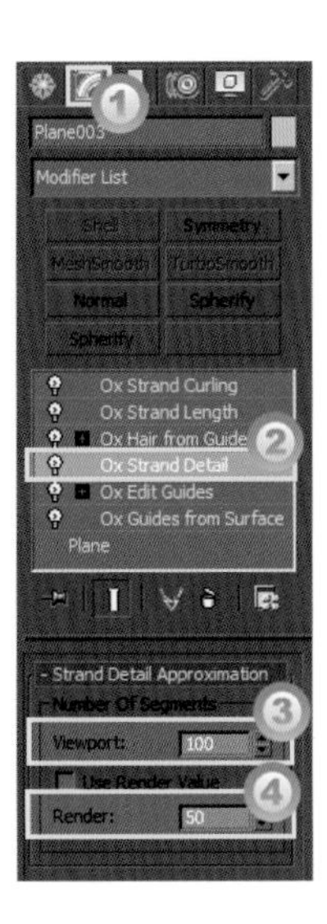

使用 Viewport 属性可以控制引导线的段数，需要注意的是段数不是越多越好，段数越高消耗的资源也越多。

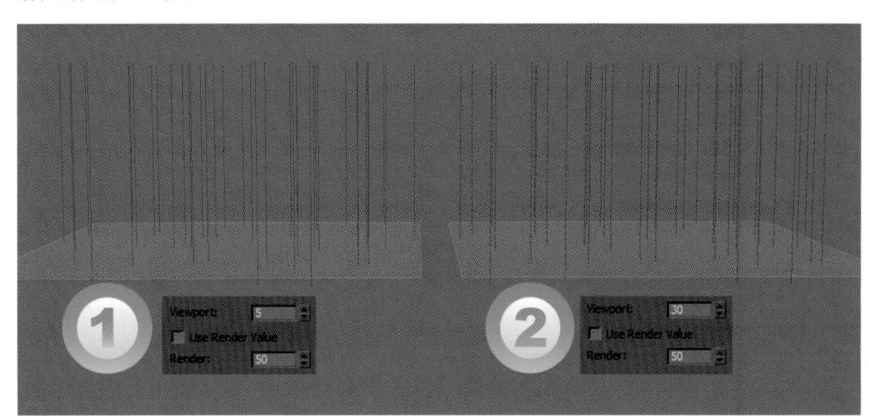

制作毛发打结

Ox Hair Clustering主要控制毛发打结，常设置的参数如图所示。

使用 Gen.Count 属性可以控制打结的数量。

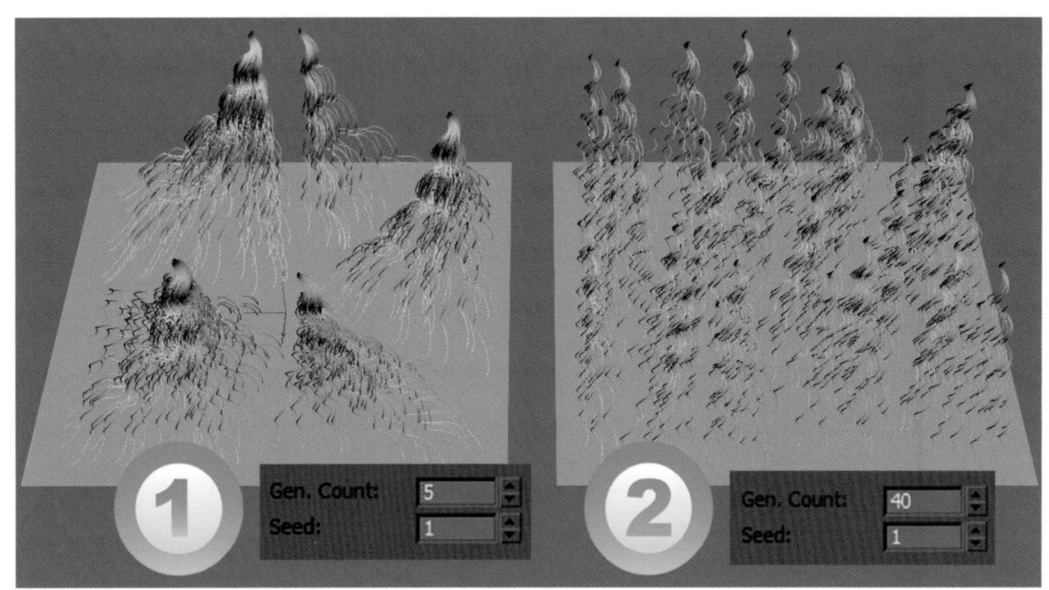

使用 Global Clustering 属性可以控制打结的形态，两端分别是毛发的根部和末梢，控制上、下小红点可以让毛发收拢或散开。

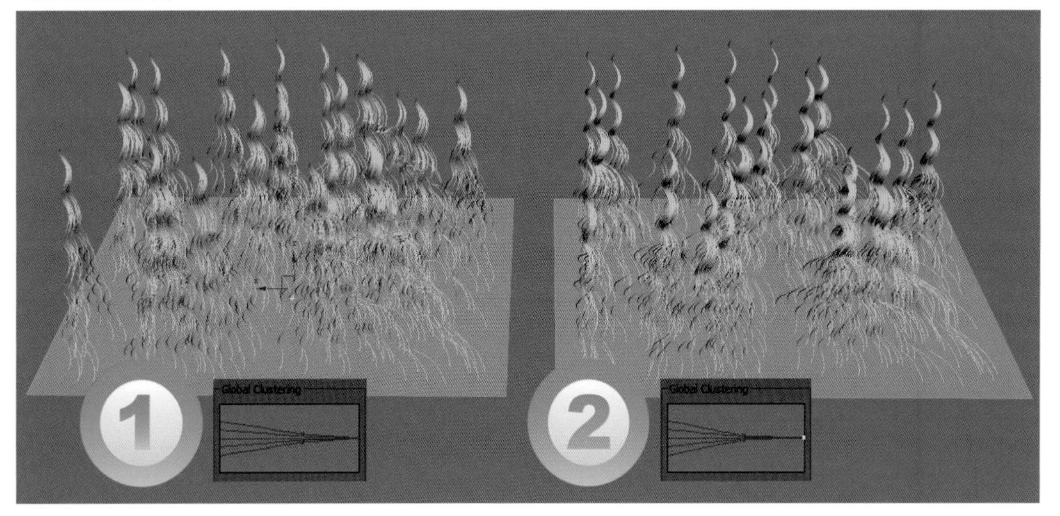

使用 Thickness Map 属性可以用贴图控制毛发打结的位置。

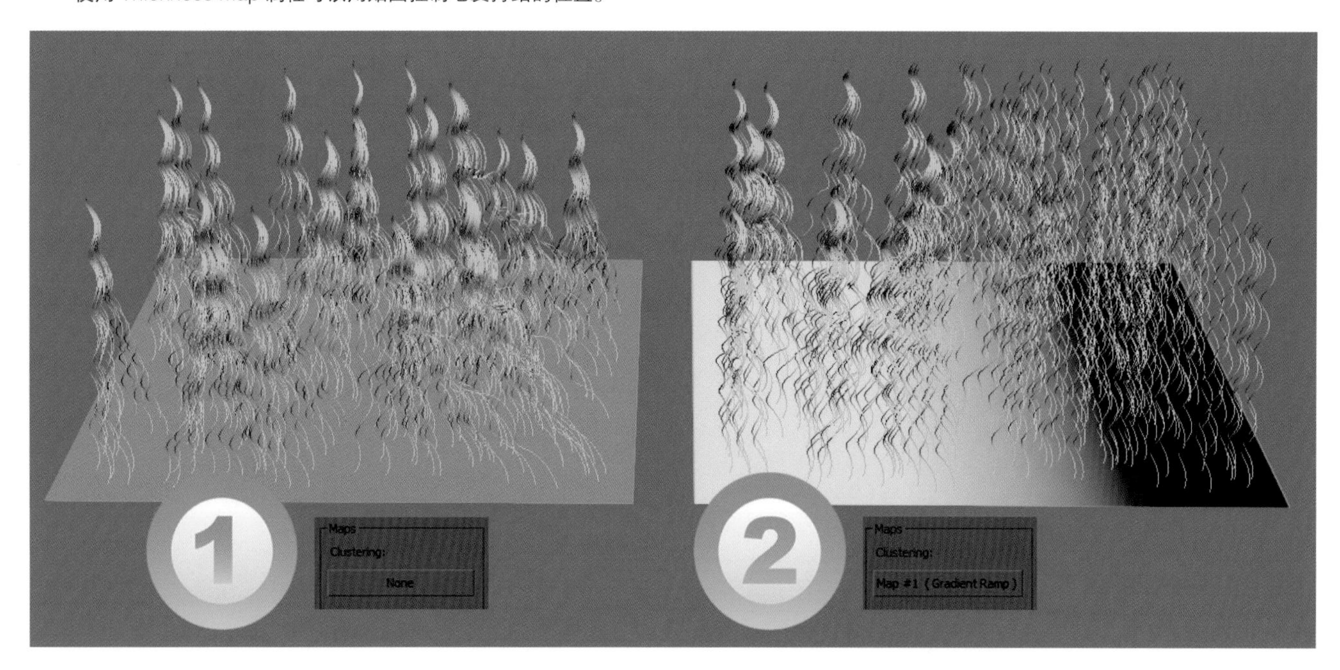

设置毛发渲染

Ox Render Settings 属于置顶修改器，一般是先调好造型，渲染时再添加，主要用于控制毛发的粗细，常设置的参数如图所示。

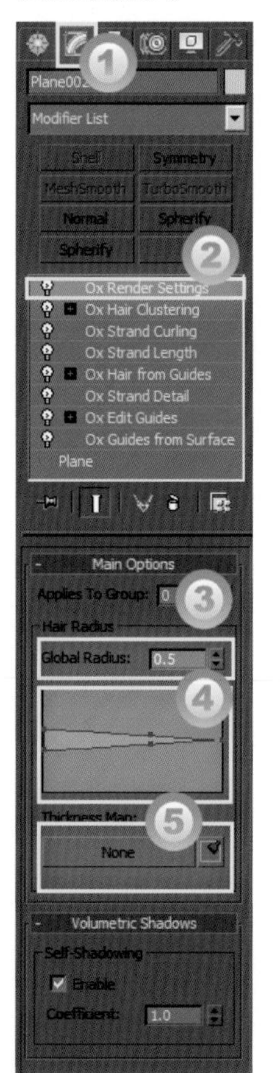

使用 Global Radius 属性可以控制整体半径，主要控制毛发的整体粗细。

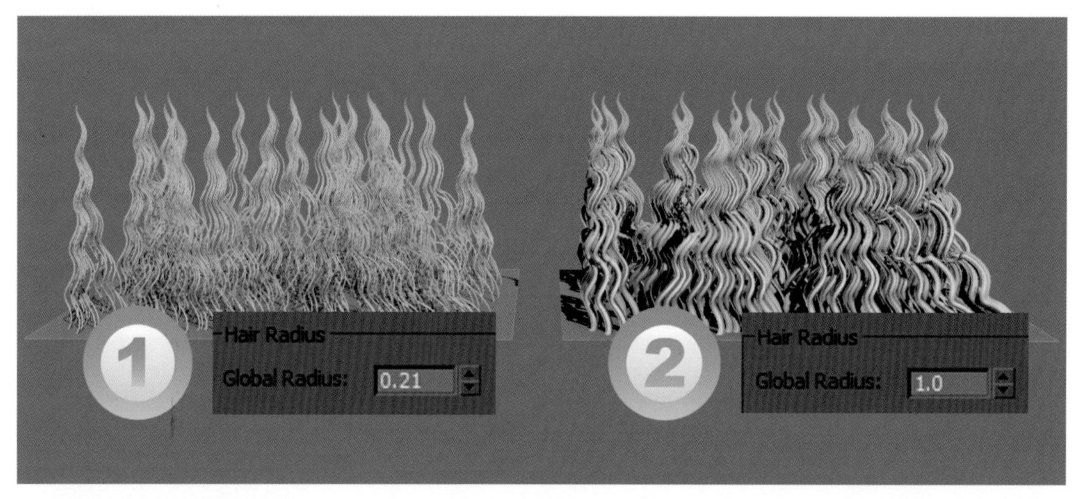

调整毛发的局部粗细。

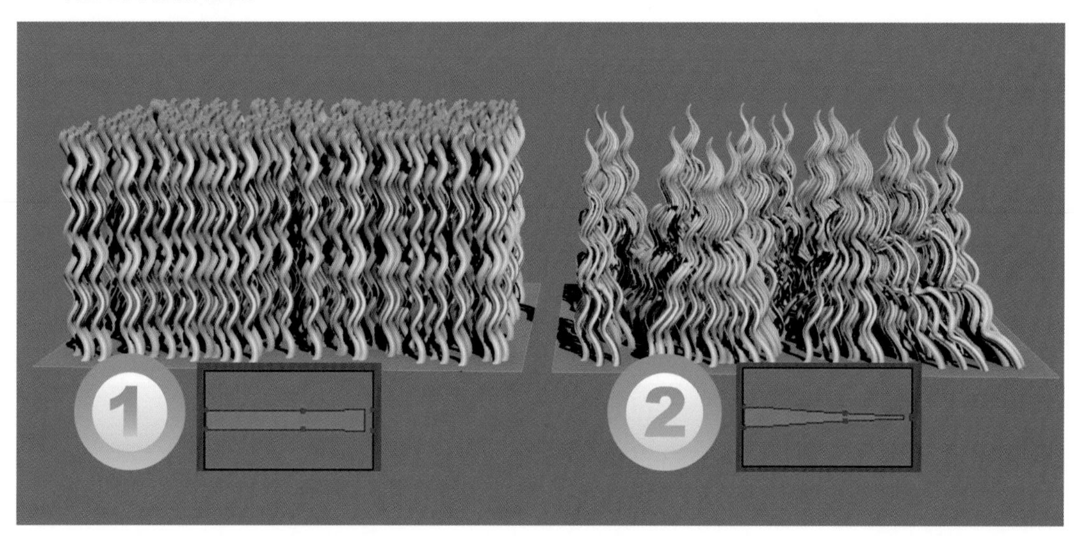

渲染 OX 毛发

VRayOrnatrixMod 也属于置顶修改器，在整个过程中它是最后一个添加的，也是最上面的修改器，主要是为了让 VRay 渲染器可以渲染 OX 的毛发，常设置的参数如图所示。另外，Generate Wcoord 选项需要结合 OX 的毛发材质才会有效果。

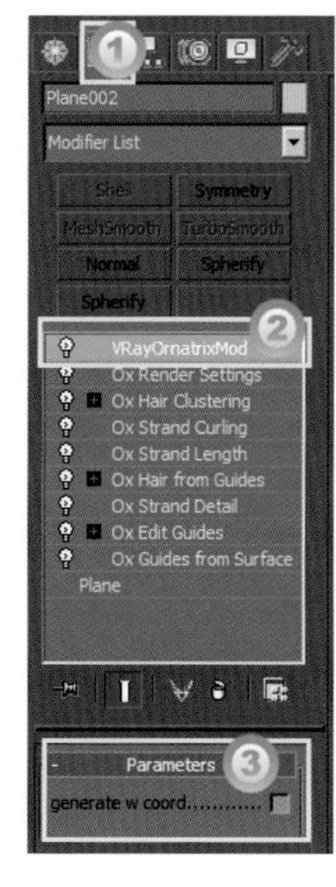

根据以上的阐述大家应该对 OX 有所了解，剩下的刘海、眉毛、睫毛和鼻毛可以用上述的方法制作完成。

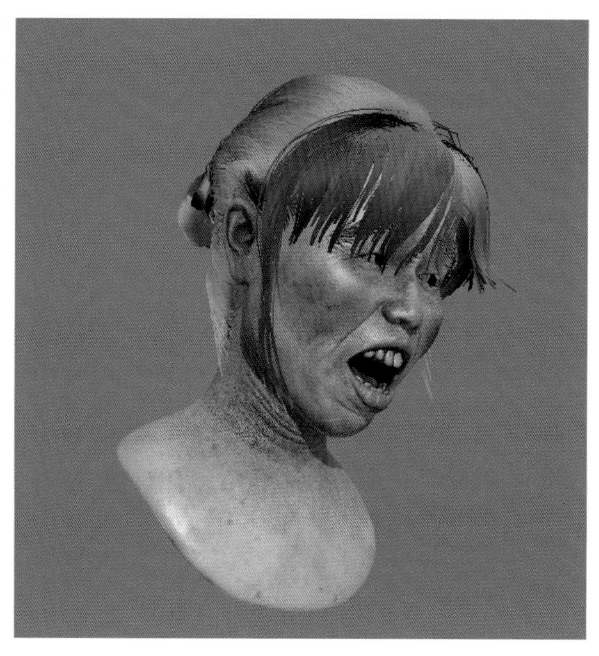

毛发的渲染设置

这里要注意，渲染毛发用到的渲染器是 VRay，笔者用的是 VRay 2.3 版本，下面讲述怎么设置 VRay 的参数。

更改渲染器

切换 VRay 渲染器，按 F10 键打开 Render Setup 对话框，然后切换到 Common 选项卡，接着在 Assign Render 卷展栏中将渲染器设置为 V-Ray。

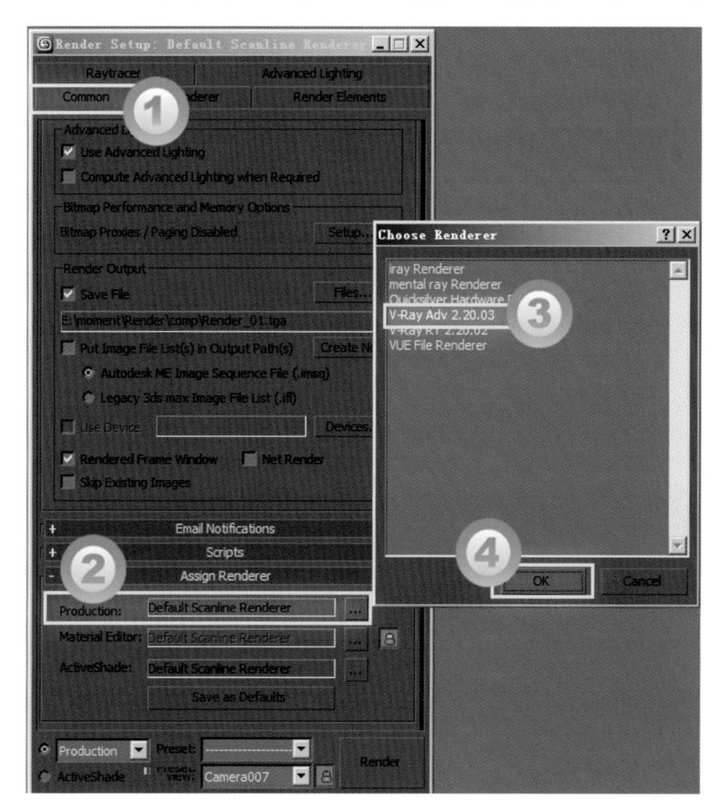

更改渲染设置

在 Render Setup 对话框中切换到 Settings 选项卡，然后在 V-Ray::System 卷展栏中设置 Render region division 的范围为（X:16，Y:16），这样会提高渲染的速度。3Dynamic gemorylimit 为内存限制，默认为 400MB，毛发过多时渲染器会停止工作，只需增加 Dynamic gemory limit 即可，一般不少于 4000MB。

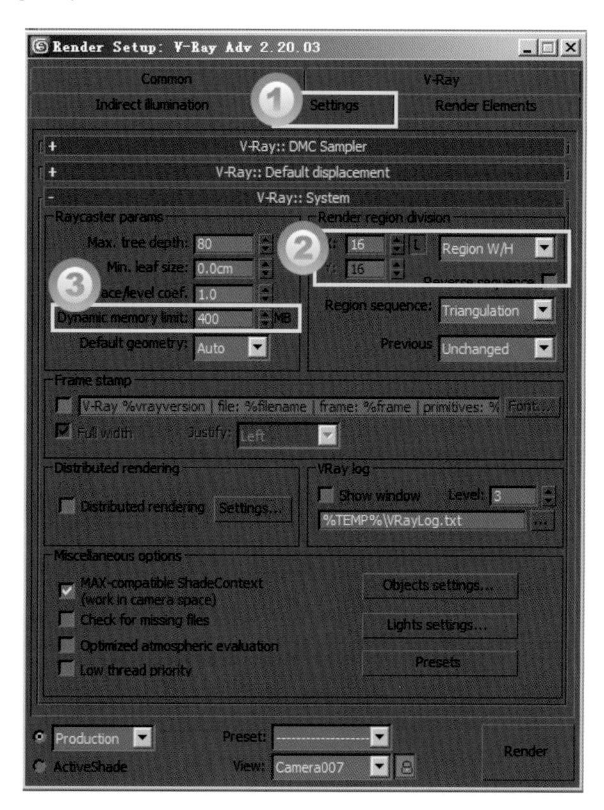

M 毛发的贴图
MAPS OF HAIR

关于毛发贴图，这里介绍 OX Hair 和 VRayHairInfoTex 两种常用的方式，它们的效果都很棒，下图用的是 OX Hair 贴图。

OX Hair

选择已经赋予毛发的材质，然后单击 Overall 属性后面的 None 按钮，接着选择 OX Hair 选项，最后单击 OK 按钮加载。

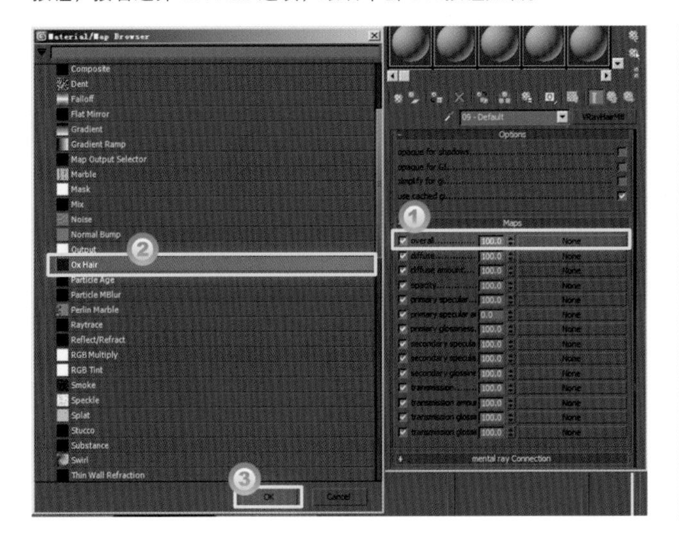

进入 OX Hair 命令面板，渲染可以看到头发已经发生了变化。

Root 属性用于控制毛发根部的颜色，Tip 属性用于控制毛发头发顶部的颜色，采用默认渲染会发现根部和顶部颜色并没有达到设置的颜色效果，这是因为它们的轴向需要调整。在前面我们提到，VRayOrnatrixmod 修改器的参数中只有一个 generate W coord 选项，选择该选项即可得到我们想要的效果了。

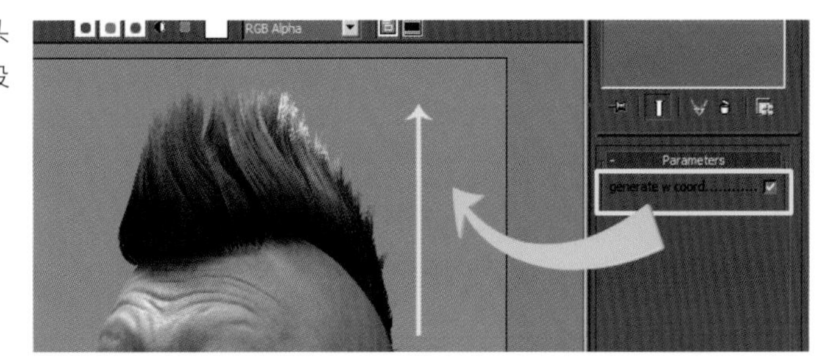

Hue Variation 属性用于添加杂色 。当值为 0 时杂色消失，值为 1 时杂色更重。一般，该值设置得不要过高，主要还是看你的要求。

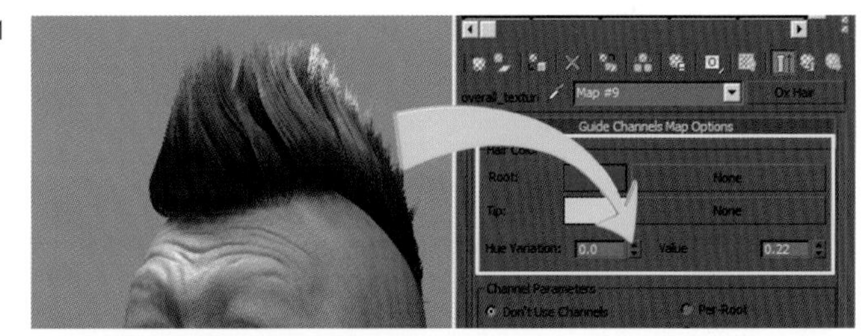

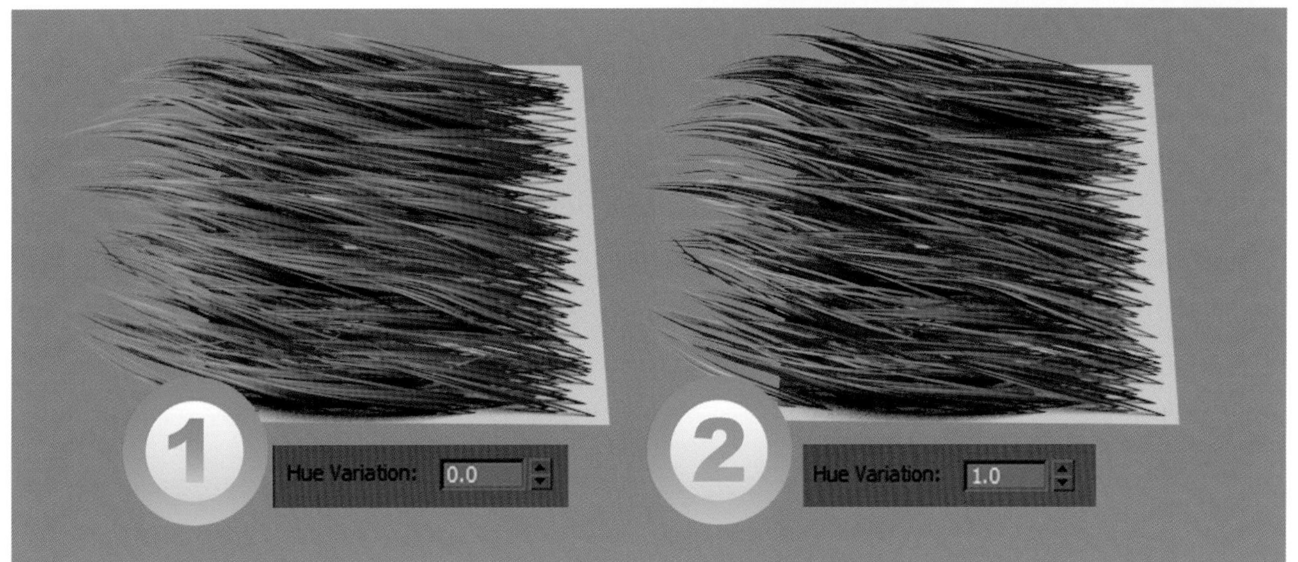

Value 属性用于控制头发的明度，主要控制头发的明暗度。

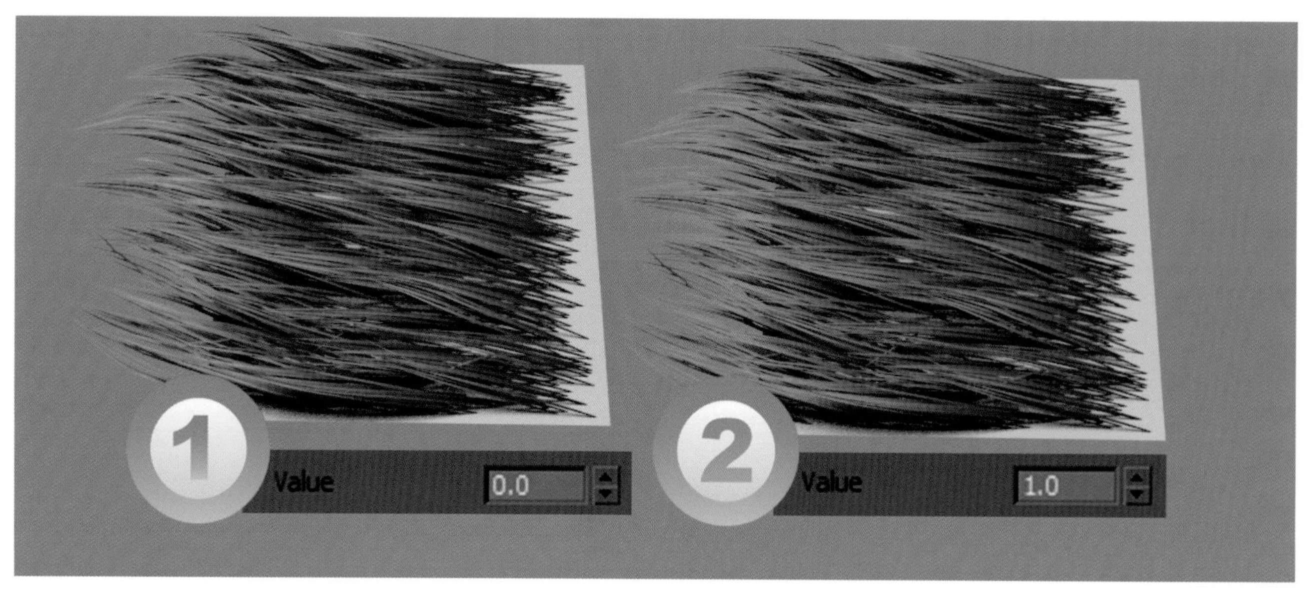

VRayHairInfoTex

选择已经赋予毛发的材质，然后单击 Overall 属性后面的 None 按钮，接着选择 VRayHairInfoTex 选项，最后单击 OK 按钮加载。

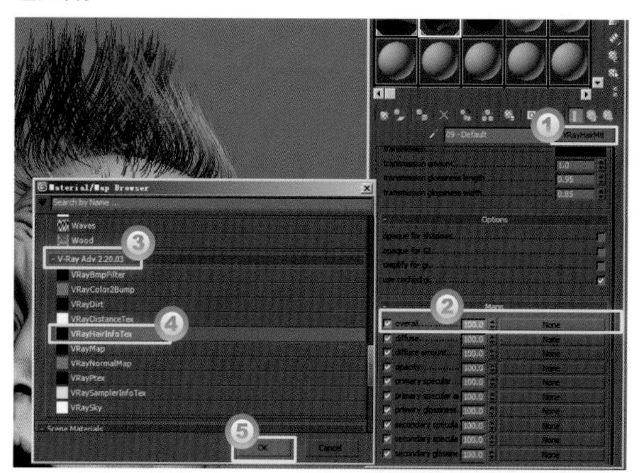

进入 VRayHairInfoTex 命令面板，渲染可以看到头发有了渐变色的效果。

使用 Output 属性可以设置毛发的显示类型，而 bias 属性控制颜色分布的范围。

H 毛发材质（VRayHairMtl）
AIRS MATERIALS

毛发材质用这个发型为大家介绍，主要为了大家看得更清楚、明白。渲染出来的毛发颜色是根据生成的面片决定的，这个毛发的颜色、材质都不是我想要的，需要赋予一个新的毛发材质 VRayHairMtl。

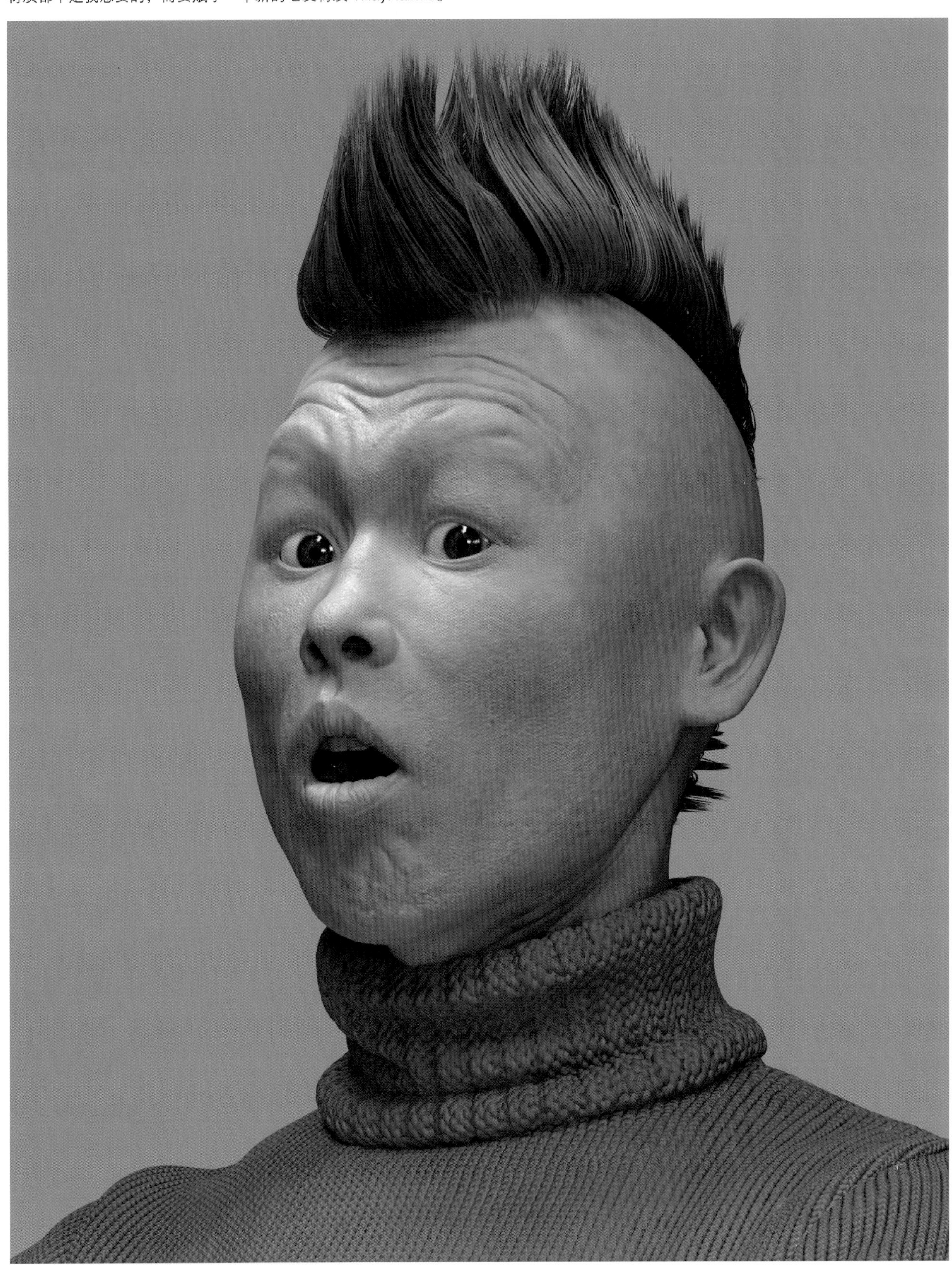

赋予材质

打开 Meterial Editor 对话框，选择空白材质，然后单击 Standard 按钮。

在打开的 Material/Map Browser 对话框中选择 VRayHairMtl 选项。

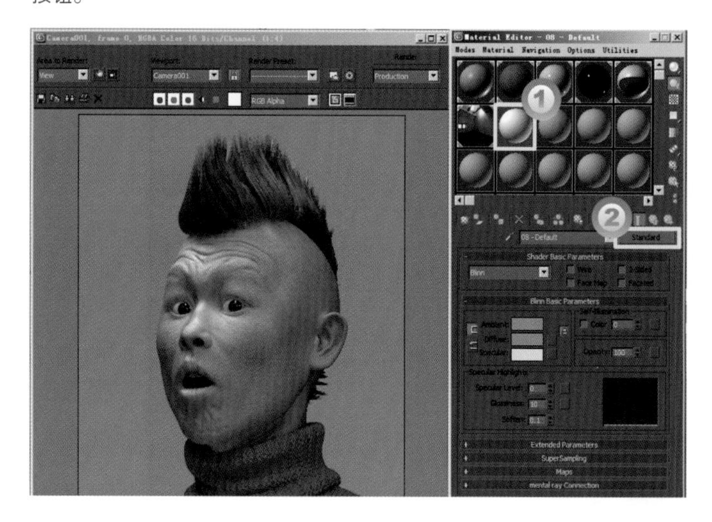

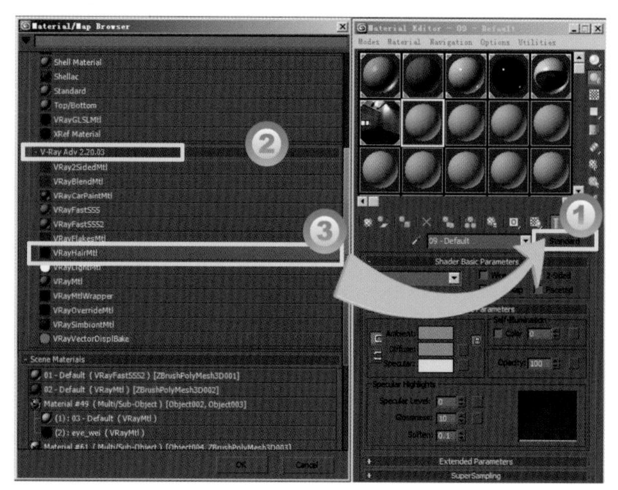

此时会打开一个对话框，选择 Keep old material as sub-material 选项，保持旧材质的同时建立一个新材质。

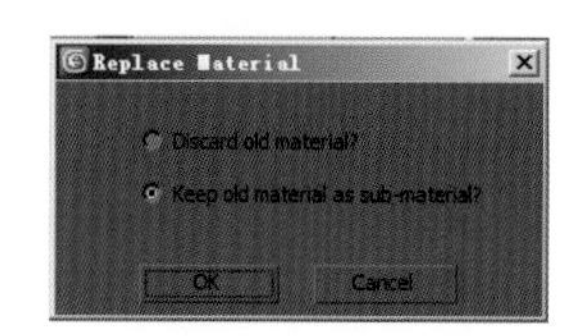

材质属性

选择新建的材质，显示的是当前材质的名称，需要设置的参数如图所示。

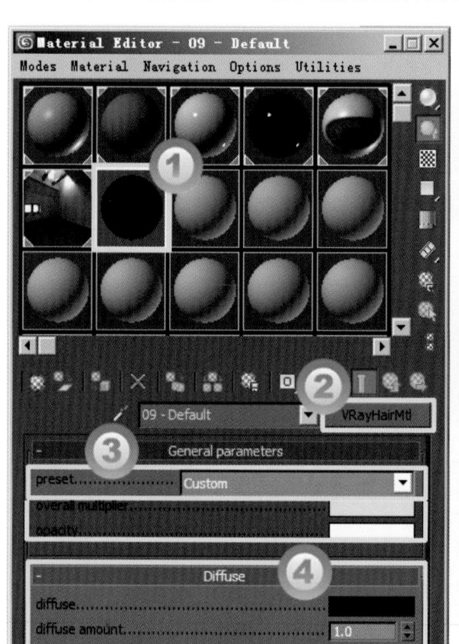

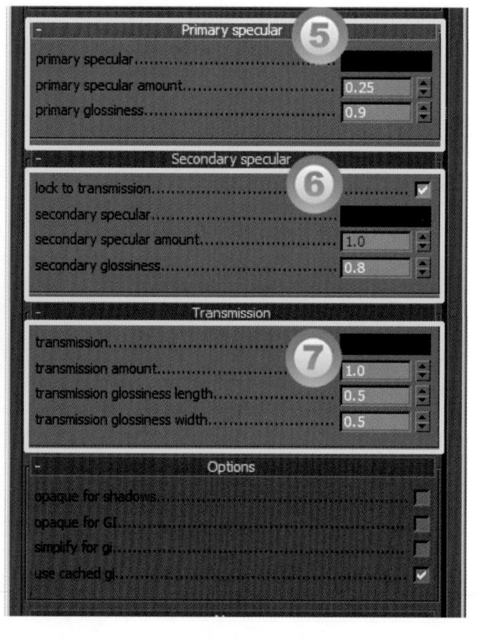

Preset 属性中有 10 个预设好的毛发材质。

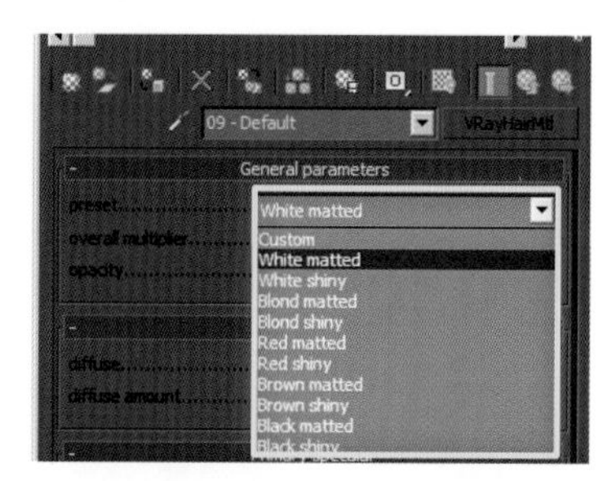

一般可以选择一个作为基色，在这个基础上继续调整，从而得到我们想要的效果。

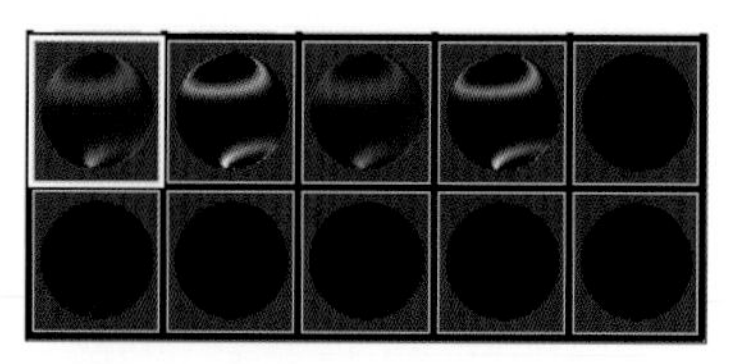

根据需要来选择，这里用的是 White mattrd 预设材质。

设置 Overall multiplier 属性控制毛发的整体颜色。

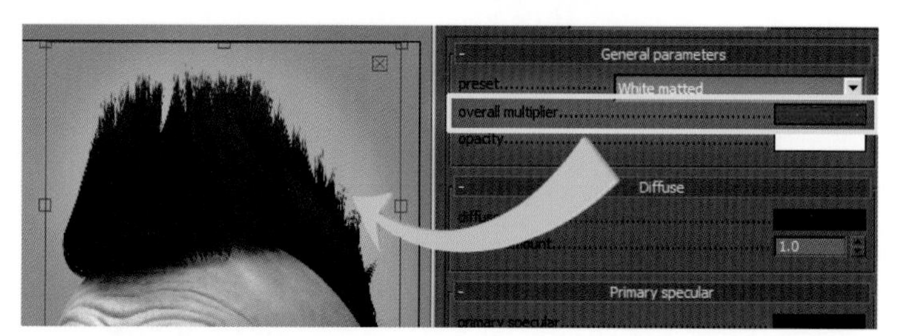

此作品距今已有三年之久，存在很多不足还请看官见谅！此时回过头来写小结想跟看官们说的是技术是工具，绘制出来的图画是自己脑海中存放的绘画艺术基础。学习工具的使用，现在到处都有教程，但是绘画基础是需要日积月累去学习的。绘画基础的高度决定你以后 CG 角色艺术的高度。

猫星人

MOMENTS ON TH

刘婧婧作品

使用软件：3ds Max、ZBrush、Photoshop、VRay

作者简介

刘婧婧，生于1982年，毕业于哈尔滨工业大学，现任哈尔滨工业大学威海校区教师，爱好动漫，对CG好奇又向往，希望能使用CG相关技术塑造自己喜爱的动漫角色。

I引言 NTRODUCTION

本文简要回顾和总结《喵星漫步偶记》的创作历程和经验。《喵星漫步偶记》是我的第一幅CG作品，制作流程没有多少特别之处，对我而言，其制作过程更是学习CG创作的过程，获益很多，可也有不少遗憾，作品的不足之处，请大家多多指教！

CAT PLANET

W 作品构思
ORK CONCEPTION

这幅作品在选择题材上花费了较多的时间，思路也一变再变。因为欣赏他人的作品时，常常觉得这个不错，那个也好看，不少题材都希望涉猎。这种跃跃欲试的感受，相信每位从事类似工作的人都有体会。但是，在具体创作过程中，必须对作品有所取舍，选择一个自己最想表现的内容。为此，我扪心自问了很长一段时间，我究竟最喜爱、最想做的是什么？通过反复比较，我对自己的喜好与想表现的内容做了以下总结。

1. 很多 CG 或美术作品都具有夸张的动态，它们表现富有张力的瞬间，以及无法轻易捕捉的动态，具有强烈的视觉震撼力，易吸引眼球。我一直想制作一个中国舞题材的作品，舞蹈演员舞姿优美，表情灵动，服装飘逸、华丽，有着其他舞种无法比拟的韵律美感。▶

TIPS

右侧作品出自涂志伟的《霓裳羽衣舞》。

2. 我也喜欢很多搞笑的 CG 作品，漫画式的，也许富有一定寓意。要实现此意图，我必须想一个有趣的点子，为此费了不少脑筋。▼

TIPS

该作品出自郑虎的《Game of life》。

3. 与第一类题材相反，没有强烈的动态，而是具有禅意。不是将瞬间定格拉长，而是将延长的时间定格缩短。安静、隽永、一息百年，我觉得这种给人优美感受的题材作品好像在CG中比较少见。

4. 人体雕刻。想去表现人体是出于学习目的，我没有接受过正规系统的美术训练，人体对我来说是一次挑战，制作过程中一定会对人体结构表现有很大的帮助。为此考虑过希腊神话题材，并找了很多大师作品做参考。

TIPS

右侧作品出自Pierre-Auguste Cot（皮埃尔·奥古斯特·库特）的SpringTime（中文名《春日》，又名《情侣的秋千》）。

5. 喜欢的动漫角色，纯粹为了表达喜爱之情，做起来应该会很开心。

6. 动物拟人。动物有别于人类，而当它们表现出类似于人类的行为和情感时，如此笨拙、可爱的形象，往往会有戳人心窝的效果。

最后我选择的题材是猫咪拟人，原因有三点。第一，千百年来，艺术家们对人体美刻画的作品汗牛充栋，举不胜举，很难让人觉得富有新意，而我早已对写实的人物作品产生了审美疲劳；第二，女生难以拒绝猫咪。很多女生都喜欢毛茸茸的东西，衣服、垫子、毛绒玩具或者床上用品，全要带毛的。为什么会这样呢？温暖？可爱？见仁见智，说不清楚。毛茸茸的感觉会引发一种愉悦心理，也许男人无法理解，就像我无法理解男人为什么会喜欢冷冰冰的机械一样；第三，毛发是我过去涉猎较少的领域，通过创作这幅作品，进一步了解与熟悉毛发的使用技巧和方法。于是，我确定了以猫咪为主角的题材。

在画面内容与风格方面，过去我喜爱动漫那种极度夸张抽象，比较形式化，脱离现实。现在，虽然也喜欢动漫，也爱看绘画作品，但审美上越来越倾向于摄影。相比直白的戏剧性、夸张的动感、尖锐的视觉对比，更钟爱安静、自然的情境。

我想表现猫咪日常生活的一景，可以具备一点戏剧性，或者带有一些隐含的寓意，但不要太多，不作为主体。整体氛围应该是安详的，类似于抓拍的街头小景。我希望画面中充满细节，一方面是为了趣味性，让读者有仔细发掘的乐趣；另一方面，这种平淡中的琐碎就是世界的本来面目。

为了启发思路，我在网上寻找猫咪拟人的绘画、摄影等作品。

日本人似乎格外钟爱猫咪，甚至建立了猫岛。

大概因为日本人喜爱寿司吧，猫咪做寿司似乎是天经地义的事情。于是最终设想的画面是，形形色色的猫咪们忙忙碌碌地工作一天后，来到街边温馨惬意的三余寿司小店松弛地、随兴地喝小酒、品寿司。

选择这样一个喵星题材，希望能做出有意无意在街头抓拍到的摄影效果。猫咪们有捏寿司的、有接电话的、有专心品食的，各司其事，形态各异。本人偏好比较可爱的东西，所以力求画面有趣、可爱，有较为漂亮、鲜明的色彩和灯光效果。要是能做出有一点小热闹、小喧哗，热气腾腾的小摊氛围就再好不过了。

寿司店取名为“三馀（余）”。“三余”一词出自《三国志》，有闲暇时光的含义，同时也有“三只鱼”的谐音，三鱼为鱻，通鲜，意为好吃、新鲜。在这里有双重含义，小店鱼鲜肉美、温馨、惬意，为忙碌的上班族和过往行人提供了一个美食兼休闲好处所。

猫咪是画面的主体，需要精心刻画。为了进一步确定画面的某些细节，例如猫咪是什么种类、怎样打扮等，我在万能的百度上广泛搜集猫咪的参考素材。

不同的猫咪要有视觉上的对比，因此特意选择了几种在体型、神态和毛发上都迥异的类型。“老板”参照了日本短尾猫，它们生性聪明、伶俐温顺、叫声优美、动作敏捷，公猫稳重大方，雌猫优雅华贵。寿司店嘛，乖巧、可爱的日本猫来担当勤劳敬业的“店长”是不二之选；“顾客”参照折耳猫，肥胖、豪爽，边吃寿司边旁若无人地打电话，它是画面的主要人物，使画面充满欢快的气氛；另一位顾客选择玲珑娇小，文雅矜持的无毛猫，它是作为主角的衬托而存在的。以下逐一分解这三只猫咪的创作思路和制作过程。

猫老板

每个角色应该都有自己的气质和个性。这只小猫的外表乖巧可爱，气质温文尔雅。别看只是一个小小寿司店的老板，它还有点小情调和小志气。当然这只是我脑海中的想象。

猫老板及服饰参考

建模前需要了解表现对象的结构形态，在网上尽可能多地收集各角度的图片。

普通的小猫、简单的服饰和动作，感觉不会太难！

服装和姿态方面，设计中猫老板身着传统厨师服装，专心致志捏寿司，沉浸在自己的世界里。日本厨师的传统服装是不太正式的和服，头上系根绑带，腰间系着围裙之类的东西。

顾客肥猫

寿司店的顾客——肥猫，有着伪硬汉外强中干的气质。它满脸横肉，像一个粗鲁的恶棍，但实际上也许只是一个普通的上班族，上级面前卑躬屈膝、唯唯诺诺，下级面前装模作样、趾高气扬。

肥猫参考了头大脸圆的折耳肥猫、英国短毛猫以及加菲猫，反正都是有点喜感的猫。服装和姿态方面，肥猫右手持筷子，左手举着大哥大，谈笑中咧着大嘴，眼睛却眯成了小缝。为了拉近与观众的距离，肥猫的穿着不同于猫老板的传统，而是具有现代气息，西裤、衬衫，西装上衣搭在公文包上，搁在一旁。制作过程中，道具和猫猫的气质都发生了变化，成了一个神秘猫物。

顾客无毛猫

为了与猫老板以及肥猫顾客有所差异，我选择了无毛猫这种长相略奇葩的猫种。它是一位小姐，外貌犀利，但内心很温柔，品位颇为讲究。它满脸沟壑，造型犹如外星人，没有毛发覆盖的皮肤有较强的SSS透光效果，这些将是表现重点。

服装和姿态方面，猫小姐穿着丝绸长裙，优雅地用筷子品尝小吃。当然少不了对旁边那位大声嚷嚷的不速之客的侧目，实际上只有一点点侧目。小姐非常矜持和优雅，真正的原因是配角不能太抢戏。

场景道具

场景是一个日式小摊，有着大量的日式道具。我参考了网上的图片和大河剧等，只需要在网上搜索寿司店、关东煮、江户民居、小摊以及餐厅等关键词，就可以得到想要的素材。

M 制作模型 ODELING

猫老板

对猫（主要是猫头）的结构有大致的了解和掌握后，即可开始建模工作，制作流程可以概括为 Dynamesh 创建大型→拓扑网格→高模雕刻→ UV 展开→输出。

创建大型

就像绘画起稿一样，先在 ZBrush 中使用 Dynamesh 工具将模型的主要结构雕刻出来。此时模型粗糙一些没有太大问题，形体也不一定非常精准，但主要的结构一定要做出。拓扑将削弱模型表面的起伏，因此雕刻时可以表现得深刻、夸张一些。

猫猫的大型很简单，不像人体那么复杂。日本猫的造型比较普通，尖尖的小脸蛋、比较宽大的耳朵、圆溜溜的眼睛和樱桃小嘴。猫猫耳朵的结构比较扭曲和奇怪，可以参考一些毛比较少的猫，例如无毛猫的耳朵。

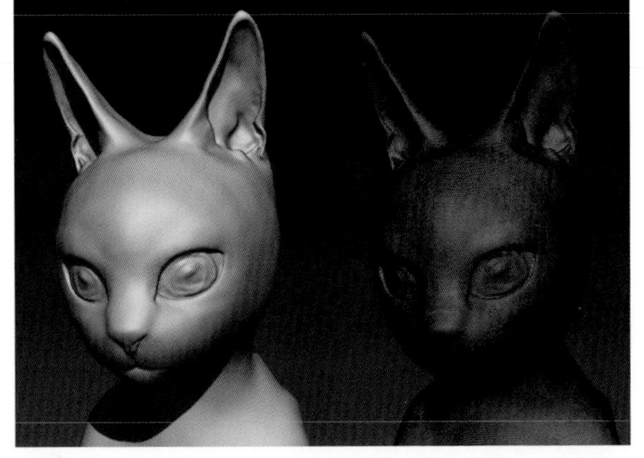

因为是在寿司店里，所以服饰与场景上一定会具有日本民族特色。猫老板的服饰为和服，小小的振袖被绑带绑在背后，包括腰带、头上的绑带和蝴蝶结等细节，都要一项一项地加在猫咪身上。然后雕刻出衣褶的大型即可，不需要特别细致。

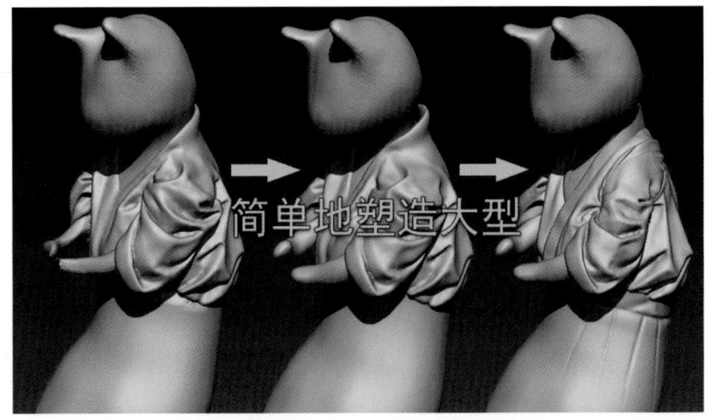

拓扑网格

为了雕刻更精致的模型，接下来的 UV 展开与贴图必须有合理的布线。Dynamesh 的模型布线显然无法胜任，因此需要拓扑网格。这个步骤必然会使模型损失很多细节，这就是为什么只需要用 Dynamesh 雕刻大型的原因。不过反正也需要再导回 ZBrush，进一步做高模雕刻。ZBrush 中有自动拓扑功能，方便人们使用。但重要的物件一般还是使用手动拓扑，以得到想要的布线。猫头虽然不像人类有皮肤的细节，但毛发的贴图仍然依附于 UV，因此我还是老老实实地在 3ds Max 中进行手动拓扑。

我使用了 Wrapit 插件来拓扑网格。

拓扑前的准备工作有一下 3 步。

1. 在插件界面相应的位置分别选择导入到 3ds Max 中的 Dynamesh 高模、低模（任意一个物体都行）。
2. 打开线框显示（Toggle Edges），方便观察拓扑过程中的网格。
3. 激活吸附表面功能（AutoWrap ON），拓扑中低模的表面顶点将会自动吸附在高模表面。

接下来就像所有的拓扑软件一样拖曳即可。我只使用了 3 个快捷键，分别是 Alt+T（任意在模型表面绘制网格）、Alt+E（拓展）、Shift+Ctrl+Alt（修改顶点位置）。

最初使用快捷键 Alt+T，用绘制的方式将初始的面片勾画出来，作为向外扩展的基础。

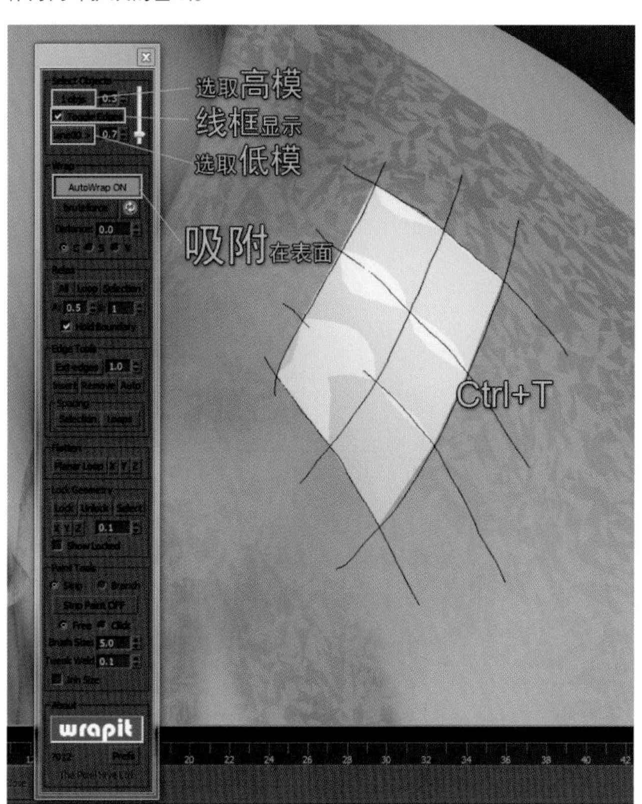

然后按快捷键 Alt+E，在网格的基础上进行拓展。

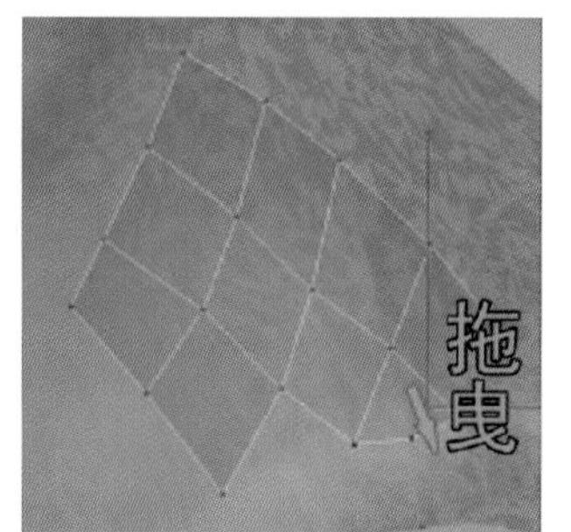

或者在按快捷键 Alt+E 的状态下，按住 Shift 键并拖曳。

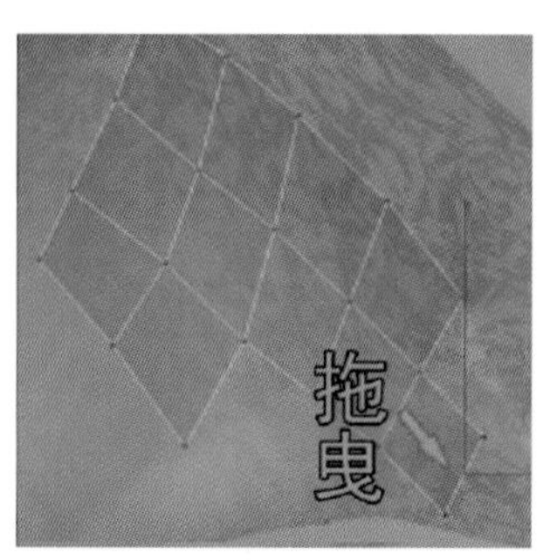

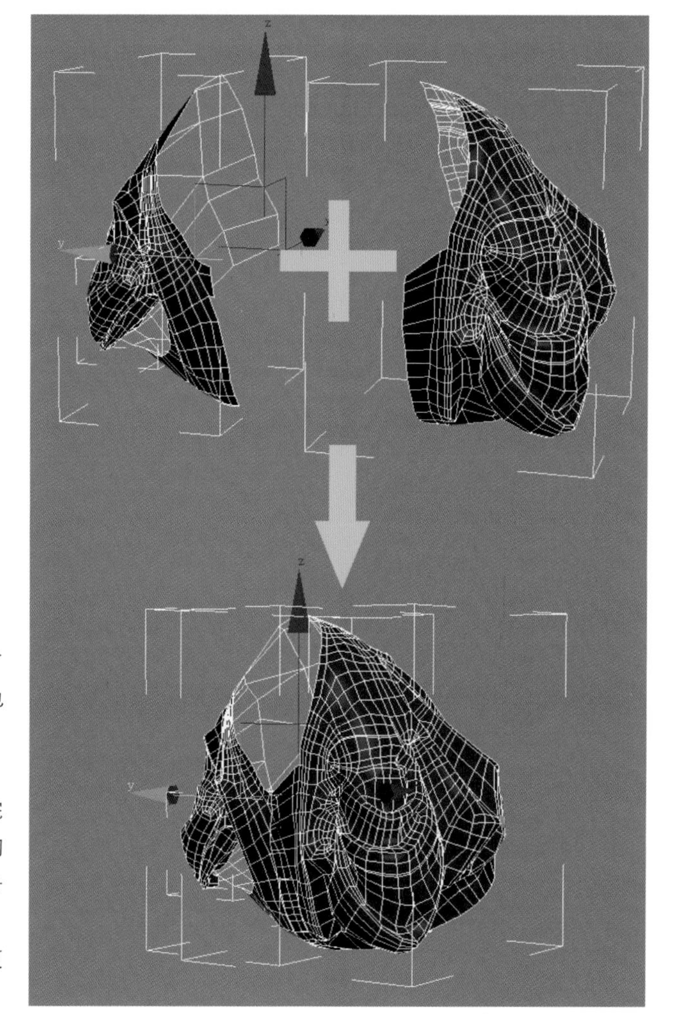

▶

此外，按住 Shift+Ctrl+Alt 键拖曳顶点，可以修改顶点的位置，也可以直接使用多边形工具进行加线、减线和修改位置等各种变换操作，这正是这款小插件的强大之处——保留了所有多边形工具的操作。

小插件的功能还有很多，但我只使用这 3 种拓扑工具，就可以完成整个拓扑。拓扑时遵循曲面结构，细节多的地方多加线。例如，缝纫线位置有尖锐的折角感，布线可以密一些，像制作硬表面物体边缘的卡线一样。

我将上衣分为左、右两个部分，我想这样在 ZBrush 中雕刻应该更方便一些。有了基本的布线之后，就可以开始逐步深入地雕刻细节了。

高模雕刻

此时雕刻必须更细致，虽然只是一只猫，也要做得圆润。我觉得使用 ZBrush 雕刻的工作类似于素描，它们都需要通过对光影的观察加深或减淡阴影。素描是通过画笔，ZBrush 则使用正向或反向的笔刷。如果每个角度都能有较好的光影效果，模型整体上才会有很不错的体积感。衣褶的雕刻需要细心和耐心，可以多找参考图片，仔细观察褶皱的软硬变化，多花时间制作工整。高模的雕刻是一个无穷无尽的过程，在没有时间限制的情况下，我觉得可以无止境地雕刻得更细腻、更精致。

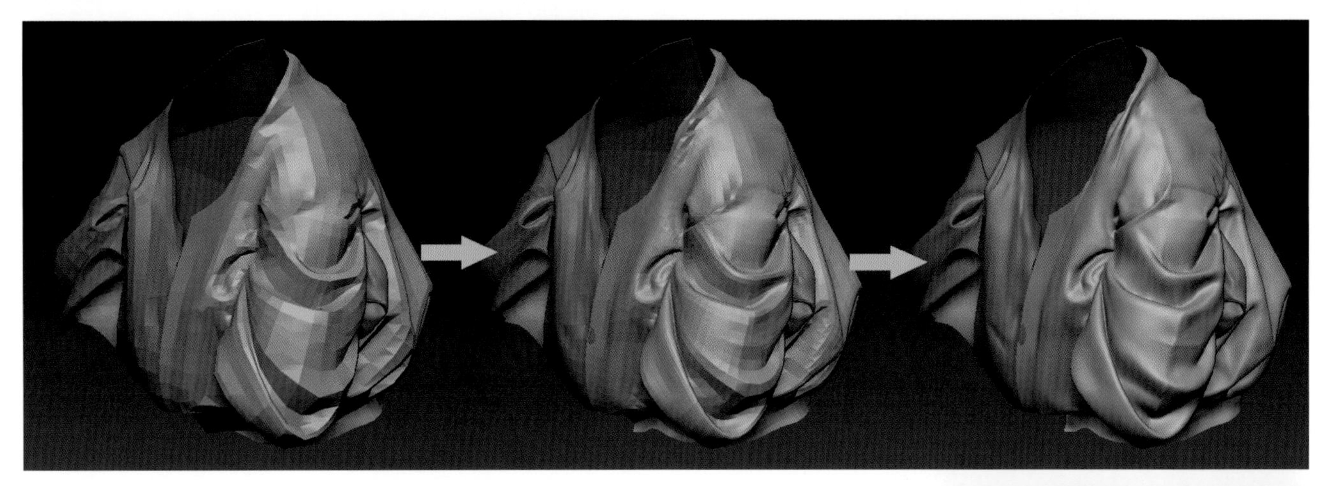

按照上述的步骤，将头部、手、绑带和裙子等一一添加。

在“三余猫”的模型方面，我遇到比较棘手的问题是表情，有时候它们显得有点凶，不够安静，有时候显得有点滑稽。在动物的拟人形象方面，我需要再继续努力尝试。

我想，很多人包括我，最在意的问题之一就是如何雕刻出漂亮的模型。但是要通过指导性强的文字来表达，恐怕很难。因为这并不是软件操作，或者理论学习的问题。如果仅靠学习他人的经验、技巧，或者掌握一些抽象概念就能做出漂亮的模型，那就好了。这些经验有指导意义，但我认为更多的在于事后总结。与其说它们指导人们怎样去做，不如说它们可以告诉人们这些模型为什么会这么漂亮，漂亮在哪些具体的地方。因此，培养审美意识更重要。

雕刻的过程中并不会思考太多技巧，手动得往往比脑袋快，只有在告一段落的时候，再观察自己的模型，想想有什么需要修改的地方。陈睿老师曾说：“绘画的过程就是将看不顺眼的地方一一修正。”在我看来，雕刻、做 CG 也是如此。

顾客肥猫

创建大型

完成猫老板的模型后，之后两位顾客的建模流程与猫老板基本相同，所以在方法上只做简要的概述。肥猫建模的第一步，使用 Dynamesh 创建圆滚滚的大型。

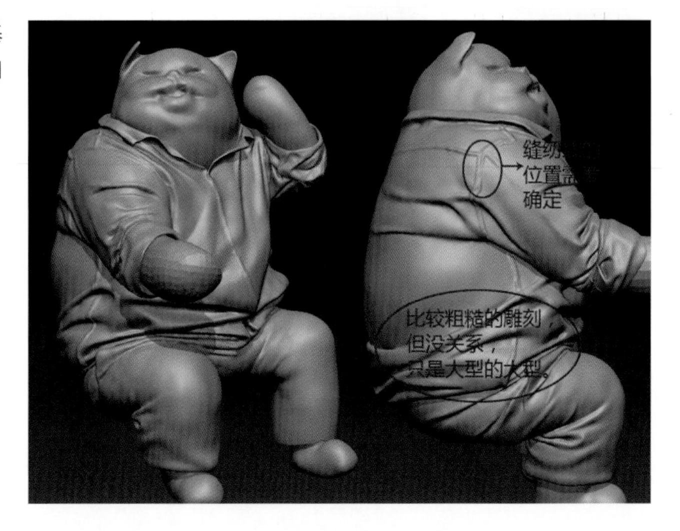

这只大猫太肥了，最初的大型像一只猪，脸像一个球。其实很多肥猫都是脸小肚子大，下巴还是尖尖的，脸看上去庞大的原因是毛发太长，让人误以为肥脸、圆脸，实际捏上去都是毛。经过一番瘦脸调整，终于像猫了。

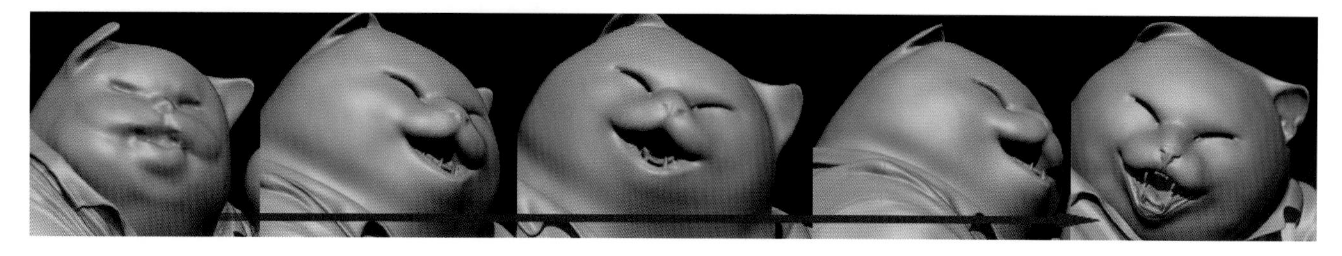

需要注意的问题是，肥猫的上衣缝纫线十分明显。雕刻大型时，缝纫线粗糙一点没有关系，但一定要事先雕刻出来，以用作拓扑时的定位——缝纫线部位需要更多的布线。大型基本满意后，就开始拓扑。同样，在画面中占有重要比例的肥猫头部以及衣服在 3ds Max 中手动拓扑。缝纫线的部位需要更多的布线，以方便之后雕刻周围更精细的小褶子。

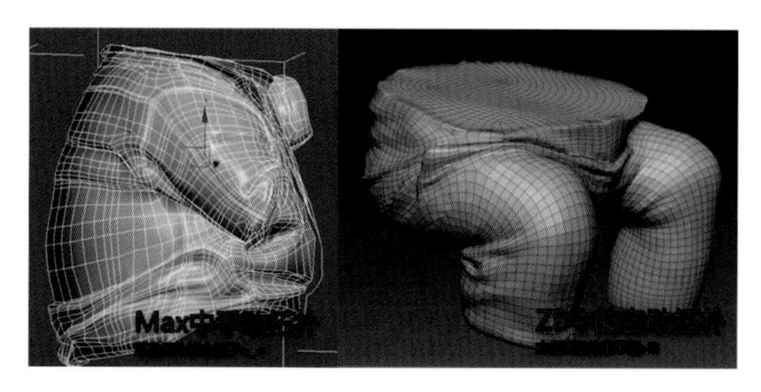

拓扑网格

裤子是在 ZBrush 中使用 ZRemesh 进行自动拓扑的。裤子形体我没有太讲究，大褶子不多，况且西服裤没有明显的纹理，因此又偷了懒，但是效果还不错。

高模雕刻

肥猫的脸部需要细致雕刻，其最显著的特点是张着的大嘴。猫咪嘴部比较复杂，有很多叫不上名的结构，以及不同的材质，为此我找了很多猫咪打呵欠、张大嘴时的参考图片。

此外还参考了其他大型猫科动物的照片，它们嘴部的内部结构、牙齿的形态更为夸张。

在众多参考图片的帮助下，完成的嘴部细节。

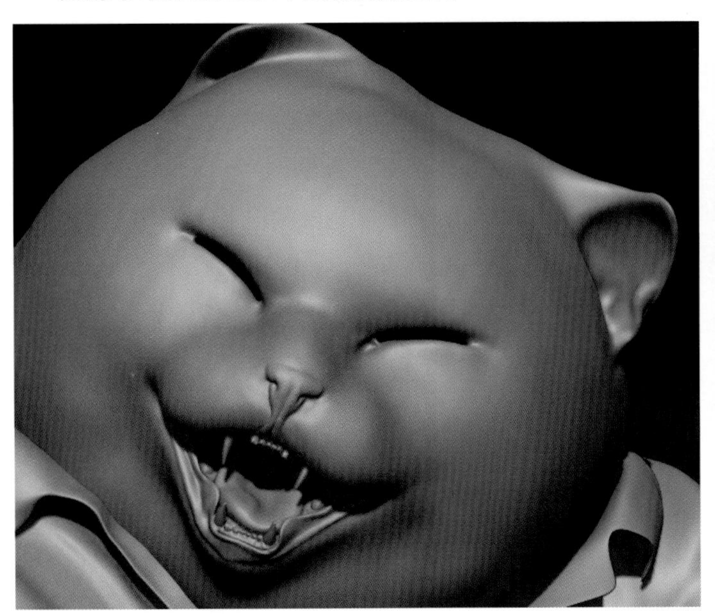

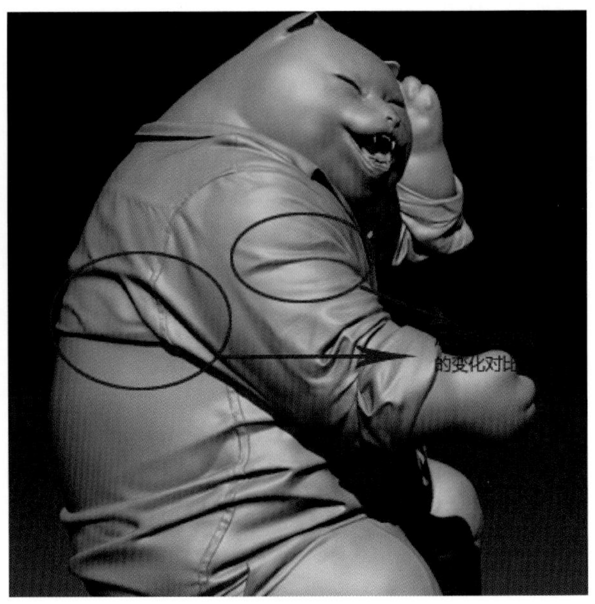

在众多参考图片的帮助下，完成嘴部的细节。我把肥猫上衣的质感雕刻得较薄、较硬，这样大概能更多地体现布料质感，也能突出肥猫的伪硬汉气质。雕刻时注意很多较长的布褶，需要多费心把它们刷工整。

我认为，刷布料的时候最重要的是大结构。衣服穿在肥猫身上与穿在猫老板身上的效果是不一样的，猫老板体型纤细，布料松松垮垮，会产生各个方向的大块转折。而肥猫宽厚的身体把布料撑得很开，布褶更为细长和尖锐。两者的布褶形态与结构完全不同，把握住它们的大结构，才能让观者感受到衣服是实实在在穿在它们身上的。其次，要注意褶皱的软硬对比，就像绘画时需要制造画面的深浅层次一样，布褶的转折处或是尖锐，或是平缓，不仅能够凸显布料的质地和硬度感，还能为视觉增添更丰富的层次感。反之，如果软硬对比不够，会让人有一种眼花的感受。

顾客无毛猫

这位顾客露镜不多，模型相对简单，制作起来没有太多顾虑，一气呵成，一蹴而就，真是神清气爽！

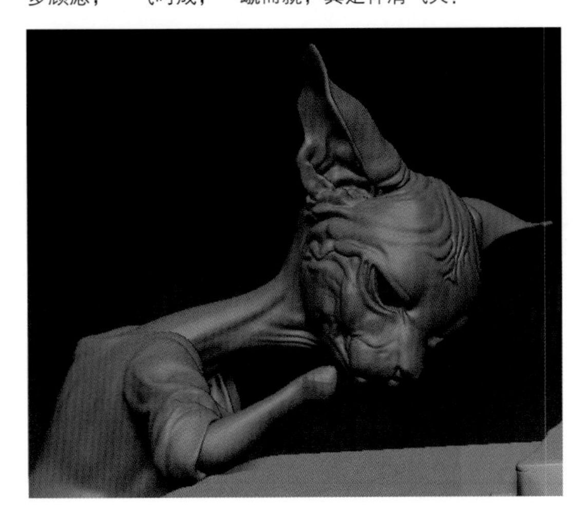

比较头疼的地方是它的小手。身为一只猫，它的手指实在太短了。如何才能抓住需要一定使用技巧的筷子啊？于是，在如何让小短手使用筷子方面，我做了很多尝试。最终，也就是觉得凑合。

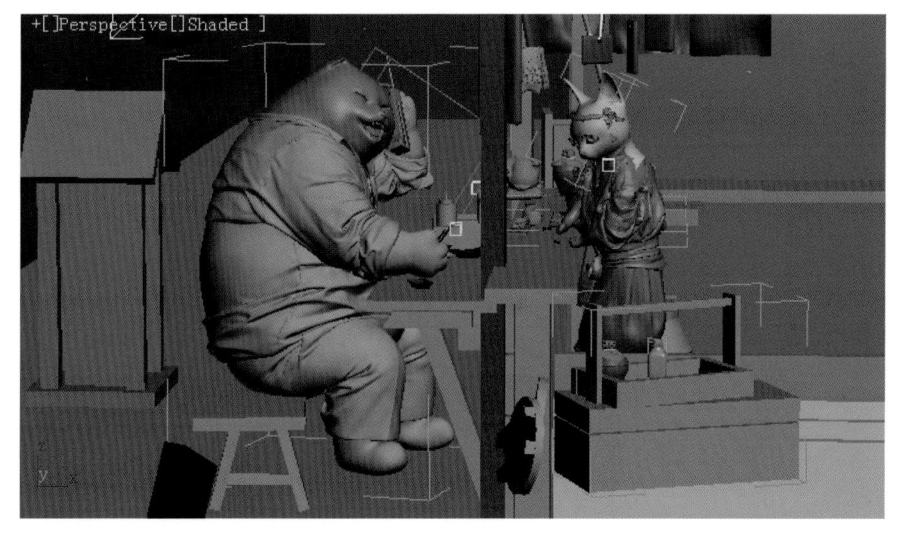

木头桌子

木头是一种古老的材质。据说小孩子在各种不同材质的玩具中，对木头玩具格外钟情。有人说，木头拿在手里余留着生命的感觉。木质品具有一种干净、清新和温润亲人的木气，它有美丽的天然纹理，以及户外长年风霜侵蚀下的裂纹、刮擦痕迹。我想木质桌椅在 ZBrush 中雕刻出来应该非常好看。我住的小区里就有很多不错的户外木椅，我拍摄了一些照片，再配合网上搜集的图片共同参考。

在 3ds Max 中用 Box 搭建简单木桌，然后导入 ZBrush 中雕刻裂纹细节。注意 3ds Max 中 Box 的段数要均匀，细节多的部位网格线要密一些，以免在 ZBursh 中细分后面数过多。

雕刻的时候先使用较大 Size 的笔刷，配合 Alpha 贴图刷出大的裂纹，然后由大到小，由粗入细，一步步缩小 Size，刻画出越来越小的细缝。纹路看似复杂，其实整个雕刻过程十分迅速。

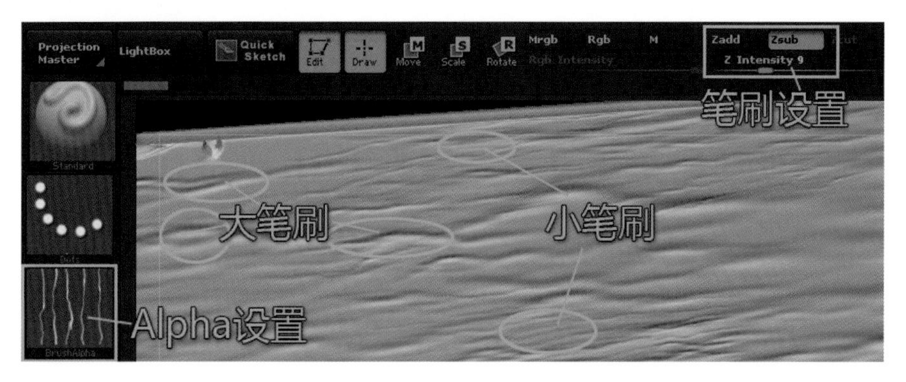

遇到的问题是，参考图片中的木椅太旧，最初雕成的木桌过于破烂，我还是希望三余小店整洁一些，才合适精致的和食，适合老板的小资情调（可惜最终并没有表达出来）。

在 ZBrush 中雕刻到满意程度，减面导入 3ds Max 后，木桌的边缘以及破碎的桌角等位置出现了一个问题，原本尖锐的地方变得圆润了许多。

我不擅长做硬表面物体，ZBrush 中更是如此。在导入 3ds Max 后觉得不满意，又回到 ZBrush 中返工，无奈地刷了一遍又一遍，直到在 3ds Max 中觉得可以接受为止。至此，画面中主体的建模任务基本完成了。

UV 展开以及高模输出
UV EXPANSION AND HIGH MODE OUTPUT

展开 UV 几乎是每个需要纹理贴图的模型都必须完成的步骤，三只猫咪、场景以及道具都是如此。UV 展开之后，就可以将该模型输出至 3ds Max 进行灯光材质等的调节工作了。由于使用方法基本相同，这里仅以猫老板为例，讲述此流程。

猫头与衣服

与拓扑的情况类似，头部以及上衣是猫老板的重点部位，因此使用手动展 UV 的方式。我将它们最低级别的网格物体导出为 OBJ 文件，使用 UV 小软件 Unfold3D 进行 UV 展开。

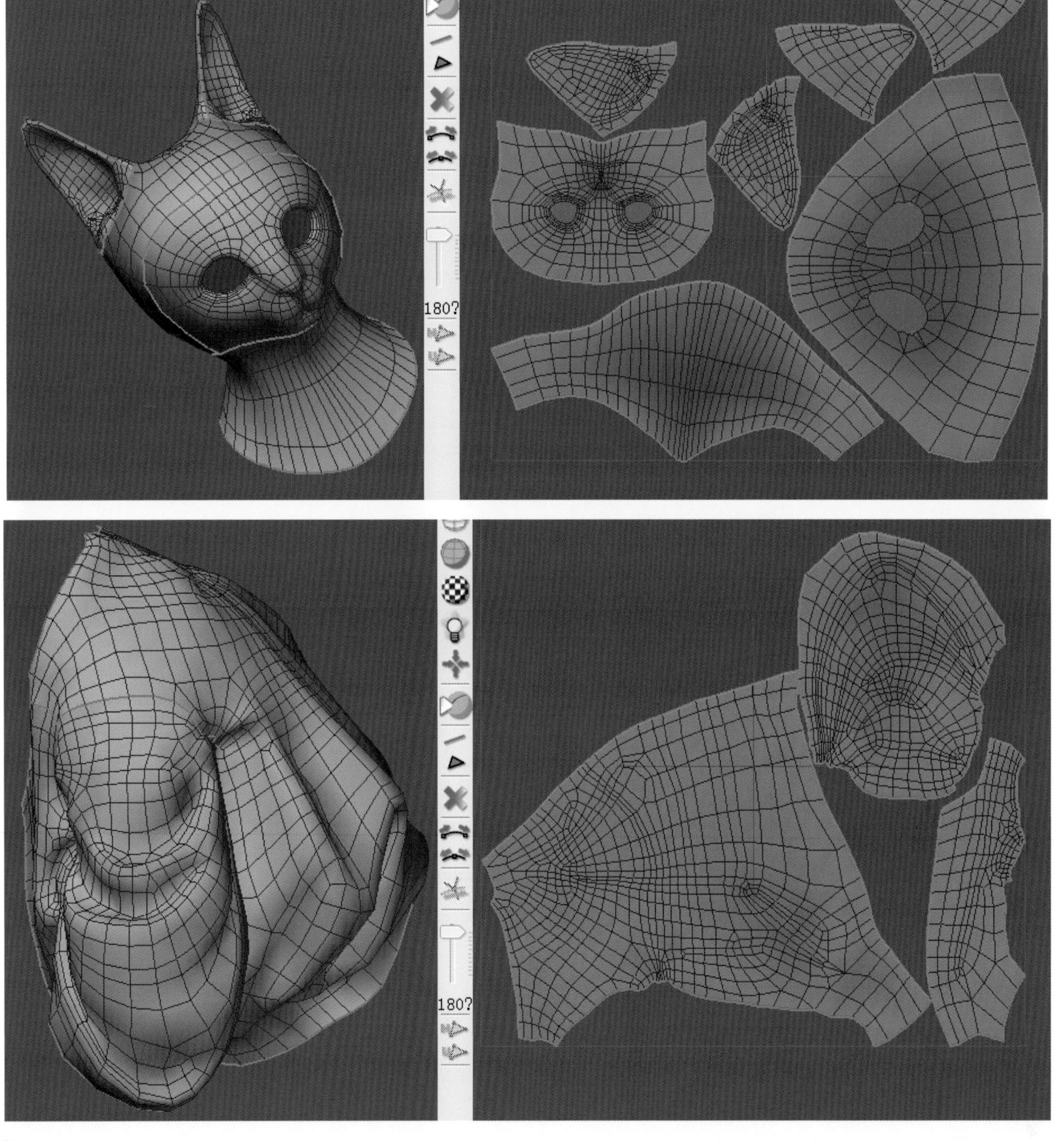

脸部的细节多一些，因此我将脸部UV放大，其他部位的UV缩小，放置在贴图的边上。但此时我不知道，这为之后的生成毛发带来了问题。

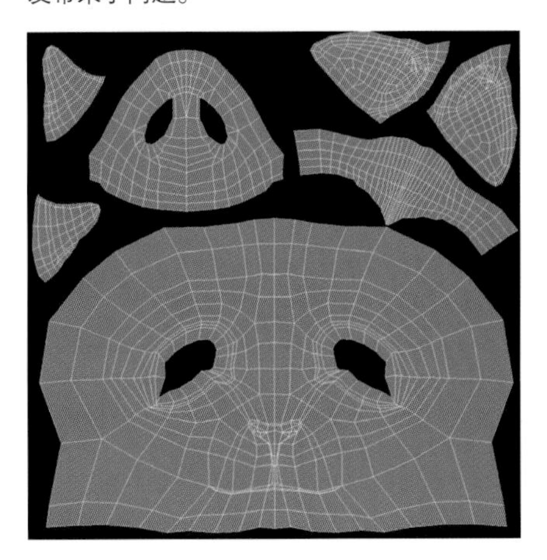

肥猫的UV与猫老板一样，脸部使用手动展开（其他部位使用ZBrush自动展开）。

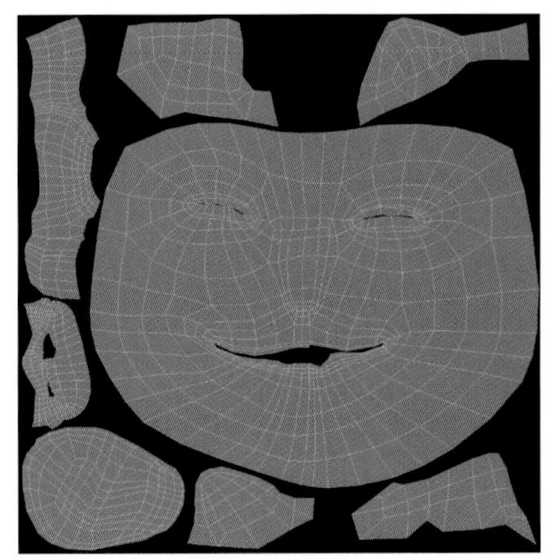

无毛猫的UV展开仍然使用ZBrsuh自带的UV大师工具自动展开。

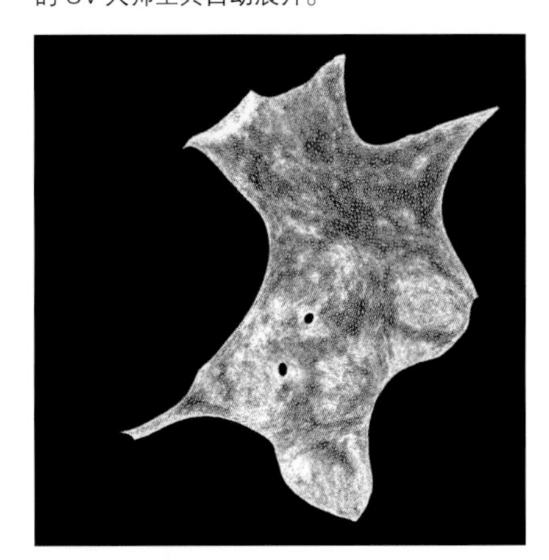

其他配件

除了猫头与和服上衣以外，还有裙子、绑带以及蝴蝶结等不显眼的小配件，它们的UV展开我使用ZBrush自带的插件UV Master（UV大师）。

将模型降至最低级别，在Zplugin的UV Master卷展栏中单击Unwrap按钮，基本上一键展开没太大问题。

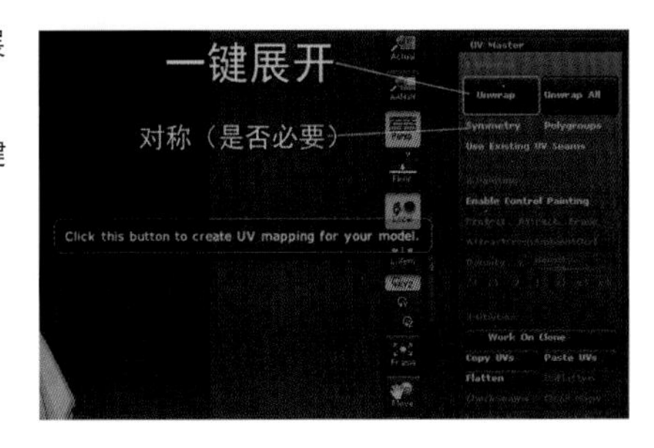

高模减面输出

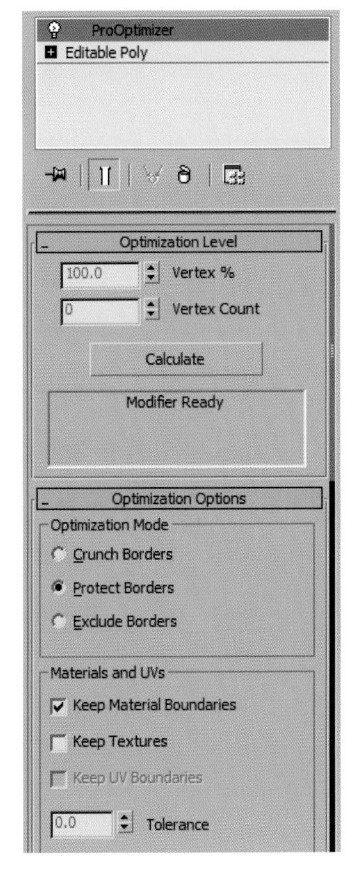

◀ 高模面数多达百万甚至千万，必须减面才能输出至3ds Max。减面工具同样使用ZBrush自带的插件Decimation Master（减面大师）。Decimation这个名字非常有趣，解释为“大批量的杀害”，可见这个工具有多恐怖。它的使用方法与3ds Max中的ProOptimizer修改器（超级优化）非常类似，该修改器似乎功能更多、更细一些。

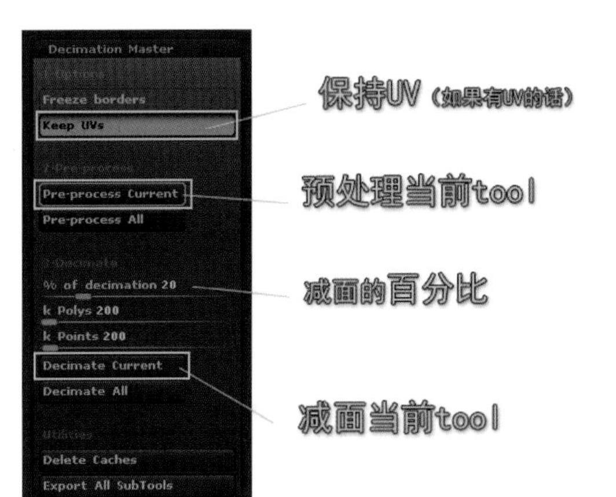

减面的操作步骤如下。

◀ 1. 选择要减面的模型，激活KeepUVs功能，保留模型的UV不会被破坏。

2. 单击Pre-process Current按钮，预处理模型。

3. 设置优化百分比（默认为20%，即减面后将会少80%的面数）。

4. 单击Decimate Current按钮进行优化。

我重复进行了2~3次减面，最后输出。每个模型都依次减面，有点麻烦，但比直接单击Decimate All按钮保险一些。

考虑到之后毛发占用的资源比较多，我对猫咪的减面比较狠。猫老板的总输出面数约为 50 万，包括绑带等各种小物件。现在看来，小物件保留的面数反而更多。一件上衣 20 万面，绑带上的蝴蝶结占用了约 5 万，而两者体积差异远不止四五倍。其实小物件的面数没有必要保留这么多。

衣服的模型相对复杂，我担心减面会丢失细节，因此减面之前使用 ZBrush 插件 Multi Map Exporter（多种贴图输出）输出它们的法线贴图和 AO 贴图，作为备用。输出之前，设置好图片尺寸，默认为 2048，我想一般的贴图 2048 像素已经够用，更小的物件可以使用 1024，节约是美德，浪费是犯罪。另外，法线贴图输出前，可能还需要在 Export Option 中设置，选择向第几级别的低模进行投射（ZBrush 中默认为级别 2）。如果想得到较为深刻的法线，则可以选择较低的级别。但如果级别太低，可能导致高模无法投射出正确的贴图。此处要视高模与低模的差异而定。

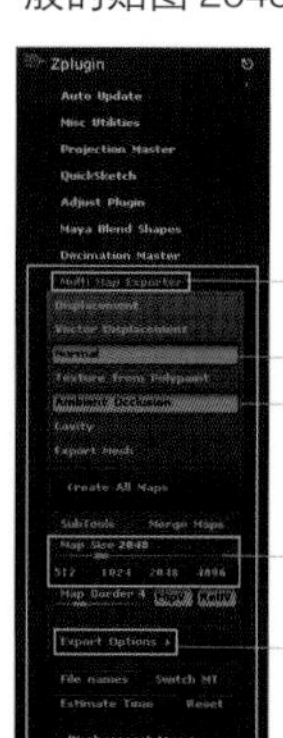

输出后，得到的法线贴图与 AO 贴图如下。事实上，这两张贴图都没有用到。

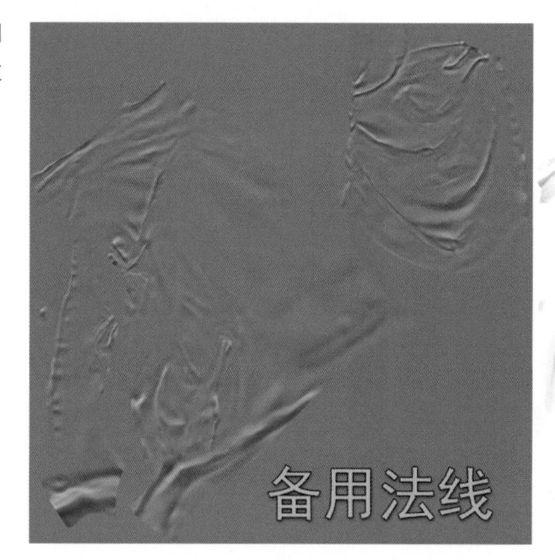

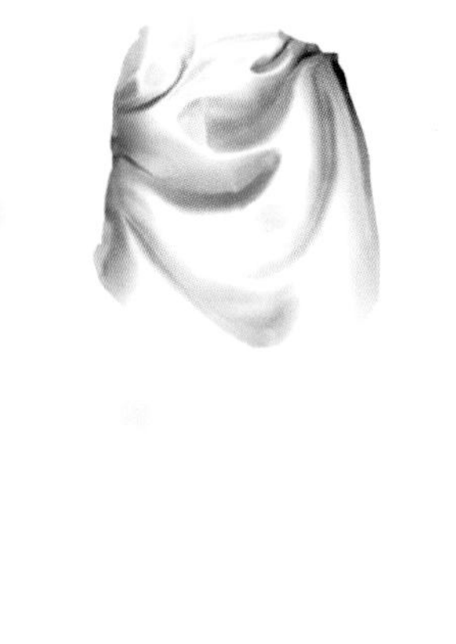

同样的，肥猫的高模完成后，输出减面的模型，以及辅助的法线和 AO 贴图。

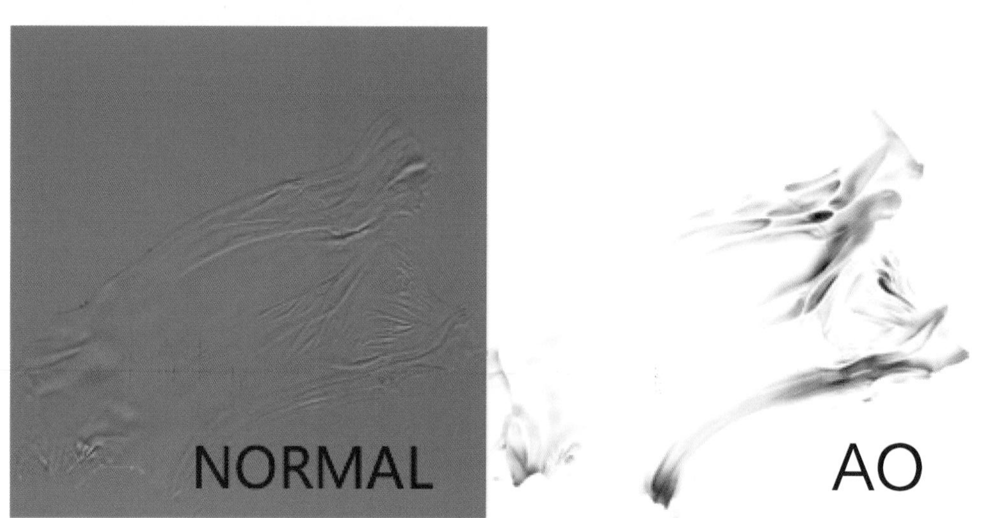

M 贴图与材质 MAPS AND MATERIALS

猫老板

有些软件非常擅长在模型上直接绘制和处理贴图，例如 Mudbox。但在 ZBrush 中为模型制作漫反射贴图时，我通常直接绘制颜色。在 ZBrush 中绘制没有 Photoshop 或 Mudbox 那么精致，也没有强大的编辑功能，但它只需要大体定位颜色，可以在 Photoshop 中精细加工。其实，我懒得记那么多软件的使用方法，哪天如果忍受不了自己的拙劣，再充电学习吧！

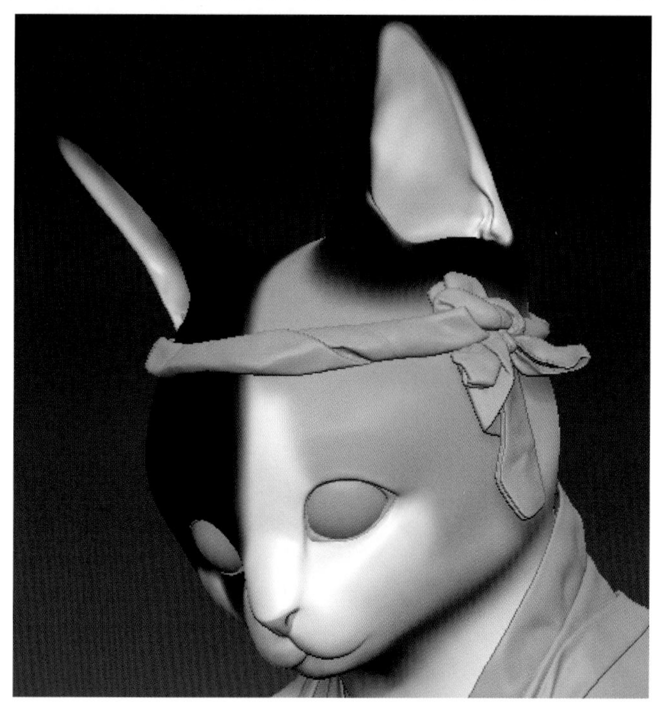

绘制前的准备工作。关闭 Zadd 或 Zsub 的雕刻设置，然后打开 Rgb 颜色选项，设置 Rgb Intensity 颜色强度。一般来说，我会设置 2~5 之间的值，以便颜色有一个很好的过渡和融合。此处猫脸的颜色纯正，强度倒是可以设大一点。

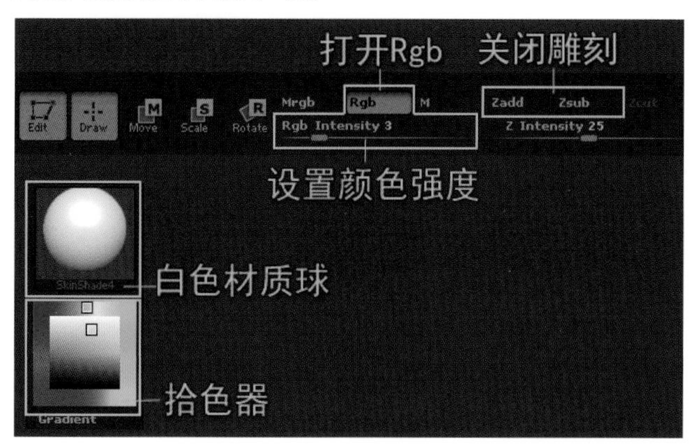

绘制完毕后就可以输出该贴图了。在 Tool 面板下的 Texture Map 卷展栏中，单击 Create 下的 New From Polypaint 按钮，即将顶点颜色转换为一张新的贴图，此时预览框里能看到预览图片。如果再用笔刷在模型上绘制，将看不到任何效果，因为此时模型表面呈现的颜色来自之前生成的贴图，就像在模型上盖了一块布（贴图），除非修改布（贴图），或者把布移走（关闭贴图，即将第一个按钮 Texture On 切换到 Texture Off），才能继续进行顶点绘制。

得到想要的贴图后，没有提供输出工具让我们直接输出，只能单击 Clone Txtr 按钮，将该贴图克隆到 ZBrush 左侧的贴图托盘中，然后选择贴图，单击 Export 按钮输出。

Texture Map
Texture On
Clone Txtr
New Txtr
3、克隆该贴图到贴图托盘
2、转为贴图
Fill
Create
New From Polypaint
1、将手绘的顶点颜色转为一张新的贴图
New From Masking
New From UV Map
New From UV Check
New From Vertex Order
New From Poly Order
4、克隆至贴图托盘
5、选择输出
6、输出选项
Import
Export

输出的猫头漫反射贴图如下，和其他高大上的漫反射贴图相比，简直弱爆了！

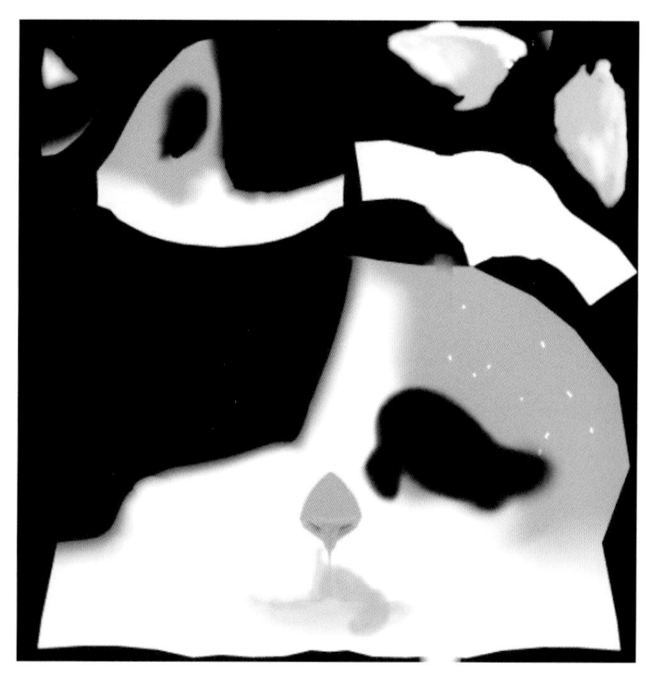

这张贴图不仅用于猫头，在控制毛发颜色时也会用到它。贴图搞定，将模型导入 3ds Max 中，该处理材质了。

猫头的材质其实作用很小，因为其覆盖着满满的毛发。我使用了最简单的 VRay 基础材质。在这里，我曾测试使用 VRayBlendMtl 即 VRay 的混合材质，混合的材质使用 VRayFastSSS2 类型，在两者之间添加遮罩。但加上毛发后，效果并不明显。

猫眼的制作与人类一样，分为两层，外层为玻璃材质，里层贴上虹膜的贴图。夜晚，猫咪的瞳孔放得很大，亮晶晶的做起来很爽。

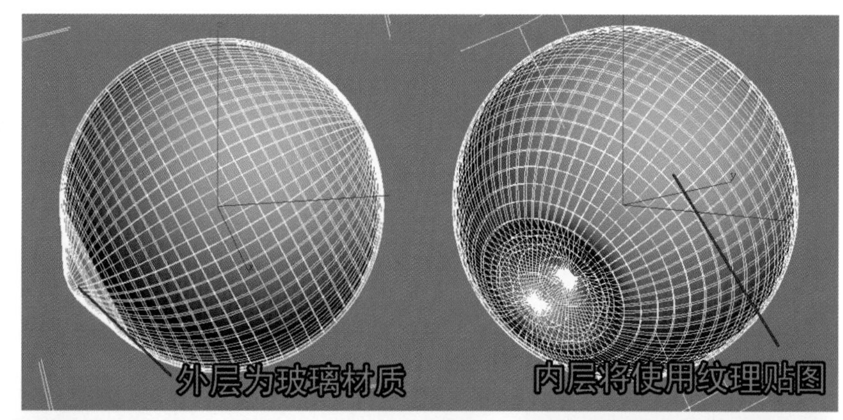

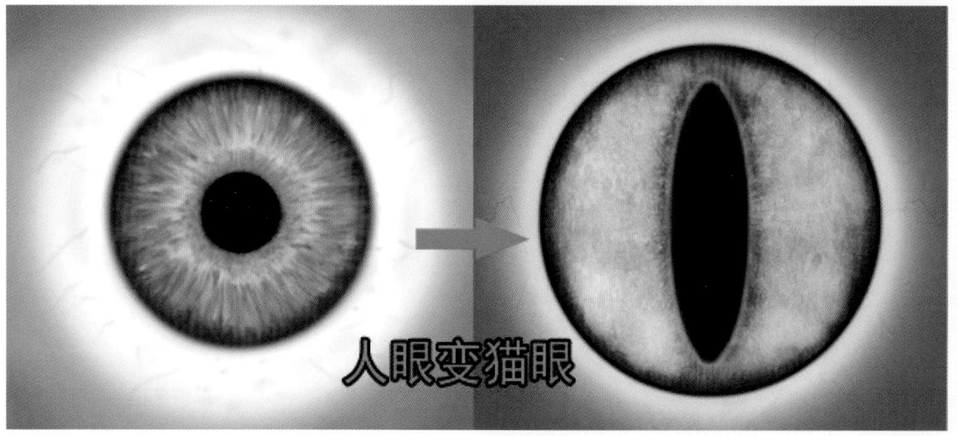

猫老板的衣服使用了漫反射贴图、凹凸贴图以及高光贴图。如果说凹凸贴图用于表现影，高光贴图则是表现光，这两类贴图通过对光与影的控制，来表现质感。

漫反射贴图方面，我在网上搜集日式布料纹理，轮流实验漂亮的古典花纹，选了一个与场景比较协调的布料，直接贴到 Diffuse 上，没有其他技巧。我希望老板猫的传统和服有着鲜明的色彩，因此挑选的都是饱和度比较高的图片。如果漫反射贴图效果不够强烈、鲜明，就将准备好的 AO 贴图叠加在漫反射贴图上，达到一种较为深刻锐利的效果。和服的花纹式样专业术语似乎叫作“小纹柄”，图案连续，没有方向性，因此贴图也简单，不需要在 Photoshop 中绘制。之前自动 UV 展开，就注定它是小纹柄的方式了。

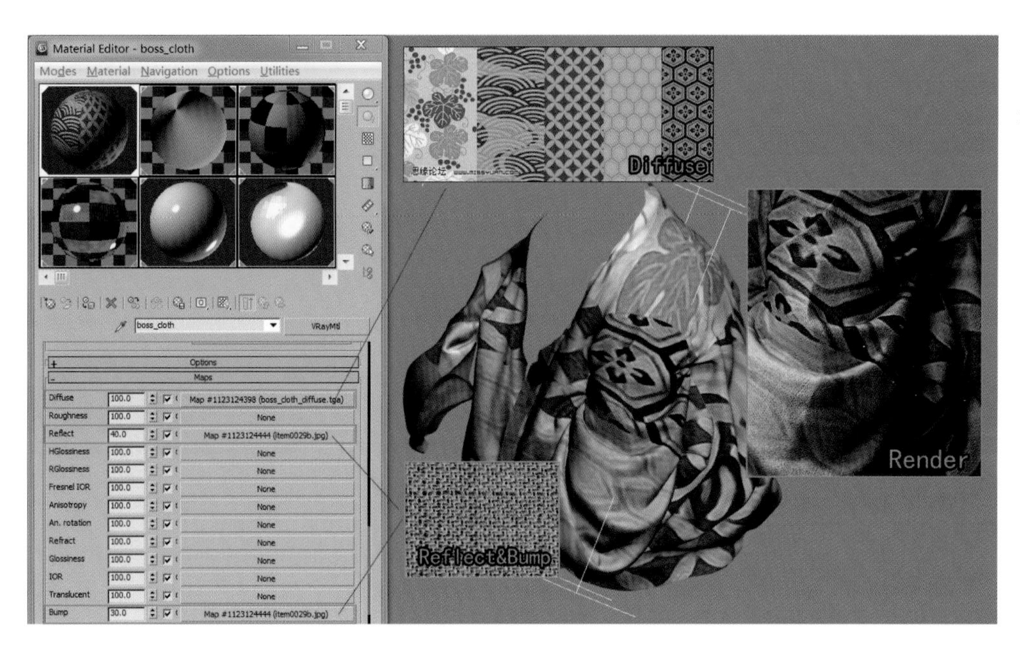

衣服的质感偏丝绸。我想厨师不会穿这么高级而且女性化的布料，但为了好看，把高光调得比较高。

顾客肥猫

在 ZBrush 中绘制漫反射颜色，输出贴图。肥猫一身灰，只有嘴部需要绘制。

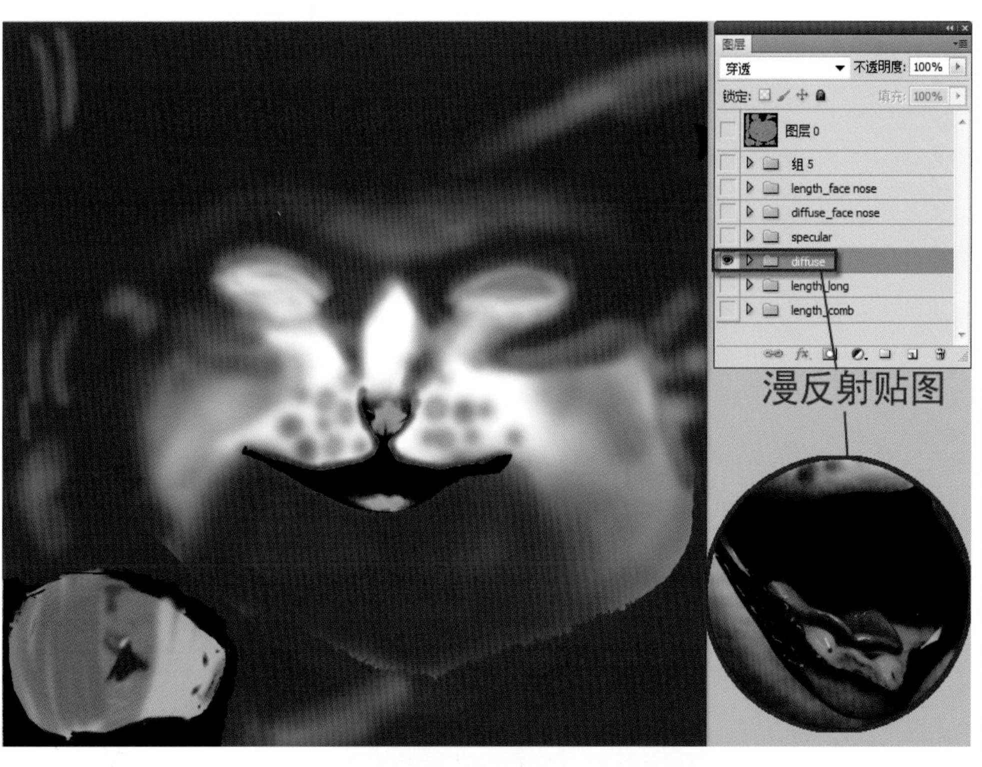

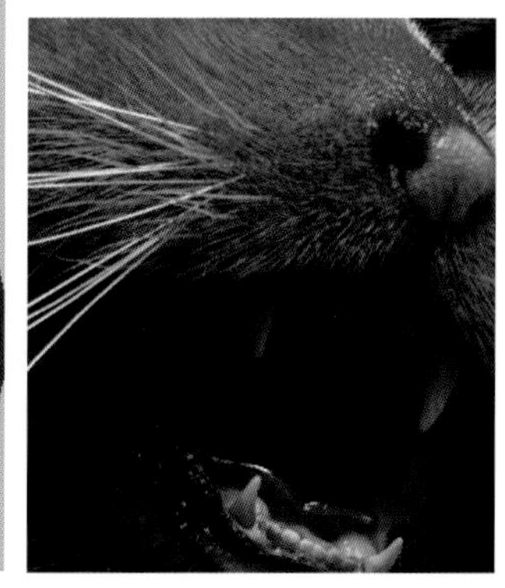

衣服的漫反射贴图方面，决定为它做一件比较酷的衣服。肥猫中意的鱼类大概会是鲨鱼这样的大型食肉性的鱼类，于是挑了一张棒球健将鲨鱼的图片。配合高光贴图与凹凸贴图，就可以表现出衣服的效果了。

衣服材质是磨得发亮的粗麻布，鲨鱼和文字则是皮革的。我感觉，对于表现布料的纹理，高光贴图似乎比凹凸贴图的作用更大，效果更突出。

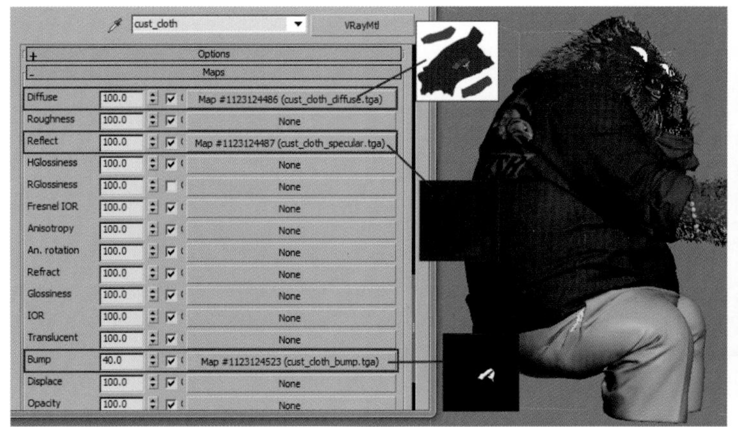

顾客无毛猫

绘制并输出漫反射贴图，与前面的制作方法一致。只不过，这只小猫的颜色变化丰富、细腻得多。它没有毛发遮挡，必须仔细绘制出皮肤的真实颜色，红润的脸蛋、黑黢黢的重点色（那到底是毛发还是皮肤？不管了！）、发青的下颌，顺带给上了一些妆。

输出漫反射贴图，以及备用的AO及法线贴图。

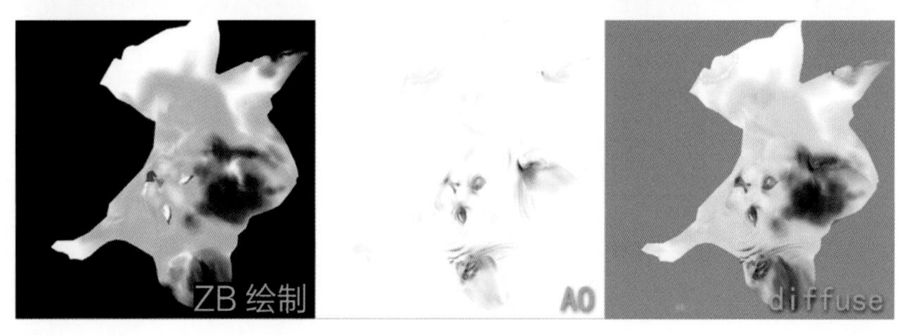

皮肤材质

无毛猫小姐的皮肤类似于人类的皮肤，材质类型为 VRayFastSSS2。该材质由 3 层组成，镜面反射层（Specular layer）、漫反射层(Diffuse layer)及次表面散射层(Subsurface scattering layer，即 SSS 层）。而在老版本的 VRayFastSSS 中，如果要调节高光及漫反射，必须添加 VRayBlendMtl 材质。此外，SSS2 还增加了很多新的功能，例如预设，其中设置了许多类型的 SSS 材质，例如棕皮肤、粉皮肤、黄皮肤、理石、脱脂牛奶、全脂牛奶、奶油以及土豆等。挺搞笑的，大家可以测试着玩一玩。

无毛猫小姐的 SSS 效果主要使用在 diffuse color、sss color 以及 scatter color 三个选项上，使用的贴图都是刚才制作的漫反射贴图。三个选项的相关数值，如漫反射的比重、散射半径等，需要配合灯光、控制 SSS 以及高光的强度，视测试效果而定。

Maps 卷展栏的凹凸选项中使用了法线贴图（终于派上用场了），还叠加了一层噪波贴图（noise）表现皮肤的凹凸。

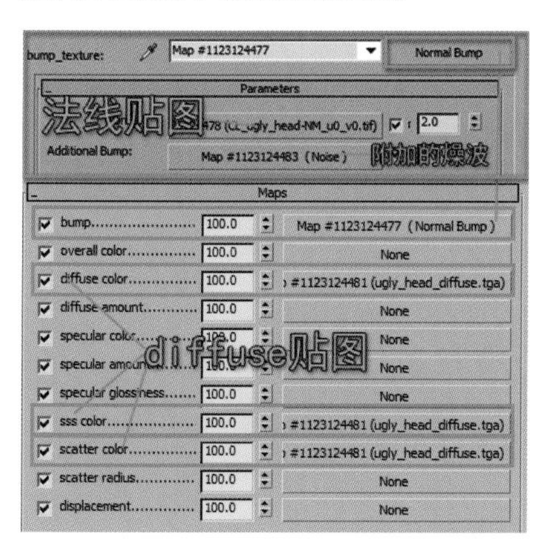

3ds Max 中的 SSS 材质效果。

不过总体来说，无毛猫小姐的 SSS 效果我并不太满意，觉得它一定能有更好的表现。最后，胳膊、手的制作与头部类似，而衣服贴图的制作非常简单，此处就略过了。

R 丰富场景内容
RICH SCENE CONTENT

饰品

受欢迎的寿司小店，招财猫和鲤鱼旗必不可少，琳琅满目的食物和小装饰也是必不可少的，我希望把小小的餐桌塞得满满的。

同无毛猫一样，鲤鱼旗、招财猫都雕刻模型，自动展开UV后，在ZBrush中绘制漫反射颜色。如上所述，这不是最好的、最专业的方法，因为无法做到特别精确和精致。但这些小物件色彩单纯、造型简单，在场景中不太引人注目，对精度要求不太高。我一直使用这种方便的方式，觉得结果可以接受。

招财猫的坐垫，刺绣的部分在Photoshop中绘制成线条状，越细致越好。本书中有大量使用刺绣的优秀作品，因此在此不赘述了。

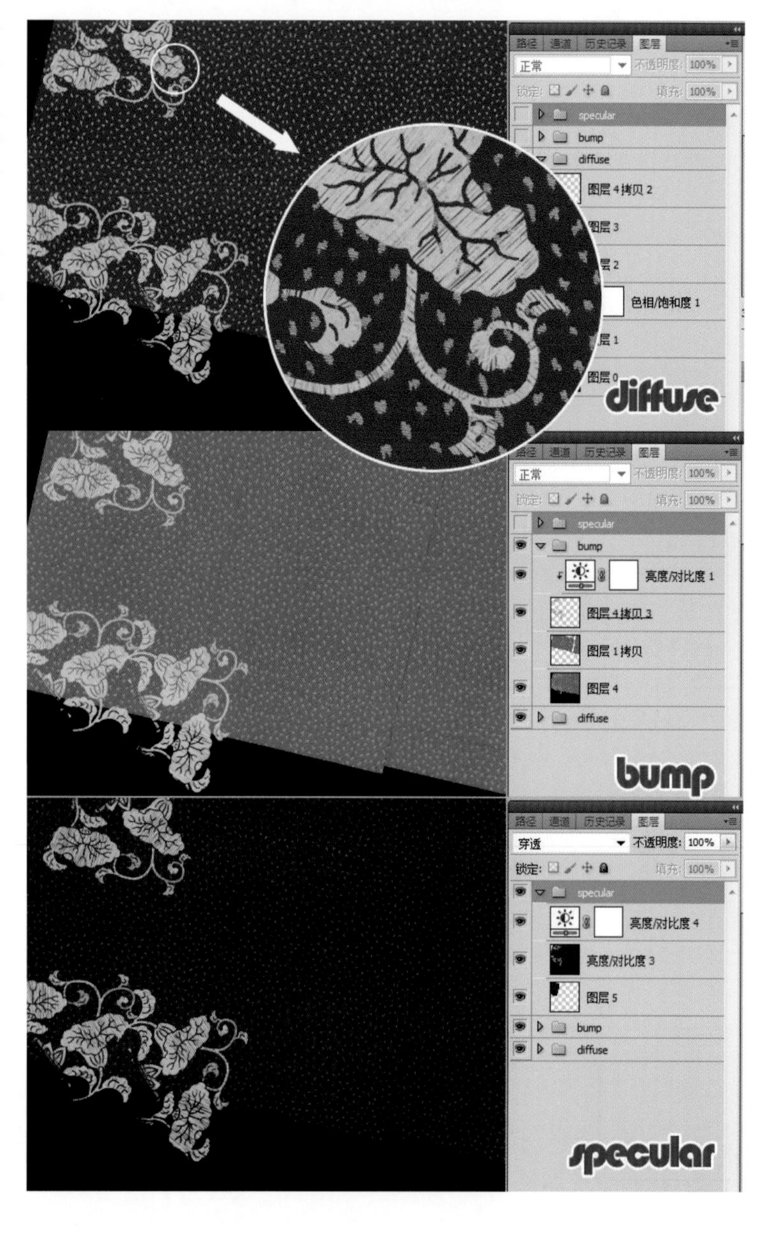

食物

菜品等道具的参考太美，让人垂涎……我在此花费了不少的精力。我希望通过不断累积，把它们全部表现在三余小店的小摊上。桌上的东西越来越多，可说实话我还是觉得不够丰盛。因此我添加了蜗牛、壁虎、小章鱼和小虾这些小动物，以及筷子盒、菜单、酒瓶、小碗碟、调料瓶、芥末、罐子、毛巾、挂件、竹竿、捕鱼篓和灯笼等配饰，场景中的物件比较零碎、繁杂，需要耐心地调整。没有什么特别的难度，但如果花个几天时间专门研究这些小玩意儿，估计我会受不了的。因此我把它们当成制作过程中的休息和调剂，做起来非常开心。比较伤脑筋的是虾、饭团等菜品的制作。饭团太小，SSS效果调不出来，无法做出晶莹剔透的感觉。

肥猫的配件

肥猫右手带着佛珠，左手拎着大哥大，两者都是简单的多边形建模，本着能省就省的宗旨，看不见的手机按键都没有制作出来。在我看来，小配件越多越好哦！繁多、凌乱、穿插、相互影响，才能更真实。

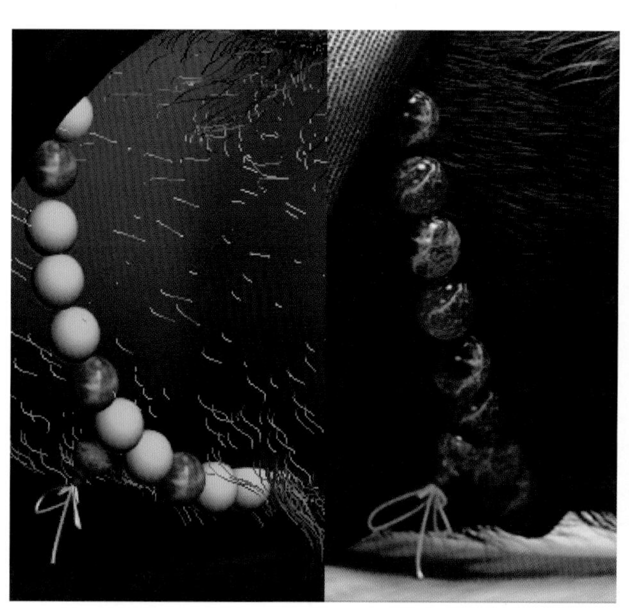

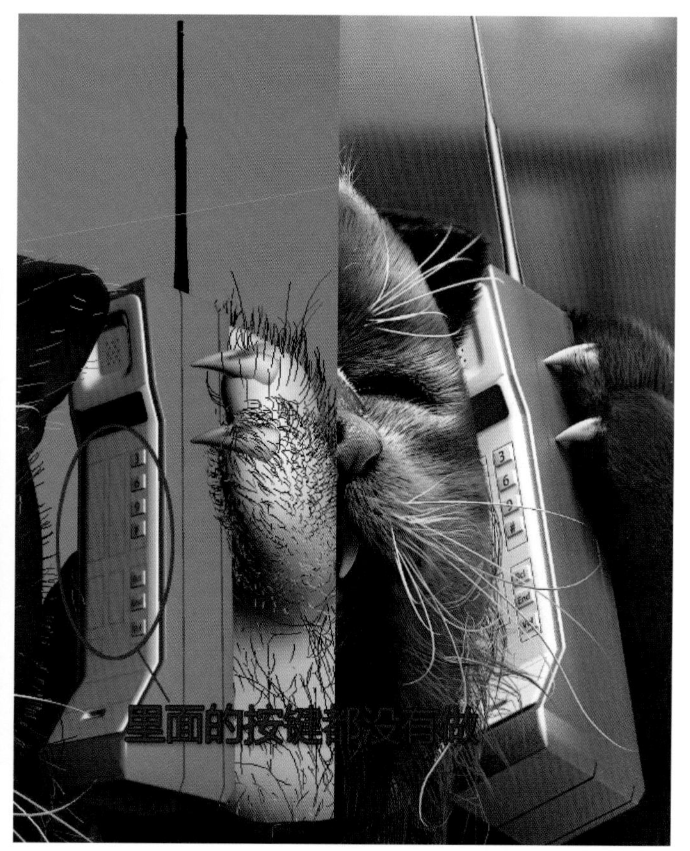

制作毛发 MAKE HAIR

我使用的毛发系统是 Ornatrix，制作的步骤如下。

1. 原地克隆一个多边形模型，用来在该模型上添加各种毛发修改器。
2. 添加引导线 OX Guides From Surface。
3. 快速指定引导线的形态“OX Surface Comb”（如果是短毛）。
4. 编辑引导线 OX Edit Guides（如果需要进一步梳理引导线）。
5. 引导线上生成毛发 OX Hair from Guides。
6. 加工处理，添加长短控制、杂乱和打结等修改器，以及处理各种贴图（如果需要）。
7. 设置 OX Render Settings 与 VRayOrnatrixMod。
8. 设置毛发材质，即可成功地将毛发渲染出来。

TIPS

上述操作中的第 3、4、6 步可根据具体情况跳过。

猫老板的小短毛

猫咪需要制作毛发的部位有头部和爪子，爪子的毛发比较简单，因此在这里主要以头部为例，从毛发造型和毛发材质两个方面来说说我的制作过程。

毛发造型

大体上，猫咪的脑袋有两层基本的毛发，一层为短毛，较为整齐，几乎覆盖整个面部，猫咪不会出现斑秃；另一层为长毛，主要分布在脸颊，它们具有变化，长短、方向不一。在此基础上，再为用以保证个别部位单独添加小面积的毛发，如耳朵内外部的毛发和杂毛等。

为了方便调整，我对不同区域的毛发分块，以至于毛发总根数不多，但毛发块数很多（也很乱）。因此，我先复制出需要生长毛发的部分。

添加 OX Guides From Surface 修改器，在该修改器的参数中设置引导线的长度、根数以及分布贴图。

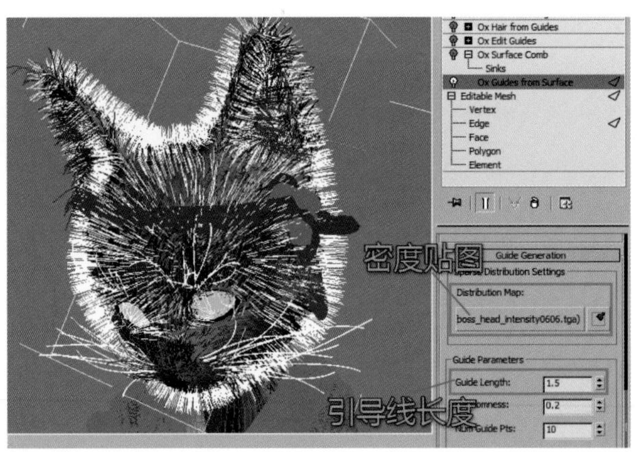

毛发依据引导线而生，其形态取决于引导线的方向和形态。Ornatrix 提供了多种插值模式计算毛发生成的方式，例如两根引导线生成（如下图），或是三根引导线生成，对长度是否进行插值等。此处我使用了一张密度贴图控制引导线的分布，主要为了配合毛发长度。

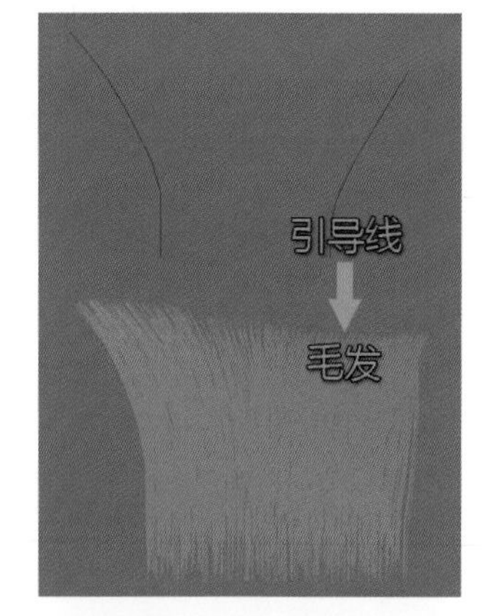

因为猫毛不会长发飘飘，对于较短的毛发，我使用了 OX Surface Comb 修改器。Comb 功能可以较快地指定引导线的方向，用来创造方向比较一致、没有什么造型的短毛，例如小猫、小狗这样的动物毛发，以及人类的汗毛。

在 Comb 效果的基础上，如果需要进一步梳理引导线，那么再添加 OX EditGuides 修改器，使用笔刷调整毛发形态。猫老板的毛发比较短，加上一丝不苟的谨慎个性，不需要做太多梳理。我几乎没有在猫老板身上使用 OX Edit Guides 修改器，而肥猫放荡不羁的毛发则必须使用。因此我将在下文中再讨论该修改器的使用方法。

搞定引导线后，添加生成毛发的 OX Hair fromGuides 修改器，即可在视图中看到具体的毛发效果，而不是白白的引导线。在这里设置毛发的视图显示数量以及实际渲染数量。此时，依赖于引导线，毛发的大体造型已经出来了。

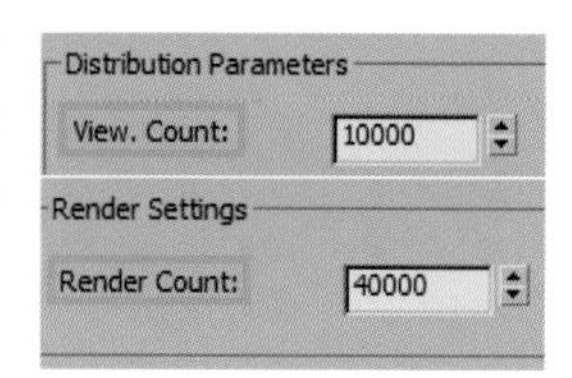

最后，我们要让毛发的形态尽量自然、好看，测试和添加各种修改器、贴图，控制毛发长度、打结、打卷和杂乱等形态。

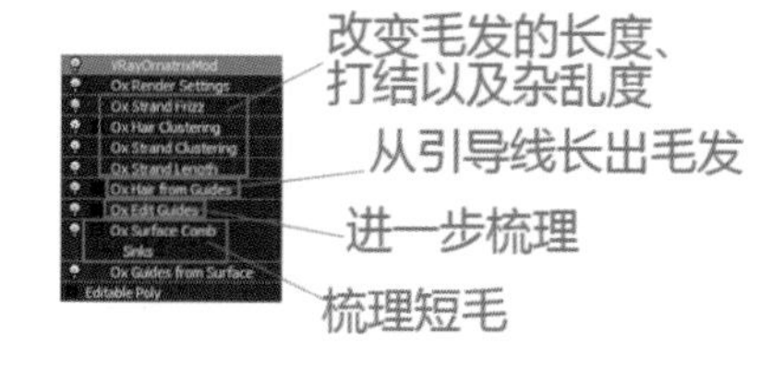

猫咪脸颊部位的毛比较长，靠近鼻口部位则比较短，类似于绒毛，鼻口部位则完全无毛。因此，可以用 OX Strand Length 修改器中的 Length Map 来控制。一般来说，毛发较短的部位需要更多的毛发数量，才不会显得秃，而毛发较长的部位则不需要太多的毛发数量。嘴部的情况也是如此，通常只有几毫米长的短毛，但非常密集，而脸部毛发较长的部位则可以节省一些毛发。因此，可以配合一张 OX Guides From Surface 修改器中的 Distribution Map，两者共同控制毛发的长短及疏密。

OX StrandFrizz 修改器可以让毛发产生杂乱效果，无论长发、短发，一般都会添加这个修改器，否则毛发会过于平整而显得虚假。杂毛太多会很吓人，因此可以设置杂毛的百分比以及数量。

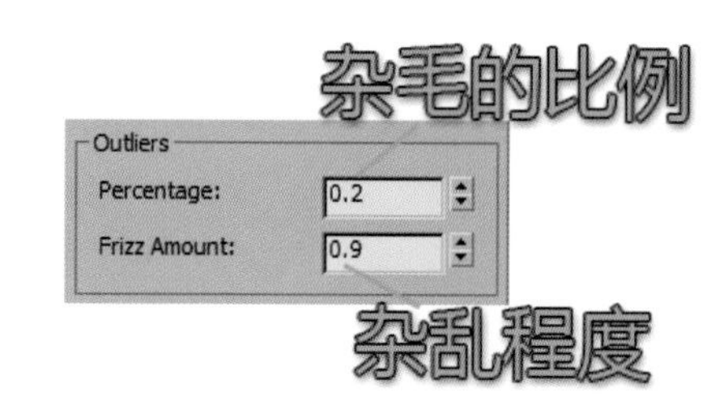

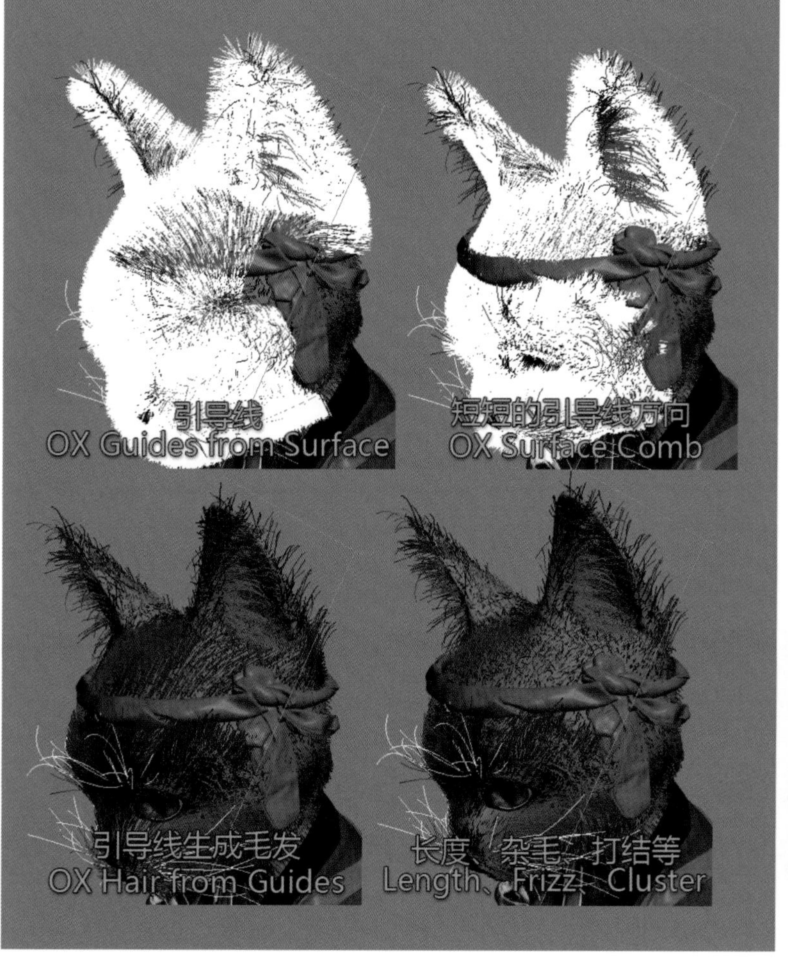

毛发造型完成，总结一下制作的步骤如下图所示。

毛发材质

毛发的材质类型为 VRayHairMtl。毛发颜色需要灯光配合，尤其是浅色的毛发。决定毛发颜色的呈现效果的有 diffuse 固有色、primaryspecular 一级高光（较大范围的高光）、secendery specular 二级高光(高光上的高光，最亮的高光)与 transmission 过渡颜色(背光颜色)。

可能的影响因素比较多，我在刚开始制作猫老板毛发的颜色时有些乱套，后来干脆在场景中使用单色测试，看看哪种参数对最后呈现出来的色彩有较大的影响，再将测试出来的各种颜色数值记录下来，作为贴图绘制的参考。经测试，固有色与一级高光对毛发在灯光下呈现的色彩起到最重要的作用，因此我绘制了右侧两张贴图。

搞定了毛发的形态和颜色，这只猫的头部就完工了。总体来说，毛发制作是一项吃力又不讨好的工作。遇到的最大困难是白毛，因为场景是夜景，光照太少，发色呈现受高光影响很大；没有高光，白毛灰扑扑的。我只好单独为白毛补光。其实，到最后白色毛发仍是灰灰的，无奈只能靠后期调色了。

遇到的另一个难题是毛发分布不均。UV 为分界，脸部毛发明显多于后脑勺等其他部位，这必然是 UV 的问题。之前觉得后脑勺等部位没什么细节，将它们的 UV 缩小，导致与脸部的 UV 网格密度不均。而此时所有贴图都已完成，如果修改 UV，所有贴图都要随之修改。犯懒的我再次偷懒，将脸部以外的其他部位再加一层毛发，糊弄过去了。Ornatrix 参数非常多，我想也许有方便的设置方法解决这个问题。以后有机会，会继续研究这款插件。

另外，在调整毛发颜色的时候，发现一个有趣的小现象——如上所述，没有受到灯光直接照射的毛发将呈现一片模糊。它们不会出现高光，即不会呈现出高光的颜色。因此需要为毛发单独进行补光，并且将毛发外的其他物件排除。在灯光的排除选项中，Ornatrix 毛发的 Exclude 和 Include 是相反的。也就是说，如果一个灯光仅仅包含毛发，不包含其他物体，需要把场景中所有物体连毛发在内全选，一概设置为 Exclude，估计这是一个小 Bug。

其他毛发

手部的毛发比较简单。我同样使用了两层毛发，一层为浓密的短毛，一层为较长的杂毛。

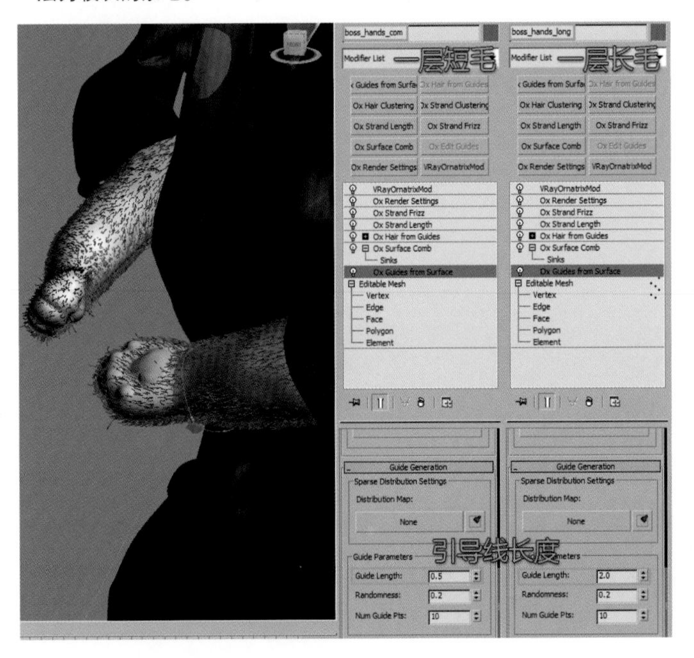

胡须与眉毛，使用最简单、直接的方式来制作——Line 画线工具。打开可渲染属性，将 line 转换为多边形，将胡须边缘的顶点塌陷。需要注意的是曲线的形态。小小的日本猫相貌秀丽，胡须和眉毛都比较细小、秀气。材质为普通的 VRay 材质类型，漫反射上贴了一张 Falloff 贴图。至此，猫老板的小短毛完工！

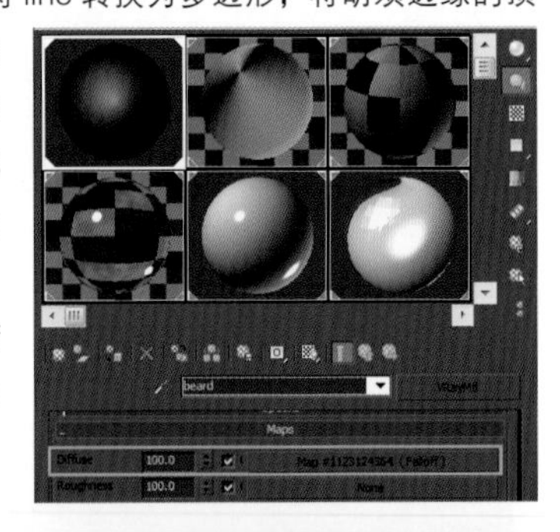

肥猫的蓬蓬毛

这是一只大灰猫，没有颜色的顾虑，重点是把毛发形态调整好。梳理毛发主要用到的修改器是 OX Edit Guides。首先，在 Brush Options 卷展栏中选择笔刷大小与强度。强度的默认值为 1，但一般情况下，该值可以设小一点，更容易控制力度。然后，在 Brushes 卷展栏中可以选择需要的梳理工具，对肥猫的毛发进行造型处理。

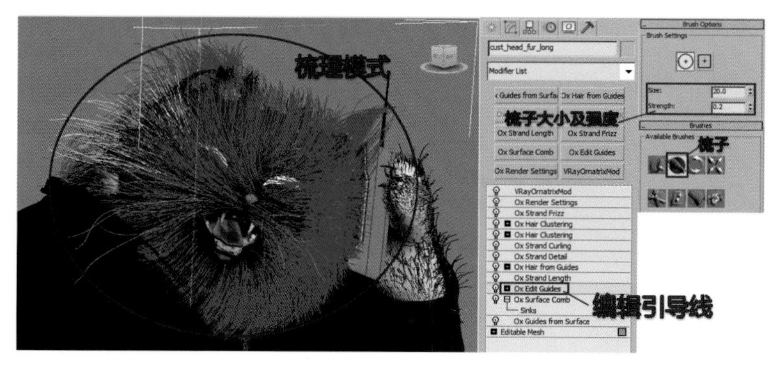

虽然我之前使用毛发不多，但感觉 Ornatrix 的毛发梳理功能确实非常方便。使用笔刷梳理时影响的轴向，类似于 3ds Max 中的 Screen 坐标系，操作方向永远平行于摄影机平面即 *XY* 平面，无 *Z* 方向深度上的影响，因此只需将每个视角的形态梳理出来，不用担心旋转视角时难以把握毛发形态。

胡须、眉毛的做法与猫老板一致，只是肥猫的姿态更加张狂。

无毛猫的稀疏毛发

无毛猫并非完全没有毛，它还是有汗毛的。我为它做了两层汗毛，一层较细、较均匀，另一层长一些，分布稀疏。添加汗毛后的猫咪，在逆光的环境中效果不错。

短毛层非常简单，直接在模型上生成毛发，长度值设得很低。

长毛增加了打结、杂乱以及长度控制效果。至此，猫小姐的稀疏毛发完成！

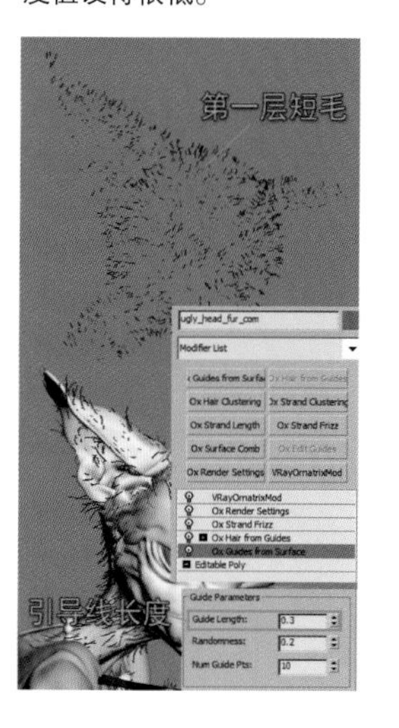

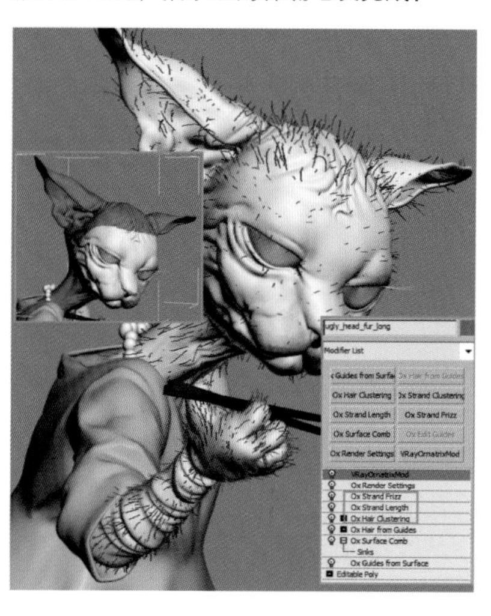

日月扇的穗子

日月扇的穗子仍然使用 Ornatrix 毛发系统，通过 OX Edit Guides 功能刷成想要的基本形状。然后，使用 OX Mesh from Strands 修改器将毛发转换成多边形，接着导入 ZBrush，使用移动笔刷微调毛发的位置，让它们自然地趴在坐垫上。

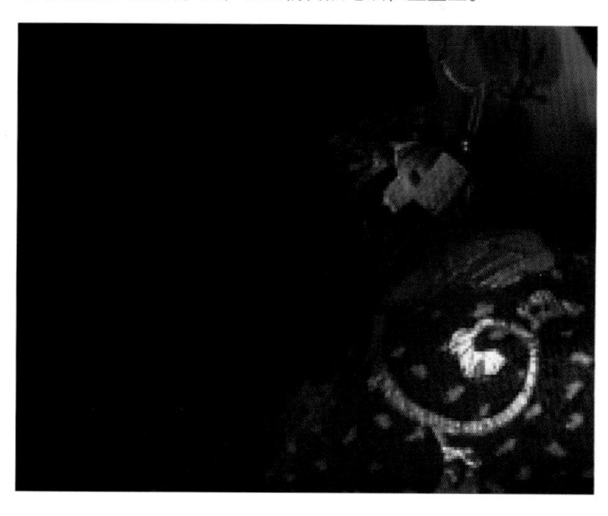

L 灯光设置 LIGHTING SETUP

当代著名建筑大师勒·柯布西耶曾说过，“灯光和照明是形状、空间和光线中不可分割的组成部分。它们可以为某个环境创造出独特的氛围和感觉，同样也可以将建筑的结构及其内部和外部功能清晰地表达出来。灯光可以照亮物体并为表面的材质着色，使物体更加精彩并富有生命力。”

虽然勒·柯布西耶说的是建筑灯光，但对于动画和电影来说也同样适用。在三维场景中，哪怕是简单的模型也可以在灯光作用下显现出完全不同的面貌。因此，灯光是 CG 画面中视觉叙事和气氛渲染的重要环节。

在制作一幅 CG 作品前，就理当考虑灯光效果。寿司店在灯火阑珊、热闹非凡的街道上，因此这幅作品的灯光设想是，主光源来自餐桌上方一盏或两盏照明灯，街道上的光照也应该比较多，三只猫咪身上都有较强的逆光，凸显出猫主人公的轮廓。另外，相信毛发在逆光照射下会相当漂亮。

在 3ds Max 中用 Box 搭建出简单的场景布局，作为灯光的环境。

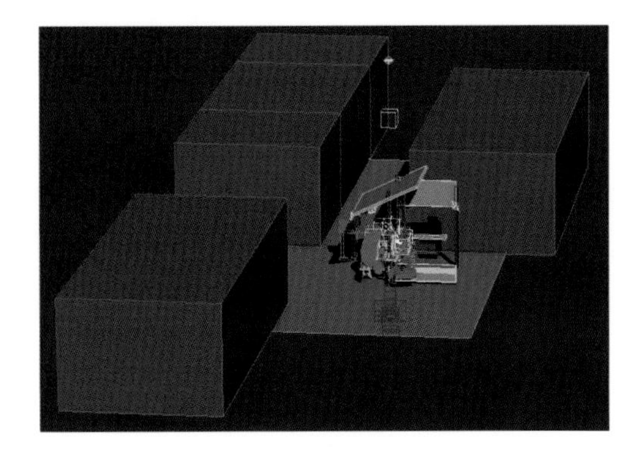

开启 VRay 的间接照明，添加 HDRI 贴图作为环境光。经过一番测试，选择下图，蓝色背景加暖黄灯光，符合我想要的效果。

根据之前的设想，餐桌上方两盏 VRay 灯光照亮主要角色，猫老板及肥猫身后都有背光。

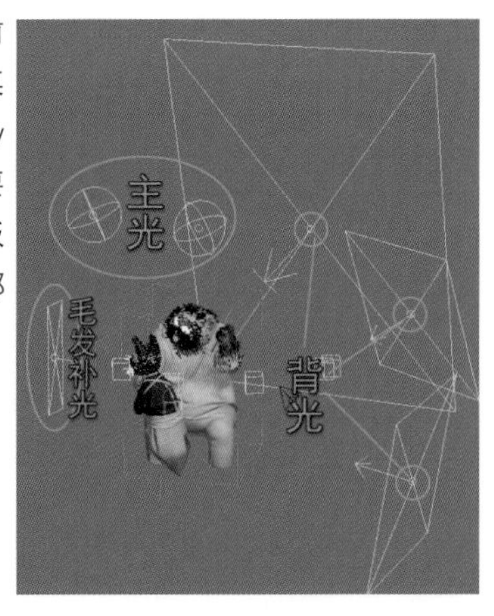

实际上，灯光的设置和大场景的搭建是在调节材质之前的。猫老板和肥猫模型完成后，我就开始设计场景和灯光，以便早日看到画面的大体效果。在后面制作毛发以及 SSS 材质的时候，也会继续调整和补充灯光。

打光是整个作品制作中，除了毛发以外，最让我纠结的环节。回想《喵星漫步偶记》的创作，从高模导入 3ds Max 就开始测试灯光。由于缺乏经验，灯光调节花费较长的时间，贯穿模型制作之后的所有步骤，包括材质、贴图、毛发。为了照亮毛发，我增添了很多没有正常光源的补光，使画面失去了整体感、真实感，对灯光的操控也很凌乱。最后渲染前狠心删掉所有灯光，重新布局，这期间真是摇头、叹气。

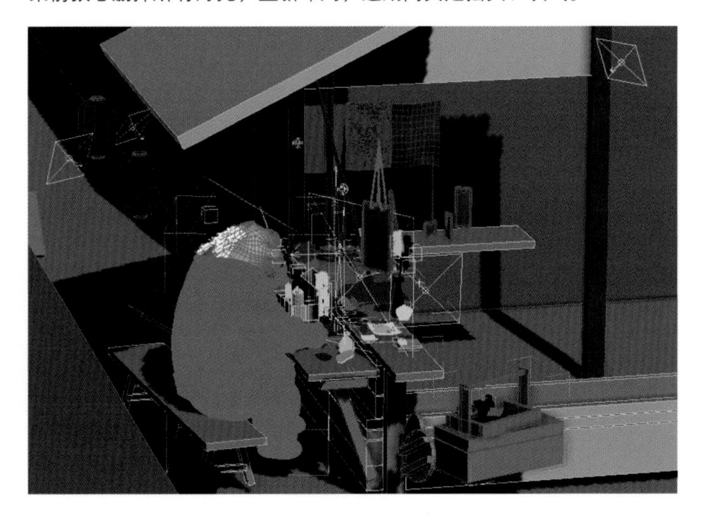

修饰与整理
MODIFICATION AND FINISHING

场景中大部分物体由 Box 搭建而成，例如餐桌和背景建筑，直线条居多，视觉感受比较生硬。就算再多的细节，整体上仍是显得单调和简陋，于是我添加了布料、绳子等软体，丰富构图，制造视觉上的软硬对比。我为三余小店的木板上添加一块较大的布料，小店上部悬挂一些条状纱布，其实它们没有实际用处，仅是为了丰富视觉元素。对于这些简单布料，我使用 3ds Max 默认的布料修改器算出褶皱，感觉完全没有必要使用 ZBrush 雕刻。

在制作的过程中，场景中的物体越来越多，对象类型越来越复杂，因此计算机里的文件越来越多，计算机运行越来越慢。首先应该有这样的心理准备，在制作之初就规范文档，好好整理。

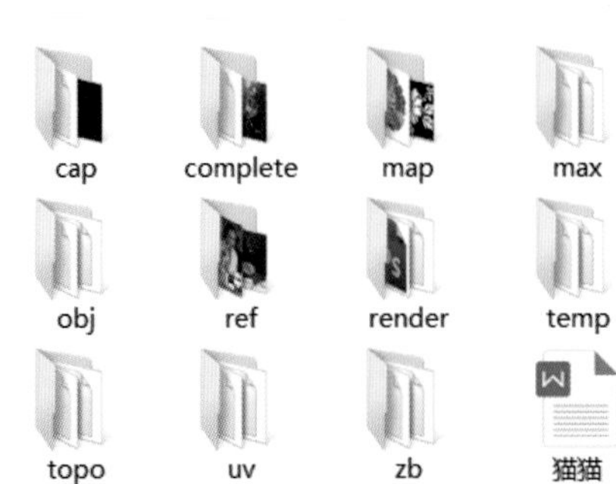

作品总结 WORK SUMMARY

以上就是《喵星漫步偶记》的主要创作过程，耗费将近两个月，但是获益颇多。不仅在CG创作流程和技法方面大有长进，而且我开始留意、搜集一些在网络、书籍以及生活中各种喜欢的事物，对周围世界的感知更为敏感。最重要的是，学习和创作过程中的愉快、充实，让自己的生活都变得可爱起来，让我变得乐观、坚强、充满热情，我至今仍感激和怀念这个作品为我带来的最美好的时光。

弗拉门戈
F L A M E N C O

周伯翰作品

使用软件：3ds Max、Maya、ZBrush、Photoshop、Mudbox、VRay

作者简介

周伯翰，在游戏行业工作十年以上，参与过单机游戏、在线休闲游戏、大型多人在线游戏、竞速类模拟机、儿童骑乘机以及手机游戏等各种类型的游戏制作，在这些项目中担任过角色组长、场景组长以及美术总监等职位，负责项目角色和场景的制作、统合审核管理以及游戏美术风格的设定与规格的制定等工作。

I 引言
INTRODUCTION

很高兴有这个机会和大家分享我 2014 年制作的《Flamenco》，这个作品不仅登上 ZBrush Central 的 Top Row，而且获得不少国际级杂志与书籍的邀稿，更获得了 ZBrush Awards 2015 的 Image of the year 以及 Top Row Post of the Year 两个大奖项。内文中会提到我在制作时的一些思路与过程，希望能对大家在制作作品方面有些帮助。

该作品没有深刻动人的背景故事，也没有让人会心一笑的趣味情节，不需要知道角色的个性经历，更不用知道舞蹈的典故由来。这个作品我想要呈现出来的，只是很单纯的感动，一种即使完全不理解这是什么，但是在看到后却会纯粹地感受到“美”的一种感动。

最初的灵感来自某一天的晚上，我和老婆逛到一间西班牙风格的小餐馆，没尝过西班牙料理的我们兴起了去吃吃看的念头。很凑巧的是当天有场 Flamenco 表演，舞者、吉他手和歌手的表现，让完全不了解这种舞蹈的我印象深刻，所以我想试着将我当时的感动重现在这个作品里。

C 收集参考
COLLECTION REFERENCE

要将一个作品做好，我认为必须要对其有相当深度的了解，不然做出来的东西肯定没有说服力。所以当决定表现 Flamenco 这个题材后，我便开始收集资料的工作。首先大量的图像是不可缺少的，另外我也看了很多影片，并且去了解这种舞蹈如何起源、如何发展以及有什么特点之类的文字数据，这花了我相当多的时间，在逐步消化吸收这些数据后，我开始了解其他人是从什么角度观察这种舞蹈，他们眼中觉得美的画面是什么，又是如何藉由画面诠释这个舞蹈的，原本我脑中模糊的印象，逐渐开始转变为一个具体的形象。

C 构图
COMPOSITION

在我脑中想象的是，有一位舞者正在餐馆内跳着舞，她的舞姿充满力度和动感，舞裙不断甩出一个个复杂又优美的造型，旁边的吉他手弹奏着热情的旋律，歌手及观众开心地配合节奏拍手唱和的画面。

接下来要将脑中形象转化为实际图像，我习惯先用 ZBrush 的 Mannequin 模型去摆设，这个工具对我来说很直观、方便，就像用笔去勾勒草图一般，可以实时、随意地调整出多种不同的基础构图。

图中 a 的舞者比较接近画面，舞裙能有大面积的表现，但是角色的动感不够；b 的舞裙虽能制作出动感，但因为是直式构图，画面表现重点的舞裙会被裁掉一半以上，觉得较为可惜；c 是一个横式的构图，我觉得这个构图能有较充分的画面来表现舞裙的摆动，而且视觉也能有效地集中在舞者身上，因此决定以这张图继续创作。

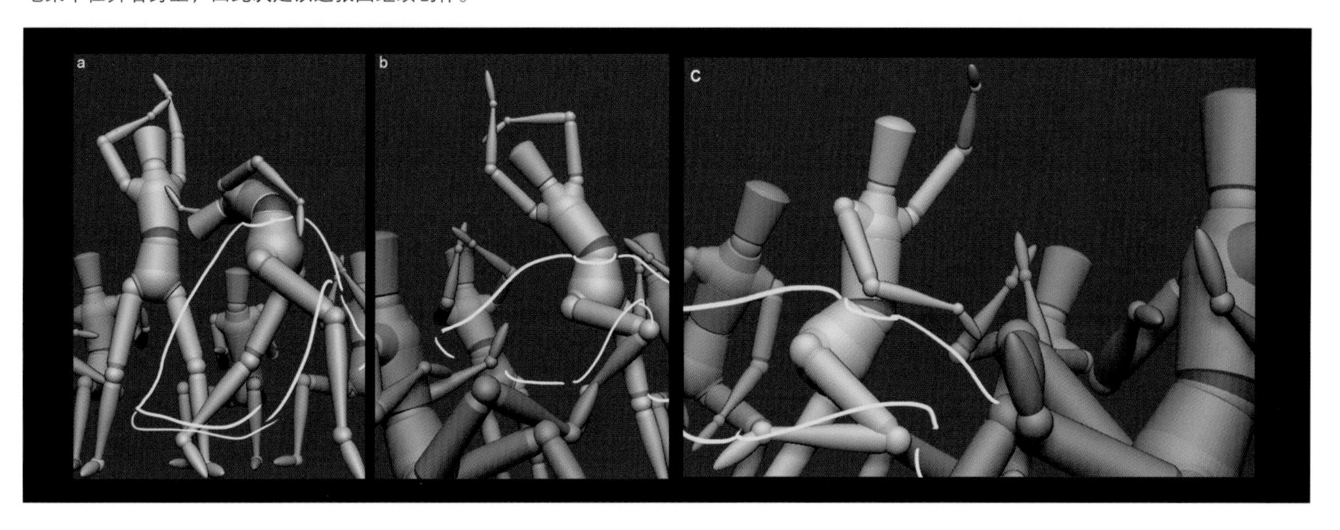

基础构图确定后，我使用 MakeHuman 软件，它除了能调整出男女高矮胖瘦等不同的形态外，模型本身也自带 Rigging，在使用上相当方便，所以我使用它来调整出需要的男女角色体型，作为我的基础模型。

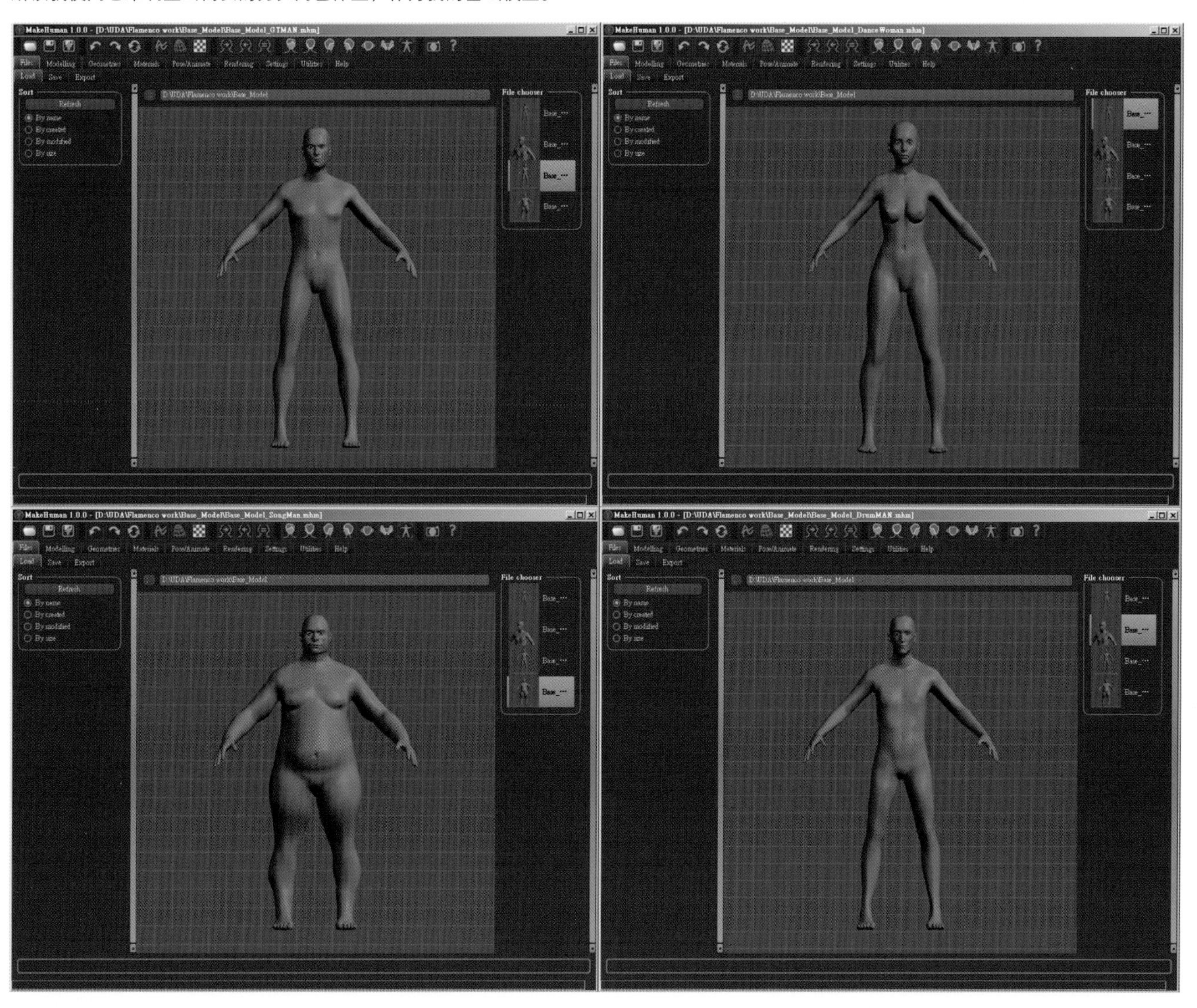

将调整好的、带有 Rig ging 的模型以 FBX 格式导出到 3ds Max 后，我开始调整摄影机以及角色的动作。把实际的人物摆上去后的效果如下图所示。我觉得画面目前看来显得相当拥挤，舞者的舞裙会被遮挡掉许多。

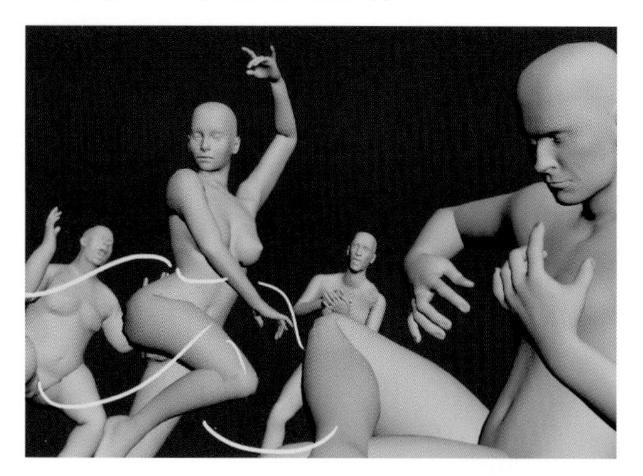

所以我将原本 4 ： 3 的构图改为 16 ： 9，这样除了有足够的画面来表现舞裙的动态，整体画面也不会那么满，视觉上舒适了许多。

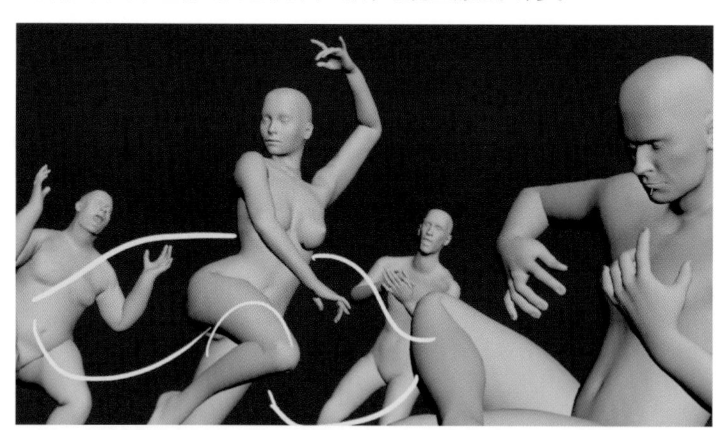

我以决定好的 16 ： 9 比例构图，快速画了张概念图确定画面的色调和氛围，这样可以让我较早确定整个制作的方向，避免后期想象和实际画面有出入、反复修改以及无谓地浪费时间和精力。

M 制作模型 MODELING

我开始细致调整舞者的姿态，因为之前构图中的舞者，动作僵硬没有力度，所以我以原先的动作为基础，将舞者的姿势调整得更加富有力度，且能让舞裙有大幅度摆动的姿态。

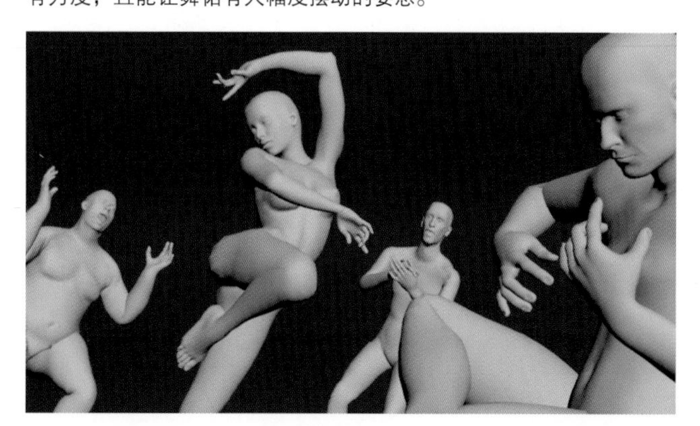

虽然舞者是视觉的焦点，不过吉他手在最前方，占据了画面的很大部分，而且他的动作和姿态会很大程度影响到舞者的画面表现，因此也必须花点心思做调整。

将吉他加入画面中后我发现，若依照原来的构图，前景的吉他手占了将近 1/2 的空间，整个右半部过重，构图也不好看。

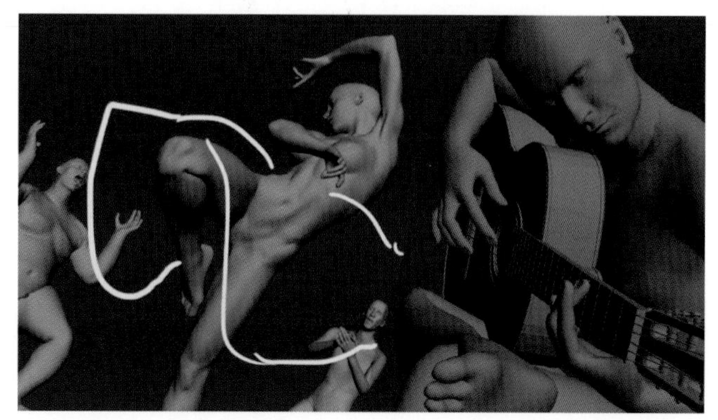

因此我决定让吉他手背对画面，减少他在画面中的比例，虽然对辛苦制作的吉他只露出一小角感到很可惜，但调整过后画面不止整体平衡度提高了不少，而且舞者也能有更大的表现空间，不枉费吉他为这张图所做出的伟大牺牲。

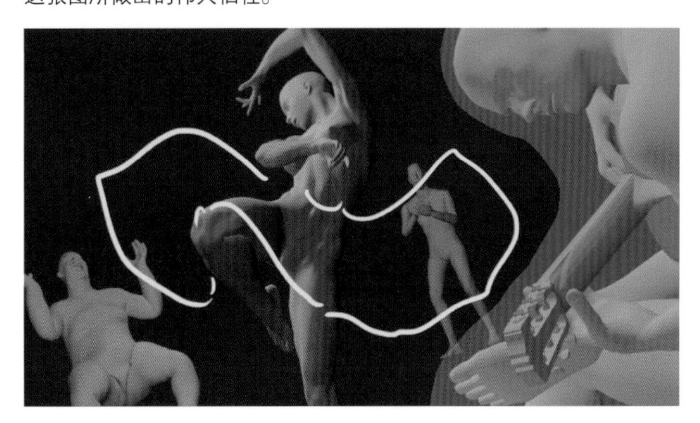

接下来我开始在 3ds Max 中搭建场景的低模，先大致用简单的 Box 来决定室内的大小，并且确定梁柱、桌椅和灯光的位置。

当这些确定好后，再把场景中各种对象制作完成并加入场景中，后方的歌手和拍手的观众也算是背景的一部分，因此也在此时一起制作完成。

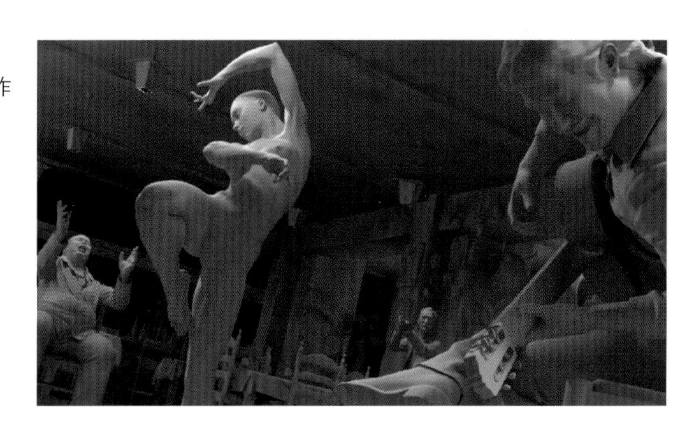

大部分的内容都完成后，我开始制作最关键的舞裙。我画了几张舞裙动态的设计图，从中挑选出适合整体构图的设计。图中 a 的裙摆动态不足，层次感不够；图中 b 的裙摆动态还可以，但层次感不够；图中 c 的裙摆动态和层次感都不错；图中 d 的裙摆动态和层次感表现得太过夸张。经过考虑后，我选择了 c。

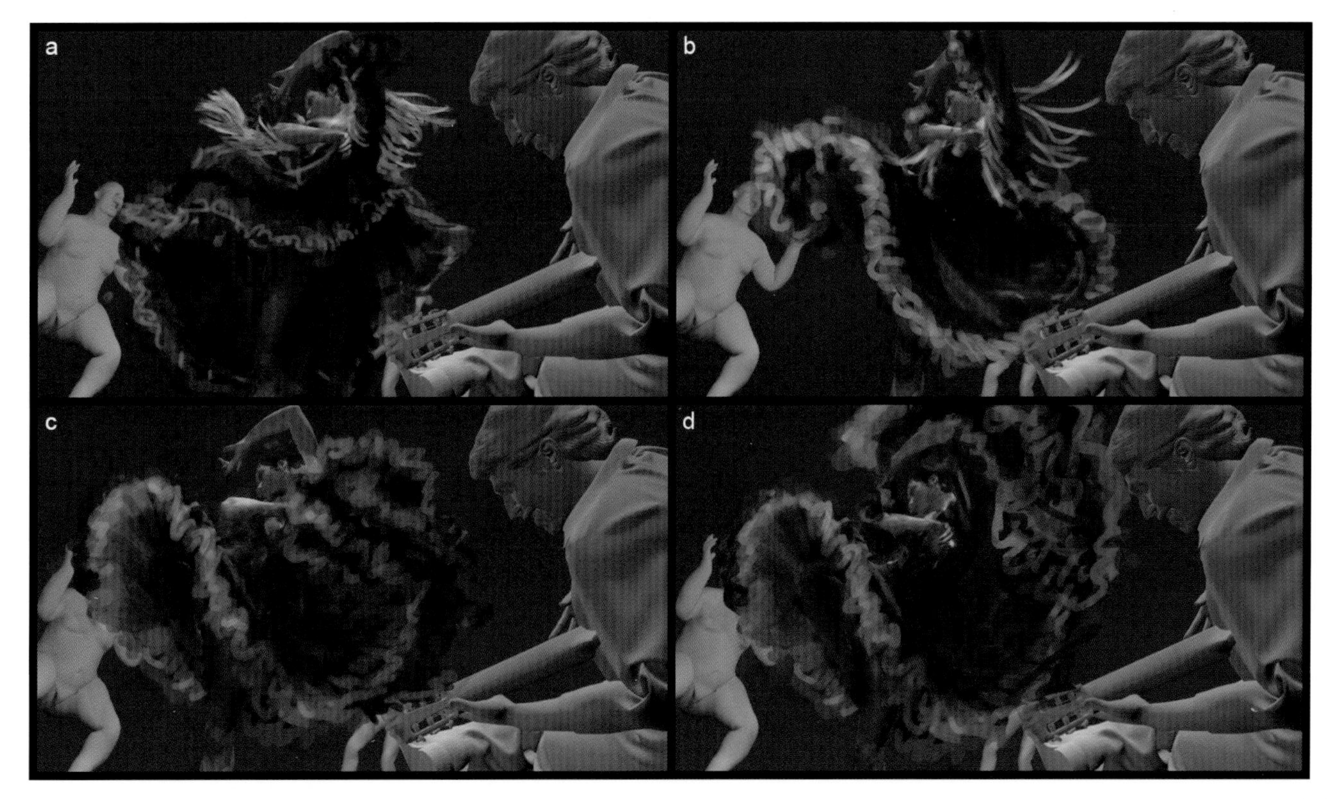

我在 ZBrush 中依照设计图，使用 Dynamesh 功能雕刻一个粗略的舞裙造型，然后导入 3ds Max 中，检视舞裙在场景中的效果是否符合概念图，若有不适合的地方，就不断地在两个软件之间切换，直到调整出一个适当的形状和舞裙位置。因为两个软件的摄影机不同，所以我会在 ZBrush 中使用 ZApplink 功能记录好一个和 3ds Max 相似的摄影机位置，这样我每次都可以在 ZBrush 中获得一个近似的摄影机位置，让我在调整上更加方便。

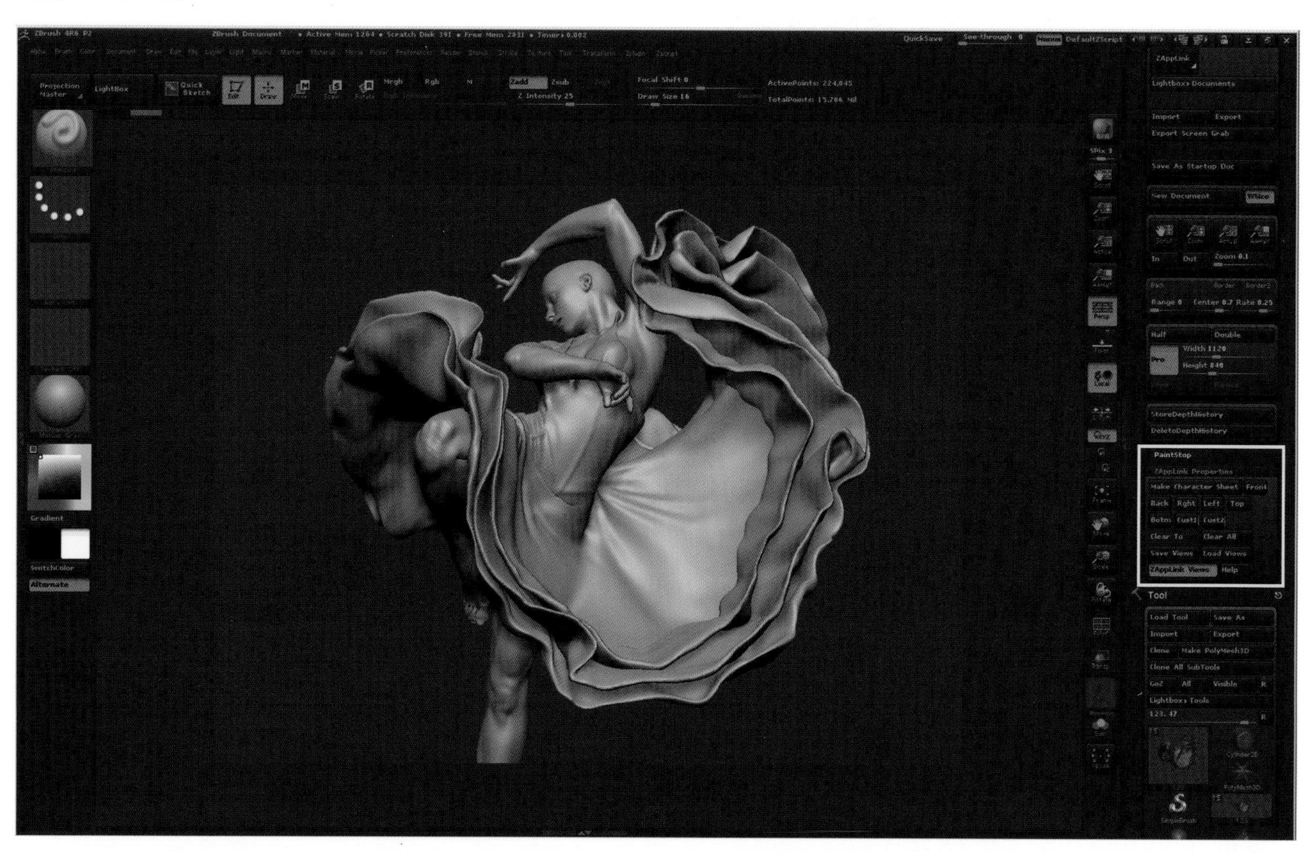

在这过程中我也开始在 3ds Max 中架设灯光，确认整个画面的光源和阴影的位置是否合适。

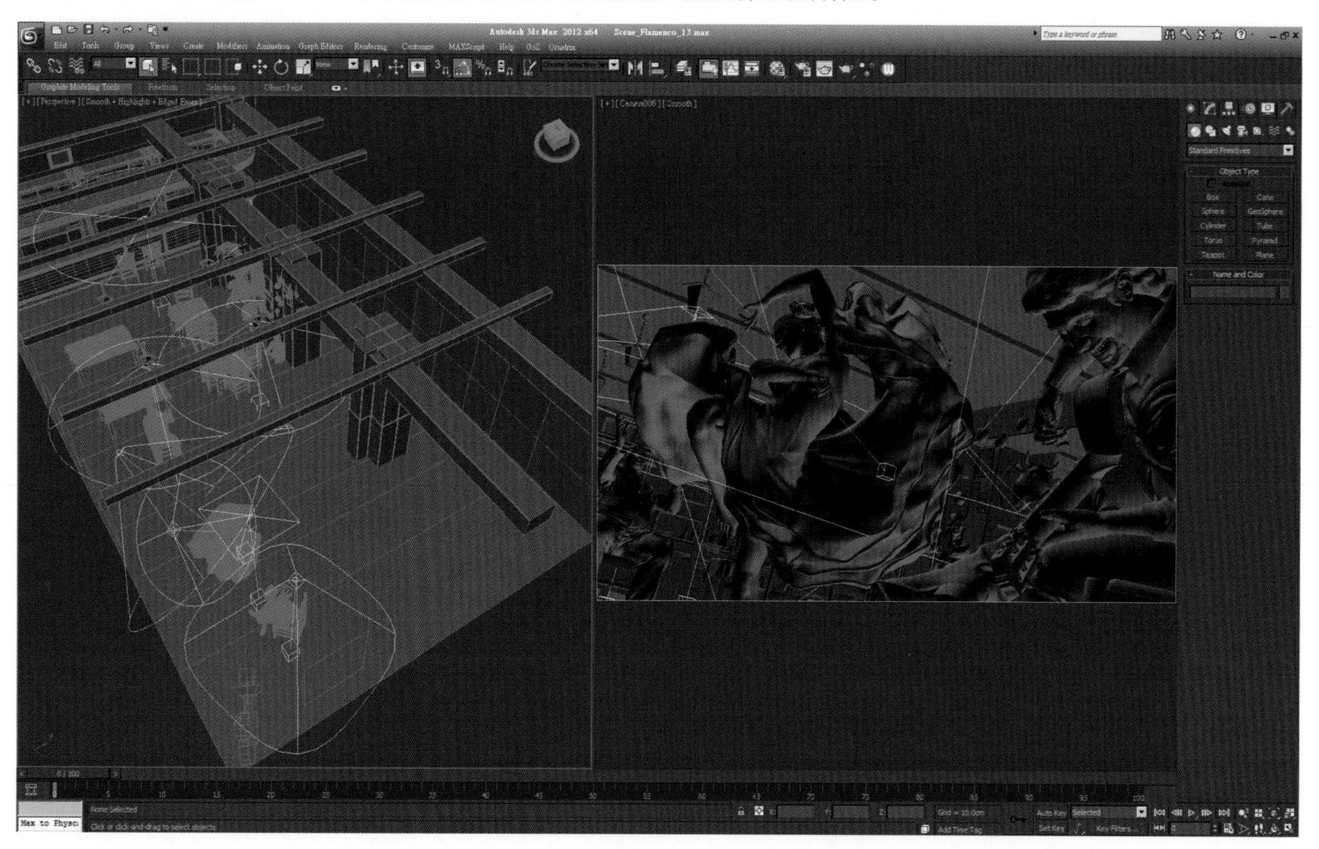

我在 Marvelous Designer 中制作舞裙，使用了较大的 Particle Distance 数值，这样可以加快解算速度，再配合风场和钉子的功能，边甩动舞裙边解算，花了一些时间后获得一个还算可以的舞裙造型。不全用这个软件解算的最主要原因就是因为我已经决定好整体构图，舞裙的形状位置、飘动的角度、褶皱在画面的节奏，以及各种细节的要求都需要很准确。有使用过这类解算软件的一定知道，要完全解算一个自己想要的造型，即使花费大量的时间和精力去调整也不见得能符合需求，加上如此大面积的舞裙布料，又要有足够的精细度，硬件的配置要求也相当高，总结下来几乎是一件不可能的任务，所以我干脆放弃了这种做法。

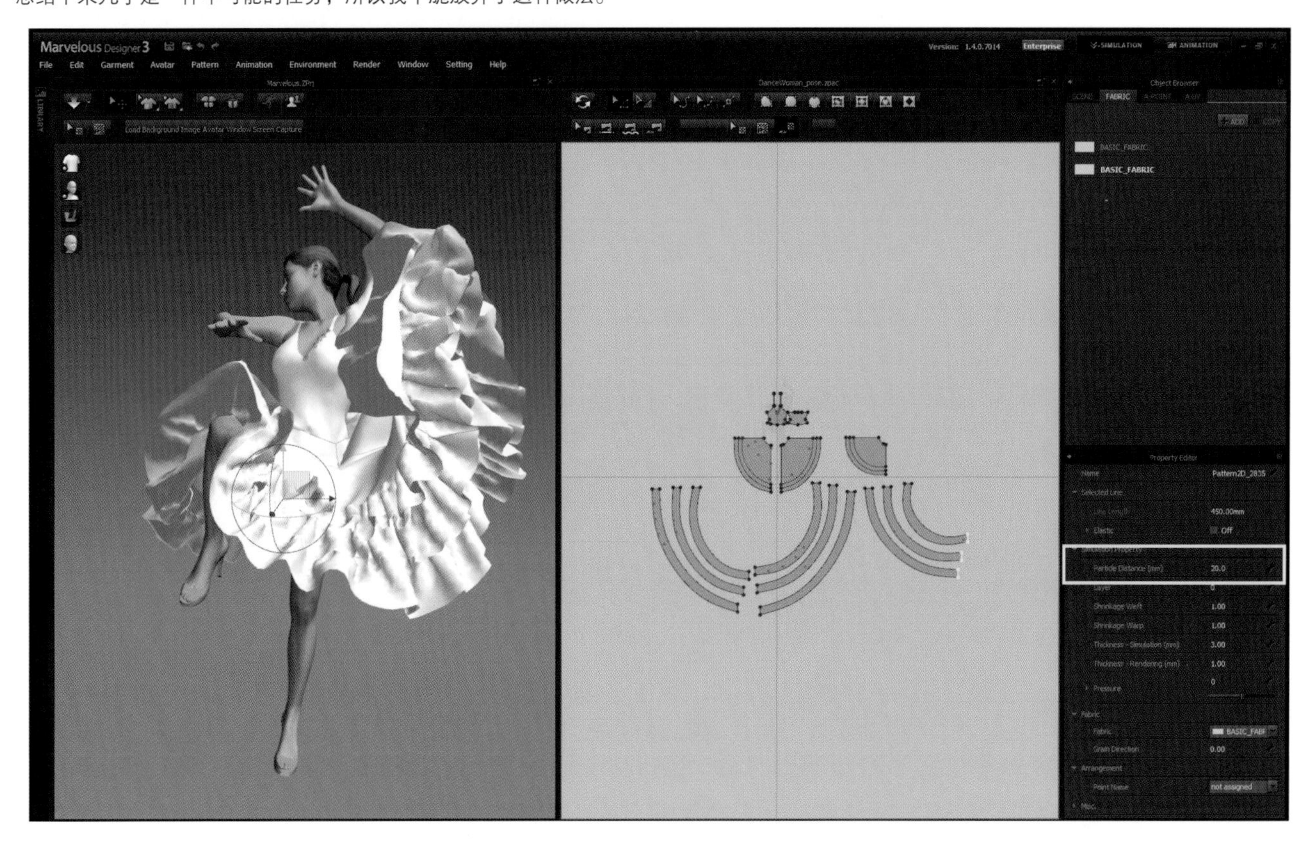

将模型导入 ZBrush 后，先使用 Polish by Features 平滑模型表面，再用 Move Elastic 和 Move 笔刷，将舞裙慢慢调整为我想要的造型。

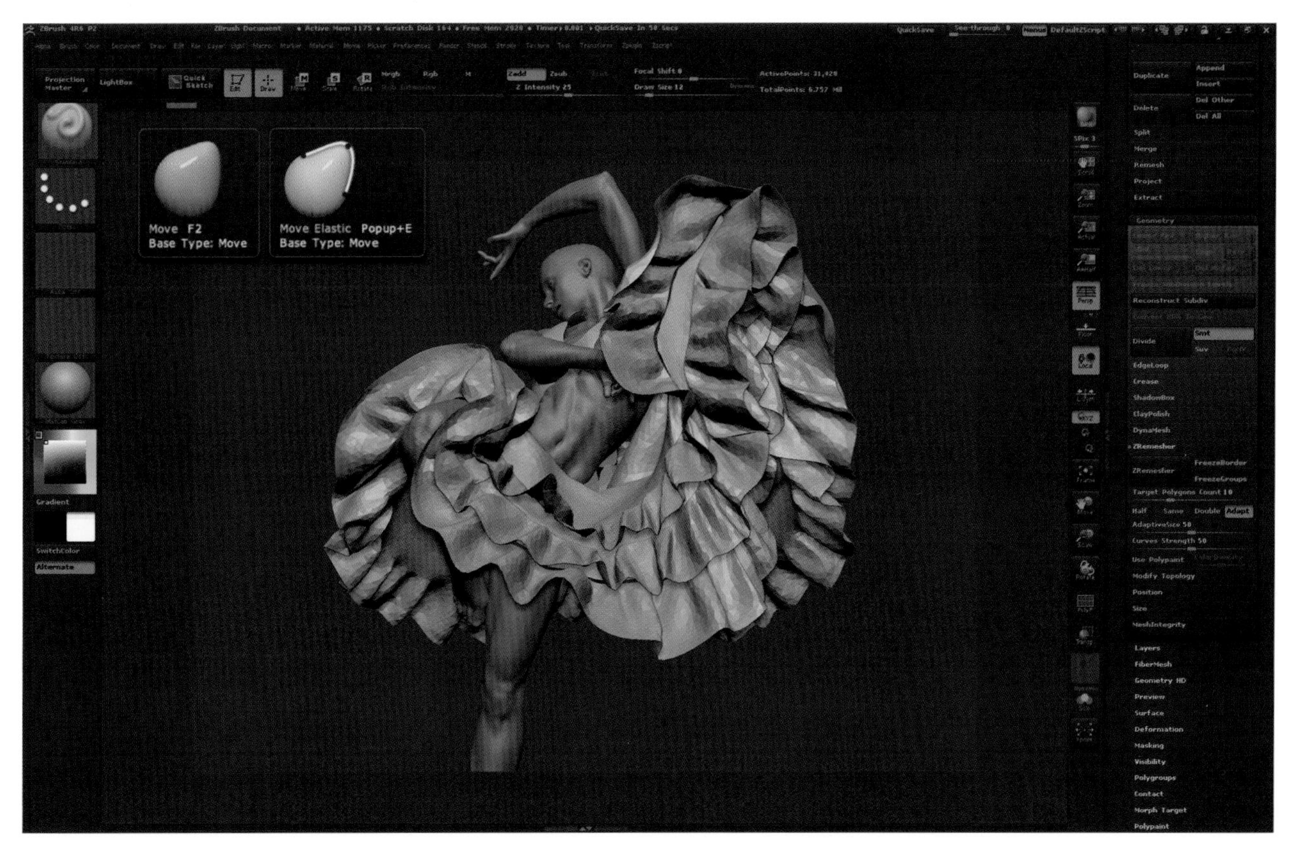

调整完成后再用 Zremesh 获得一个 Topology 模型。

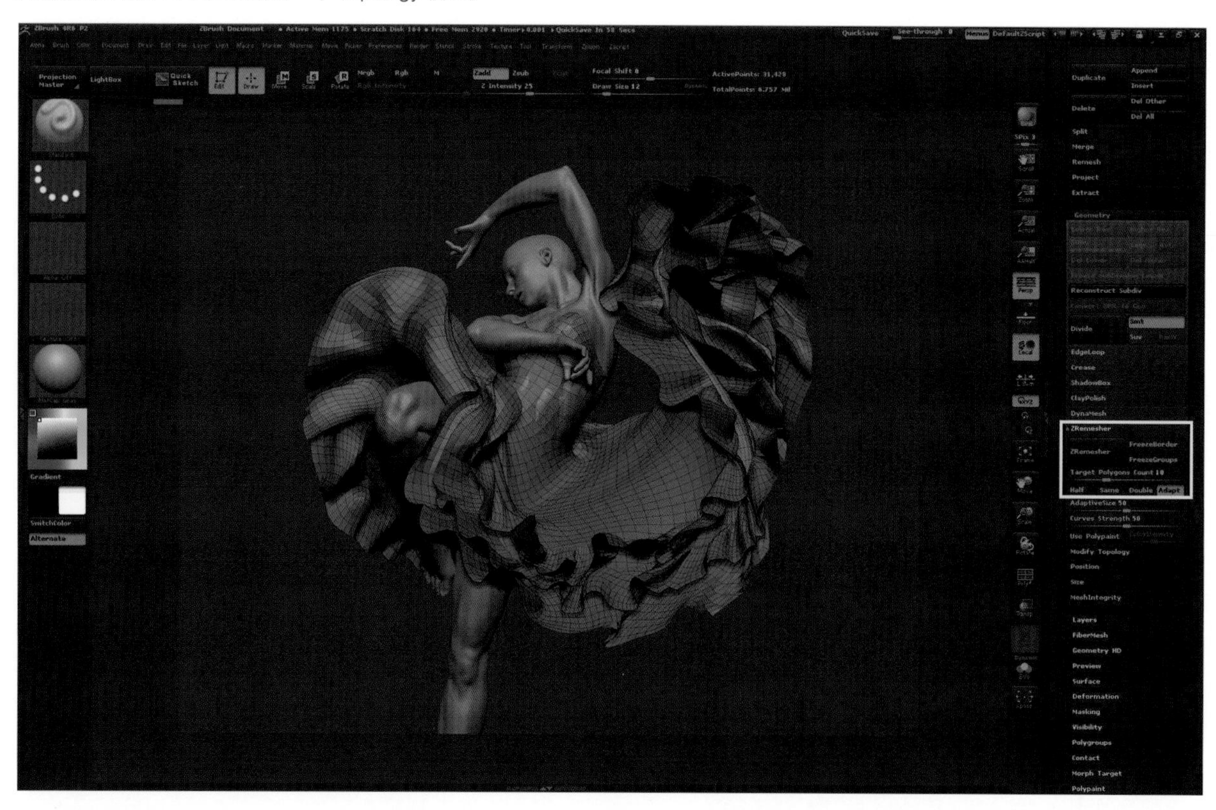

运用各种 ZBrusher 内建的笔刷，将舞裙的褶皱和缝线等结构雕刻出来。这边要注意的就是需要在视觉以及合理性上做出适当调整。因为我想要的不只是合理性，而是还要富有美感，并且有良好画面节奏的舞裙造型，不能只为了合理性做出一堆布褶和缝线，也不能只为了视觉上的表现而降低了真实感，把握好两者之间的平衡还是有相当大难度的，也是我花最多时间处理的部分。

网袜是先在 3ds Max 中做出一个能够四方连续的网状模型，因为考虑到全部实体的网袜模型面数过多，对硬件负担太大，加上我的构图不会近距离特写网袜，所以简化了不少结构。然后到 ZBrush 中复制一份舞者的腿部模型，利用 ZRemesher 获得一个平均的网格，接着利用 ZBrush 的 Micromesh 功能将腿部模型转成网袜，最后使用 Move Elasti 笔刷调整穿插的部分，让网袜能贴在舞者的腿部。

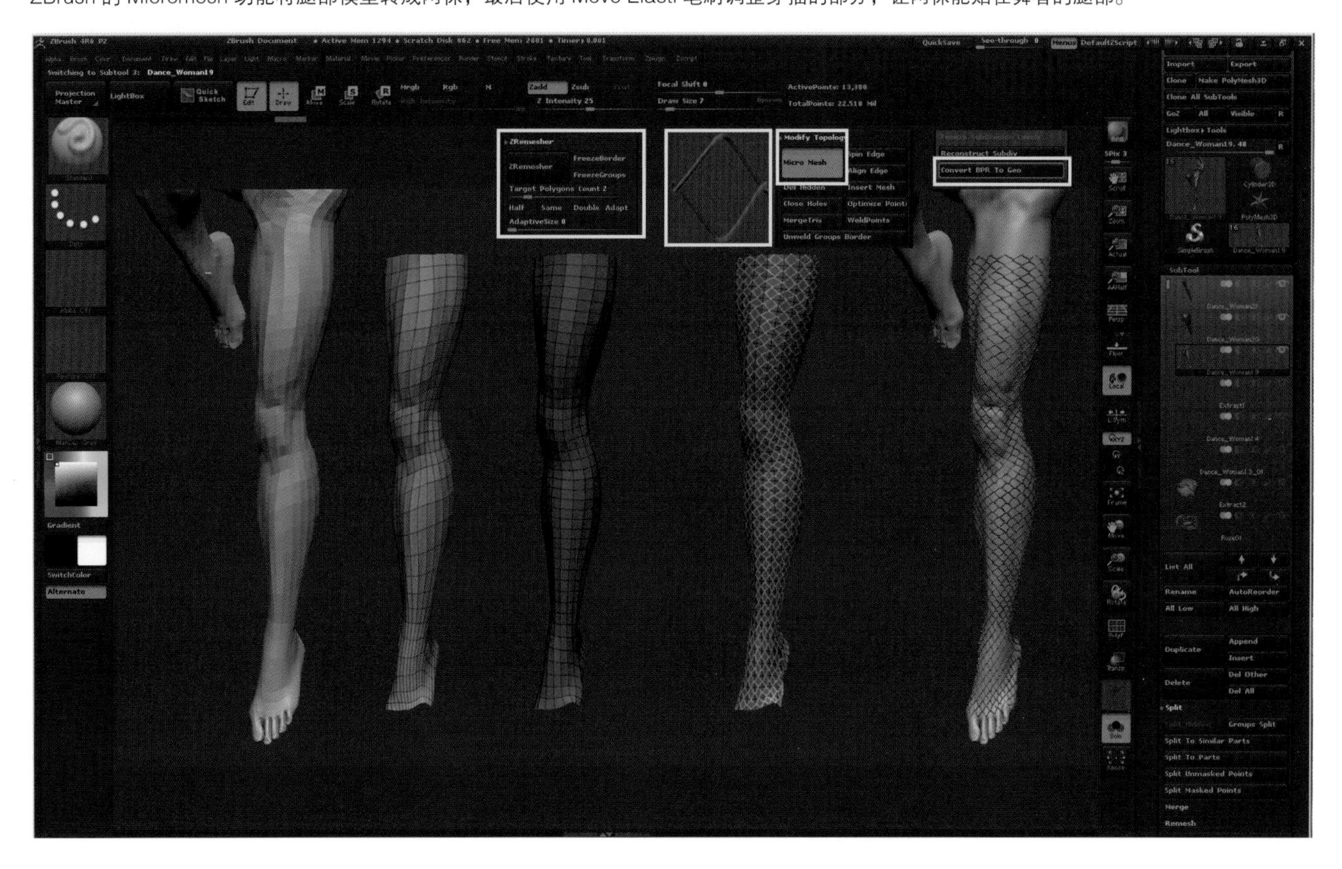

到此为止整个画面的内容也都确定了，接下来就开始加上作为背景的客人。这里要注意的地方就是让客人的动作自然、不做作，像是正好被相机捕捉到，而不是刻意地对着镜头摆动作。我同样利用 MakerHuman 为基础，调整好合适的动作后再导入 ZBrush 雕刻，场景对象也在这时配合客人做位置上的调整。最后再针对先前制作好的舞者、吉他手、歌手和拍手的观众，加上一些配件或修改效果不好的部分，进行模型的最终处理。

到此为止模型的工作已经都完成了，接下来使用了 3ds Max 和 ZBrush 来拆分 UV，需要较精确处理的 UV 使用 3ds Max 来完成，而一些不太重要或较简单的部分，使用了 ZBrush 的 UV Master 功能来做处理，虽然这个功能的 UV 空间利用率不高，但只要按几个按键就能快速处理出平整的 UV，大幅加快了 UV 处理的速度。

目前整体的模型面数相当高，加上后续还有毛发和贴图材质要处理， 考虑到计算机的硬件规格可能难以负荷，所以开始进行模型面数的优化。 这里使用了 ZBrush 的 Decimation Master 功能，以画面的远近和画面中的重要程度为基准，将各个模型面数逐一减至适当的数值。

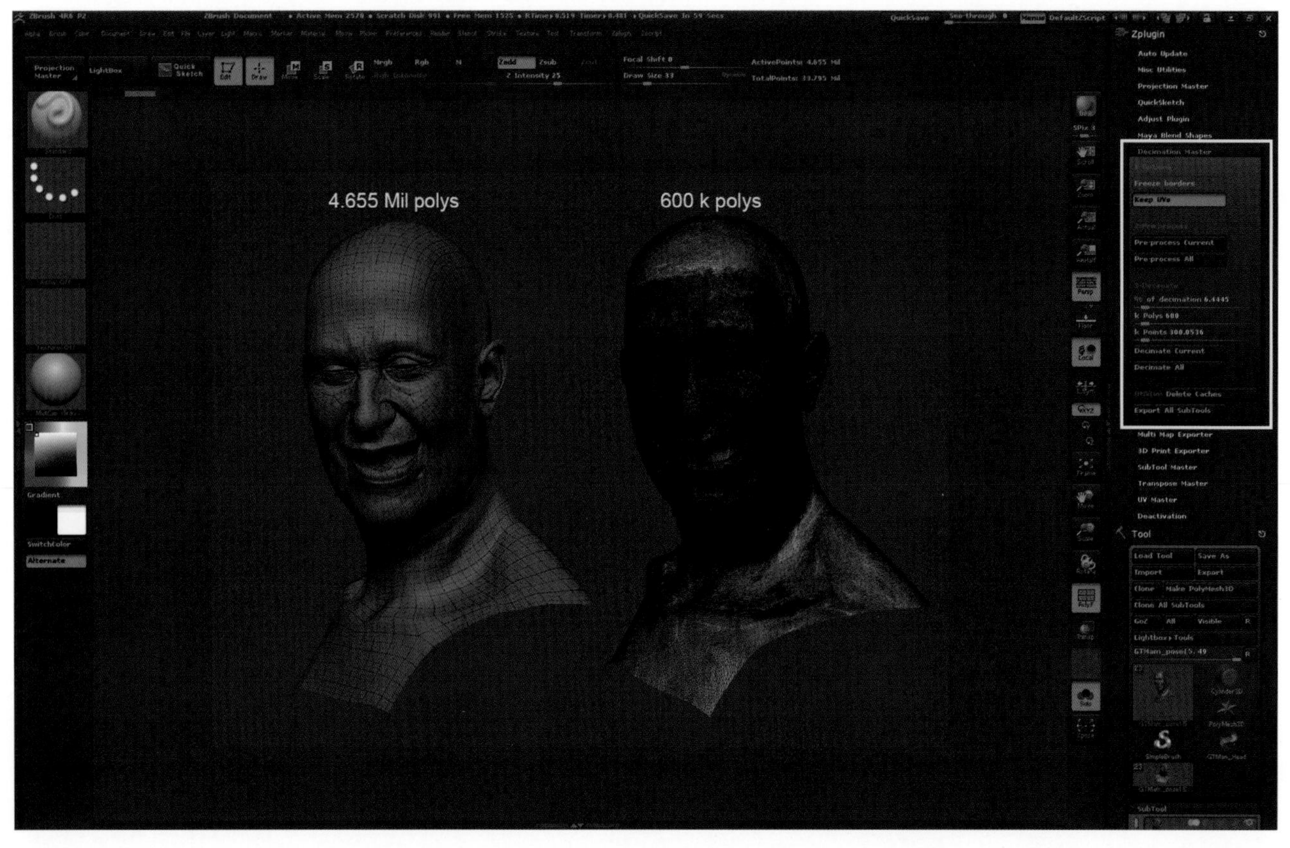

最终在 3ds Max 的整体面数大约 1400 万个三角面。

整个作品我都是采用整体铺进的方式去制作的，每个对象都只先完成一个大略的样子，然后导入 3ds Max 场景中检视后，再根据画面需求来调整或追加细节。在制作大型的静帧作品时，这种做法能有效确保不会浪费时间，去制作太多看不到的模型细节，可以有效加快制作速度。做模型本身没什么诀窍，特别是写实类的作品，最基本的方式就是多找参考、多观察，然后把观察到的结果，依靠着细心和耐心去制作，花了越多的心思和努力，作品自然就会有越好的结果。

灯光设置 LIGHTING SETUP

灯光在多个位置调整，大概可以分为 3 个阶段。

第 1 个阶段是在角色构图大致确定，场景也有了一个初步的样子时，先打了一次大略的灯光，确立好整个场景的氛围。

第 2 个阶段是在完成 50%~60% 时，将原本的灯光做较细的调整，并视情况增减灯光。

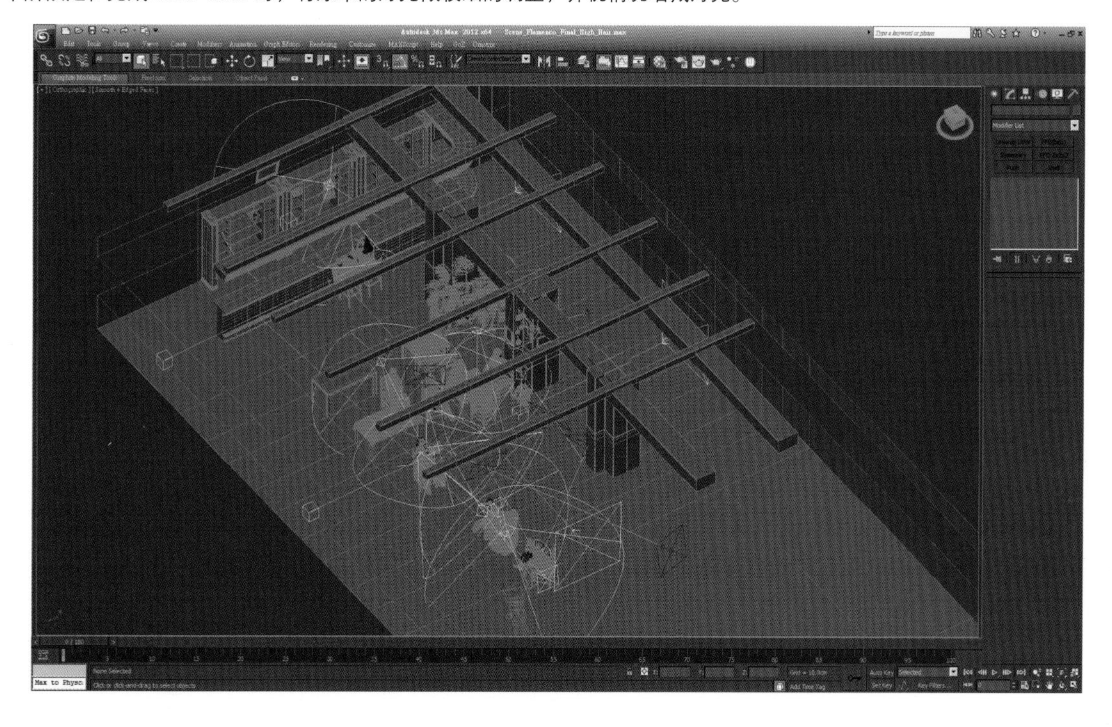

第 3 个阶段是在模型和毛发全部完成后，按照最终想要呈现的效果，仔细调整灯光的强弱、位置、角度和颜色，再对角色添加边缘光强调轮廓，与背景产生区别。

M材质贴图渲染 MATERIALS MAPS RENDERING

贴图、材质和渲染我是一起进行的。渲染器使用的是 VRay，整个过程没有什么特别的地方，因为先前的概念图已经大致绘制出整体的配色和感觉，所以大幅减少了测试配色的时间，而且灯光也在先前的阶段确定了，剩下的就是贴图绘制、材质调整、渲染测试这样的一个循环，看哪边不对或效果不好，就持续地调整到好为止。只是因为整个画面的角色和对象数量非常多，所以还是花了相当长的时间。

L后期合成 LATE SYNTHESIS

渲染完成后，使用 Photoshop 先修正制作时没注意到的小 Bug。当这部分处理完成后，再调整了曲线，让明暗对比明显，并且微调了色调，制作暗角和景深，最后再针对最重要的舞者做了晕光效果，让主题清楚、明确。耗时两个半月，总算完成了《Flamenco》这张作品。

作品总结 WORK SUMMARY

自开始工作以来，我一直都待在游戏业，做的也都是一些游戏模型，因此每次看到网上各路大神的 CG 作品，心里都是非常羡慕的，想着总有一天自己也要做一幅完整的 CG 作品出来。而《Flamenco》这个作品，就是在这种心情下，想看看自己能做到什么程度，并且对自己工作了这些年的挑战。

个人觉得创作作品没有最好只有更好，一个作品真要做下去是永无止境的，所以在一开始就定下了这作品的明确阶段目标与最后完成的时间，让自己按着日程走，也因此整个作品的制作进度上是相当顺利的。不过也由于这些时间因素，有不少想制作的东西为了符合日程最后放弃了，虽然感到遗憾，但是我想这些不足与不完美之处，一定会成为我继续创作下去的动力。

茶话会

A CUP OF TEA?

孙宇作品

使用软件：3ds Max、Maya、ZBrush、Mari Marvelous Designer、Photoshop、Uvlayout、Mudbox

作者简介

孙宇，辽宁人，从小便非常喜欢画画、看动画、捏泥人等与美术相关的一切事物，现在是一名三维角色模型师。曾就职于水晶石数字科技有限公司和南京原力计算机动画有限公司。

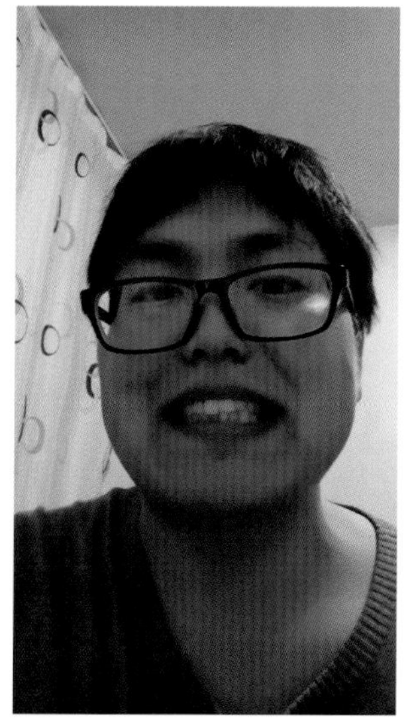

作品构思 WORK CONCEPTION

引言

现在的 CG 技术越来越发达，能实现各种效果的手段也越来越多，所以知道自己到底想要的是什么才是现在最关键的，做自己喜欢的东西才能事半功倍。

有时我在想如果艺术家们伟大创作中的人物如果活在现代生活中会是怎样的呢？所以我就创作出这幅作品，让“他们”几位来中国的茶馆里喝喝茶体验一下中国功夫茶的魅力，只是这个沏茶人貌似也是新来的吧！

构思

该作品我既想表达出每个角色的性格，又想表现出诙谐的画面。我觉得想做出好的角色，就要透彻地了解这个角色的性格，这样才能更好去完善这个角色。为了充分、细致地刻画出每个角色，我观看了大量的 BBC（英国广播公司）纪录片（《米开朗基罗》和《旷世杰作的秘密》等），以及关于梵高的多部电影（《梵高传》和《梵高之眼》等）。我觉得想做出好的角色就要好好地了解或者塑造出这个角色的性格，这样才能更好地去完善这个角色。

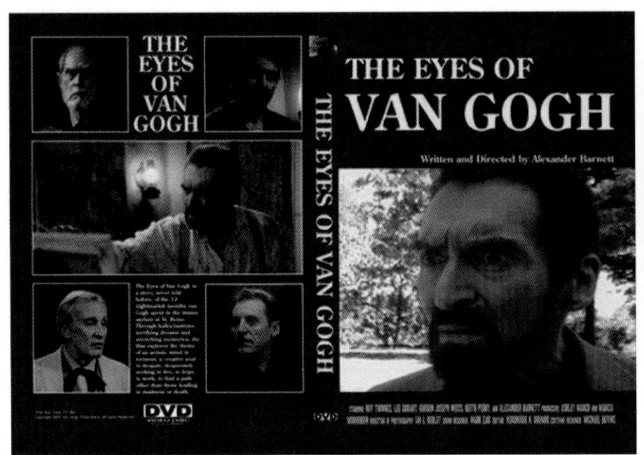

这里我推荐《梵高传》（Lust For Life），我从该片中获得了大量的灵感。

接下来我们进入正题，介绍我的大体制作流程。

理清思路、规划时间。锁定目标、收集资料。大多三维从业者都知道，周期和质量的把控实际上是我们这行一个无法避免的难题。我们能做的只是拿有限的时间去规划，从而达到质量和效率的双赢。做作品也一样，总体时间估算出来后，我便开始规划，大体规划如下。

1. 半个月用于前期设计并收集资料。
2. 一个月用于初期建模及高模雕刻。
3. 半个月用于细节处理和贴图绘制。
4. 一个半月用于毛发制作、渲染出图和后期处理。

P前期准备 REPARATION IN ADVANCE

为了提高效率，养成良好的工作习惯，我们在各种工作过程中需要建立完善的工程目录。在这里简单向大家介绍一下我的工程目录格式，因为笔者工作了很长时间，所以总结了一些比较好用的工程目录格式，这里向大家介绍两种工程目录格式。

团队创作的工程目录方式

团队创作的工程目录方式，一般情况下，不论在哪家公司我们模型部分制作的文件都会放在 assets 文件夹中，如果是个人创作的自然不需要严格要求，但是为了方便工作时快速上手，因此读者在制作时可以这样设置工程目录，以便慢慢养成良好的工作习惯。

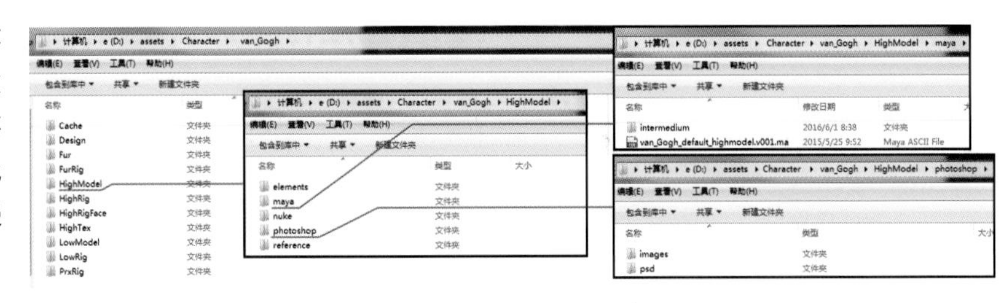

TIPS

命名时尽量不要出现空格，如果必须有，可以用下画线代替，贴图文件同理。

在上图中我们能用到的只有 Design、fur、highmodel 和 hightex 文件夹。这种方式符合工作中与各环节的配合，虽然有很多文件夹在我们模型环节用不到，但还是推荐保留。

个人创作的工程目录方式

这种方式自然就是为了个人工作方便、快捷的方式，简单明了。

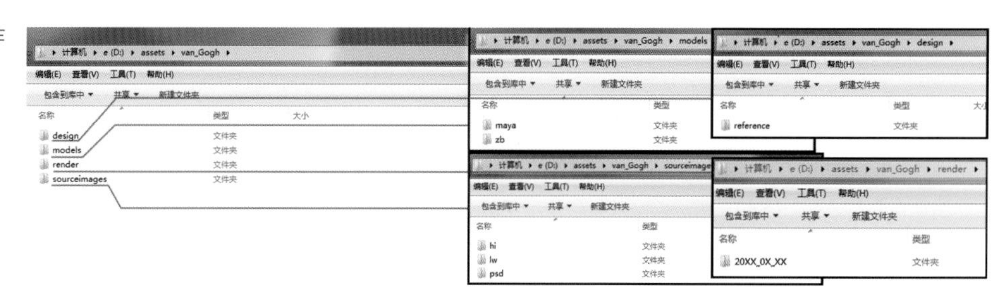

我推荐一款资源管理增强软件——Listary。该软件能极大地提升文件搜索效率，语言自带中文，快捷键也可以随意调整。Listary 会自动记忆你最近搜索的内容，所以如果是你经常搜索的资料，只要输入几个关键字就会自动出现，可以根据你的使用习惯，自动查找所需的常用文件夹格式的列表。

Listary 最简单的使用方法就是打开“我的计算机”，然后按快捷键 Win+S 打开 Listary 的工具栏（即搜索框），该工具栏包括“收藏”（快捷键 Ctrl+1）、“最近文档”（快捷键 Ctrl+2）和“智能”命令（快捷键 Ctrl+3）。

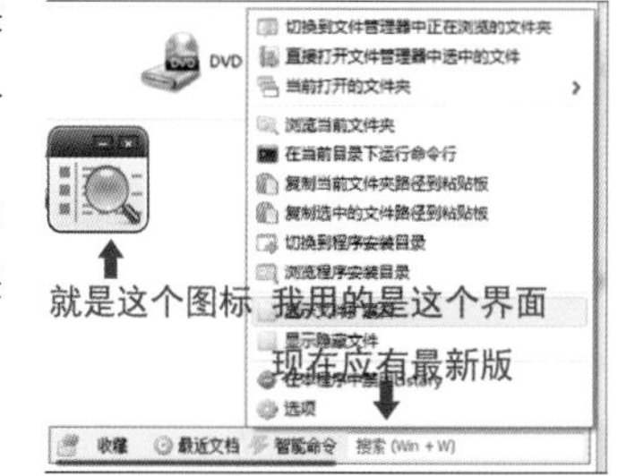

收集资料

我主要就是多看符合自己目标的图、照片或电影等，从中选择自己喜欢的、对胃口的，例如之前提到的《梵高传》《旷世杰作的秘密》等。

收集的资料在使用中肯定会同时打开一大堆图片，这样非常不方便，所以向大家推荐下一个非常便利的截屏软件 Setuna。

该截屏软件操作简单，我就稍微介绍一下常用的快捷键。放大的快捷键为 Alt+ ↑、缩小的快捷键为 Alt+ ↓、增加透明度的快捷键为 Alt+ ←、减少透明度的快捷键为 Alt+ →。另外，将光标移至图片上，然后右击，可以自定义许多选项。

模拟环境

当大部分参考都准备齐全后，我们便尝试着设计环境构图，当然也可以在 3ds Max 或者 ZBrush 里用简单人体模拟一下。

搭建场景用的人体模型，是通过 MakeHuman 软件搭建的。该软件的好处是体积小（200MB 左右）、上手快、可调整性强，并且软件大部分操作都是通过鼠标的左、右、中键完成的，例如按住鼠标左键拖曳可以旋转，按住鼠标中键拖曳可以平移，按住鼠标右键拖曳可以放大/缩小。

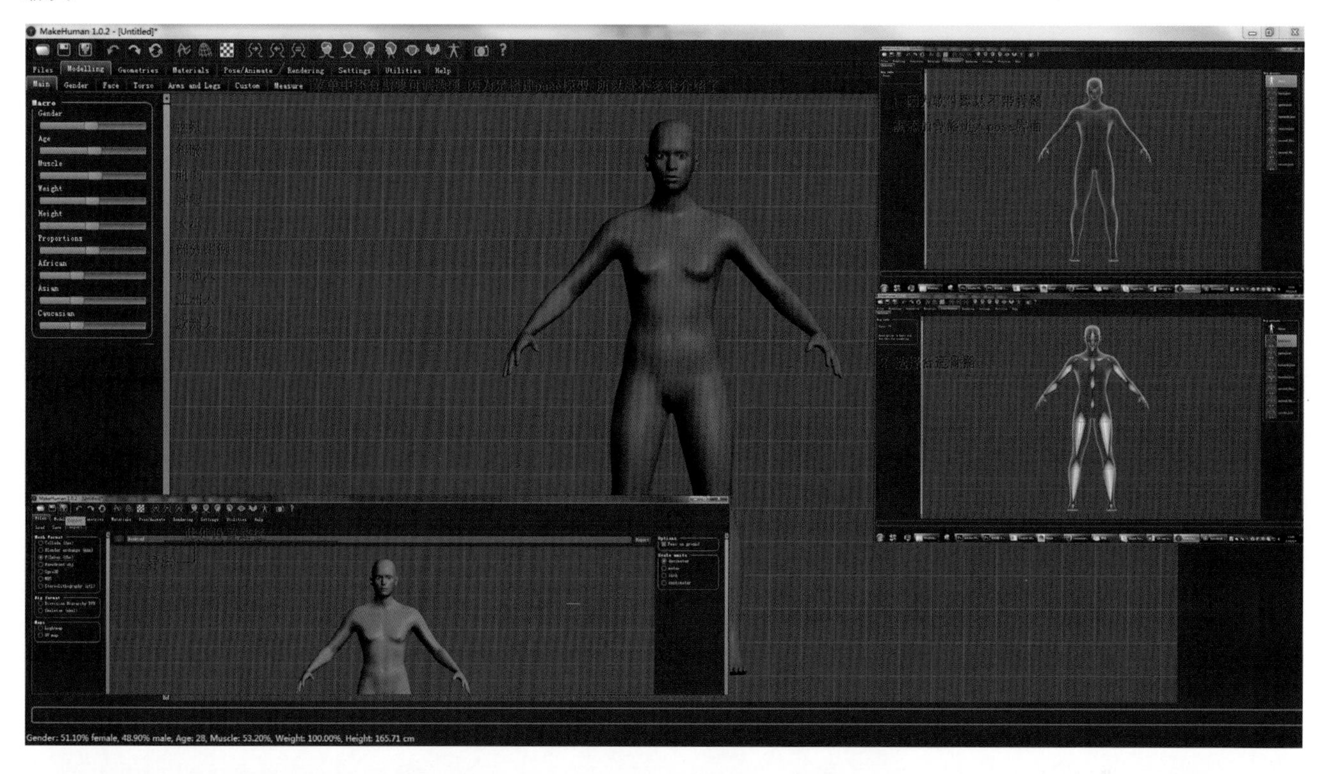

其他的功能介绍，如下图所示。

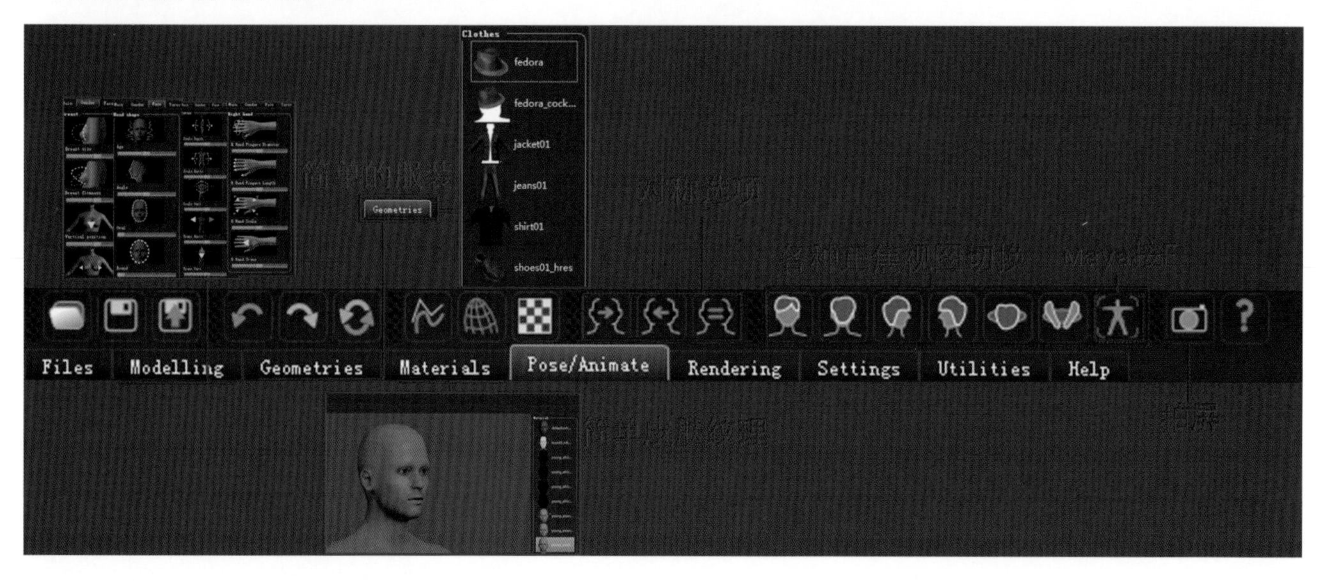

把带有骨骼设置好的MakeHuman模型导出为FBX格式，然后将文件导入Maya或者3ds Max，直接调节文件中的骨骼点即可，把调整好的模型复制一份保留，最后搭建环境。

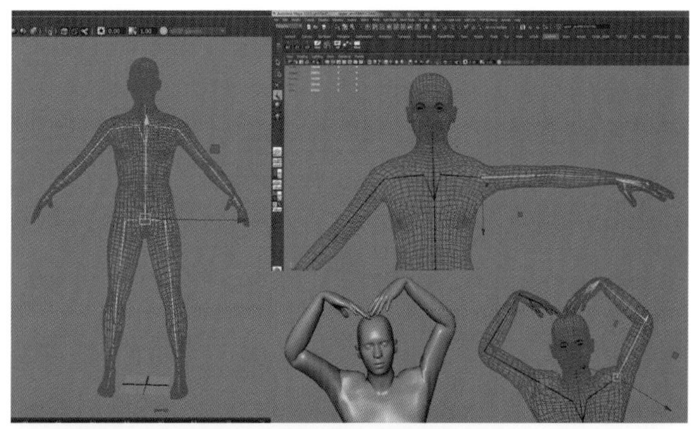

制作模型 MODELING

因为场景里的角色较多，难以一次性把控所有角色的精度和效果，所以这次采取的做法是一一击破，先把一个角色制作到一定程度后，以它作为标杆，整体向它看齐。

其实这也是我的作品的一个大问题，导致最后每个角色的感觉都有些分离，争取在接下来的作品中能更好地处理好角色之间的关系。

制作向日葵

《向日葵》是著名的艺术画作，所以资料相对好找，但同时就是因为资料较为完善，所以制作起来更有挑战。

向日葵模型的制作较为简单，基本上只需要 Standard、Dam_Standard、Move 和 Clay 笔刷就能轻松完成。

高模雕刻好之后直接映射了一张图片作为基础 Diffuse 颜色使用，我用的是 ZBrush 自带的 Spotlight 功能。

使用 Spotlight 功能通常会用到以下快捷键和操作技巧。

- 按 Z 键可以显示 / 隐藏 Spotlight 操作界面（操作圆盘）。
- 按快捷键 Shift+Z 开启 / 关闭 Spotlight 功能。
- 在开启圆盘时随意在画布上单击可改变圆盘的位置。
- 单击拖曳圆盘可以移动图片位置。

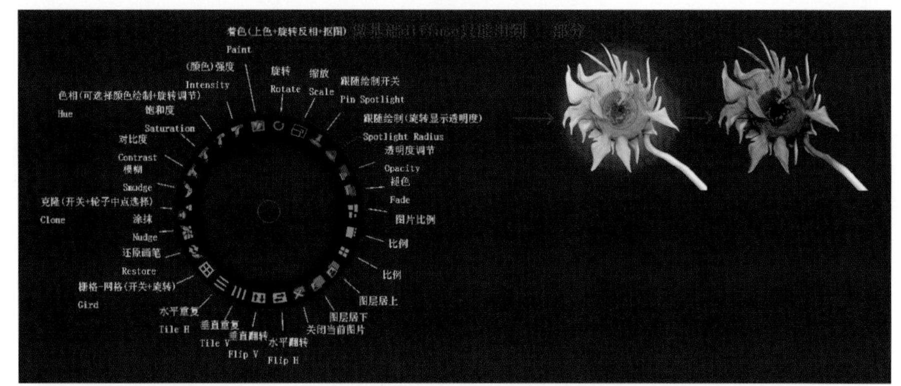

具体操作可分为以下 5 步。

1. 导入图片。
2. 打开 Spotlight 功能。
3. 调整合适的角度、大小、透明度。
4. 按 Z 键关闭圆盘界面。
5. 在合适的地方开始映射，可以按快捷键 Shift+Z 来查看映射的效果。

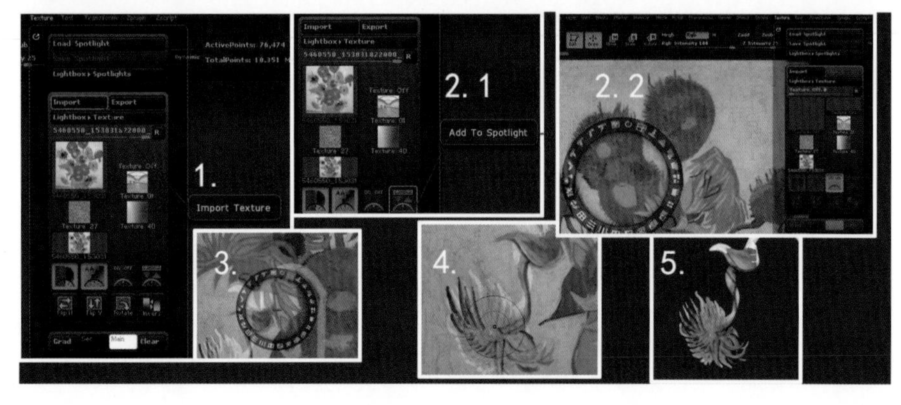

Spotlight 的原理是顶点绘画，就是依据模型顶点的多少来读取信息，以实现模型上的颜色效果，所以这样的颜色信息的精度是有限的。我只推荐用这个做简单的基础颜色处理，最终的贴图需要使用绘画贴图的软件来绘制。复杂的花朵是按花瓣规律一直 Move（拖曳）形成的，最后按照名画摆放好，这样向日葵就搞定了。

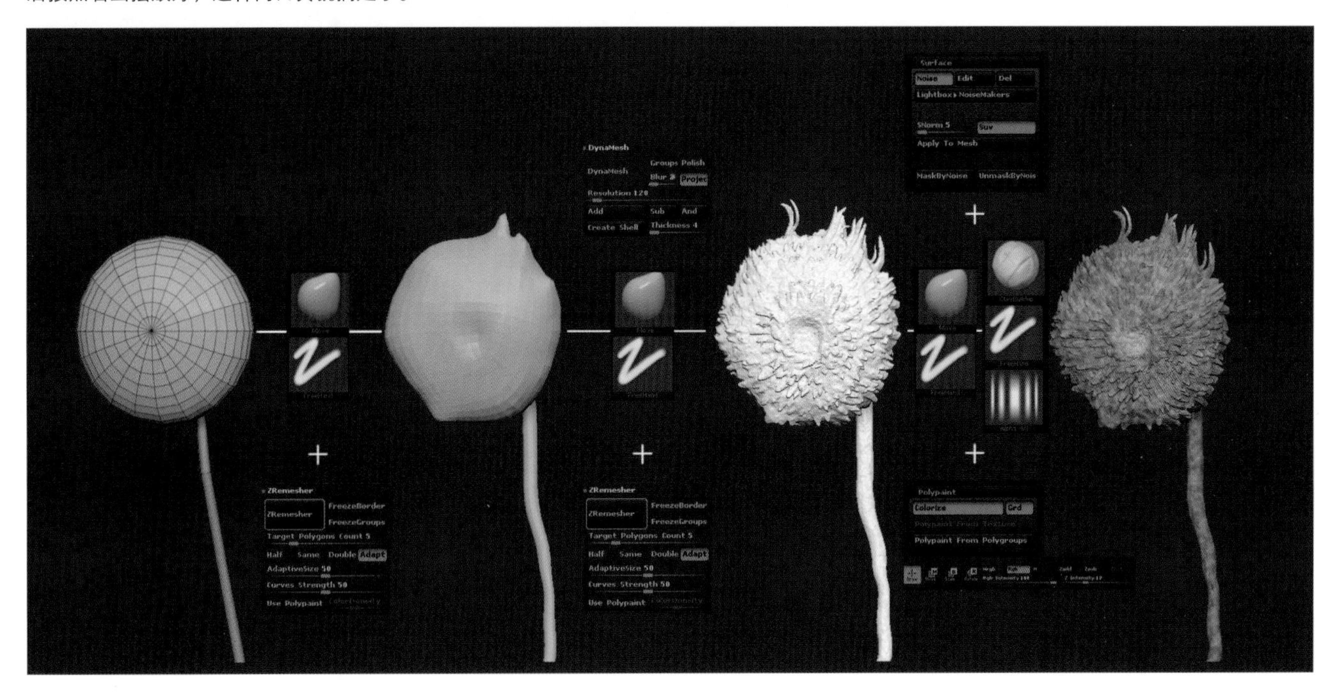

制作梵高

梵高这个角色是这个作品中第一个开始制作的角色，也是花费时间最多的角色，因为角色较多，所以成功率一定要高。为了提高成功率，我能做的就是找到更多的参考，从而捕捉到他的那种感觉。梵高的要点是抓住梵高那种有些神经质的感觉，表现出他想保护好他宝贵的向日葵的那种冲动。

制作面部

因为是自己的静帧作品，大部分角色的感觉来源于素材收集、电影和自己的感受，所以相对自由，绘制会比较顺利，当进行到 90% 的时候，高模就可以暂时停止制作了，因为有时候你进入到贴图阶段会随着作品的进展、视角观察的变化而发现不同的问题，可以再返回来修改模型，以达到最好的效果（如果在动画工作项目中千万不要这么做，违反工作流程，但静帧项目可以）。

具体操作就是先创建大型，然后一步一步地抓住角色的性格和特征，再一点一点细化，主要使用的是 Standard、Dam_Stand 以及 Move 笔刷。

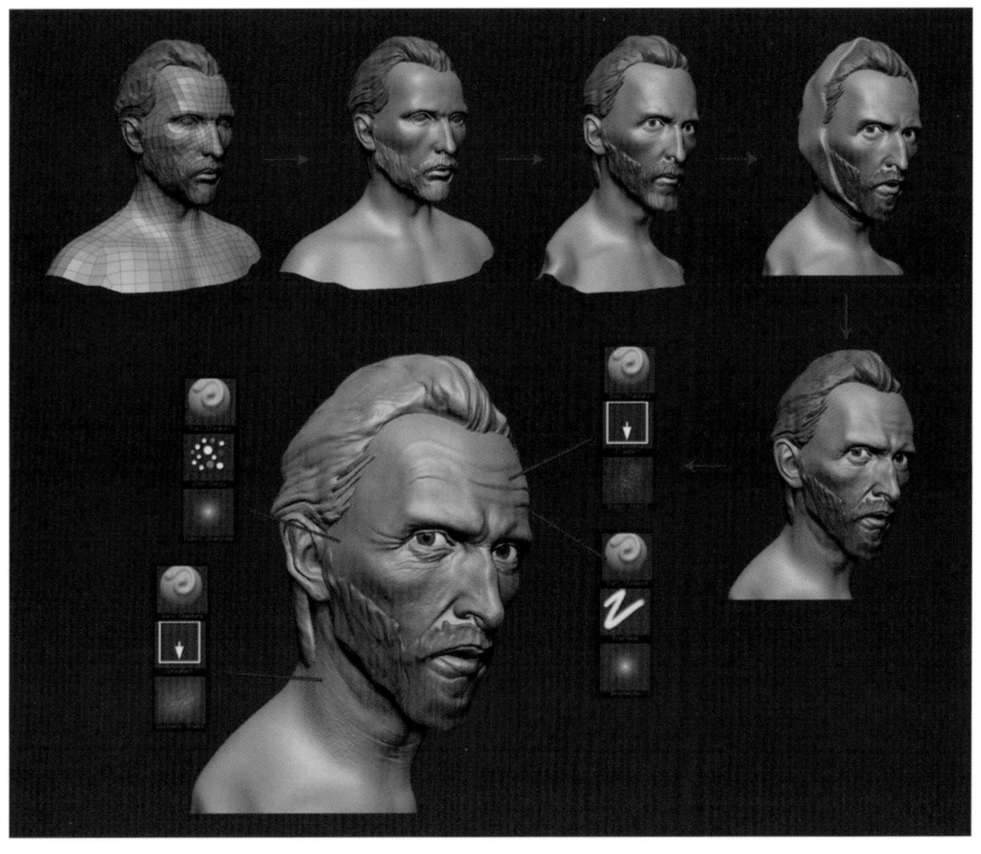

毛孔基本都是配合 Alpha 大面积拖曳出来的，第一遍 + 纯手雕修改，没什么捷径。虽然累，但是出来的效果会很好。

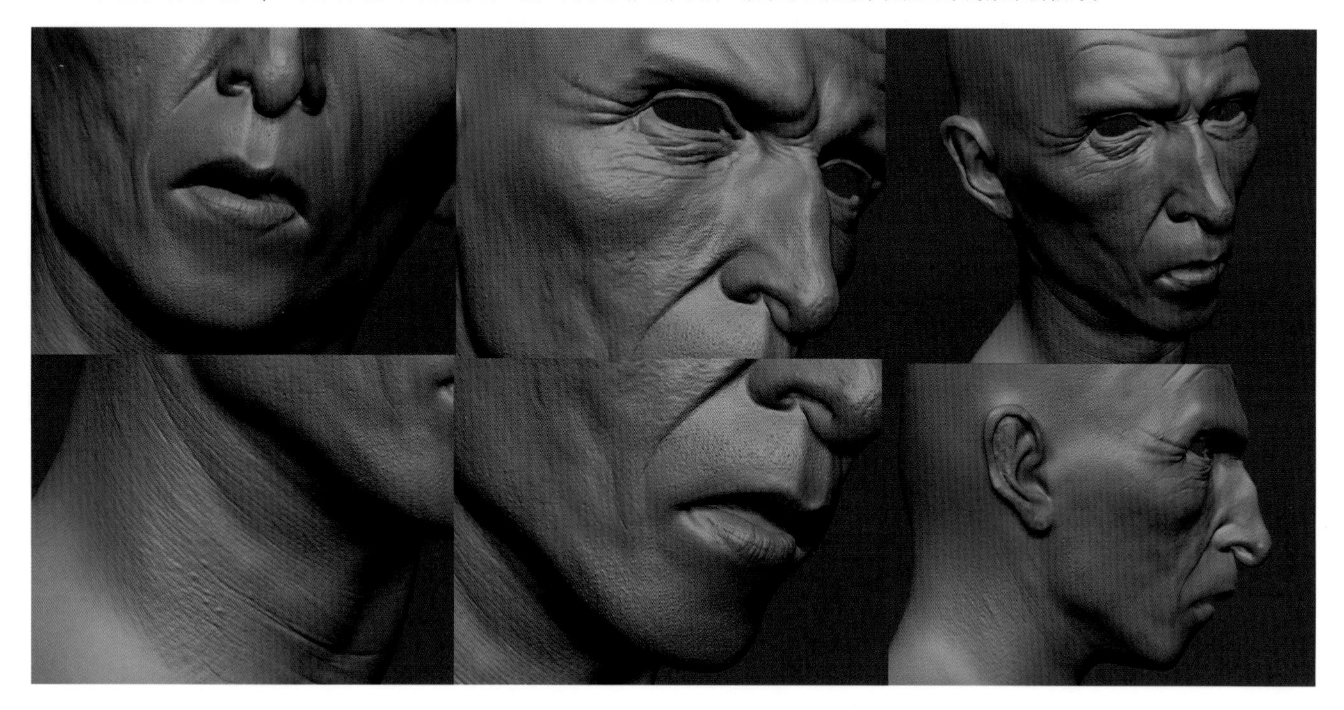

在 ZBrush 中制作细节时，向大家推荐 Morph Target 功能。处理毛孔可使用 MorphTarget 功能，从而控制贴图产生毛孔置换的强度，如图所示。

Morph Target 功能的使用需要注意以下 6 点。

- 我们需要在角色的最高级（无细节）上单击 StoreMT（意为保存初始状态）按钮。
- 在 ZBrush 上方的 Alpha 菜单中添加处理好的 Alpha 置换贴图，并反转贴图。
- 需要在右侧面板的 Texture Map 卷展栏中单击 New Txtr 按钮（新建一张贴图以便能在模型上绘制贴图）。
- 在 Displacement Map 卷展栏中导入 Alpha 后便可以调节 Alpha 的 Intensity(强度)了，一般设置为 0.1 就已经很强了，毛孔推荐从 0.01 开始。在调节过程中我推荐开启 Mode 功能，因为只有开启 Mode 功能才能直观地看到置换产生的效果。开启 Mode 功能有时会因面数太多而导致卡机，需要读者酌情而定。
- 当得到比较满意的毛孔效果后，便可以把毛孔生成在模型上了（单击 ApplyDismap 按钮）。
- 生成的模型肯定会出现一些小瑕疵或者细节不够丰满的问题，这时便可以处理一些接缝或者继续添加细节，例如加一些青春痘或者做一些小小的疤痕等，这样就是皮肤毛孔的另一种做法。

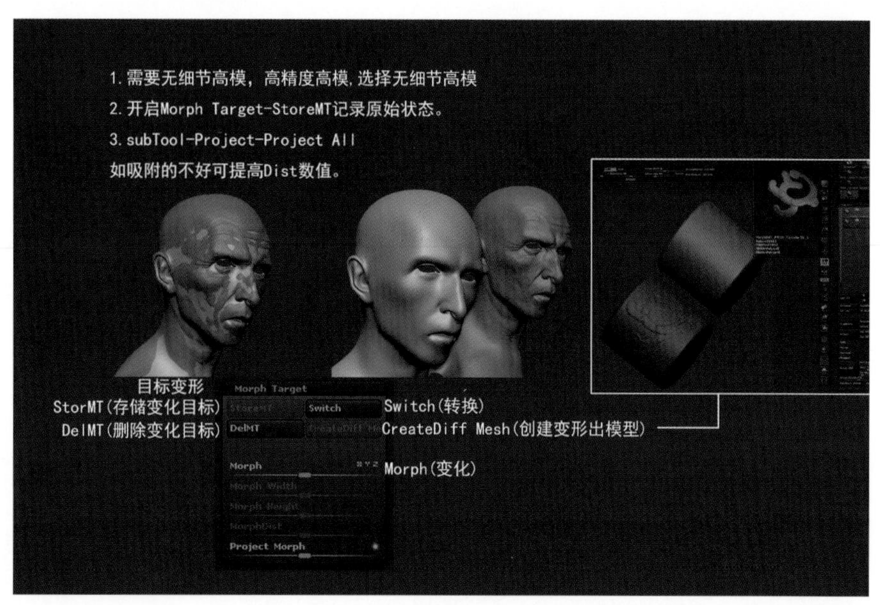

提到 Morph Target 功能就必须介绍它的另一个强大的功能——刷装备，操作步骤如下。

1. 单击 StoreMT 按钮保存为初始状态。
2. 在模型上开始雕想要的图案或者先用 Mask（遮罩）绘制出想要的图案，然后调整 Deformation 卷展栏中的 Offset 和 RFaltten 等属性。
3. 绘制完后单击 CreateDiff Mesh 按钮，创建出新的变形体就是想要的那个图案。
4. 单击 Swith 按钮后原模型回到原始状态。
5. 单击 DelMT 按钮删除之前的操作，这样做是为了处理后面的模型。
6. 生成的模型可以通过单击 Sub Tool>Append 按钮找到。

TIPS

制作之前需在 ZBrush 上方的 Brush>Auto Masking 菜单中打开 BackfaceMask 功能，这样在雕刻前面的物体时，背面的物体就不会被雕刻了。

随着近期网络资源的大批涌现，皮肤毛孔的制作方法又出现了新的突破，新的方法会在下面的制作中提到。

制作衣服

我在这个作品中测试过一些新的软件，例如 Marvelous Designer，因为第一次尝试没有得到太好的效果，并且增加了很多测试时间，但它确实是值得一试的好软件。现在我用 Marvelous Designer 做东西稍微好些了，希望以后有机会能向大家介绍。这次因为软件用不好所以只能用老方法，找到参考图对照着雕就是了。

有人会问好的参考图哪里找？答案是网上能找到很好的就用，找不到自己买服装自己拍！我是请一些好朋友帮忙拍摄得到的。

Marvelous Designer 非常适用于 T-pose 模型解算衣服，如果是 A-pose 或者有动作的角色，解算起来就相对困难了，虽然可以在 T-pose 解算好衣服后再导入动作，但是有些地方的穿插修起来还是非常困难的。

制作手

为了更好的控制时间，我选择去制作一个较高质量的公用手。

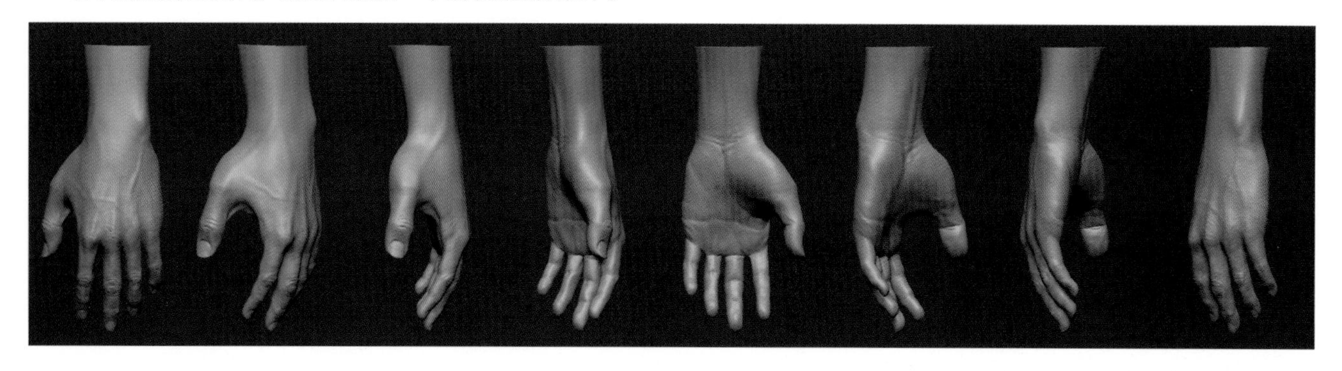

刚开始我便拿到一个简单的基础手，可以随意拿一个之前做的模型，或者截取之前 HumanBeing 中模型的手来用，然后便细分到最高级再降到 3~4 级雕刻。

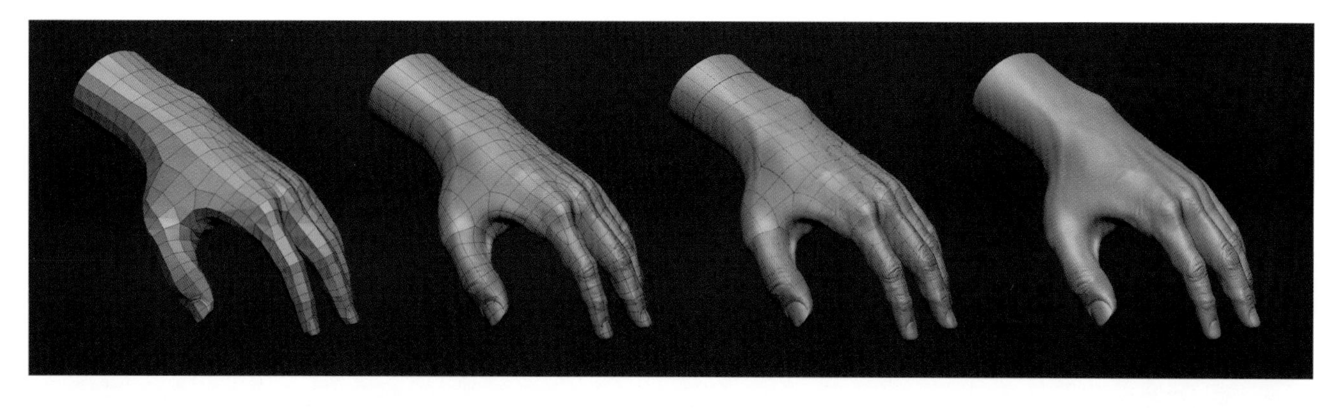

雕刻到这步就可以停止了，剩下的细节毛孔用贴图来生成。因为现在的软件可以很好地处理接缝，所以手的 UV 可以简单、随意地处理，但是最好在同一象限中。对 UV 的处理，我有 3 种方案。

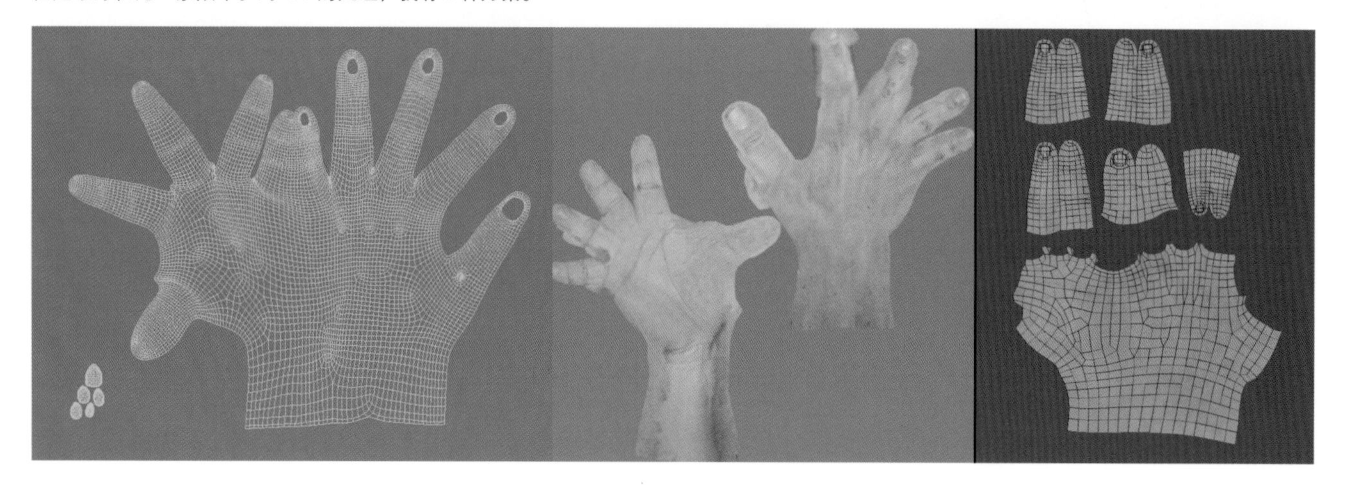

推荐使用第 1 种这样接缝只有一个，而且相对规矩，第 3 种其实也是可行的，但在项目中不推荐。

UV 处理好以后，我使用 Mudbox 2015 进行贴图的映射，Mudbox 2015 之后有了很多内核优化，速度大幅提升，所以推荐大家使用 2015 以后的版本。

为了更好地映射，我把 ZBrush 中的 4 级甚至更高级的模型导出到 Mudbox 中。

使用 Mudbox 2015 映射贴图的操作步骤如下。

1. 打开文件。
2. 在上方菜单栏下的 Image Browser 面板中，选择需要映射的图片，然后单击上方的 Set Stencil（设置模板）按钮。
3. 这时所需映射的图片就在操作界面中了，单击模型即可新建图层设置属性，然后选择 Projection 笔刷对模型进行映射。

4. 映射完成后，将光标移至图层的位置，然后右击选择导出文件即可。

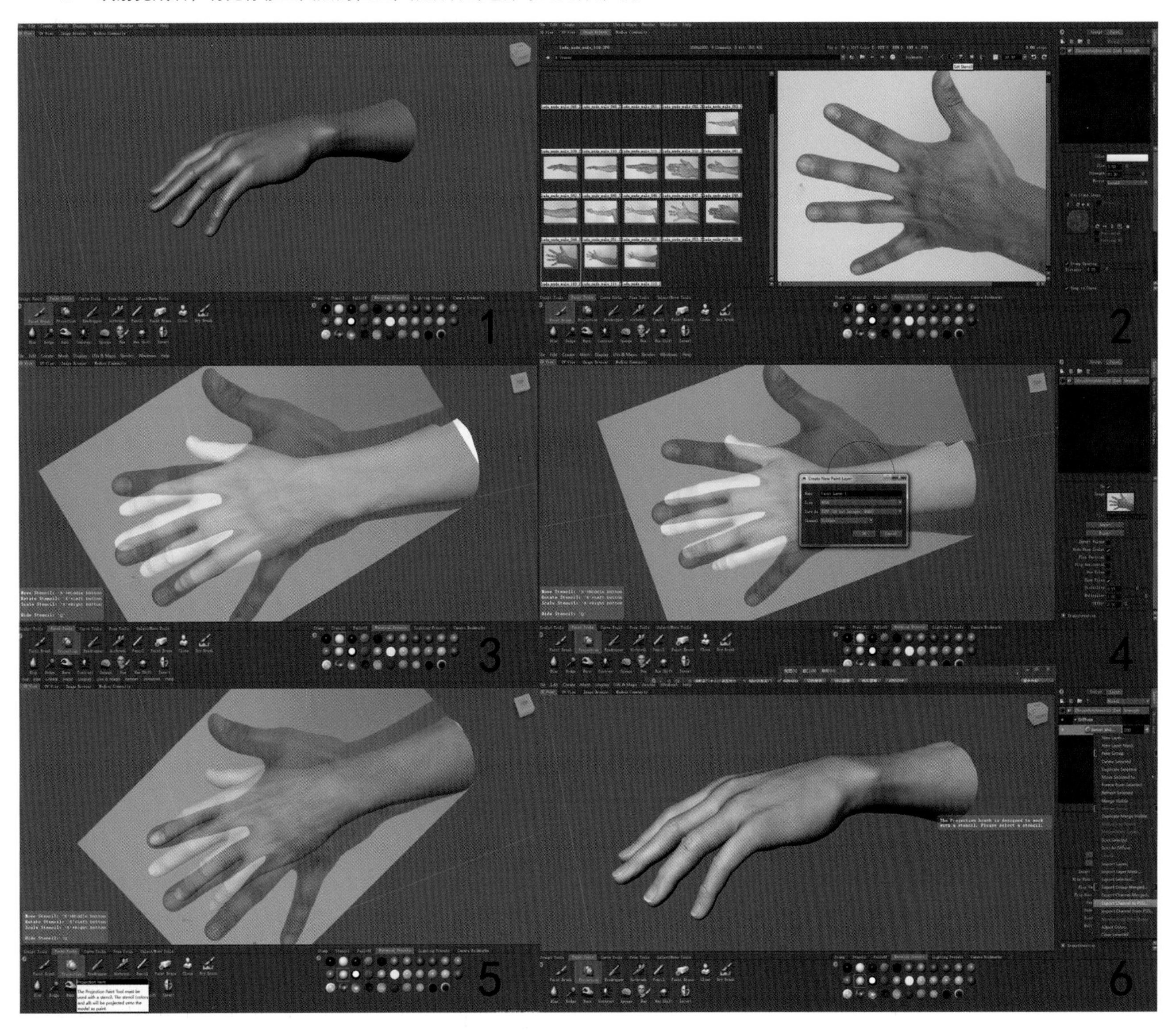

TIPS

映射时通常会用到以下快捷键。

按 Q 键可以开启 / 关闭映射图片。

按住 S 键 + 鼠标左 / 中 / 右键分别是旋转、移动和放缩映射图片。

按快捷键 Shift+Alt+X 可以开启笔刷的对称功能。

绘制好以后，把手的贴图导入 ZBrush，然后根据贴图生成手部的皮肤细节，具体的操作步骤如下。

1. 导入贴图后需要反转贴图，在 Texture 菜单中选择映射好的贴图。
2. 单击在右侧面板中单击“Masking>Mask By Color>Mask By Intensity”按钮，然后取消 Texture 显示。
3. 使用 Ctrl+ 鼠标左键单击画布空白处的方法反转遮罩，如果贴图细节足够多，还可以单击 SharpenMask 按钮。
4. 在右侧面板中展开 Deformation 卷展栏，为 Inflate 输入负值（这里输入的是 -1），使模型先往里收缩。
5. 为了保证模型不出问题，所以还需要再把 Mask 反转，在 Inflate 里输入正值（这里输入的是 1）。
6. 使用 Ctrl+ 鼠标左键在空白画布处滑动的方法去掉遮罩，效果完成。

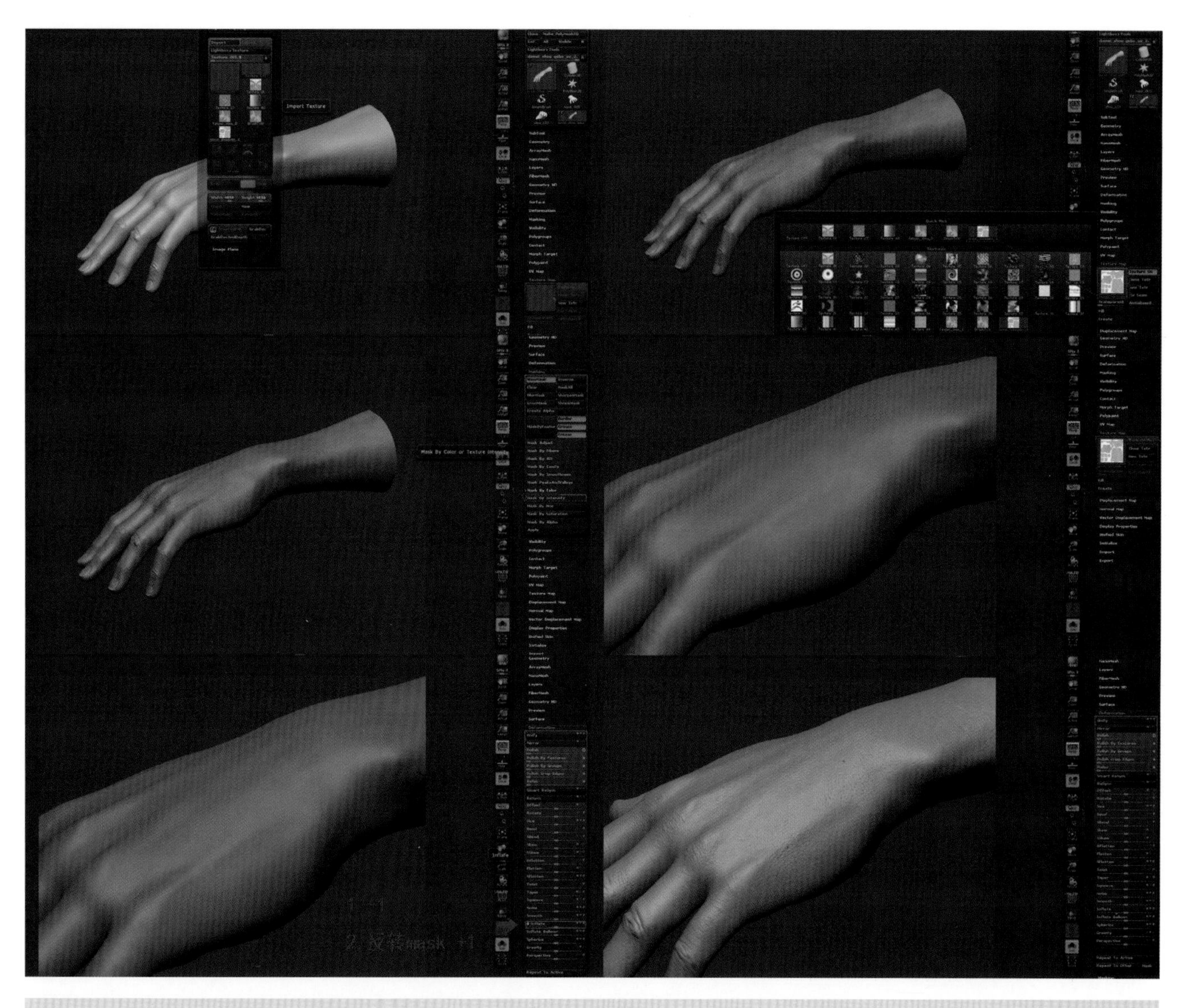

TIPS

在制作任何部件之前，最好开启 Morph Target 功能，保存一个初始的状态。

一些细节不够的地方可以用 ZBrush 自带的皮肤通道。

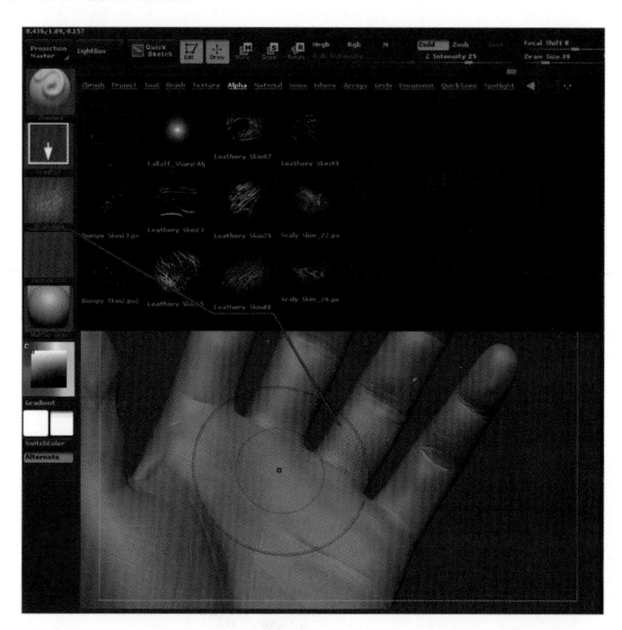

制作大卫

大卫的制作参考必不可少，制作人物不但需要找到合适的图片参考，还需要了解他的生活背景及性格，所以找了很多方面的参考，如下图。

这里向大家介绍下另外一种皮肤毛孔的制作方法，这种方法的前提是需要模型拓扑完好并且处理好 UV。

UV 分得尽量占满全部象限，如果要公用贴图 UV 也相当方便。我使用 Maya 2015 处理的 UV，在 Maya 2014 以后的版本整合了 Unfold3D 工具，对于处理 UV 来说非常好用。有人安装的 Maya 可能没有加载 Unfold3D 插件，可以选择“Window>Settings>Preferemces”命令，然后在打开的 Plug-in Manager 对话框中选择 Unfold3D.dll 选项。

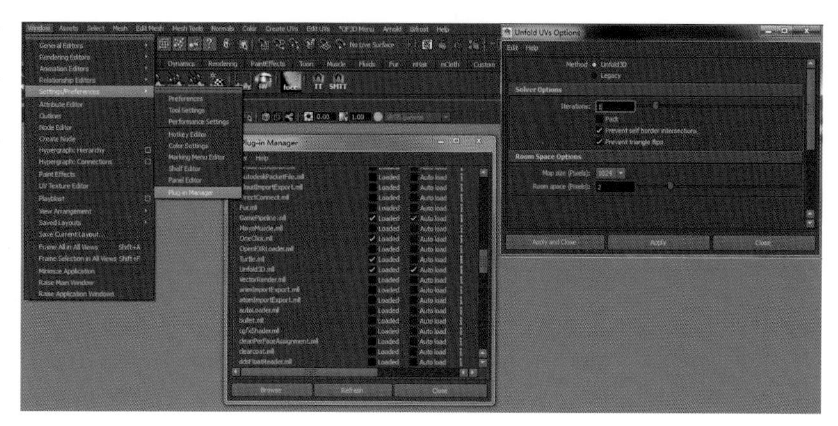

Pack 选项为自动摆放 UV，用得不多，所以基本不选择。我将 UV 的 4 个方向铺平。

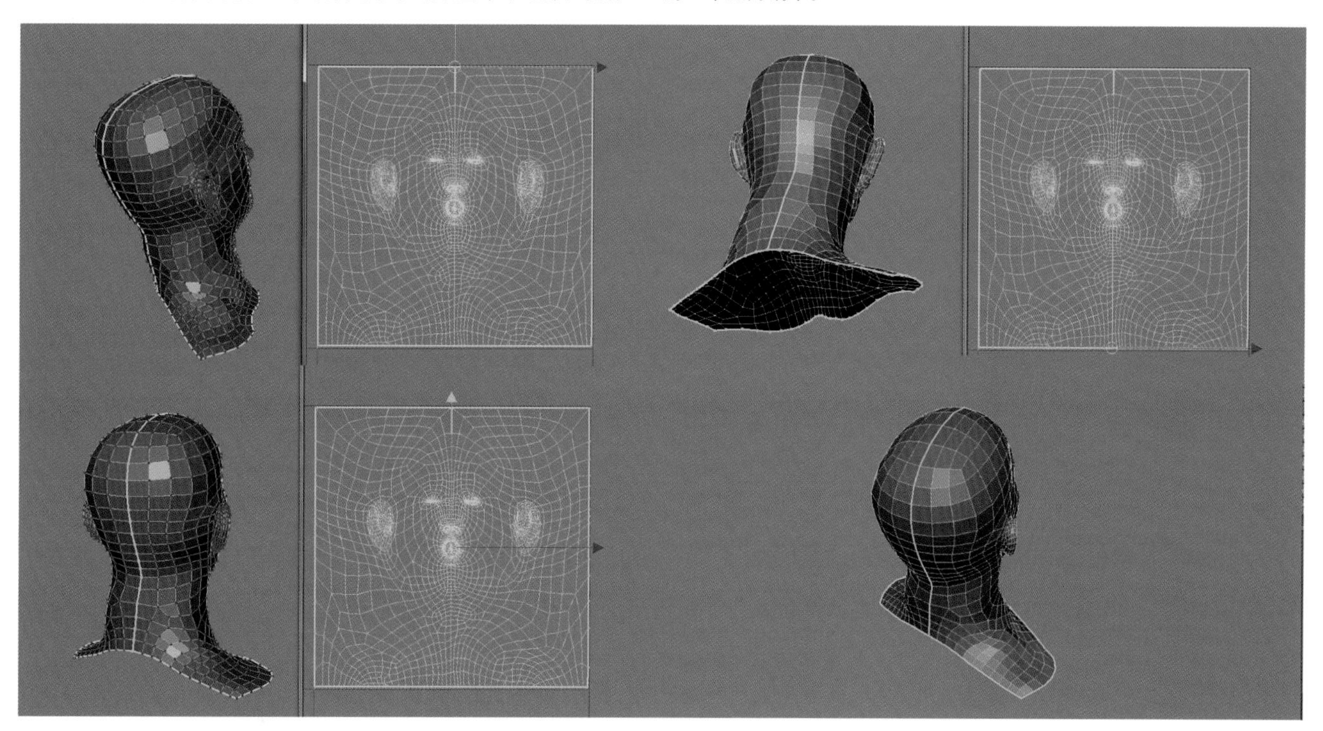

UV 调整的步骤如下。

1. 铺平 4 边后需要稍微调整边缘点之间的距离。
2. 用 UV 中的边模式选择 UV 边缘，然后按住 Ctrl 键右击，接着选择“To UV>To UV”命令，进入 UV 模式。
3. 这样边缘的 UV 点就会全部选择，然后按住 Shift 键框选全部 UV，这样就选择了除边缘 UV 点以外的全部 UV，这时再按住 Shift 键右击，选择 Unfold 命令，进行 UV 放松。

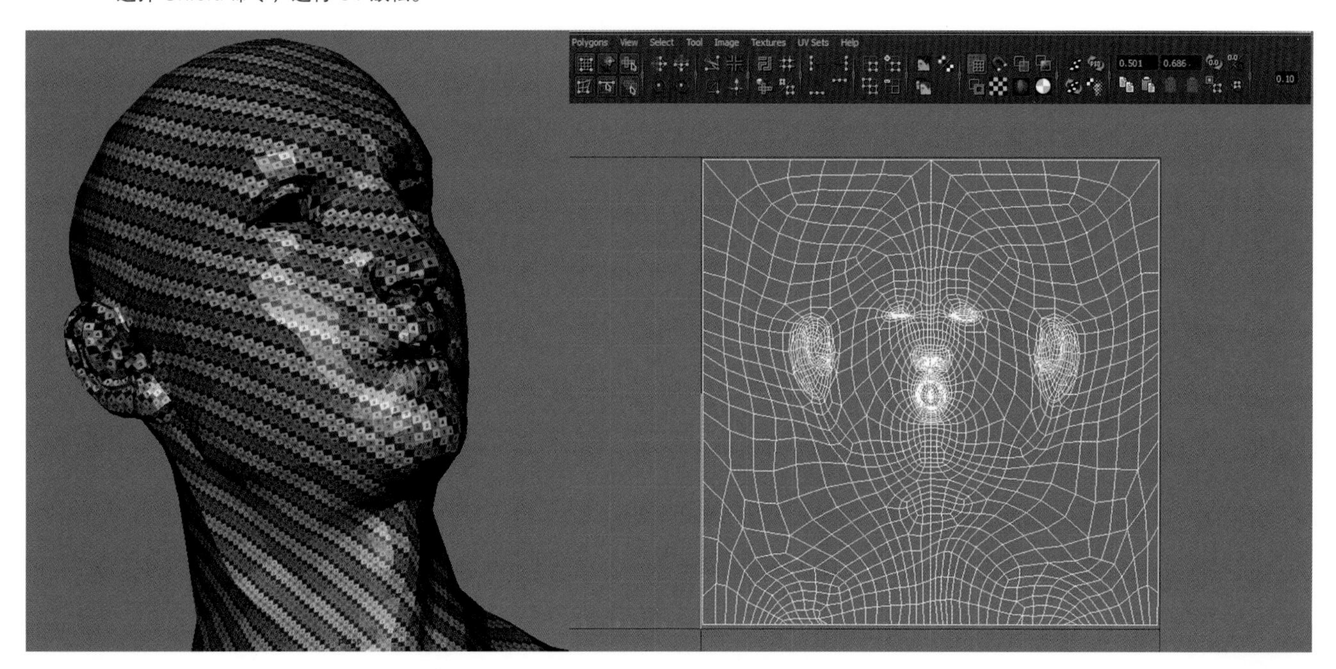

因为模型不是 T-Pose，所以 UV 下面有些不均衡。UV 处理后我们便开始进行面部置换贴图的绘制，在绘制之前需要把处理完 UV 的模型导入 ZBrush 的第 1 级别，然后细分到较高级别导出，这样比较容易绘制。导出时需要取消 Grp 选项，否则会出现模型碎掉的情况。

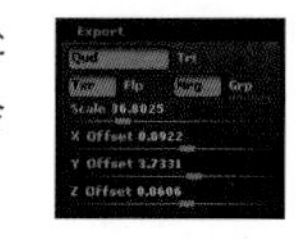

做好带有完好 UV 的模型后，便介绍一下我所说的皮肤素材。现在网上可以下载到一些新的皮肤 Alpha。Surface minic 之前是有官网更新的，但是貌似因为盗版问题，已经关闭，多少有些遗憾。

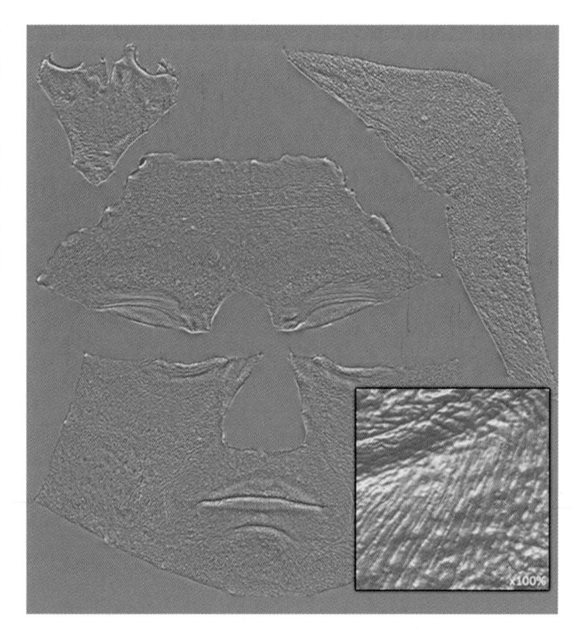

我们可以先把高模制作到大体结构完成，并且没有添加皮肤细节。

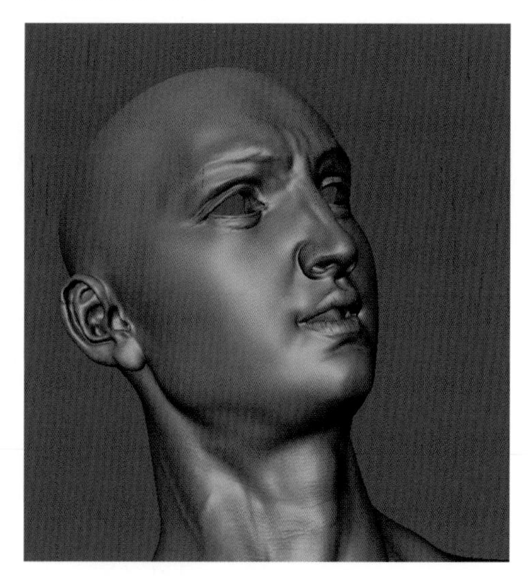

我们把一级模型导出处理 UV，使用之前的方法处理 UV 即可。然后通过 Mari 或者 Mudbox 把置换素材映射到模型上，因为计算机的问题，这里用的是 Mudbox。

因为 UV 处理得很平整，所以把分好的 UV 导出 Maya，大小是 4096×4096。现在处理的文件都很大，要求精度也高，有很多人都追求 8192，甚至更高像素的贴图。其实一般情况下可以采取多几个象限（即多分几张 UV），全部以 4096 的大小来制作，应该会使计算机运行得更流畅，以便节约时间，提高效率。

我在 Photoshop 中大概匹配了一下面部的置换图，然后进入 Mudbox，首先我们需要把 UV 图导入 Photoshop，然后将图像模式调整成灰度 16 位，这样我们就能保证无色差变化地把置换图添加到这幅图中了。

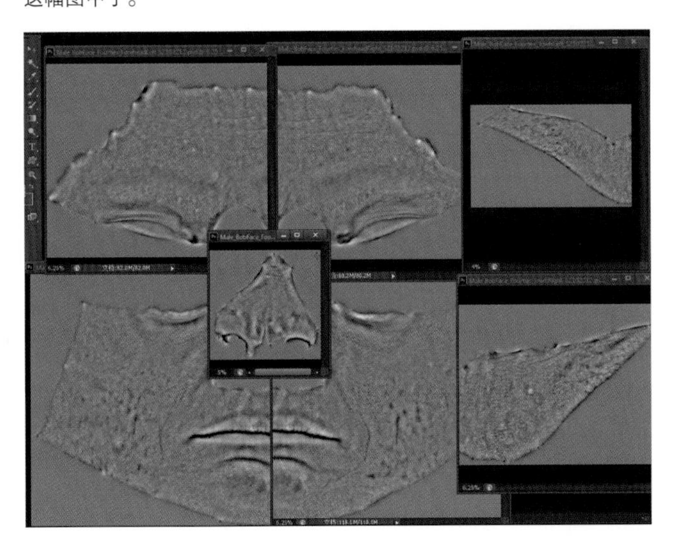

接下来便开始在 Photoshop 中试着拼接，这些素材都是接近 8K 的图，质量相当好。为了保证置换的质量，把基础图改为 8192×8192，拼接时尽量先把素材原比例导入，再进行放大缩小。UV 一般都在最上层，并选择“滤色”模式，拼接时推荐隐藏。底色保证是 128,128,128 的灰度，这样的灰度在 16 位的置换中为不凸不凹，也就是原物体保持不变。

处理这些素材的时候，尽量用蒙版来处理不规则的边缘。把太亮或太暗的部分都去掉，保证贴图的平整度。截取较平整的一块作为皮肤的底纹，虽然有些重复，但是之后会细致调整。

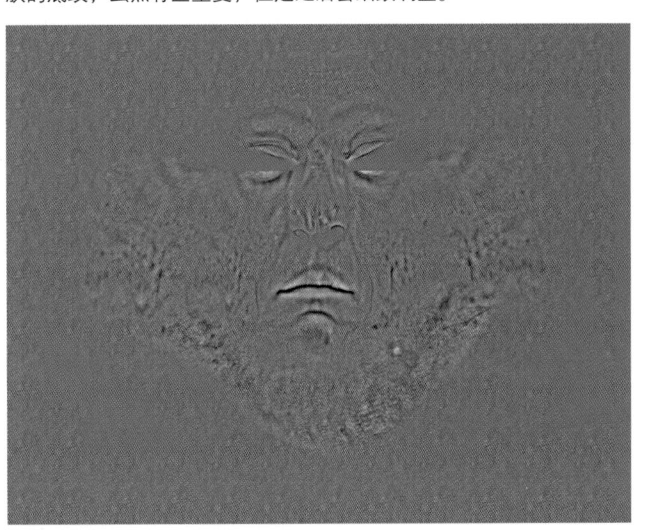

把置换图导入 Mudbox 或者 Mari 继续处理。刚导入时，嘴角和太阳穴处有很多问题，将置换图的问题修复，导出为 TIF 格式文件。

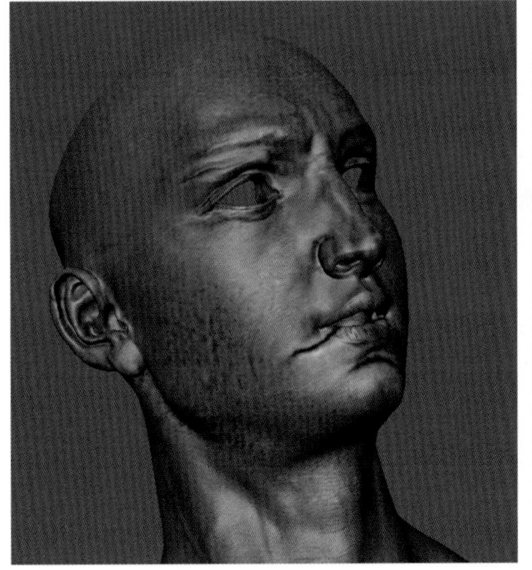

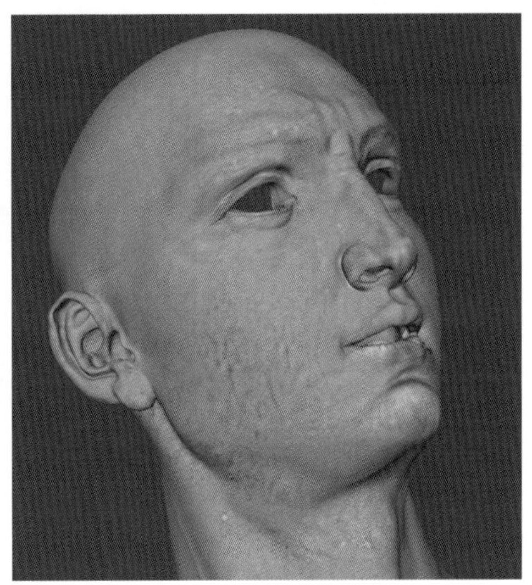

在处理毛孔之前尽量开启 Morph Target 功能，之前也说过很多次了，然后在 ZBrush 界面上方的 Alpha 菜单中选择 Import 导入贴图，接着单击 FilpV 按钮反转贴图。在右侧面板的 Displacemnet Map 卷展栏中选择置换贴图，并在 Texture Map 卷展栏中开启贴图，如果没有贴图就单击 New Txtr 按钮新建贴图。在 Displacemnet Map 卷展栏中开启 Disp On 按钮显示置换，调节 Intensity 数值（0.1 就很强了，这里使用的是 0.003），再单击 Mode 按钮查看实际效果，如果效果理想即可单击 Apply DispMap 按钮生成置换贴图，最后单击 Create And Export Map 按钮创建并导出贴图。

下面介绍置换的设置，展开Texture Map卷展栏，只有开启置换图才能调节Mid值。

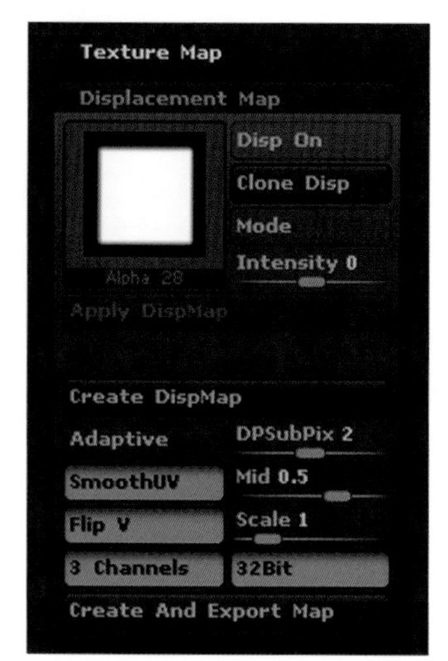

左图所示的是Mid值为0的效果，右图所示的是Mid值为0 .5的效果。如果使用An orld渲染器渲染，那么Mid为0时，烘焙的置换图是不需要调整的，可以与ZBrush完美匹配。

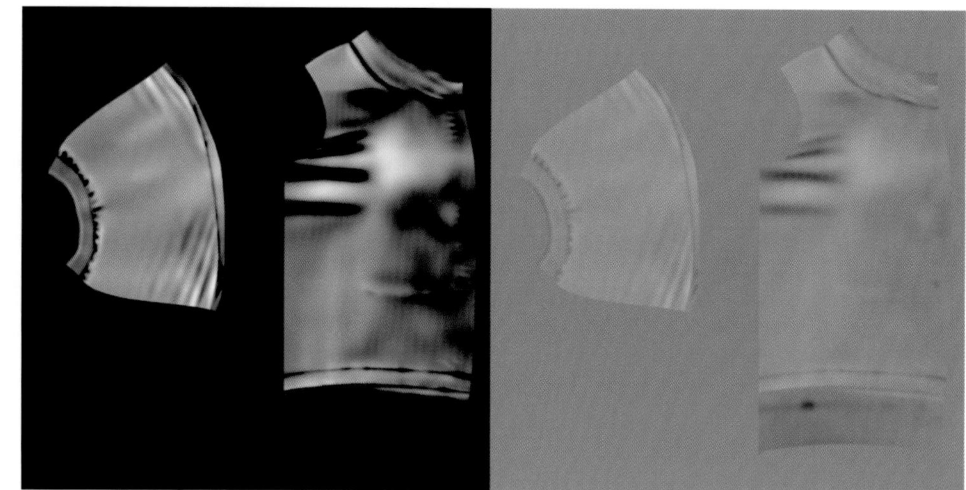

制作思想者

思想者的制作和之前的角色一样，先是收集很多好的素材。

素材收集好后，我便设计了一下服装，我想让他有种前卫的感觉，所以给他穿了牛仔套装并加了纹身。思想者的服装我用了Marvelous Designer 4，Marvelous Designer 4是该软件比较完善的版本，bug相对较少。

因为Marvelous Designer 4有中文版本，所以有很多快捷键就不在这里叙述了，我就介绍一些需要注意的地方。

设置Marvelous Designer

选择“Settings>Language>中文”命令即可切换为中文界面。

调整姿势

我们需要先把 Marvelous Designer 中的虚拟模特调整成思想者的姿势，按快捷键 Shift+X 显示骨骼点，这样就可以慢慢地调整需要的姿势。我查找了多个角度的图片，这样有助于调整模型的姿势。然后选择“文件 > 另存为 > 样子”命令，保存为 Pose 文件。

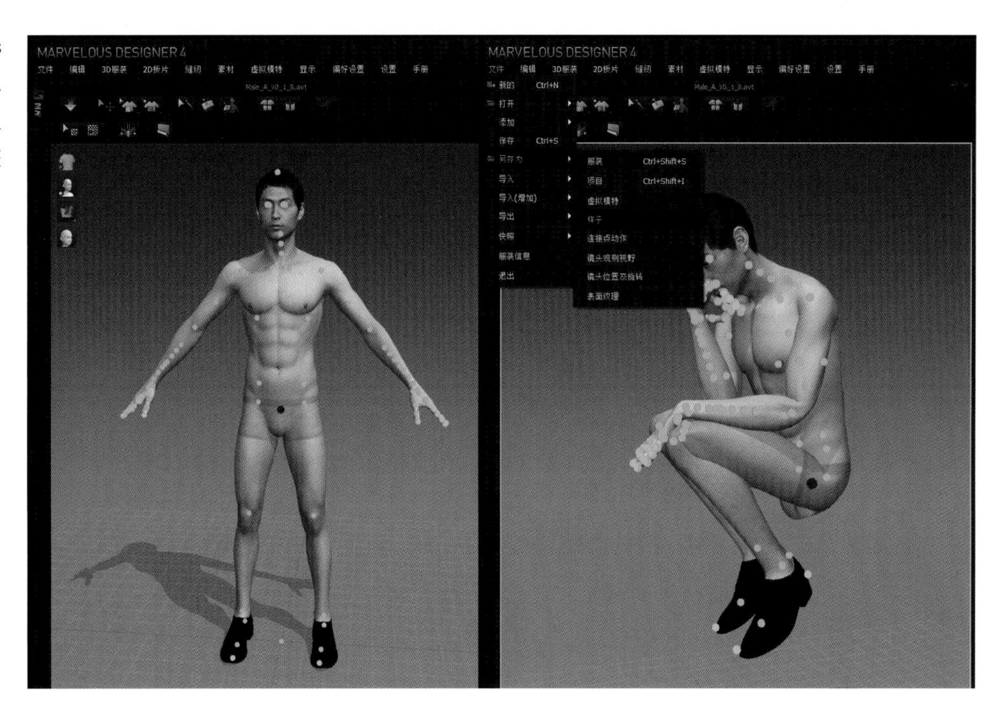

制作服装

现在可以在 A–POSE 上制作服装，然后在制作完成后再导入 Pose，这里介绍一些常用的快捷键和小方法。按快捷键 Shift+A 可以显示 / 隐藏虚拟模特；按快捷键 Shift+X 可以显示骨骼点；按快捷键 Shift+F 可以显示服装贴合点。在拖曳布料时可直接隐藏虚拟模特，虽然模特被隐藏了，但还是会产生碰撞效果，而且不会出现穿插问题。

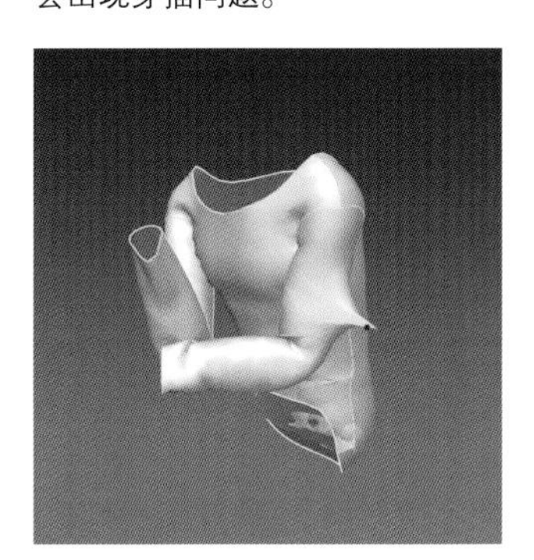

导入 pose 文件，然后进行模拟。这里只是大概演示一下，你做得越精细，效果越好，不论是 Pose 还是衣服。

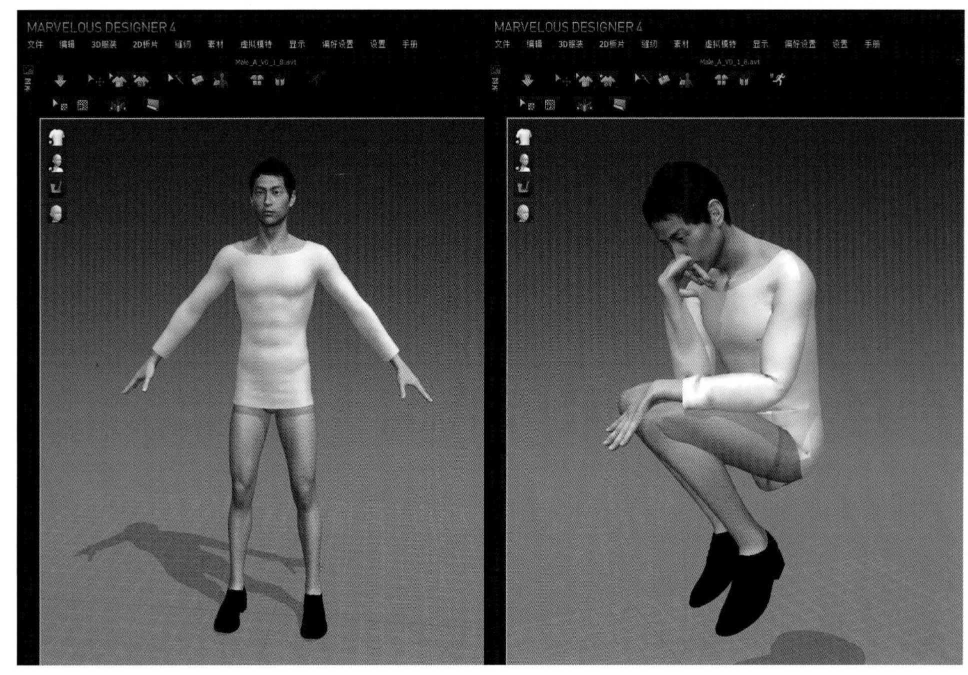

调整布料的线或点时，先拖曳线或点然后按住 Shift 键，就会水平或垂直移动。然后与此同时右击，就会打开移动距离数值框，输入数值可以精确地调整点、线的距离，这样比较容易调整。

想要做勒紧的缝线效果，可以直接添加红色缝线，然后调整它的折叠强度和折叠角度，把布料的精度调高，效果就明显了。

TIPS

在“属性编辑器”面板中降低“模拟属性 > 粒子间距（毫米）”值，可以提高布料的精度（我的计算机可以调到 5），粒子间距数值越小，布料精度越高，建议只对局部提高精度即可。

当制作到一定阶段时，会发现虚拟模特身材和参考不符，需要在模拟的时候调整骨骼，布料才会和身体一起动。

如果要在布料的板片上加点，尽量通过右击选择“分割”命令的方式添加，输入整数或者选择“标准分割”（默认添加的是中心点）。

当设置好布料的物理属性，但是发现布料还是不够软或硬，可以在材质属性的“物理属性 >Detail”卷展栏中调整 Bending-weft 和 Bending_warp 属性，这两个属性的值越大布料越硬，数值越小布料越软。

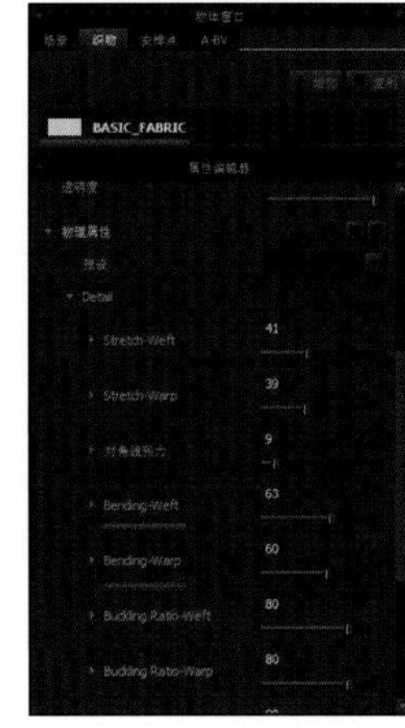

这里顺便介绍一下布料的物理属性和预设，了解这些之后制作布料自然、清晰、明确得多。

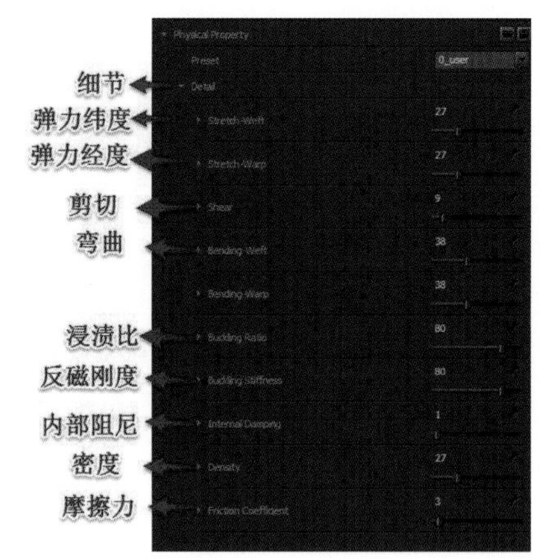

当有多层里外结构的服装时，可以通过设置“模拟属性 > 层”属性设置布料之间的关系，0 表示在最里层。

做兜之类的需要缝合在做好衣服上的物件，只需要做好兜的模型，然后右击选择“复制为内部模型”命令，接着在合适的位置上按快捷键 Ctrl+V 并单击“确定”按钮。

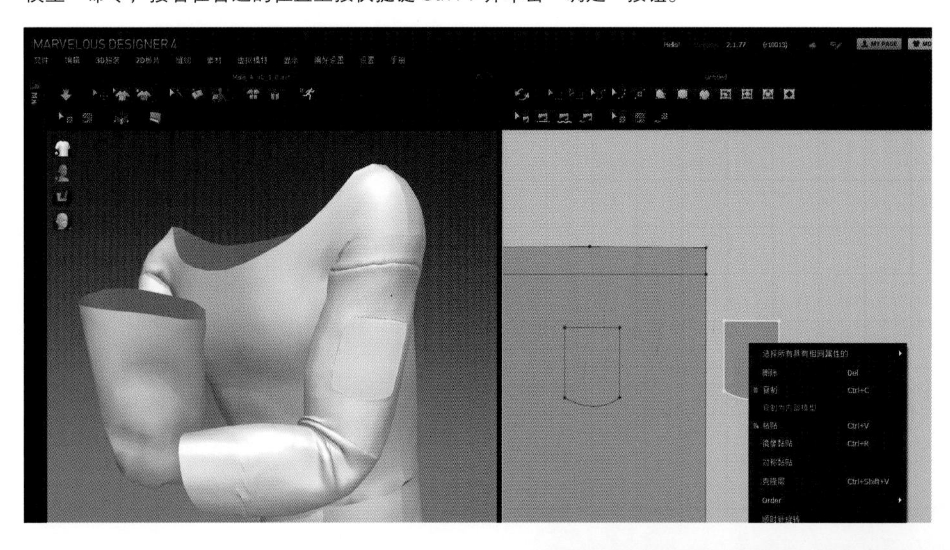

选择线，然后右击，在打开的菜单中选择“展开”命令即可复制出另一半。

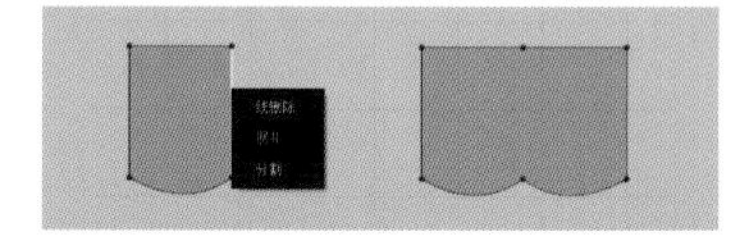

先拖曳出布料的褶皱效果，然后单击“模拟”按钮（或 Space 键）暂停，再加固定点。把大体都做好再拖曳细节，否则之前的细节有可能会变。

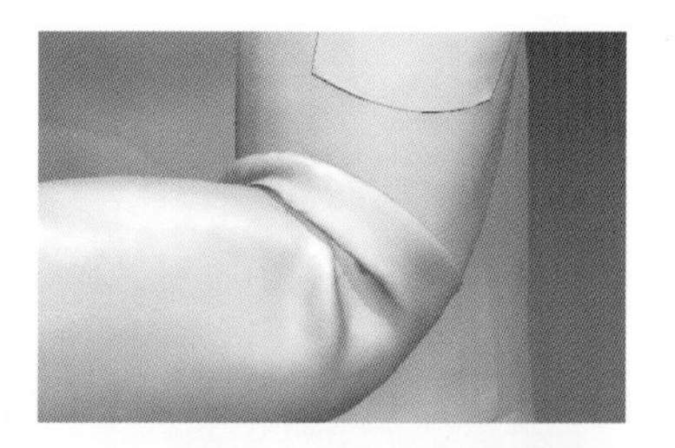

在 Marvelous Designer 中解算得差不多后，就可以进入 ZBrush 继续细化了。

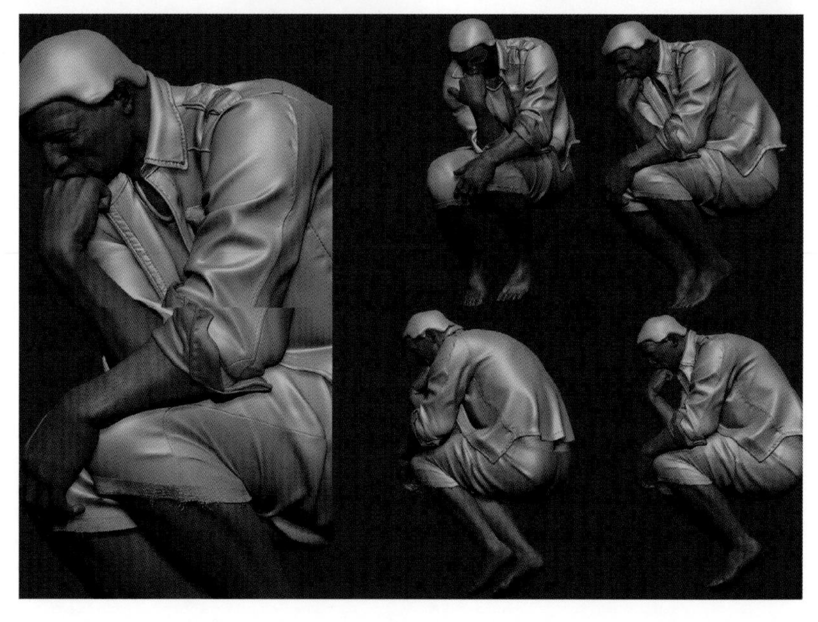

制作呐喊

呐喊的制作和之前的梵高、大卫的方法一致就不多做叙述了，这里就介绍一下毛衣的制作方法。

呐喊的毛衣用 3ds Max 或 Maya 曲线制作出麻花辫，然后水平复制出一条，接着烘焙（Bake）出图或者导入 ZBrush 烘出高度图。

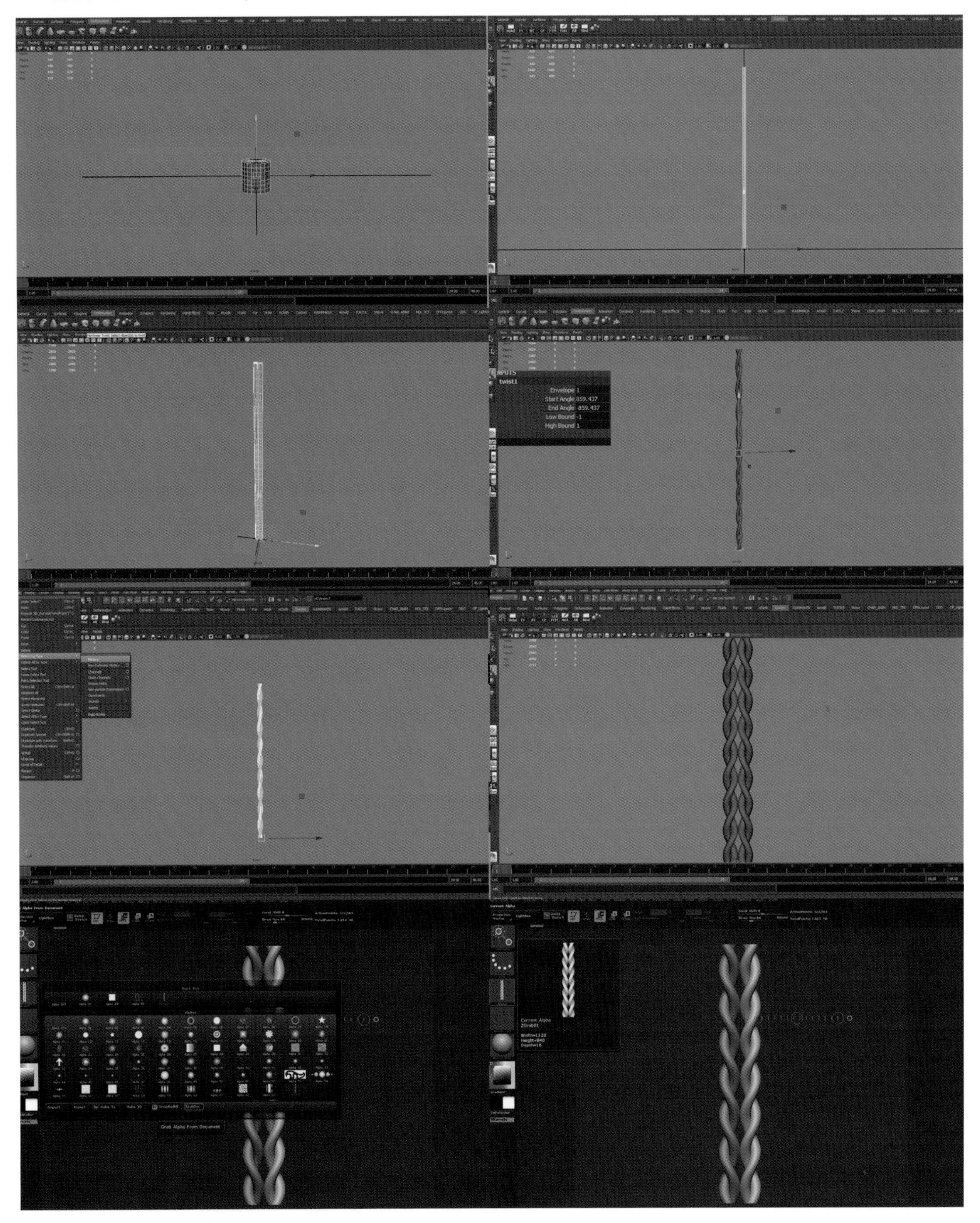

操作步骤如下。

1. 启动 Maya，然后创建圆柱体，接着调整长度和段数。
2. 复制一个圆柱体，把两个圆柱体的中心坐标移动到世界中心。

3. 在 Animation 模块下选择“Create Deformation>Nonlinear>Twist”命令生成辫子效果，然后调整 Start Angle 和 End Angle 属性的数值来改变圆柱体的扭曲度。该方法用来做麻花辫什么的都可以。
4. 调整合适后清除圆柱体的历史记录，然后合并模型并导入 ZBrush。在 ZBrush 中把麻花辫调整到合适位置，在左侧面板展开 Alpha 包，然后单击 GrabDoc 按钮，麻花辫的 Alpha 就生成了。

把高度图导入 Photoshop 中，拼成毛衣图案，然后把这个图导入 ZBrush 的 Texture 中，在右侧面板中单击“Masking>Mask ByColor>Mask By Intensity”按钮，接着在 Deformation 卷展栏中调整 Inflact 属性，便能得到毛衣的实体模型。或者省去制作毛衣高度图的流程，直接找到好的毛衣纹理素材，通过纹理素材生成毛衣效果。

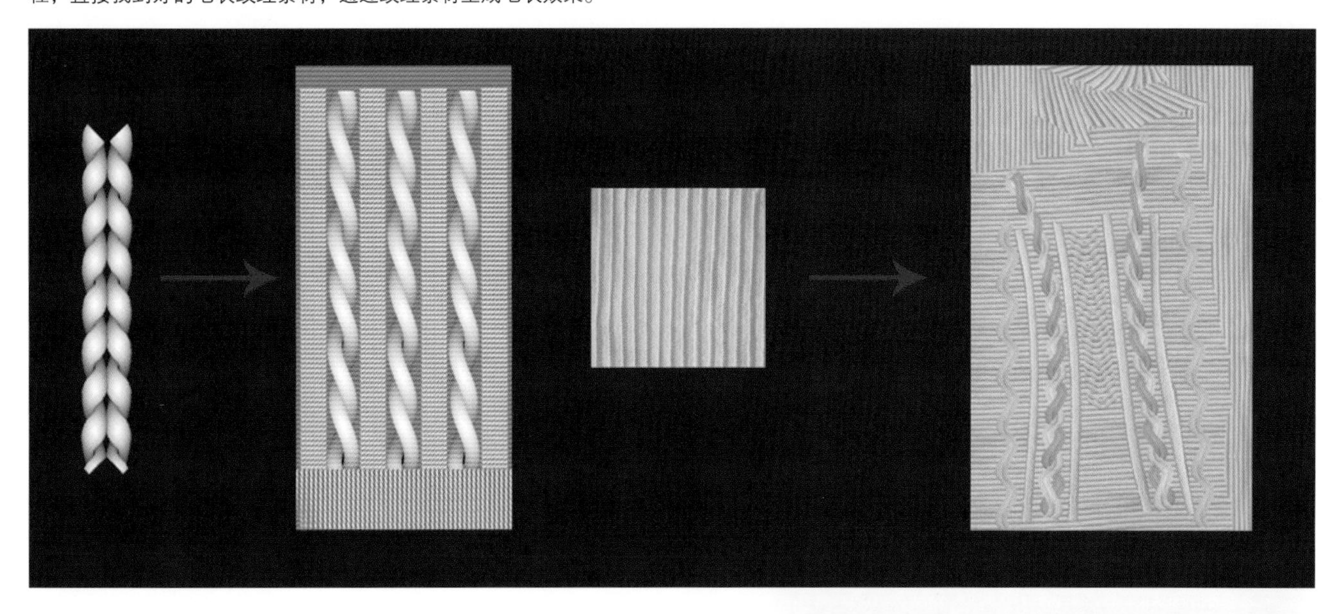

制作维纳斯

维纳斯的知识点很少，难点主要是要做好维纳斯的形体，不然可能看不出是维纳斯。处理好形体，然后使用 Marvelous Designer 解算布料，最后进入 ZBrush 处理细节即可。

制作道具

道具的制作自然也是先找到详细的参考，这个作品中的道具相对简单，其中包括木质椅子、木质桌子、木质茶具、陶瓷茶具、画笔和鲜花等，下面就挑选几样来介绍。

制作龙纹木椅

制作木椅主要是依靠灰度图在 ZBrush 中通过挤出等操作完成的，制作方法与毛衣相同。

制作水

用 ZBrush 的 DynaMesh 直接起型，然后用 Move 笔刷把大型确定好后，配合使用 Insert 笔刷制作出小球（直接在模型上拖曳）或者制作镂空（按住 Alt 键在模型上拖曳）多加测试就能雕出水的感觉。其他道具没什么难点抓好感觉就行。

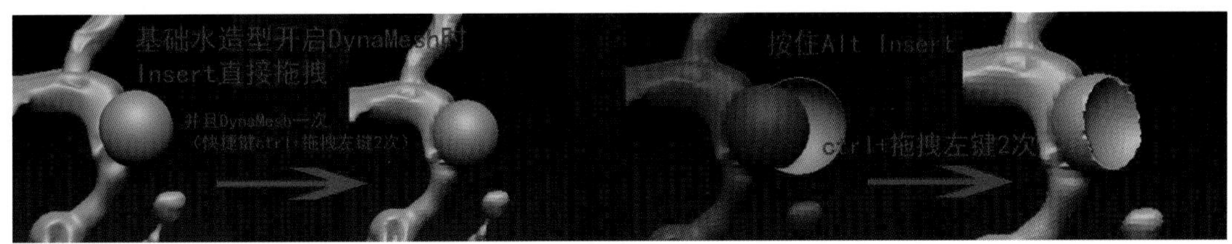

C 检查高模
CHECK HIGH MODULUS

在 ZBrush 中调整完高模成后，可以 360° 拍屏，从而检查形体是否有问题或者有遗漏的地方，操作步骤如下。

1. 先在 Document 中设定桌面画布的大小，可以通过单击 Back 按钮来调整背景颜色，通过设置 Range 属性来调整背景颜色过渡，通过设置单击 Half 或 Double 按钮或者设置 Width 和 Height 属性来定义桌布大小，然后单击 Crop 按钮确定画布大小。调整好的画布大小会占满全屏，我们不能在这时直接拍屏，因为这样拍只能拍到画布的一小部分，需要滑动 Zoom 图标把画布调整到实际大小，然后再把需要拍屏的物体调整到合适大小。
2. 打开 Movie 菜单，设置 Modifiers-SpinFrames（帧数）为 180、SpinCycles（圈数）为 2，这样就是正好沿 *Y* 轴旋转 360°。
3. 在 Render 菜单中选择 Best 选项。
4. 在 Movie-Turntable 拍屏之前，可选择 Doc（渲染画布里）或者 Window（渲染全屏），以及设置大小。
5. 拍好之后导出，视需求设置格式，如果需要新的拍屏，则单击 Delete 按钮。

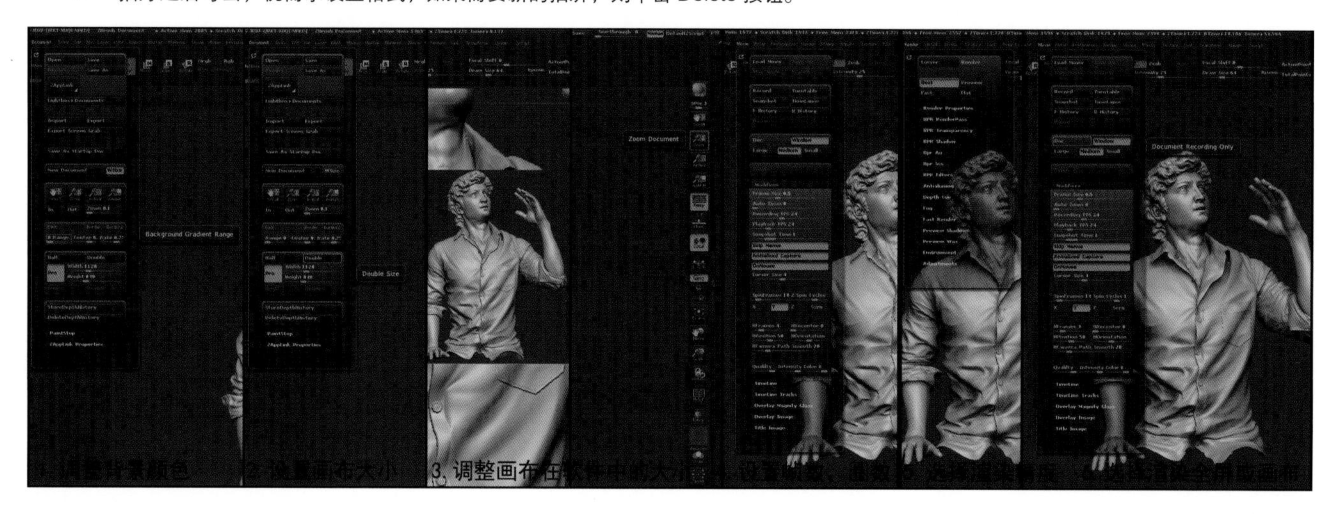

1. 调整背景颜色　2. 设置画布大小　3. 调整画布在软件中的大小　4. 设置帧数、圈数　5. 选择渲染精度　6. 选择渲染全屏或画布

T 拓扑部分
TOPOLOGICAL PART

拓扑部分我会介绍两种方法。

第 1 种：Maya 2014 之后版本软件的 Modeling Toolkit 工具包。

第 2 种：ZBrush 的 ZRemesher 功能（配合 ZRemesher Guides 笔刷）。

如果是拓扑简易的道具物品等，那么推荐使用 ZBrush。如果是拓扑人脸，推荐用 Maya 的 Modeling Toolkit 工具包。

Modeling Toolkit 工具包

Modeling Toolkit 工具包是 Maya 2014 版本更新后添加的建模工具，我主要是用它来进行拓扑操作，这里简单介绍一下。

如果 Maya 没有 Modeling Toolkit 工具包，需要选择“Window>Settings/Preferences>Plug-inManager”命令，然后在“Plug-in Manager”对话框中选择 modeling Toolkit.dll 选项。

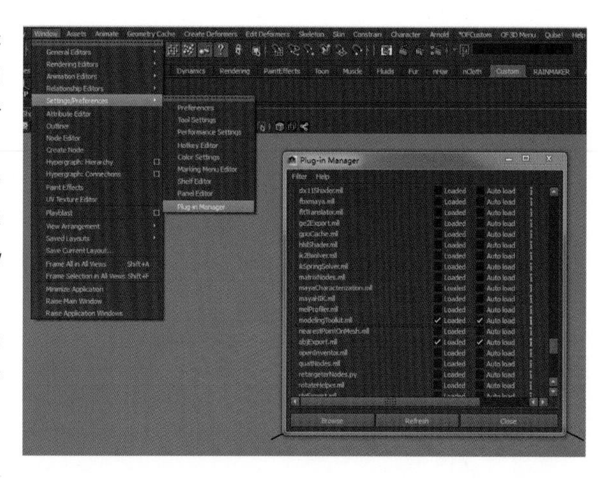

在状态栏右侧单击按钮就可以打开 Modeling Toolkit 面板。

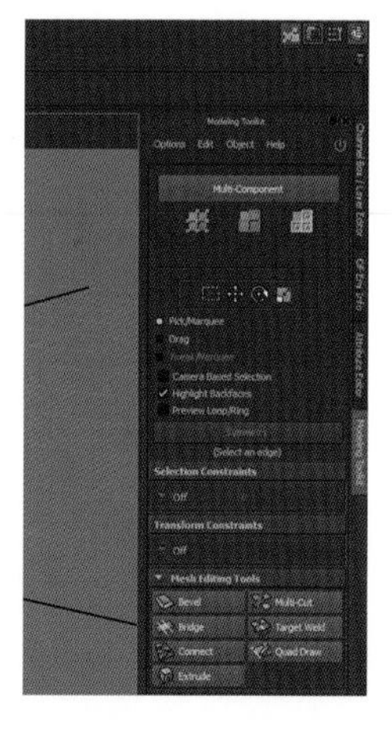

可以在物体上右击，选择 Multi 命令进入 Modeling Toolkit 编辑模式。我先介绍 Modeling Toolkit 工具包的 Quad Draw（四边形绘制）功能，也就是我所说的拓扑功能，基本操作如下。

1. 导入高模，然后选择需要拓扑的高模，单击状态栏中的 Make the selected objectlive 按钮，这样高模就被冻结成可拓扑的对象了。
2. 选择 Quad Draw 工具，在冻结的高模上单击生成 4 个点，然后按住 Shift 键在 4 个点的中心单击完成第一个四边形的绘制。

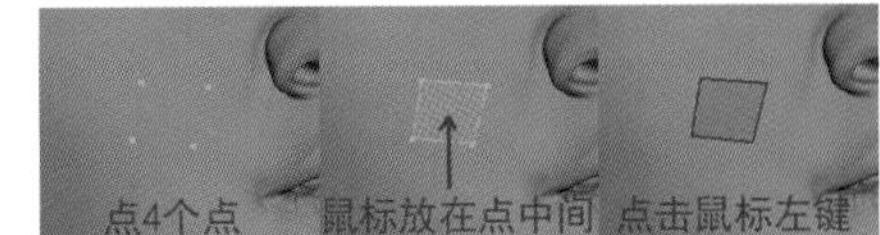

这里介绍拓扑中的一些操作技巧。

- 按住 Tab 键然后单击，可以直接绘制四边形。
- 按住鼠标中键然后左、右滑动鼠标，可以调整四边形的大小。
- 同理再依次单击其他的点，然后按 Shift 键绘制四边形即可。
- 在绘制完第一个四边形后可按住 Tab 键，然后将光标移到四边形的边上，当出现 Xtend 后，向其他方向拖曳可绘制其他四边形。

TIPS

Quad Draw 工具的快捷键。

热键	对四边形网格进行操作	取消对四边形网格的操作
单击引用曲面或栅格	下降点	
拖动 或 单击鼠标中键 ( ) 并拖动	调整组件	
New 按住 Shift 键并拖动	松弛顶点	创建四边形或三角形
New 按住 Shift 键并使用 拖动	松弛顶点的选择	
按住 Ctrl 键并单击	插入循环边	
按住 Ctrl 键并使用 单击	插入捕捉至面中心的循环边	
同时按住 Ctrl 和 Shift 键并单击	删除组件	
同时按住 Ctrl 和 Shift 键并使用 拖动	移动循环边	
New 按 Tab 键并拖动	延伸边	创建四边形带
New 按 Tab + 键并单击鼠标中键 ( ) 进行拖动	延伸循环边	调整四边形带大小
Extension Y	重新激活"四边形绘制工具"(Quad Draw Tool)	重新激活"四边形绘制工具"(Quad Draw Tool)

因为是静帧作品，布线要求稍低，拓扑完成后的效果如图所示。

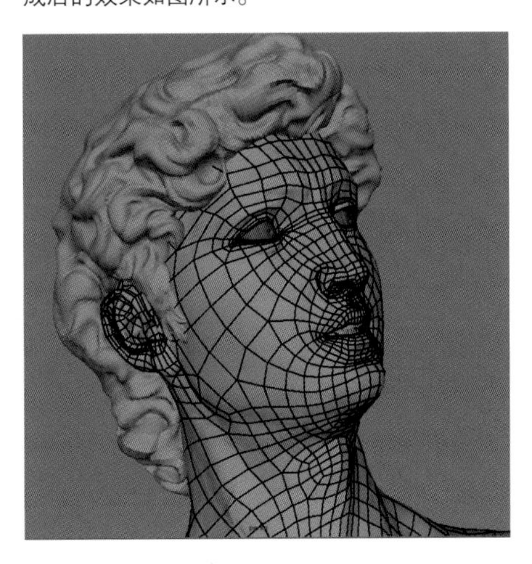

Modeling Toolkit 工具包的其他功能，如图所示。

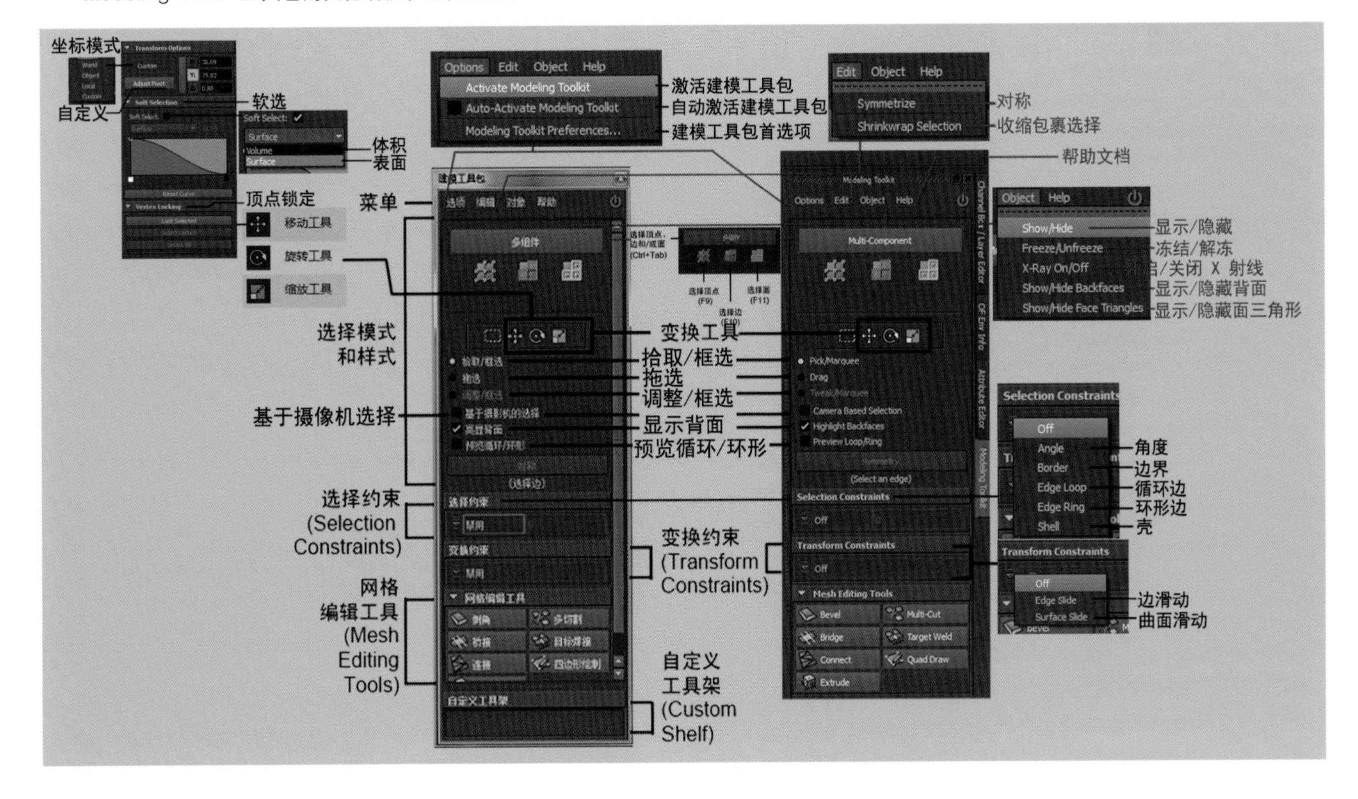

这里介绍对称拓扑的方法——Symmetrize 功能。讲解 Symmetrize 功能之前，我们要先知道如何在 Modeling Toolkit 工具中使物体可以对称操作。在场景中选择模型上的一条边，以此边作为对称线，网格拓扑在该边任意一侧必须相同，然后单击 Symmetry 按钮，接着对非对称线的对象操作将会产生镜像效果，即使模型不在坐标中心甚至有旋转等也可行。

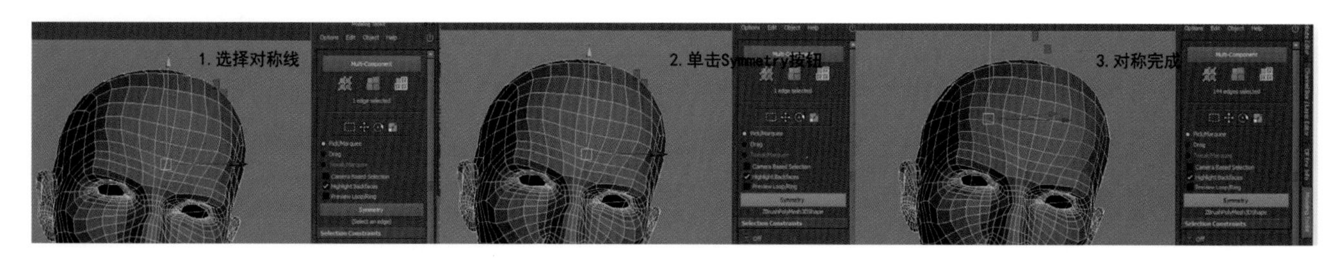

TIPS

如果修改对称线的拓扑，那么对称将会被禁用。

了解完以上步骤，我们便开始了解强大的 Symmetrize 功能。Symmetrize 的主要作用在于，当你制作一个对称模型时，在一侧拓扑上调整了许多点后发现竟然没开对称！这样是不是很崩溃！不用担心，Symmetrize 功能就会帮你解决这个问题，做表情的时候也非常好用，例如闭眼的效果等，操作方法如下。

1. 确保模型对称线左右的拓扑完全一致，并且在世界坐标中心，还需保证这个模型的中线（就是你选的是对称线）必须在一个平面上（可以利用这个检查一下模型做得是否规范）。
2. 开启 Multi 功能，点、线、面模式都可以，对应的快捷键分别是 F9、F10、F11。在选择好的模式下按住 Ctrl 键单击其他模式的图标，可切换到对应的模式。例如想由点模式切换至面模式，可以按住 Ctrl 键，然后单击面图标即可（只要 Modeling Toolkit 处于激活状态 W/E/R 的操作也适用）。
3. 在点、线、面其中一个模式中，修改其中一侧的模型，例如闭眼或者拖出来一个角。
4. 选择对称线，开启 Symmetry 功能。
5. 选择要对称的相反面，我选的就是原本睁眼没有角的那边。
6. 在 Modeling Toolkit 面板中选择“Edit> Symmetrize”命令。完成！选相反面得到的就是原本效果！

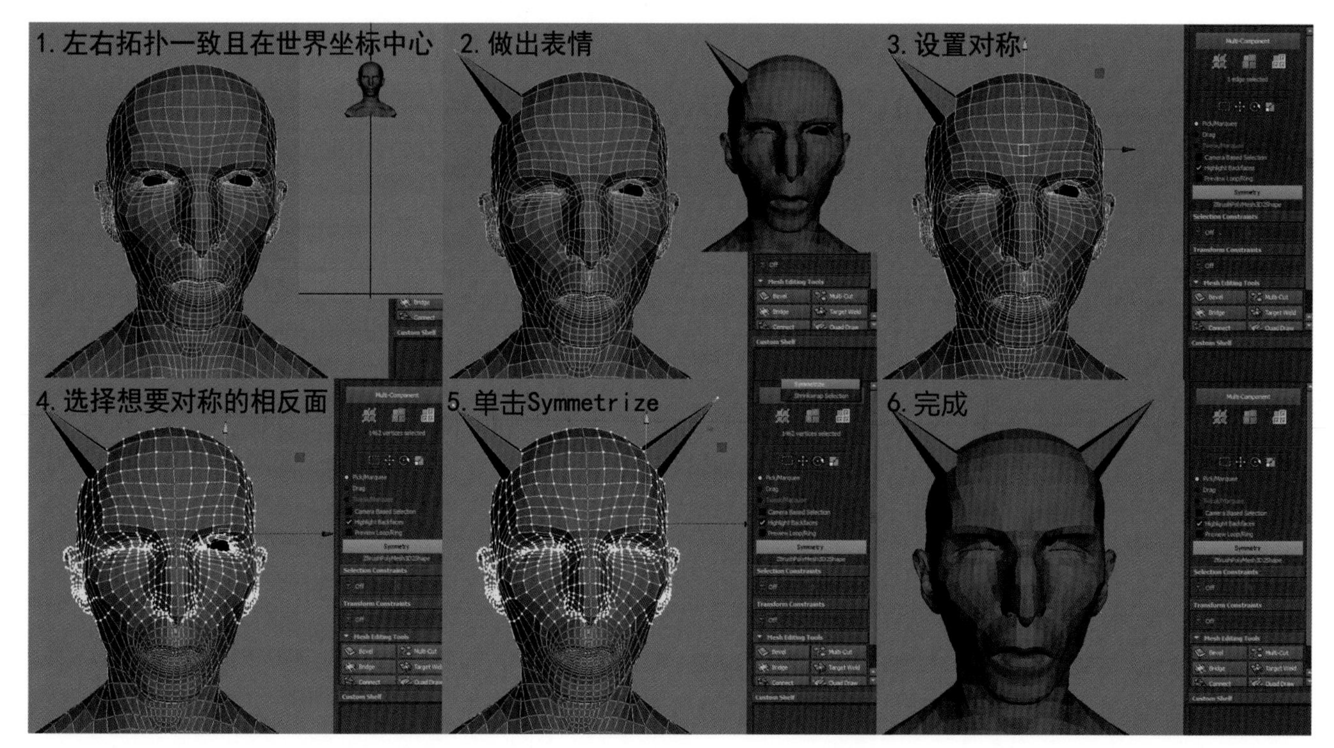

ZRemesher

ZRemesher 功能是 ZBrush 4R6 才有的功能，之前是 QRemesher，升级为 Z 后完善了很多，自带拓扑的效果很好。

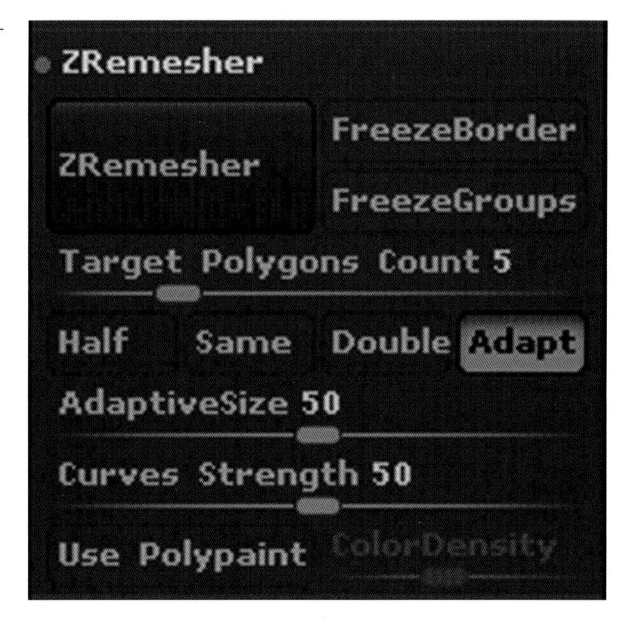

FreezeBorder 为保持开放边，例如单独拓扑头部，接下来还需要和之前的身体完全匹配缝合，就可以开启这个选项。FreezeGrouPhotoshop 为保持组和组之间的拓扑，这个也很好懂，如果你在 ZBrush 模型分组之后想自动拓扑，选择该选项会保证组和组直接拓扑不变。

Target Polygons Count 是面数控制，后面的数值 5 表示 5K；下面的 Half 为原本模型的一半面数；Same 为相同面数；Double 为双倍面数。

Adapt 是 ZRemesher 中最重要的选项。该选项为自适应匹配选项，选择该选项后会自动计算出拓扑的模型。下面的 AdaptiveSize 为自适应的控制度。当数值为 0 时，自适应的匹配度就最低，拓扑不按照结构走，基本每个面都是正四边形；当数值为 100 时，自适应的匹配度就最高，拓扑基本完全按结构走，但是这样也会出问题。所以一般的情况下只需要默认数值 50 就好。

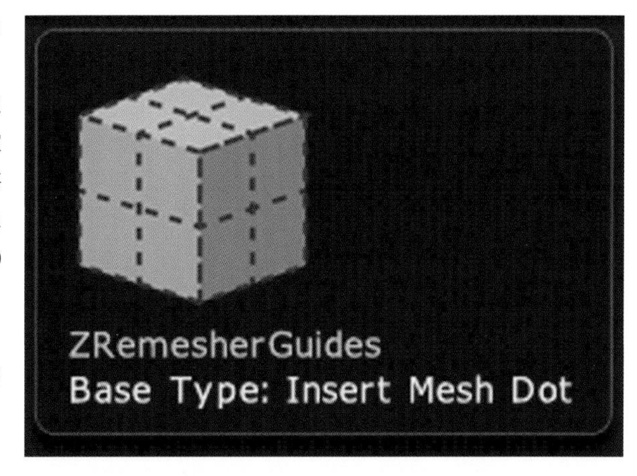

Curves Strength 是引导线控制度，通过引导线线来控制拓扑的走向。当引导线控制度为 0 时，拓扑的走向不受引导线控制；当引导线控制度为 100 时，就完全按引导线走，容易出现奇怪的布线，所以也是默认 50 就好，大家可以多加尝试。

Use Polypaint 可以通过颜色来控制拓扑的疏密（画的时候记得开启 RGB，把 Zadd 等关闭）。红色表示面数多，也就是显得密；蓝色表示面数少，显得疏。选项后面的 ColorDensity 值为 1~4，表示红和蓝之间面数的比例，例如开设置为 4，红蓝的面数比就是 1:4。

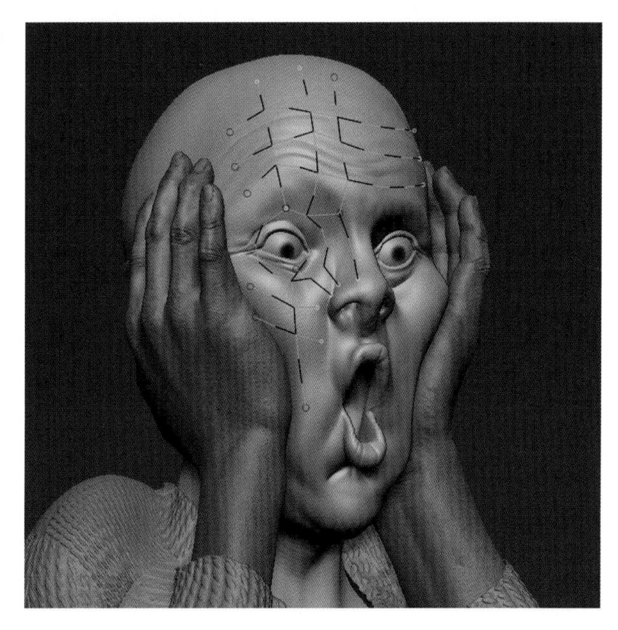

UV 部分
UV PART

UV 部分我推荐使用 UVLayout 以及 Maya 2014 之后版本的 Unfold3D 工具。UVLayout 是比较好用的 UV 处理工具，它的优势在于体积小、拆分摆放 UV 快捷，还能处理一些比较特殊要求的 UV。

Maya 内置的 Unfold3D 是 Maya 2014 版本之后集成进 Maya 的，它的优势是直接内置在 Maya 中无须多余的安装步骤，而且它展出 UV 既平整又快速。前文中有介绍过 Unfold3D，这里就不再赘述了。

准备贴图
PREPARATION MAPS

高模完成之后，我们需要做的是渲染，渲染是为了让我们拥有更美的画面和更自然的环境。接下来我们需要考虑的是，如何能让 ZBrush 中高模所有的细节尽可能在 Maya 中实现。

第一种是动画方向，也是比较正规的制作流程，就是烘焙置换贴图赋予到相对低面数的模型上，从而尽量还原高模的细节；第二种是海报方向，可以直接把相对比较高面数的模型，例如 ZBrush 中 5 或 6 级细分的模型直接导入 Maya，这种方法还原度高，而且贴上置换，Bump 等贴图的效果也很好。

绘制贴图
DRAW MAPS

如果模型都达到同一水平线了，就可以开始贴图的绘制了。绘制贴图之前需要处理 UV（该作品中大部分贴图都是 4096×4096 的），我的习惯是模型大型基本不动，开始拓扑和处理 UV，因为这样比较有效率并且能接受得了中小型修改，而不会有太大拉伸，但也属于个人喜好，大家视情形而定。

UV 软件我推荐 UVLayout 和 Maya 结合使用，虽然我主要用 3ds Max，但是要记住软件是死的人是活的，不要纠结 3ds Max 和 Maya，只要是好用的、能提高效率的，就不妨一试。

对了，如果时间不足，ZBrush 自带的 UV Master 也是一个利器。在 ZBrush 4R6 优化得很好了，拆小零件推荐使用。

UV 分好后开始绘制贴图，我们还是从梵高开始。皮肤部分，采用的是 Photoshop 照片去光影→ Mudbox 映射→ Photoshop 修图→ Mudbox 这个流程，处理接缝和细节。

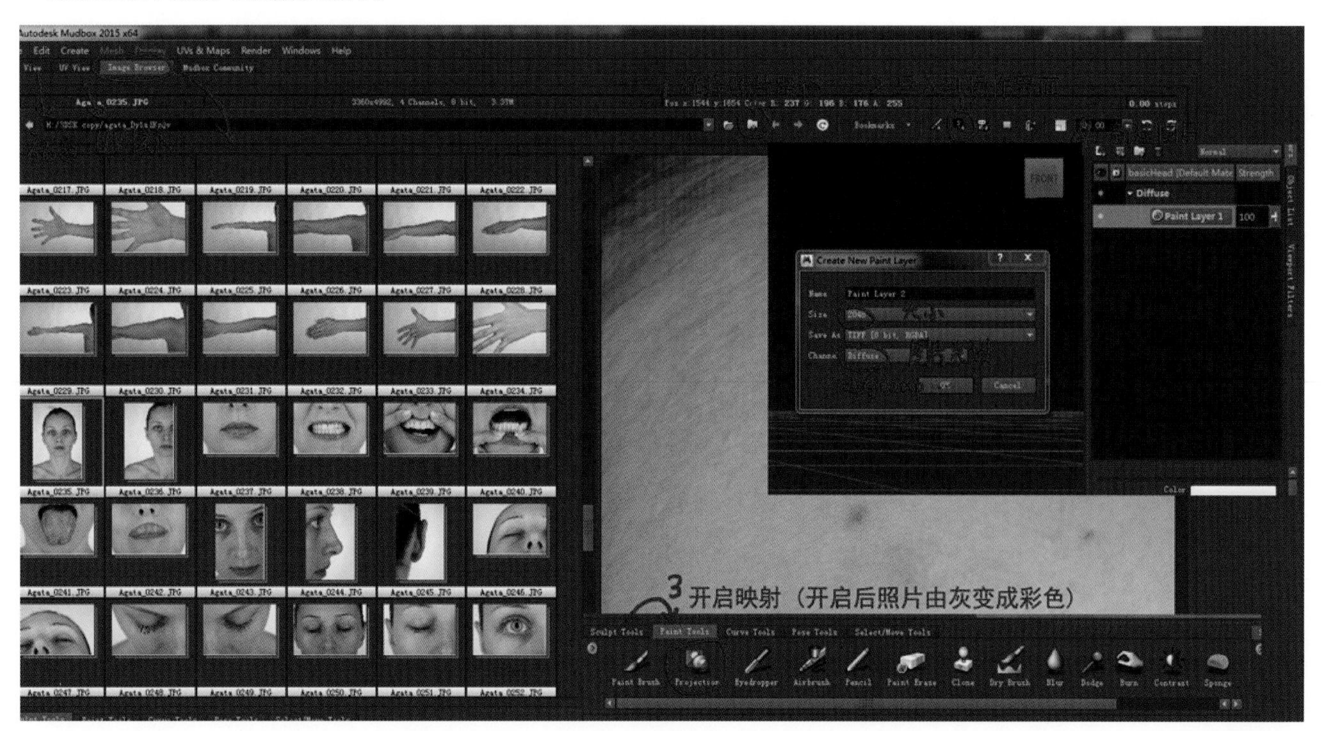

这里说一下为什么用 MudBox 映射，我个人和几个朋友测试过 Mudbox 2015 的稳定性还是不错的。经过测试，相比 Spothlight，我认为 Mudbox 损失的细节会少很多。ZBrush 画贴图的基本原理还是由点信息来捕捉颜色，这样会损失很多色彩，而 Mudbox 是直接映射图片到图片，相对损失较少。而另一款强大的软件 Mari，对计算机的要求相对较高，只能有机会再测试。

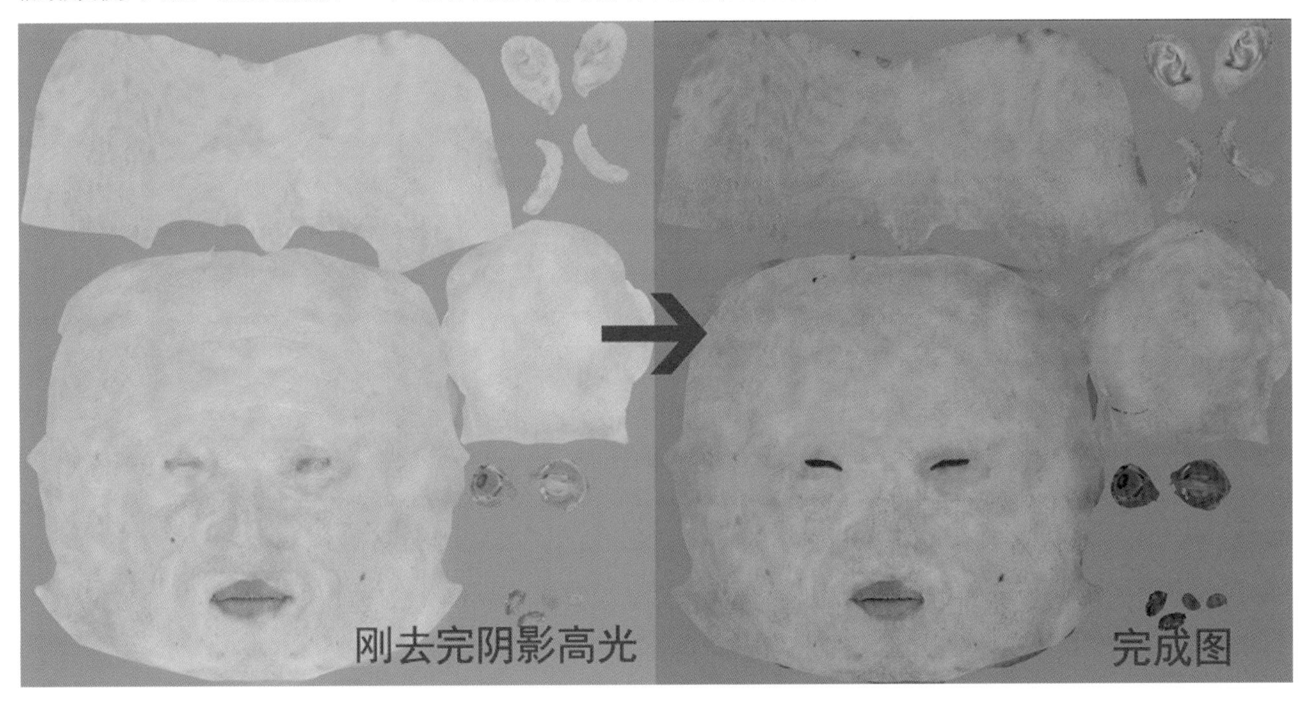

Diffuse 贴图一定要处理得很平（无光影），这样渲染出来的图像才会没有问题。

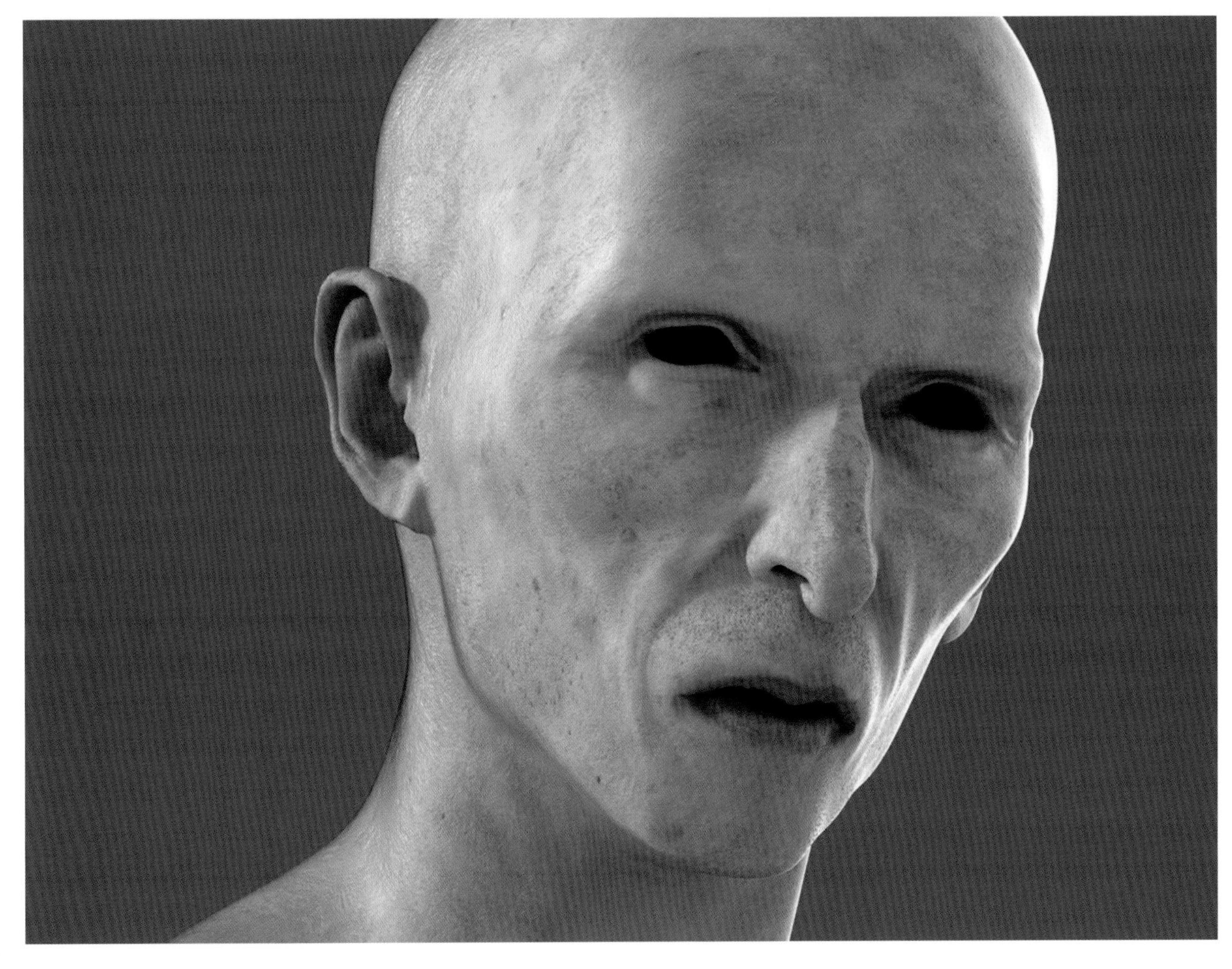

贴图绘制好以后，可以进行灯光测试，图中列举的是做好的大部分贴图（小物件除外）。

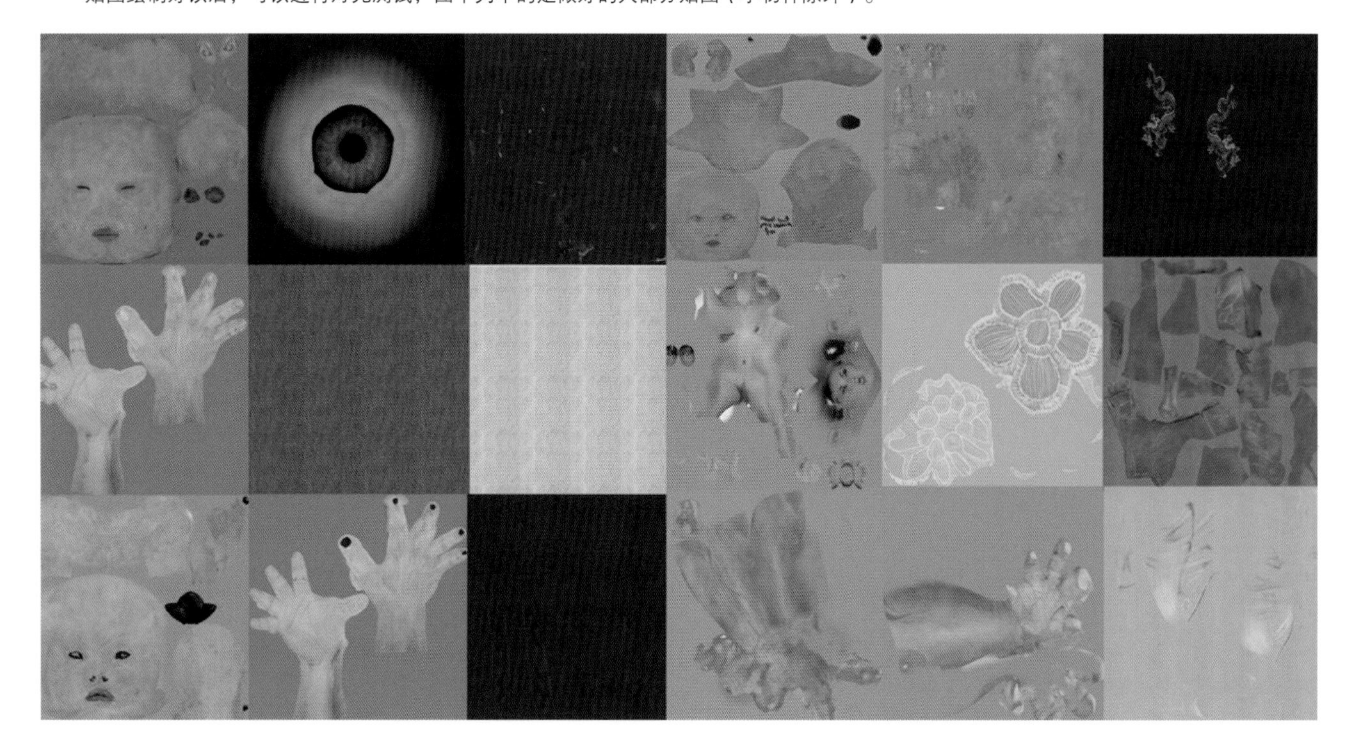

有些朋友会发现有些贴图很像或者一样，没错！因为这就是我之前提过的共用，能共用的物件在原本的基础上，加以修改就会变成新的物件，这也提高效率的方法之一。

处理细节指的是做 Bump 贴图，我自己理解的 Normal（法线）贴图，就是还原介于置换和 Bump 间的假凹凸效果（就 CG 流程而言，不包括游戏流程），而 Bump 的作用就是还原微小、突出不明显的细节。Bump 贴图可以通过 Diffuse 贴图或者 Normal 贴图去色再调整色阶得到。贴图中很多 UV 有问题，因为之前做的时候考虑得不周，之后全部替换成了比较规矩的 UV。

下面介绍刺绣的制作方法。大卫衬衫上的龙纹刺绣，就一句话“一笔一笔地画”，没有捷径，有些简单的刺绣推荐 Photoshop 中的一个笔刷——3 个竖道的，但是想要特别好的效果只能一笔一笔地画。画好之后转成 Bump 贴图，可以像毛衣那样挤出也可以不挤，视情况而定。

M 材质和渲染 MATERIALS AND Rendering

本作品中没有太复杂的材质，所以只简单介绍皮肤和衣服材质的制作要点。另外，展示一下灯光和渲染过程。

皮肤材质

这次用的是 VRay Fast SSS2 材质球，我之前用过 Mental ray 的 SSS 但相对复杂。VRay 相对简单，一般只需要把 Diffuse 添加到 SSS 层就可以了。如果感觉太透，可以在原来的基础上添加 Diffuse 或 Overall 贴图，然后适当调节强弱即可。多多尝试之后，就会得到比较满意的效果。

衣服材质

推荐大家在制作一些质感明显的衣服材质时，添加Self-illumination(自发光)或者高光上的Falloff属性，然后调节强度，将会有不错的效果。

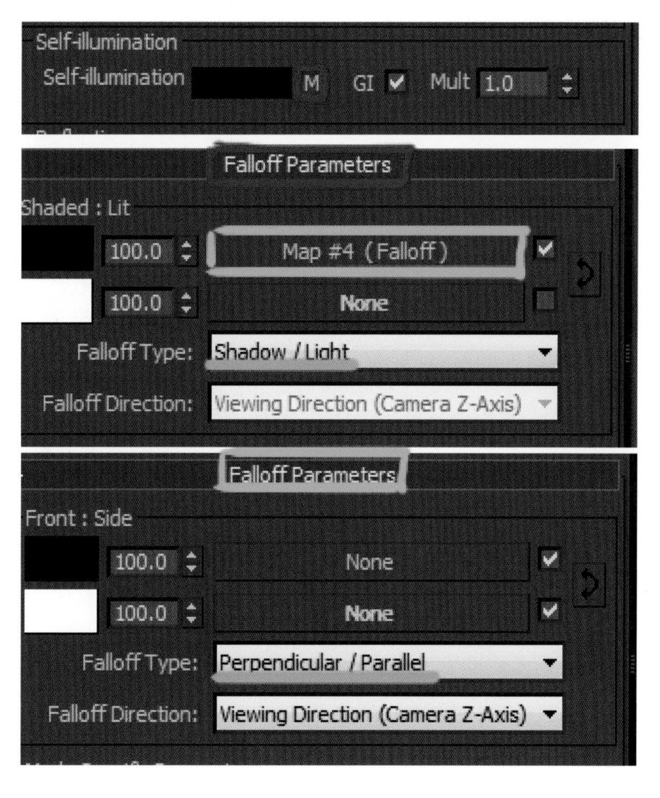

剩下的物件材质基本都是比较好测试出的，就不一一讲解了。

灯光

就做个人作品而言，VRay 越来越强大了，无论是渲染速度还是质量上的表现都比较优秀，推荐大家尝试使用。灯光都是按照真实环境打光，我是先选择一张光源合适的 HDRI 贴图提供基本光源，然后再增加主光、补光和点光。因为在屋子里，所以就按真实环境搭建了一个 Box 来模拟环境。

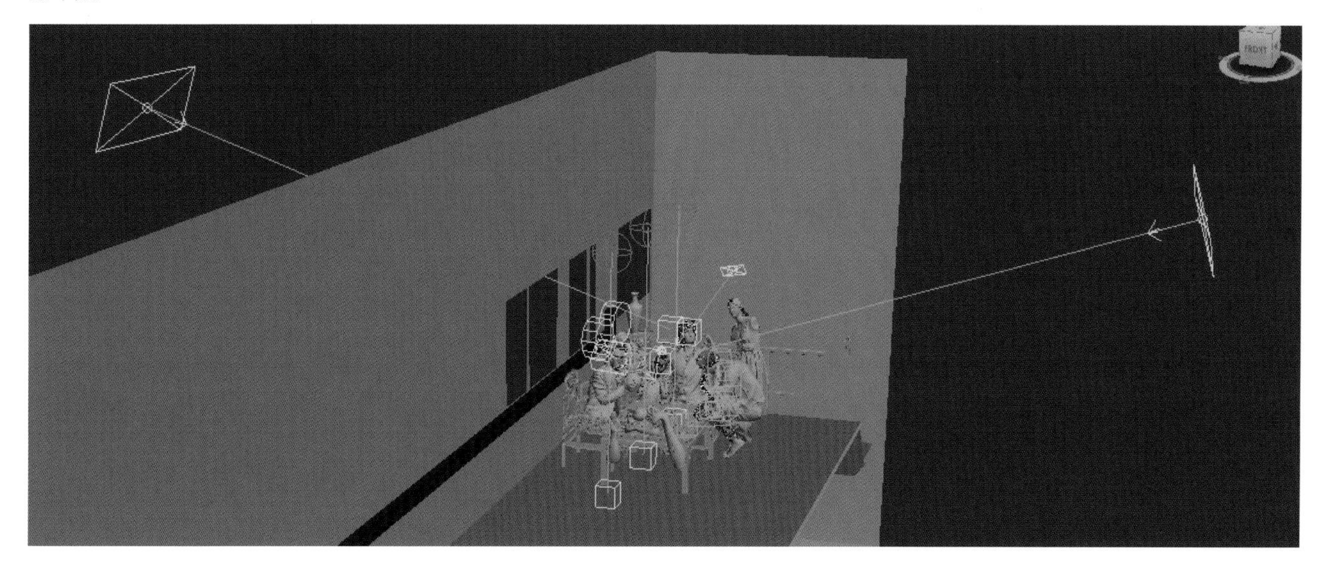

渲染

很多作品都是经历过上百次上千次的测试才完成的，要大胆尝试。

制作毛发 MAKE HAIR

毛发需要仔细规划、细心梳理。毛发主要使用的是 Hairtrix 的 Oxhair 部分，该工具的笔刷很好用（前提是把力度调小，最大力度为 1，也可调节到 0.3 以下）。做毛发之前要规划好，找准发际线，哪块单独做好都要提前考虑。

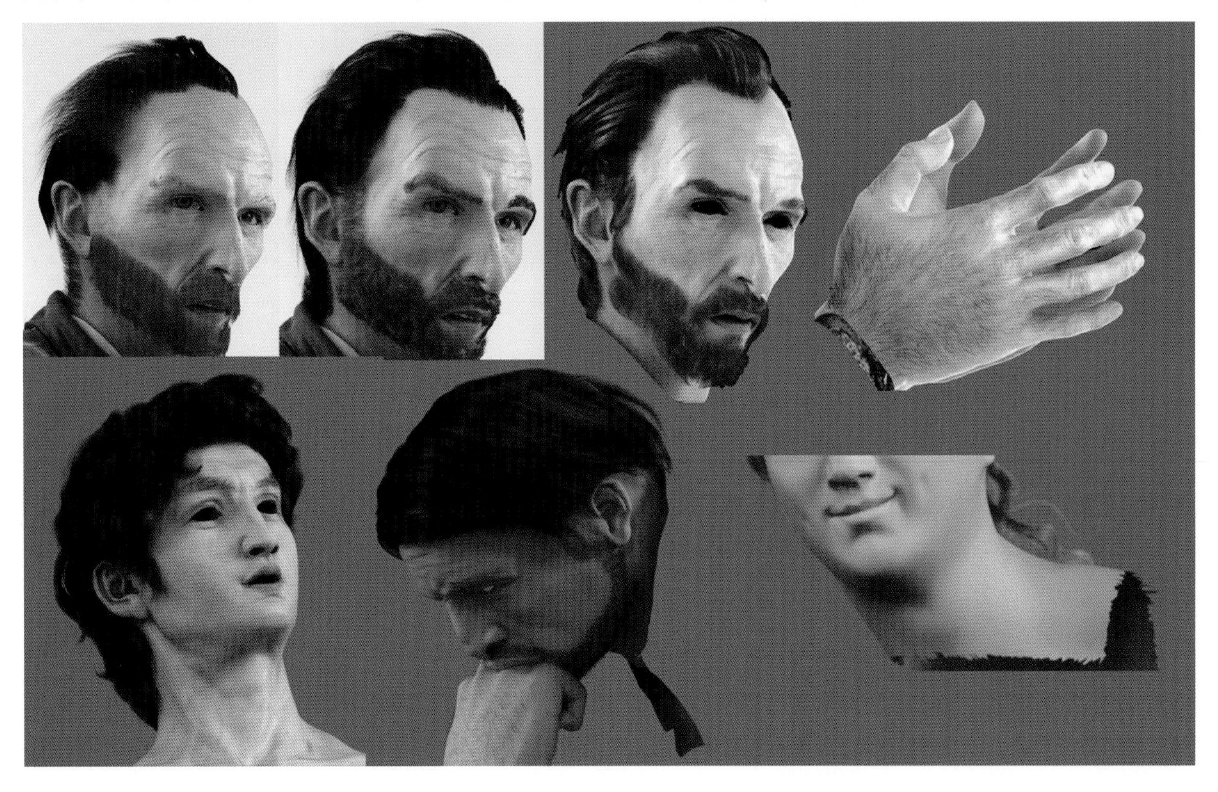

Oxhair 和 3ds Max 内置毛发的原理不同，Oxhair 生成毛发与物体的点面多少没有关系。但需要注意的是 Oxhair 生成毛发的面网格和 UV 一定要均匀、整齐，否则有些地方生成不了毛发。毛发制作完成后，可以整体渲染测试效果，最终渲染出带毛发的白模。

最终渲染推荐使用 5000+ 的分辨率，设置各种通道并且渲染输出效果。

TIPS

上图中的最后一张是毛发的黑白通道，抠毛发的效果比左边的彩色通道要好一些。

P后期处理
POST PROCESSING

回到原点，用后期描绘出自己想要的气氛。

因为最开始已经知道自己想要什么效果了，所以最后使用 Photoshop 制作一些简单的雾、景深和空气效果等，也可以调整色阶和亮度 / 对比度，调整色阶时注意尽量把色阶调得饱满一些，这样画面会很棒！

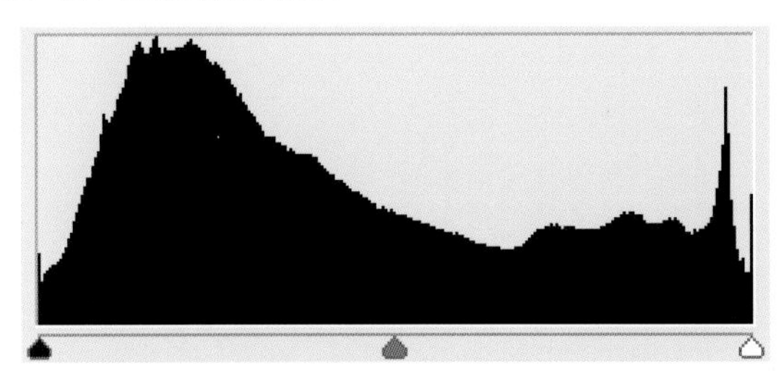

都调整好后进行一次锐化（USM 锐化），然后压缩图像大小（推荐存储为 Web 格式），再锐化一次。锐化是为了保持图片精度，这个根据个人喜好进行操作。

到这里整个制作流程就结束了，希望大家能从中学到一些知识。最后，展示一些细节效果。

作品总结 WORK SUMMARY

在制作这个作品时，我尝试了很多新的制作方法和流程，认识到了自己的不足，但是也了解了一些新的强大的软件。

在这个作品制作完成的时候，还有很多遗憾，有很多地方是可以完善的，但是既然决定它已经完成了。剩下的遗憾总结好后，就在下一幅作品的制作中来弥补吧。

最后谢谢大家喜欢我的作品，也感谢我的老师和朋友们。

冲冲冲

GO GO GO

作者简介

史政，2012年从事CG行业至今。最早在一家工作室制作央视纪录片动画，曾在每日视界担任模型师，在华强方特担任角色模型师，在有爱互动担任3D角色设计师，现就职于完美世界担任3D美术师。先后参与动画项目有：CCTV9纪录片动画、美国CBN动画Super book、动画电影《刺猬小子之天生我刺》和特种电影《女娲补天》，游戏项目有：《阿狸爱泡泡》和《我欲封天》。作品Crazy fans登上CGtalk首页，被选入CG Choice Gallery金奖画廊和英国CG杂志3D Artist。

史政作品

使用软件：3ds Max、Maya、ZBrush、Photoshop、Mudbox、VRay

W作品构思
WORK CONCEPTION

引言

创作需要丰富的想象力，我在构思时会运用到一些小技巧，下面将我个人学习过程中的一些经验分享给大家。

观察生活

关于题材的选择，大家平时可多关注生活中的点点滴滴。例如，可以关注一些比较受关注和流行的事物，从中找到一个切入点。生活中有许许多多的切入点，根据这个点发挥你天马行空的想象力。

素材收集

平时上网或在其他地方发现一些有创意的图片、漫画、电影和动画，可以把它们收集起来，形成一个素材库。一些好的素材会带给你很多启发，从中吸取一些元素，可以运用到自己的作品中，也能让你的想法更丰富。

速写

平时可以画一些小漫画之类的，没事的时候脑子里想到什么，可以在纸上快速描绘出来，或者快速把你看到的有意思的画面记录下来。画得粗糙没有关系，主要锻炼快速把想法以画面形式表现出来的能力，对思维和绘画都有帮助。

交流

多与身边的朋友及同行交流、学习，毕竟一个人的想法有限，需要大家给予建议，进一步优化你的作品。

构思

这幅作品的灵感来自世界杯，相信大家一看便知。当时准备做作品的时候，刚好火热的 2014 年世界杯即将开幕，心想世界杯万众瞩目，关注度非常高，所以题材的大方向就定位于世界杯相关的趣味性题材，我把题材的主体放在了球迷的身上。因为在我看世界杯的时候，发现球迷的情绪是最激动的，甚至比球员还要激动，所以我想以球迷的角度和夸张的方式，来表现这幅画面。

一开始的想法是表现 1~3 个行为夸张的球迷，然后发现这样太过平淡，题材爆点和冲击力不够，后来发现球场上的铲球动作非常有意思，就想到把这个动作加到球迷身上，最后想到在足球比赛中经常有球迷冲进场地。

CG 就是要实现一些现实生活中无法实现和无法捕捉到的镜头，所以我将想法再度强化，然后就策划了一幅球迷冲进赛场铲走球员脚下足球的画面。

前期准备

PREPARATION IN ADVANCE

参考图

题材确定好后，开始疯狂地收集参考图，球迷、球员、裁判、体育场以及各种道具，越多越好，网上找不到可以去实拍。不管什么途径，为了做好作品，我们需要不惜一切代价，尽可能地找到所有关于这个题材的参考图。

构图

参考图需要不断搜集，同时你需要开始对画面的构图进行编排。在这里给大家介绍一款软件——MakeHuman，它可以生成一些标准、带有骨骼的人体模型，方便你在画面中摆各种各样的姿势，这对你的构图会有所帮助。

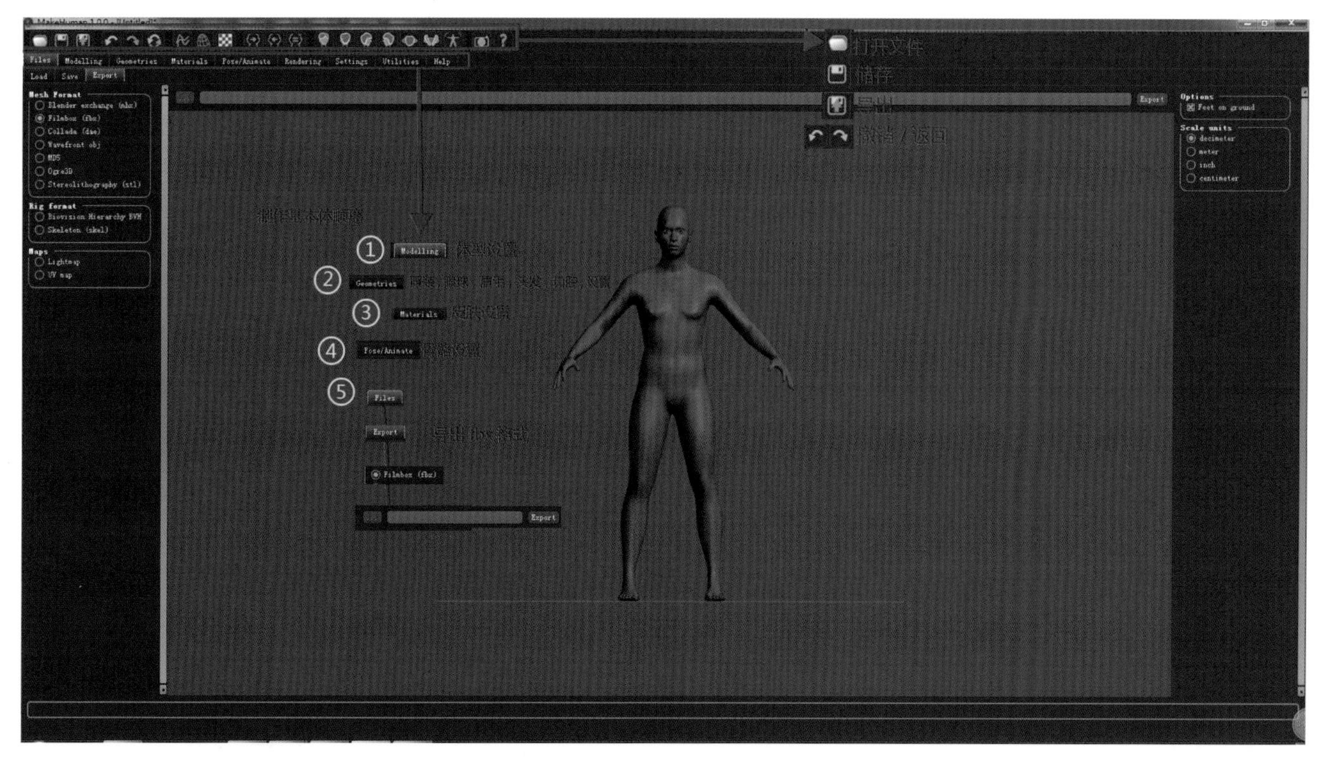

我将人体模型导入 Maya，然后简单地搭建球场和地面模型，并在 Maya 中创建好摄像机，并进行多种摆放尝试。

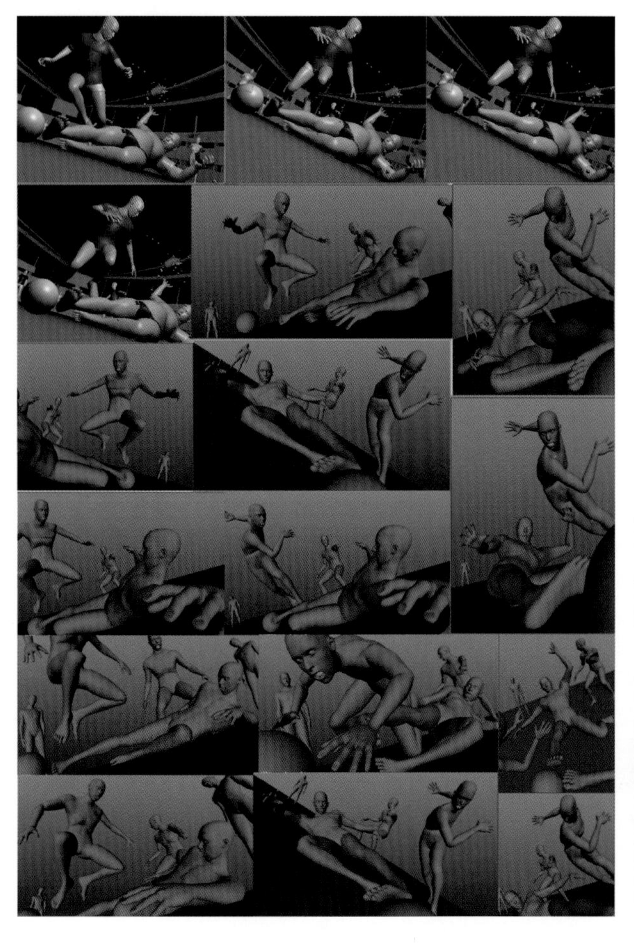

这幅画面的构图很难定位，需要保证画面的冲击力、角色的主次，以及位置关系，还需要有一些特写。因为是体育类画面，所以一定要表现出动感和活力。我也尝试了几十种构图，不断地与周围的同学和老师沟通，听取意见，这一环节十分痛苦。也许是我个人对构图知识方面比较匮乏，所以很费劲。

此时我们也可以找一些身边的小伙伴，配合我们拍摄一些构图并进行分析研究。

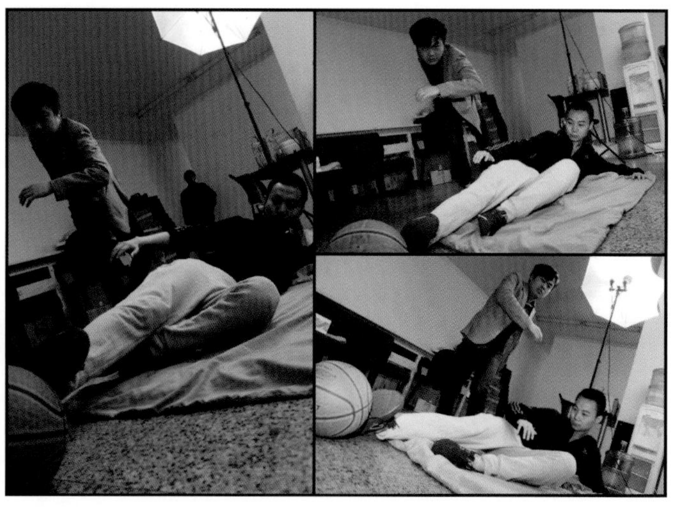

经过不断的测试、琢磨，最终确定了构图，让镜头倾斜给人一种紧张抓拍的感觉，这样镜头比较有动感。足球冲着镜头，感觉球迷擦着镜头铲过，让球员跳起，裁判跑动，一系列都是为了让画面更有动感、有冲击力。让球迷愤怒，球员惊吓，裁判看呆！

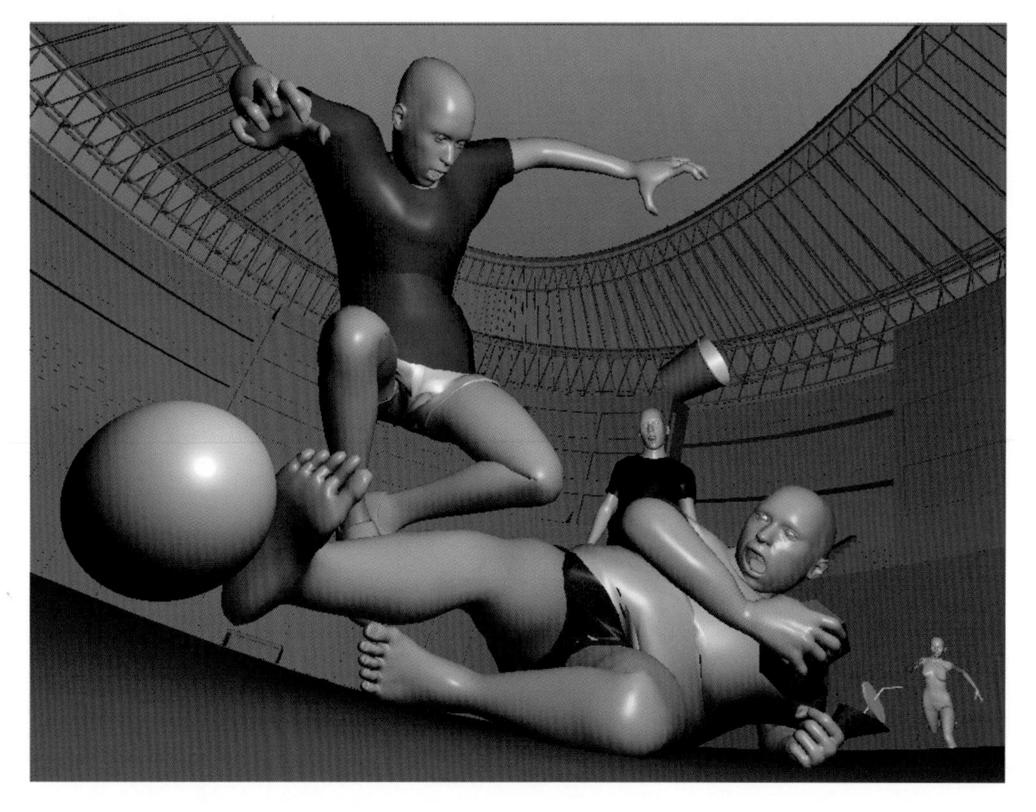

制作模型 MODELING

部分角色基本是在 ZBrush 中完成的，不过在进入 ZBrush 之前，我创建了一个低模，然后导入 ZBrush 中制作。场景道具大多是在 Maya 中完成的，角色设定方面，一开始决定要表现夸张，不能将角色做得太写实。如果过于写实，画面的表现力会大减，所以在角色的制作方面，我将它的特征进行非正常的夸张，但又不能太过，太过的话又会变得太 Q 版，这也不是我想要的，所以将画面定位于卡通偏写实的风格。

制作球迷

原型为 WWE（美国职业摔跤）历史上最伟大的经理人保罗·贝尔，虽然原型是他但不能做得太像，因为给球迷的设定是一个不知名的秃顶胖子，所以只能参考他的感觉。

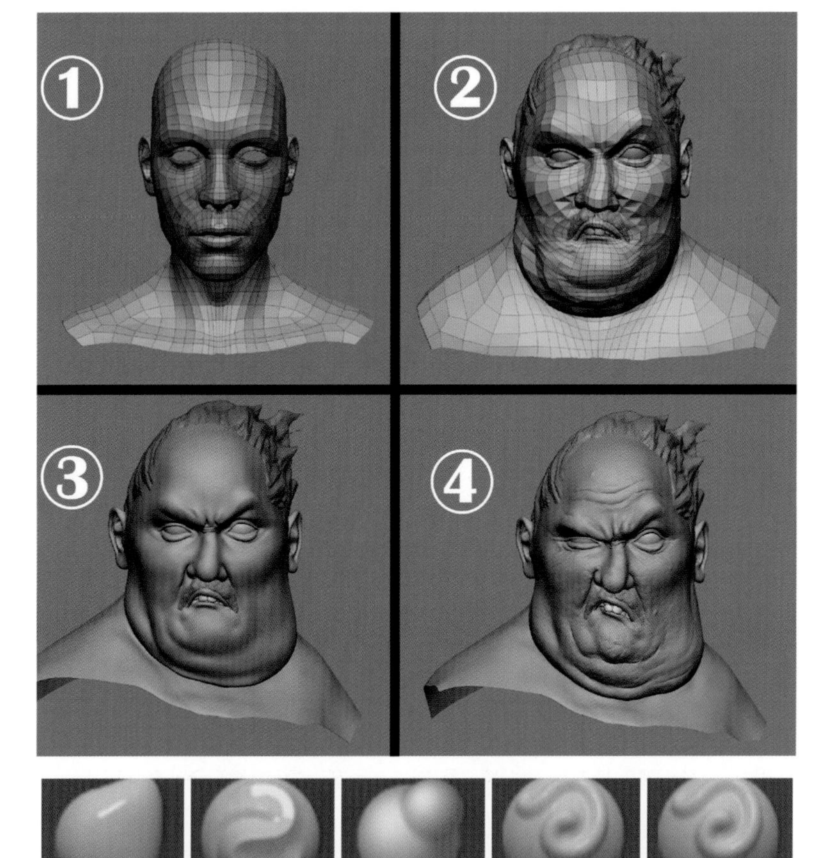

Move Pinch Inflat Standard Dam_Standard

制作头部

一开始我用一个基础人头制作大型，然后细分模型添加细节，接着在 ZBrush 雕刻基础人头，我在制作时主要使用了 5 种笔刷。

制作身体

在调整身体动作时，我邀请伙伴拍摄了无数张参考的照片。

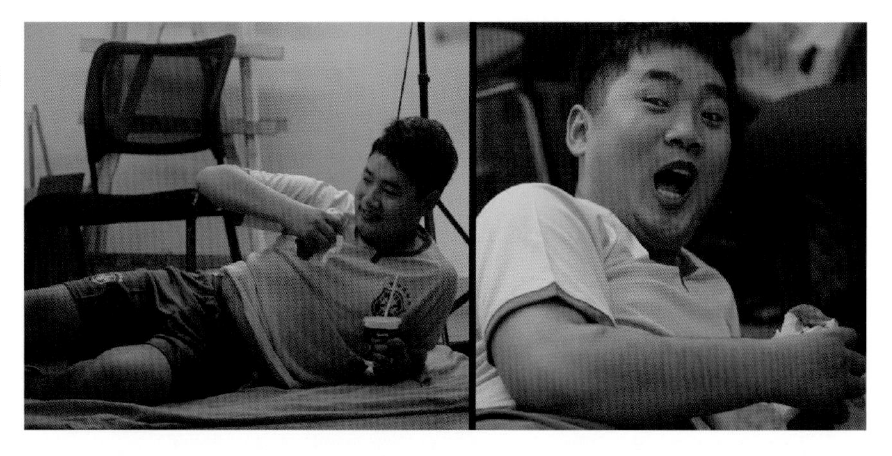

身体的制作方式和头部一样，也是从一个摆好动作的基础模型进行细分、雕刻，步骤如下图所示。

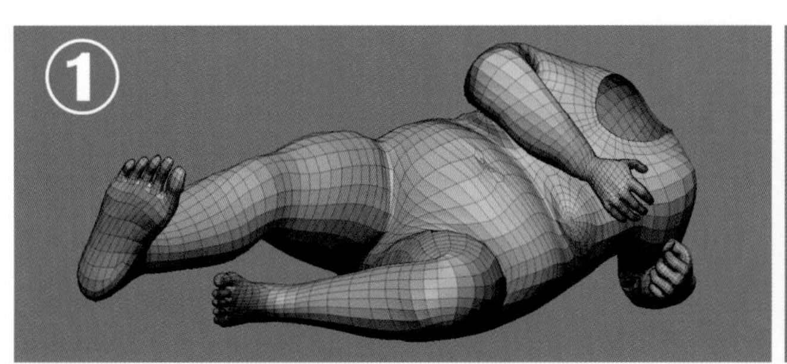

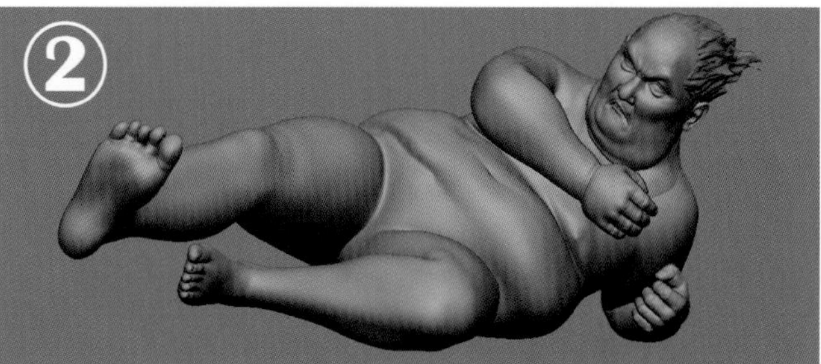

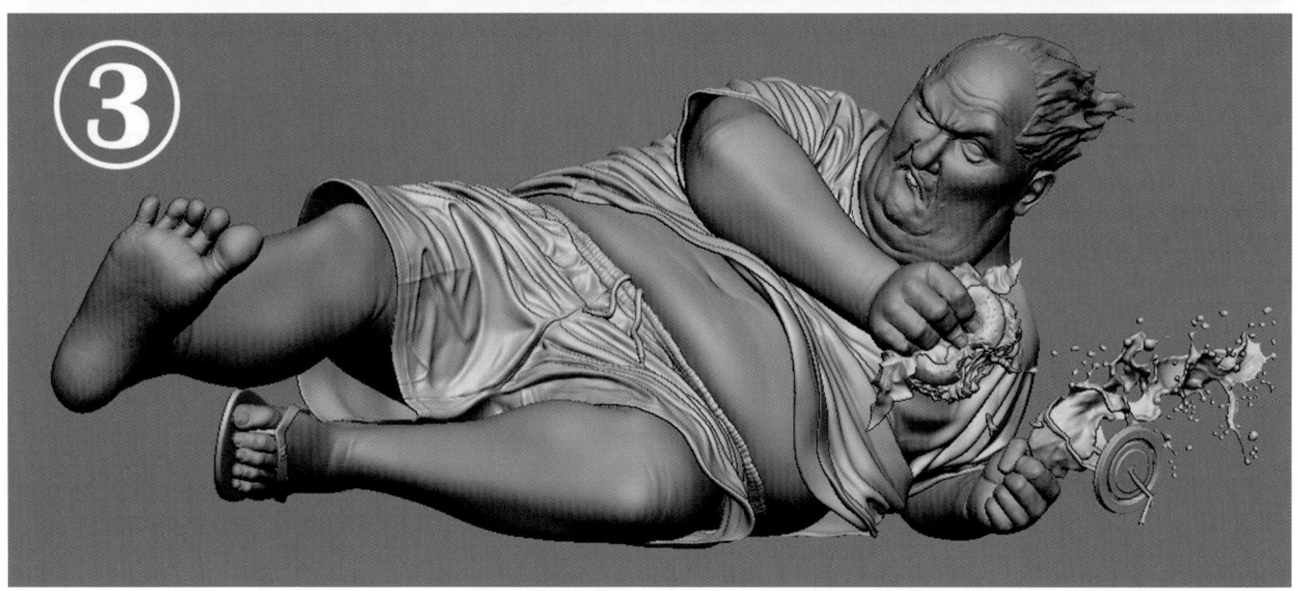

制作衣服

我在 Maya 中制作了一个衣服的基础模型。

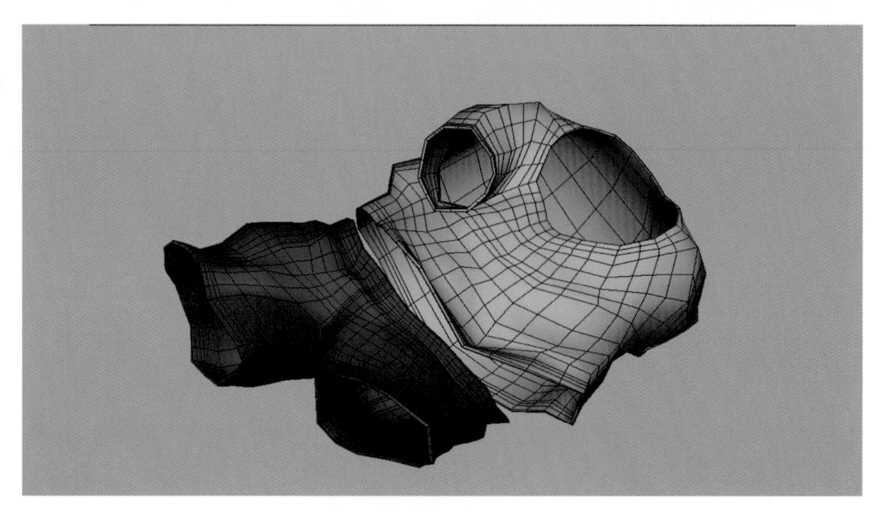

将衣服模型导入ZBrush进行雕刻，我依旧使用的是之前那5种笔刷。在这里大家需要注意的是，当你对衣服进行雕刻的时候，由于褶皱太多，所以基础模型的布线可能无法满足你所需要的造型，此时就需要使用ZBrush的一个革命性命令——ZRemesher，下面介绍该命令。

当模型的布线因无法匹配而影响到造型的时候，可以选择ZRemesher命令，它会根据模型的形态自动重新拓扑，会给模型生成更合适的布线，然后你就可以继续雕刻了。

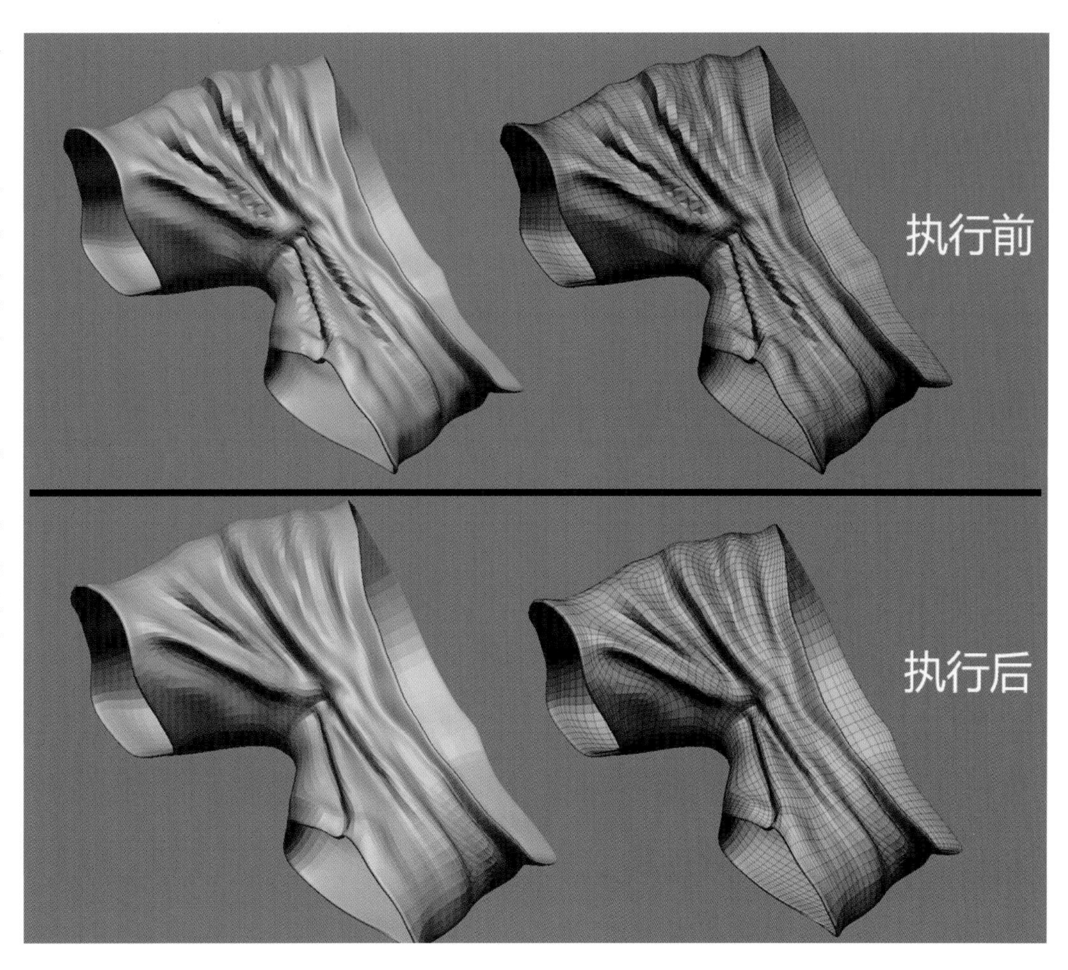

下面是制作过程的截图，制作时大概使用了2~3次Zremesher命令。

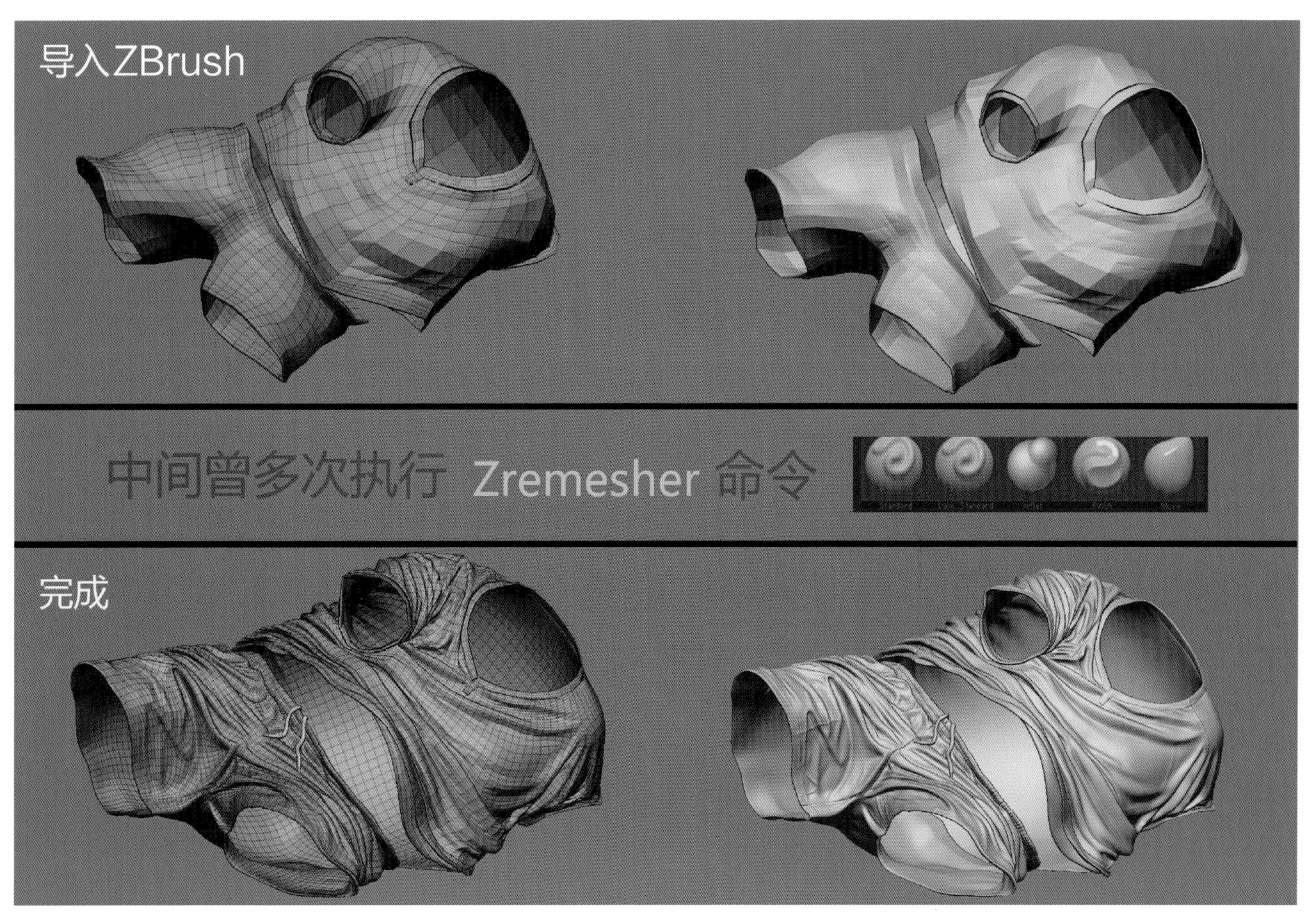

制作裤绳

先为大家展示一下完成后的效果。

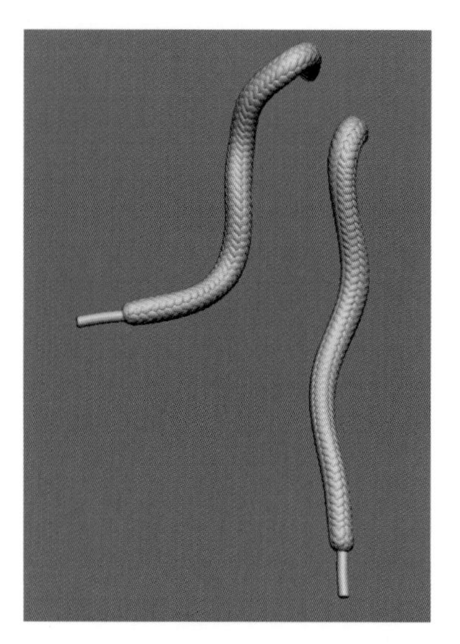

我在 Maya 中制作了基础模型并处理好 UV。

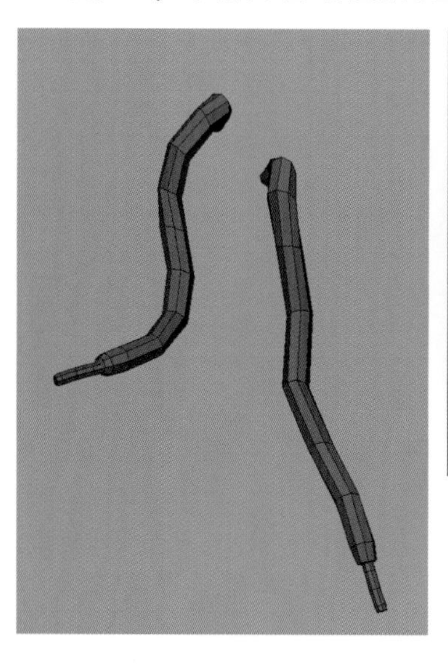

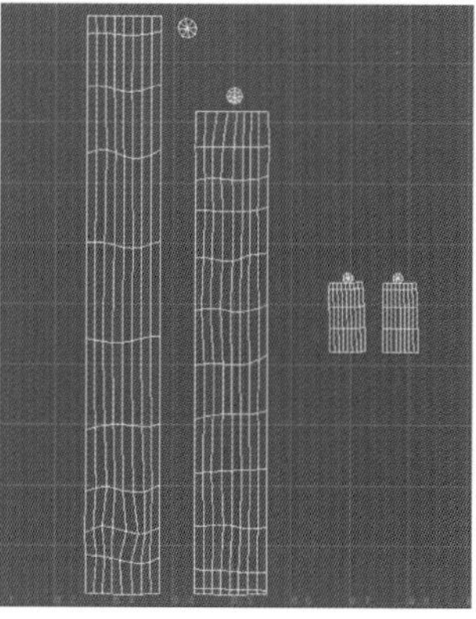

然后制作辫子模型，用来生成裤绳的纹理。

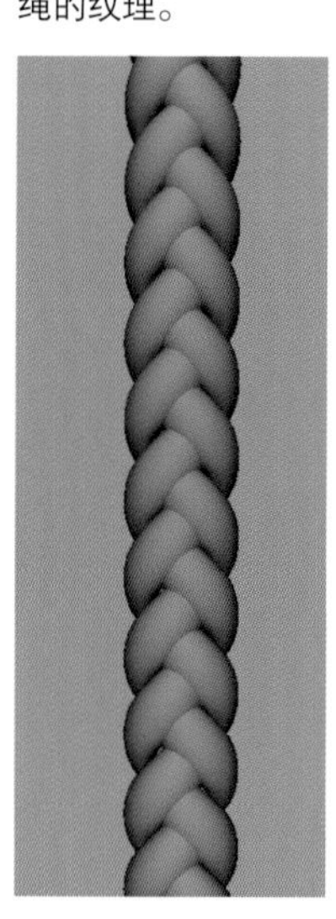

将辫子模型导入 ZBrush，使用 GrabDoc 功能生成一张高度图。

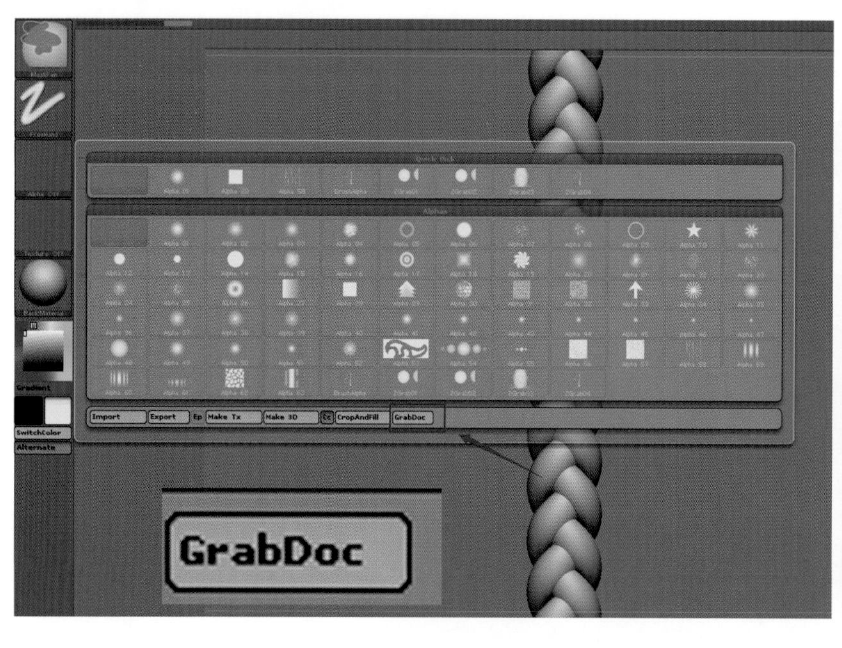

把辫子的高度图发布在裤绳的 UV 上。

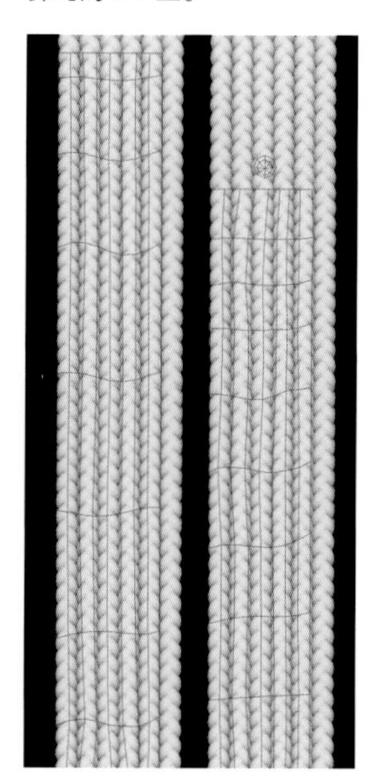

将模型导入 ZBrush 给予细分，再将发布好的高度图贴上去。

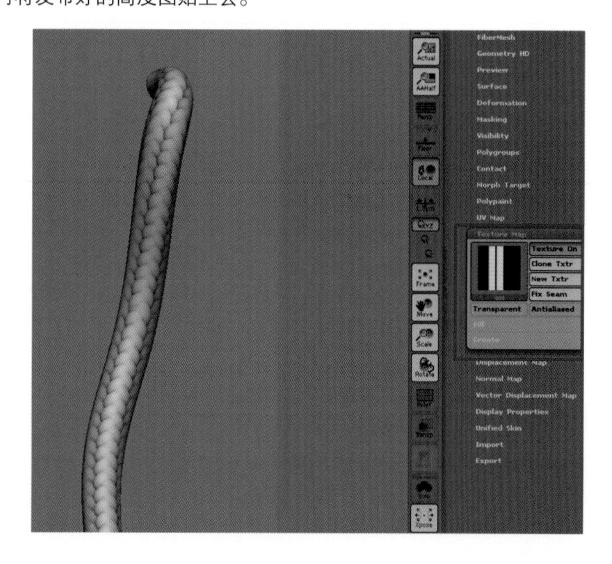

单 击 “Masking>Mask By color>Mask By Intensity”按钮，此命令将根据颜色信息将 Mask 遮罩覆盖在模型上。

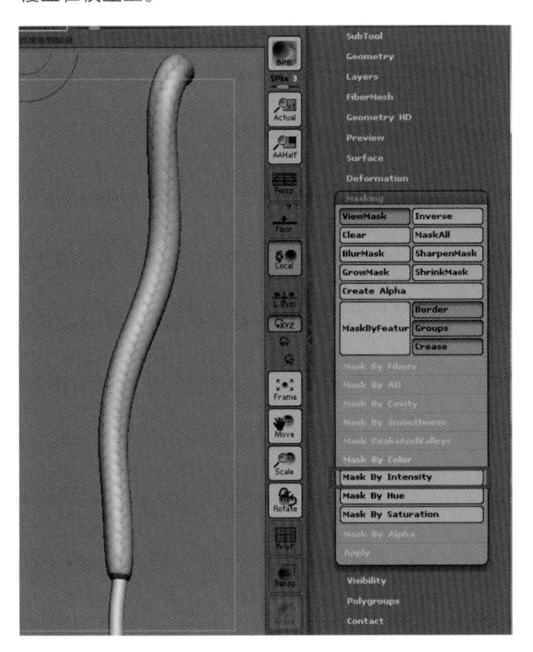

将贴图显示关闭，然后展开 Deformation 卷展栏，设置 Inflate 属性生成凸起效果。如果边缘过于锐利，设置 Polish 属性即可。

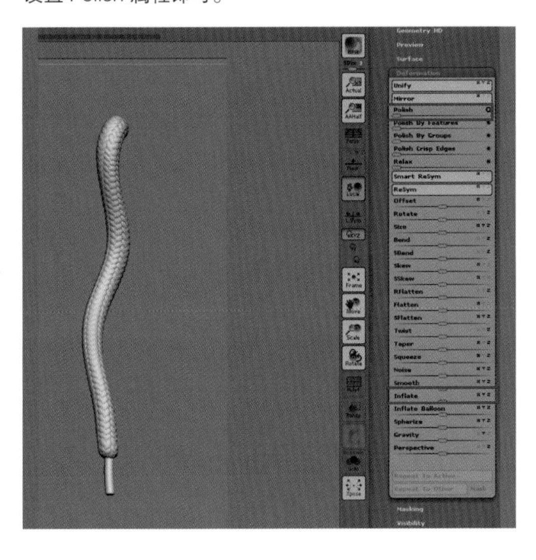

制作球鞋

制作足球鞋时，我找了当时新款的足球鞋作为参考。

使用 Maya 中的 polygons 建模。

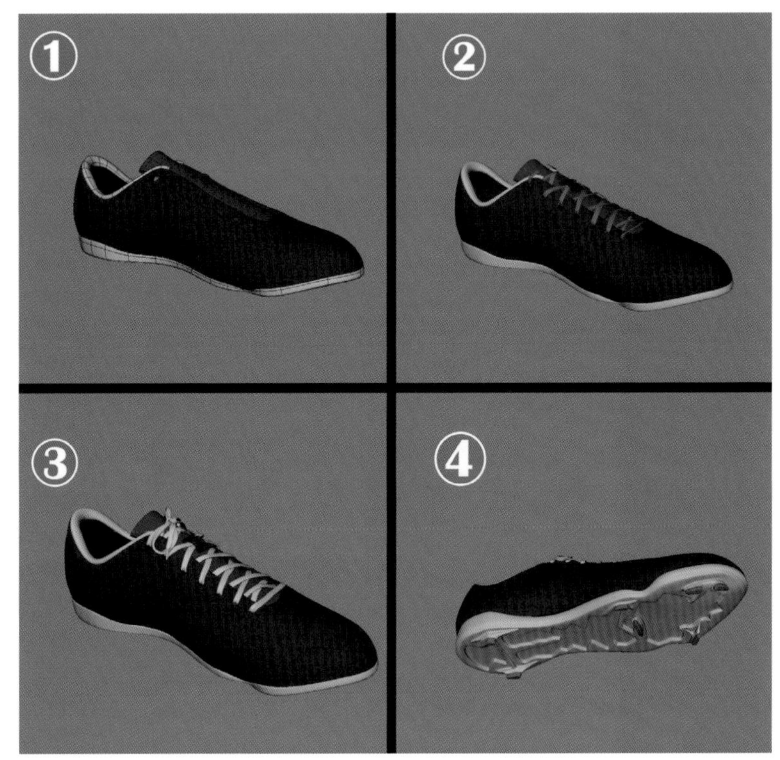

制作汉堡包和可乐

在制作汉堡包和可乐时，我也寻找了很多参考图。

汉堡包

在 Maya 中创建一个低模。

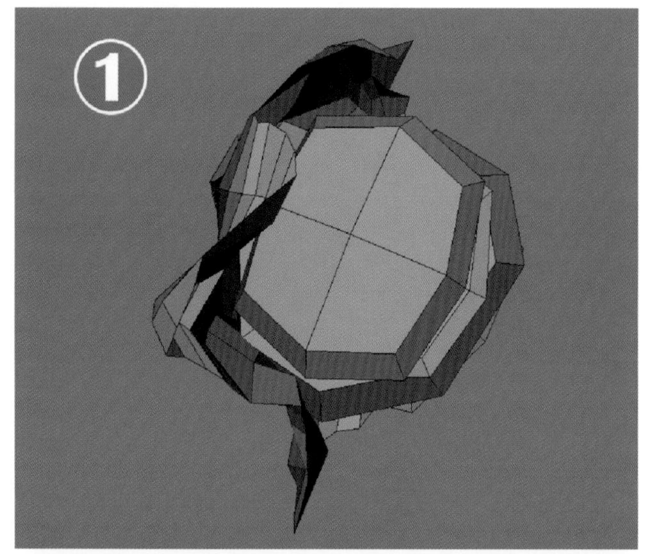

导入 ZBrush 进行雕刻，然后使用 Dynamesh 塑形，接着使用 ZRemesher 得到一个合理的布线，最后刻画细节。

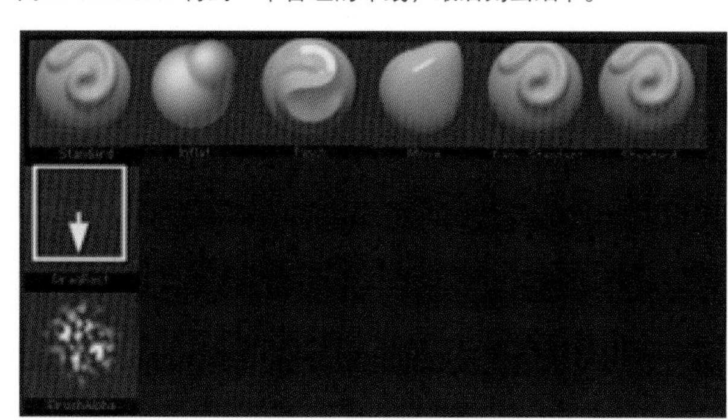

可乐

在 Maya 中制作一个可乐杯的低模。

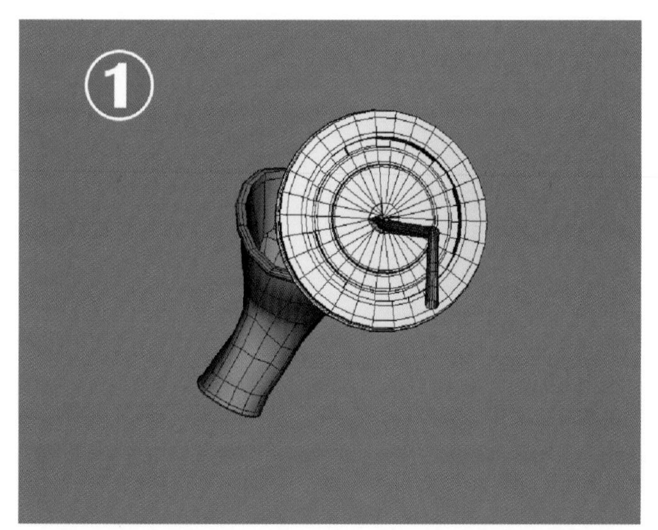

导入 ZBrush 进行细节刻画。

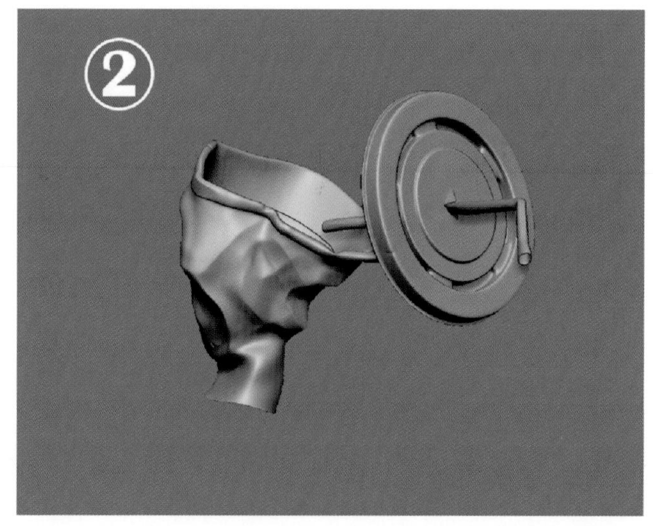

洒出的可乐使用 ZBrush 中的 InsertSphere 笔刷配合 Dynamesh 制作。

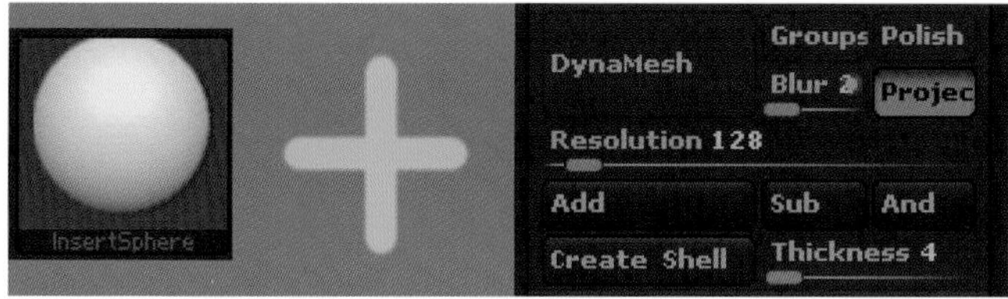

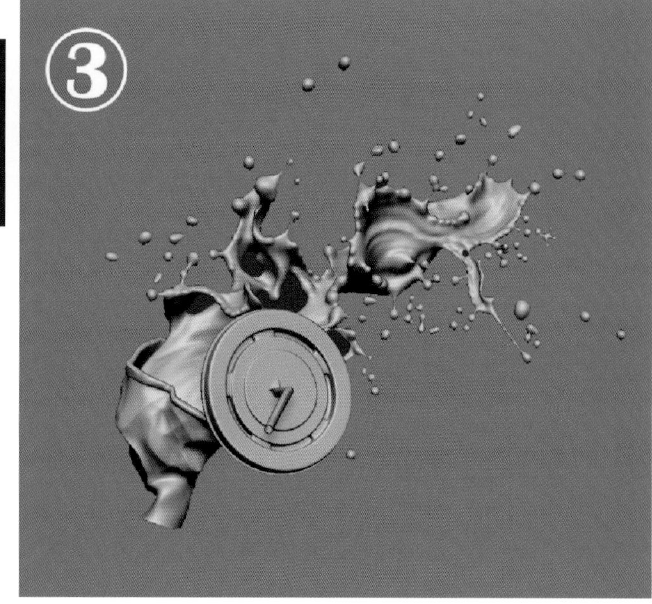

制作足球

足球模型我选择了 Brazuca（桑巴荣耀），在网上寻找了一张 Brazuca(桑巴荣耀)的剖面图，我更清楚地看到它展开后的图形样式。

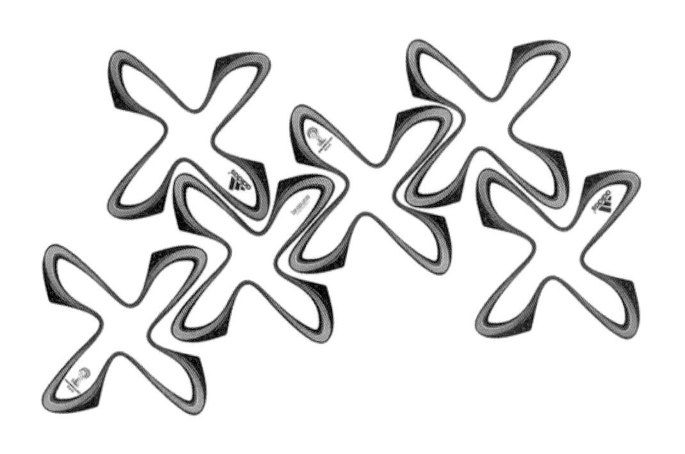

我找了一张 Brazuca(桑巴荣耀）的贴图，能够贴在球面上。

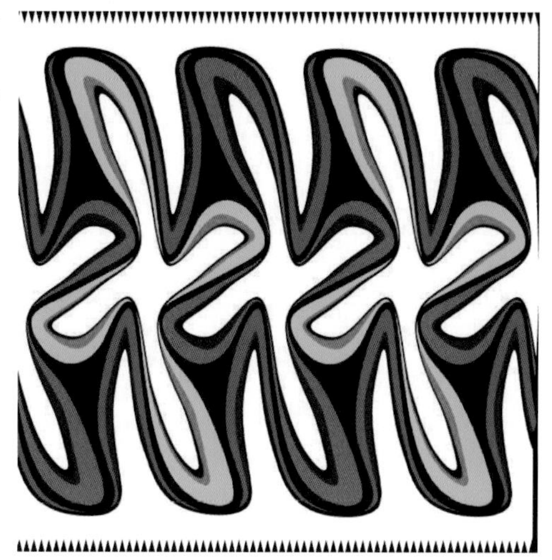

将贴图贴在球面上。

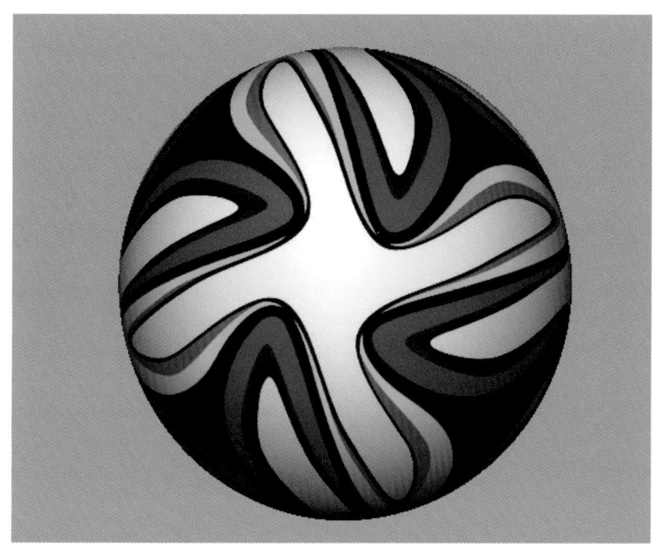

选择球体，然后单击开启吸附工具，接着参照贴图创建足球的一小块表面。

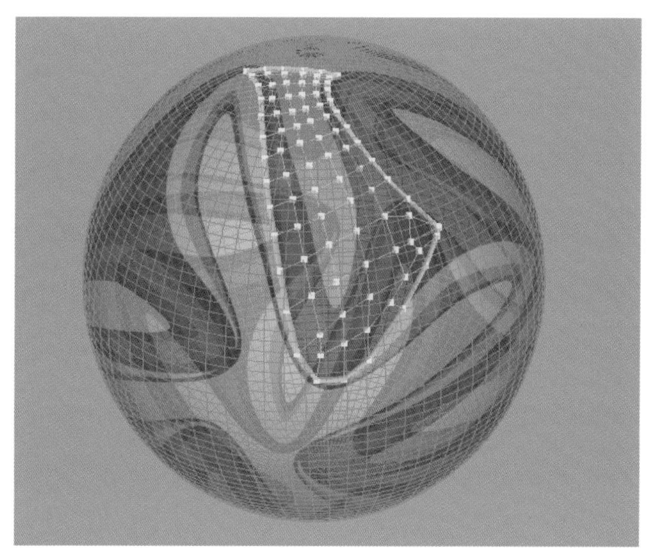

把轴心点移至顶部，然后通过旋转复制出其他 4 块，接着将中间补好。

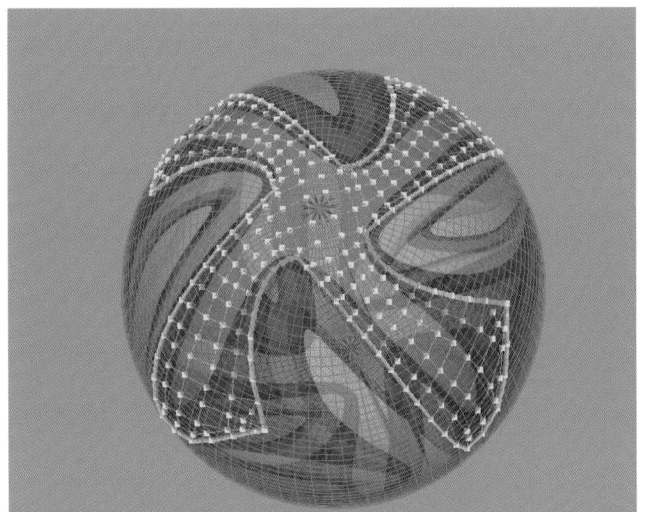

通过旋转复制，将足球的大型拼接起来。

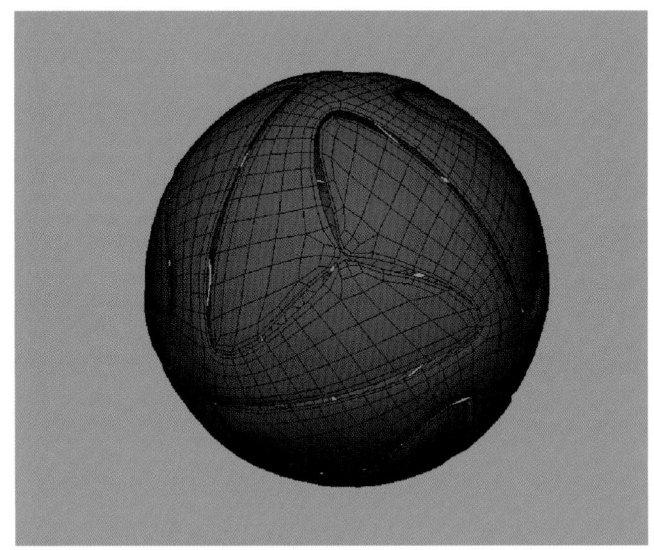

挤压厚度，挤压后会发现边缘的效果不太好。

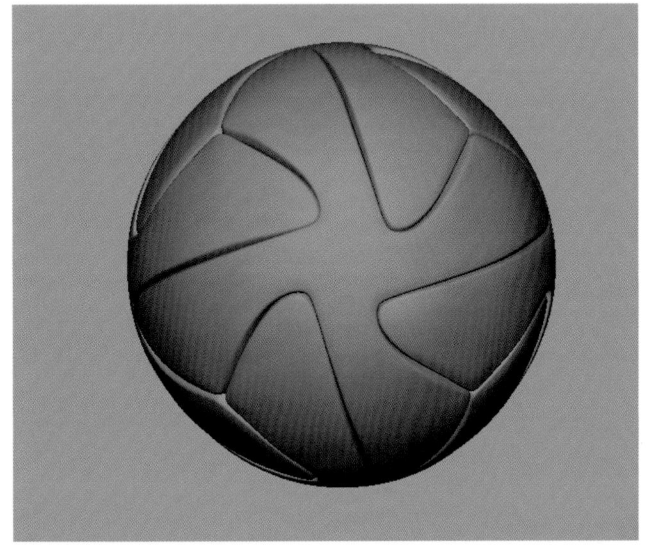

将模型导入 ZBrush 处理细节。

制作道具

作品中添加了一些道具，这样使画面细节更加丰富，这些道具直接使用 Polygons 建模。

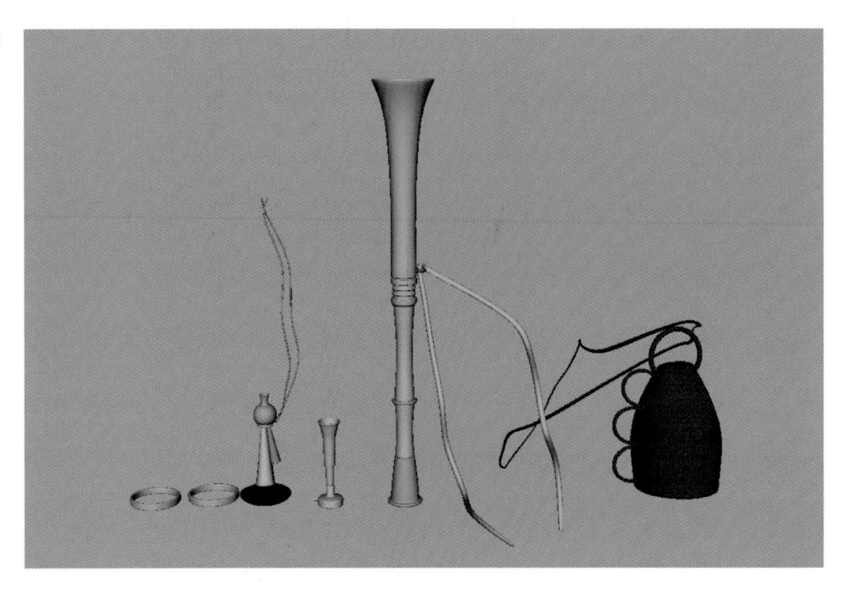

狗头帽子是在 ZBrush 中从一个球体开始制作的，使用 DynaMesh 雕刻大型，然后使用 ZRemesher 进行拓扑，最后细分并添加细节。

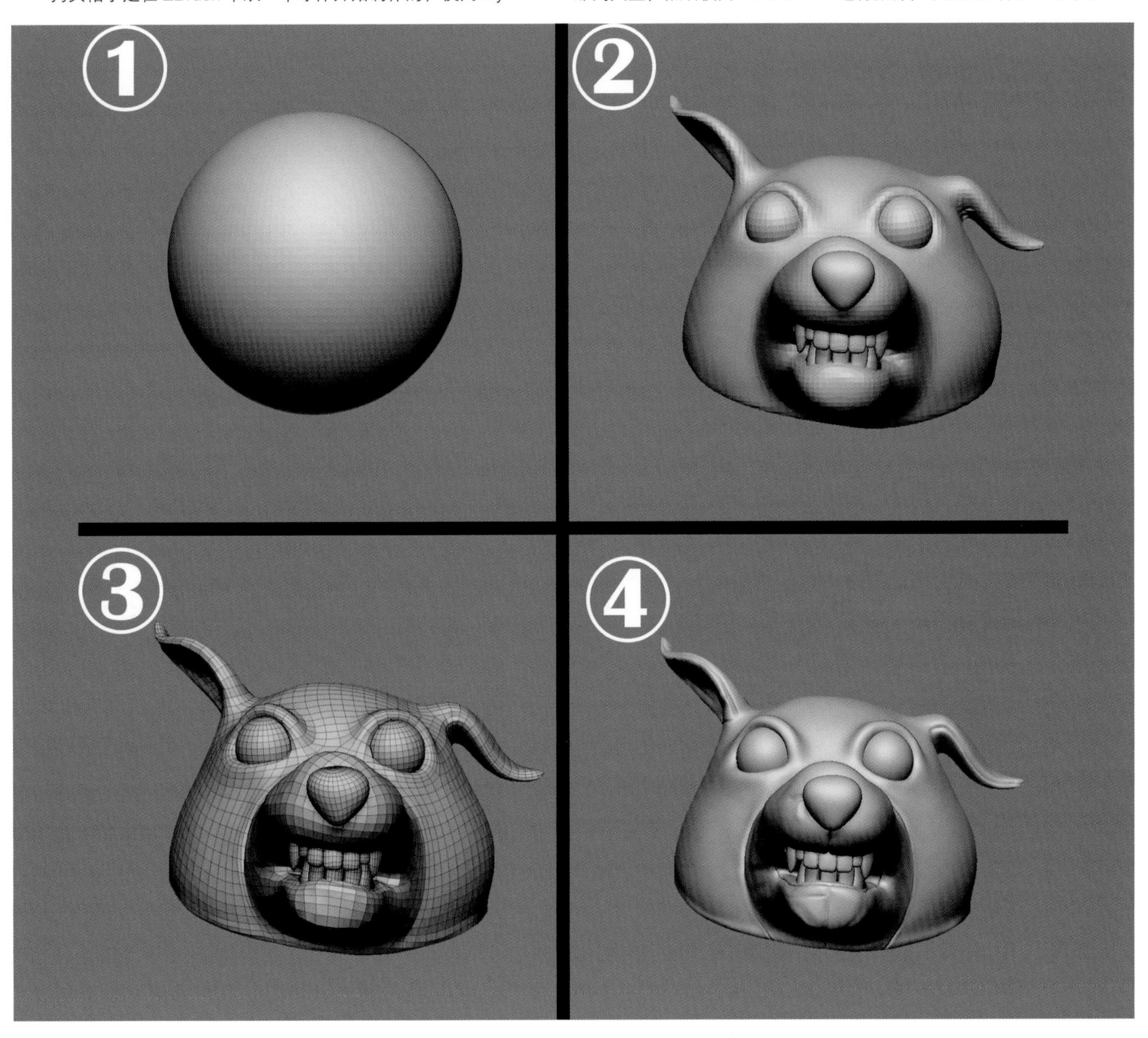

制作球员

球员的原型是法国足球明星弗兰克·里贝里，选择他是因为其形象比较有特点，很容易被人记住。所以球员这个角色，我选择参考法国足球队的“刀疤里贝里”。

制作头部

我用一个基础人头制作大型，然后在 ZBrush 中添加细节。在制作时，主要使用了 5 种笔刷。

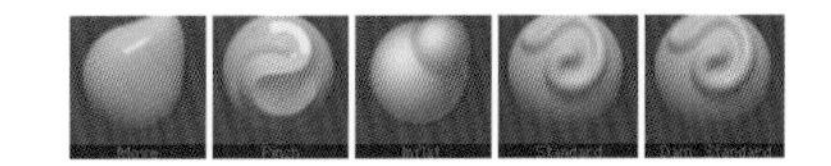

制作里贝里的头部时，要保留他的一部分特征，最起码让人一眼能认出他来。在制作时刻意将他的特征夸大，然后给予他一个惊讶的表情。

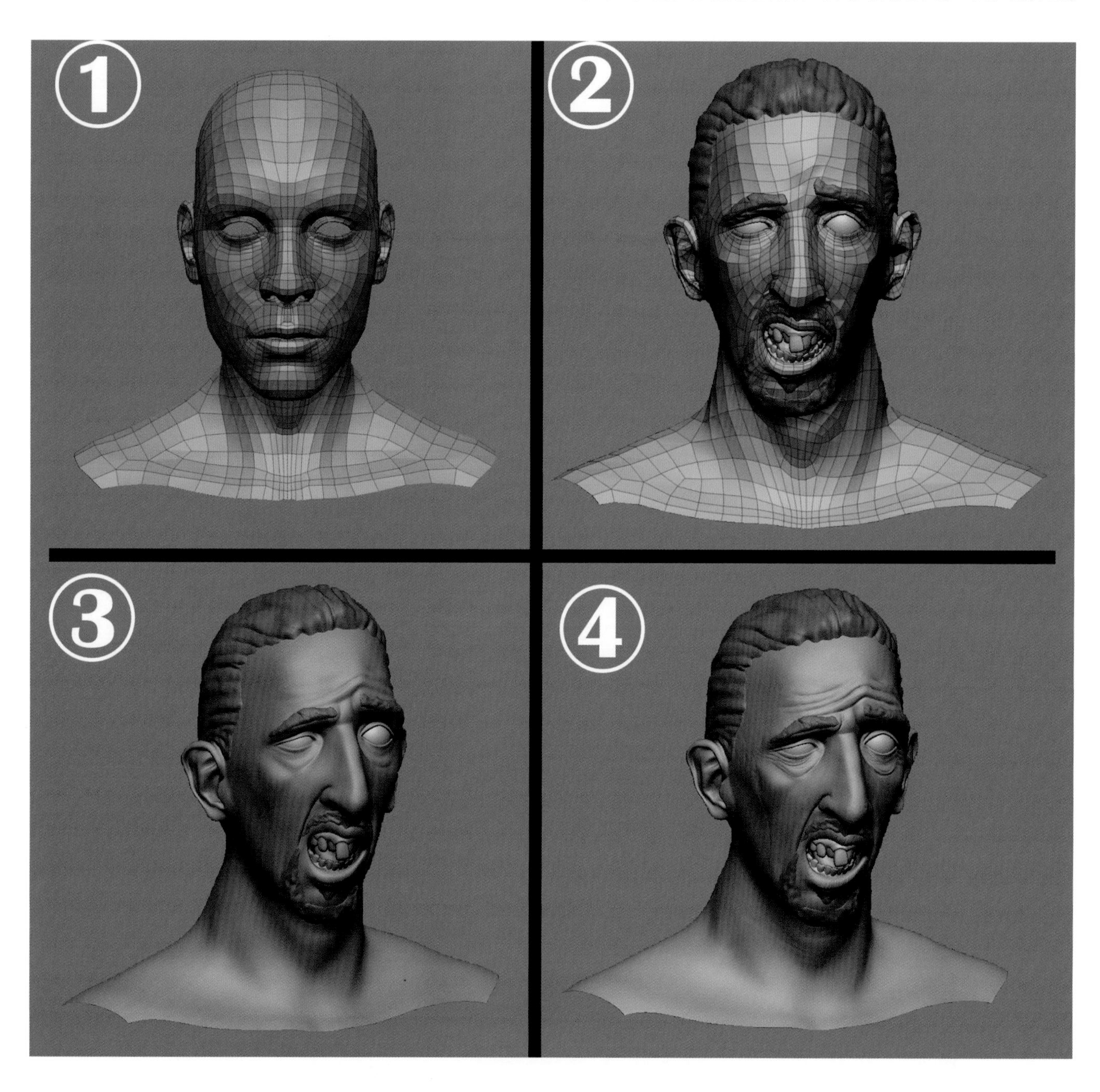

制作身体

在制作里贝里的身体动作时，参考了我自导自演拍摄的无数张照片。

先用一个带绑定的基础模型给予姿势，然后在 Maya 中制作衣服、裤子和袜子的低模。

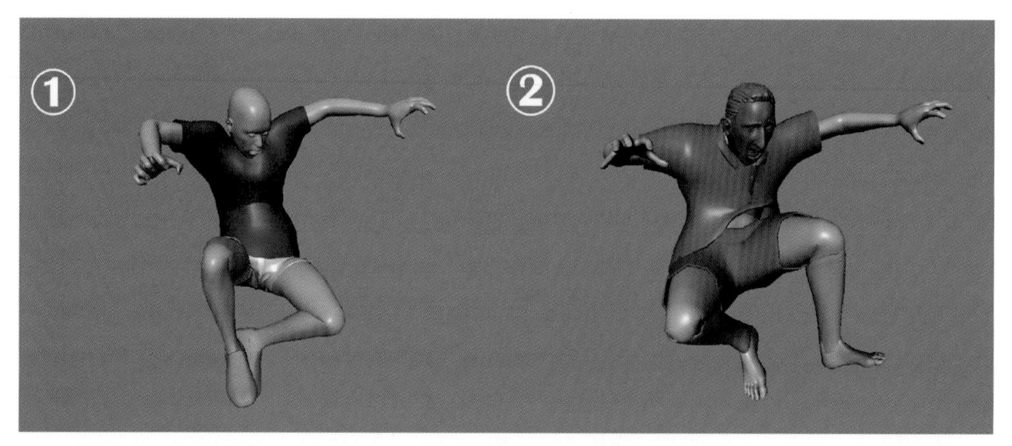

将模型导入 ZBrush 进行雕刻，方法还是配合 Zremesher，随着形态的变化进行重新拓扑。

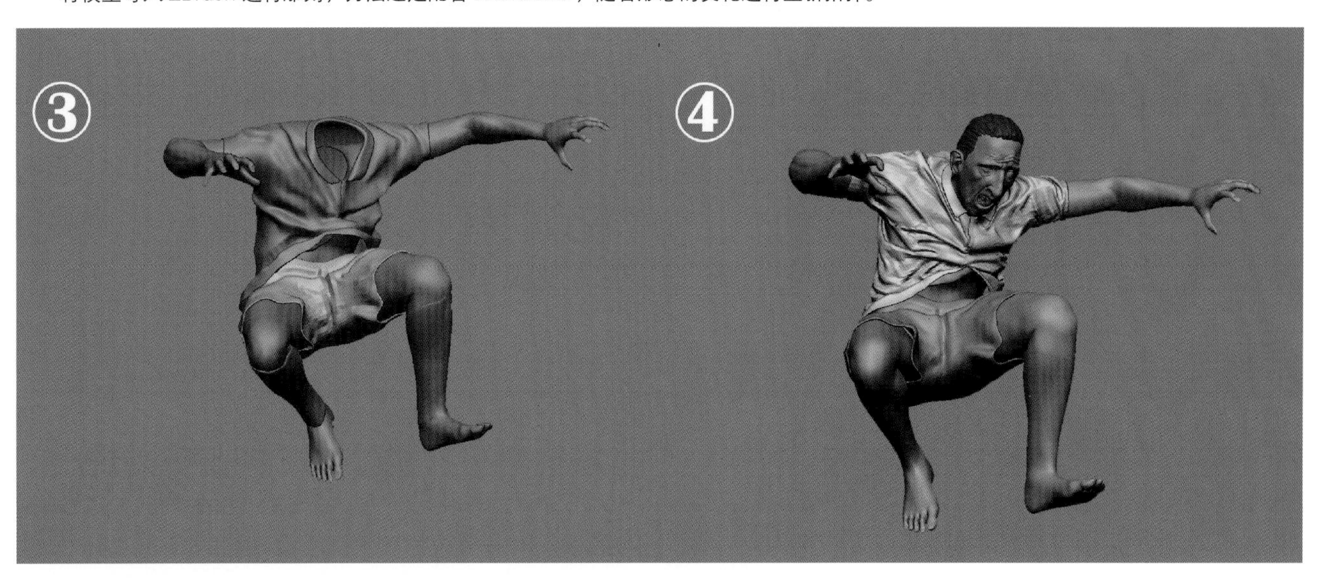

由粗到细根据需要进行细分，深入雕刻。

制作裁判

裁判原型是足球界公正的明星级主裁皮埃路易吉・科里纳，选择他的原因也是他的形象比较有特点，很容易能被人记住。

制作头部

我用一个基础人头制作大型，然后在 ZBrush 中进行雕刻。在制作时，主要使用了 5 种笔刷。

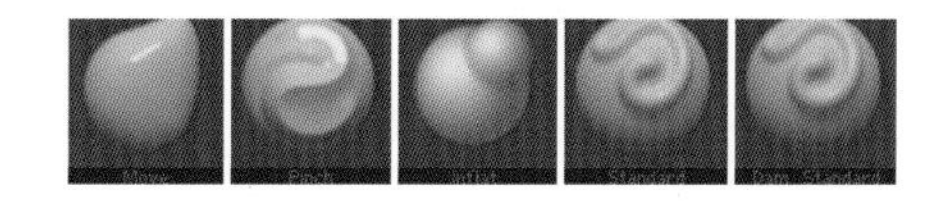

制作裁判的头部时，要保留他的一部分特征，最起码让人一眼能认出他来。在制作时刻意将他的特征夸大，然后给予他一个惊讶的表情。裁判在画面所占的比例，其相对球迷和球员较小，站位较远，所以精度相对球员和球迷低一些。

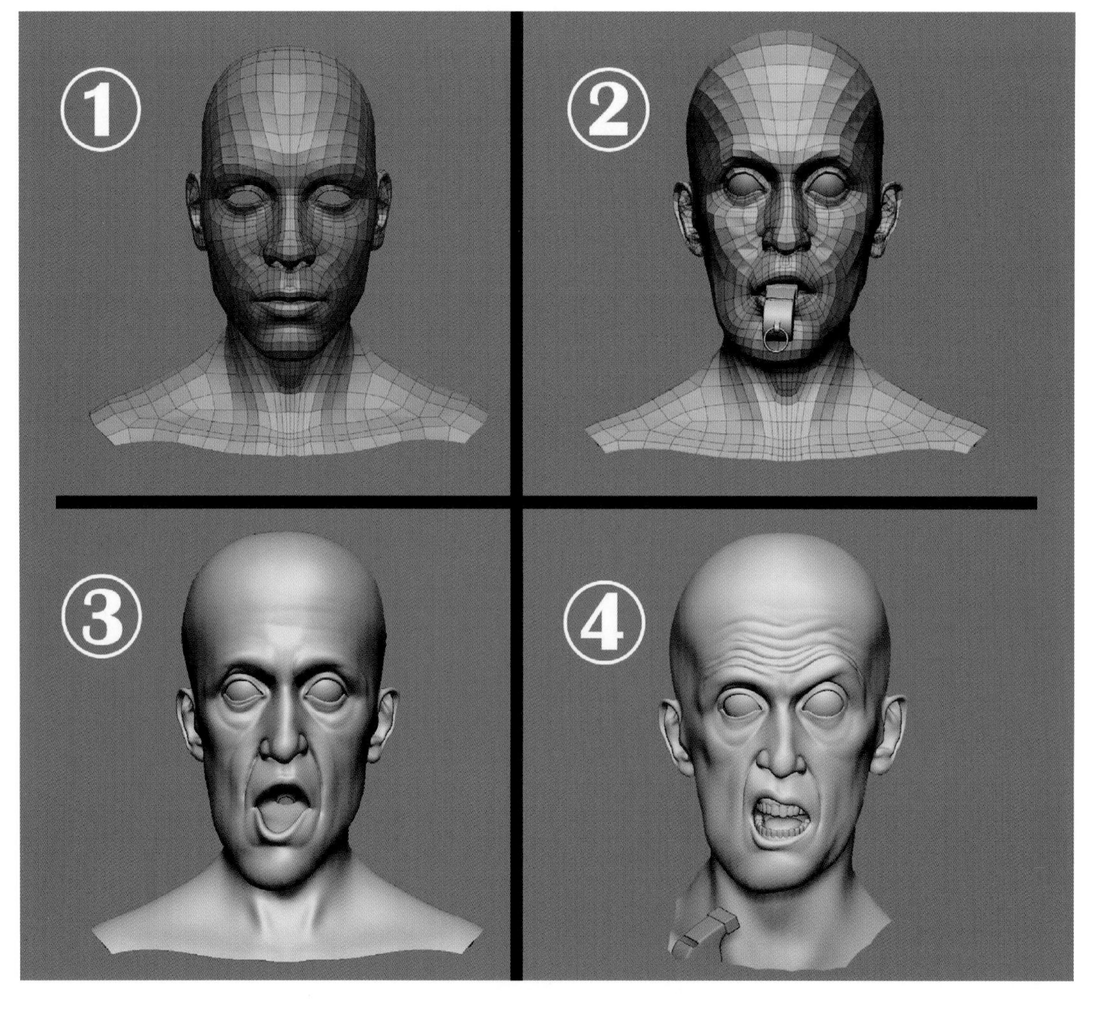

制作身体

在制作裁判的身体动作时，参考了我自导自演拍摄的无数张照片。

先用一个带绑定的基础模型给予姿势，然后在 Maya 中制作衣服、裤子和袜子的低模。将模型导入 ZBrush 进行雕刻，方法还是配合 Zremesher，随着形态的变化进行重新拓扑。

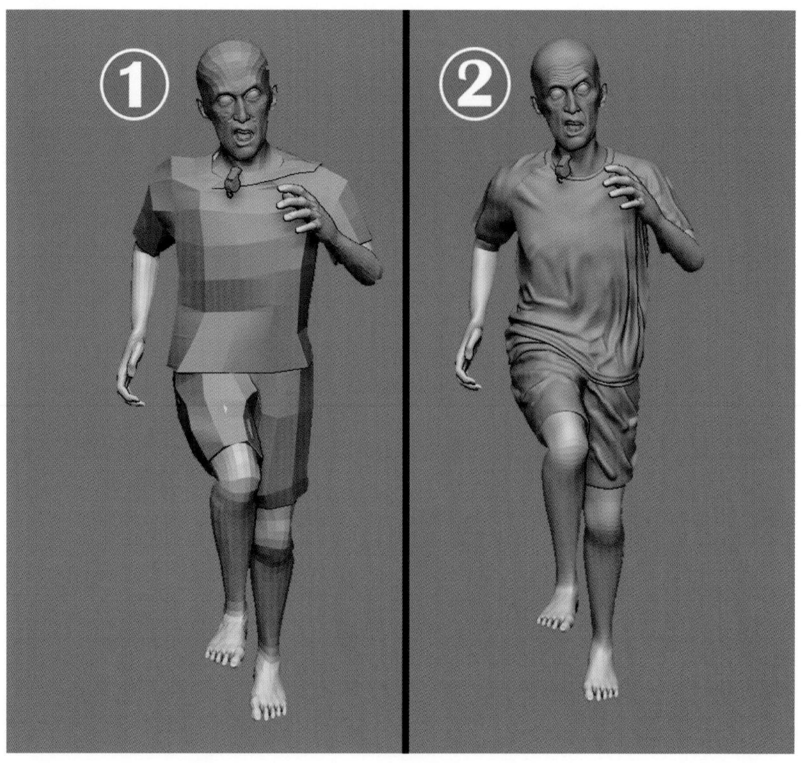

由粗到细根据需要进行细分，深入雕刻。

制作远处球员

最远处的球员因为所占画面较小，而且画面还会添加景深效果，所以只做大型就足够了。

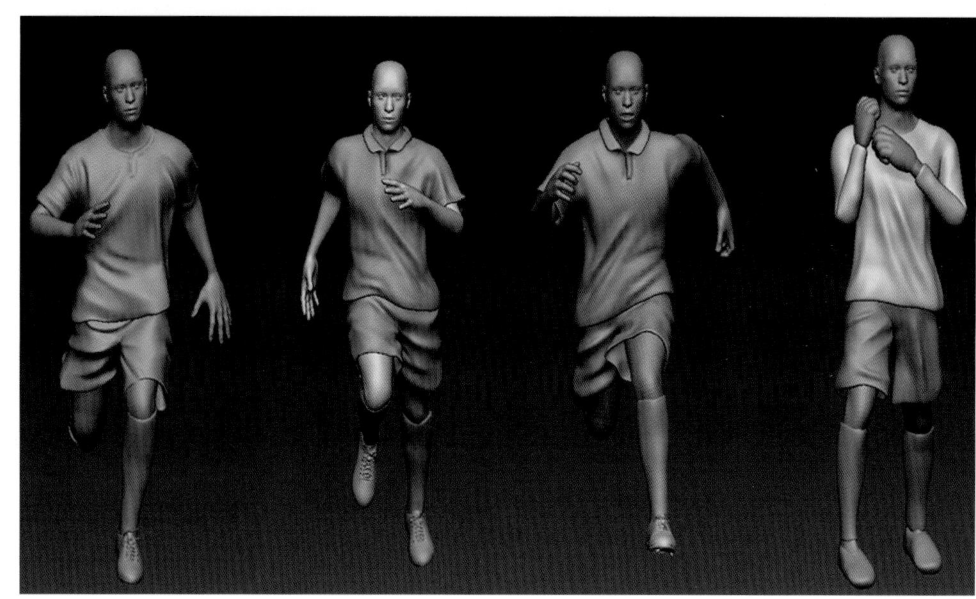

制作场景

参考许多 2014 年世界杯球场的图片。

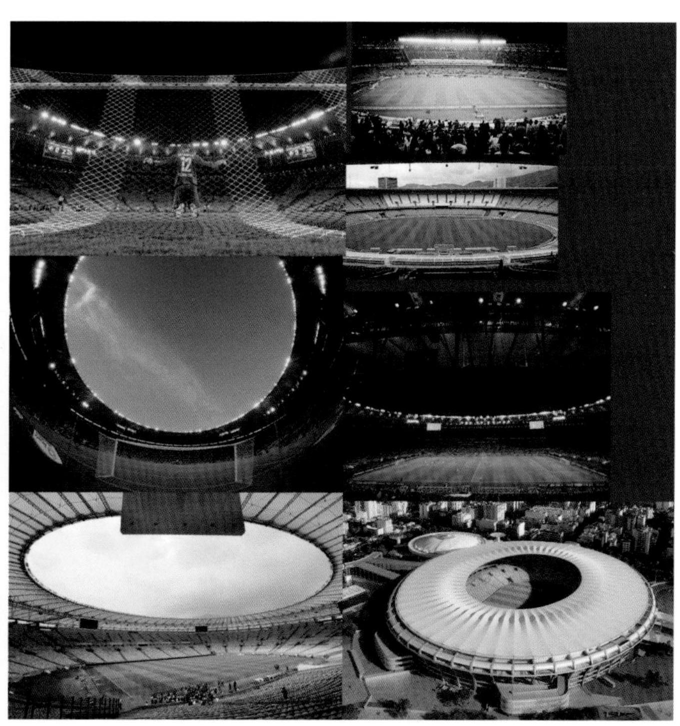

风格也是偏卡通一些，场景的搭建就是使用 Polygons 建模完成的。

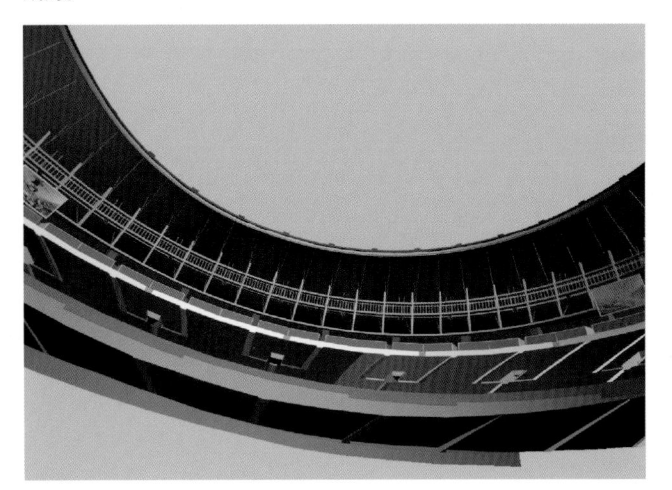

天空是用一个弧形的面片，之后会给它贴上天空的贴图。地面就是一个弯曲的平面，之后会在地面上制作草坪。

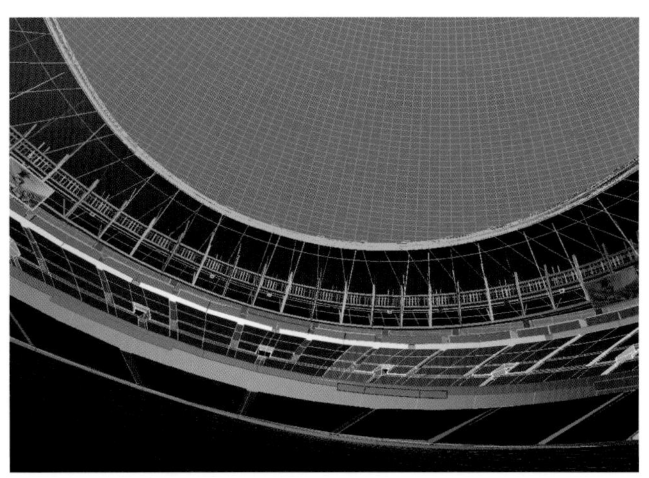

在空中添加一些飞艇和飞机，可以为背景添加一些细节，这样就不显得天空太空旷了。

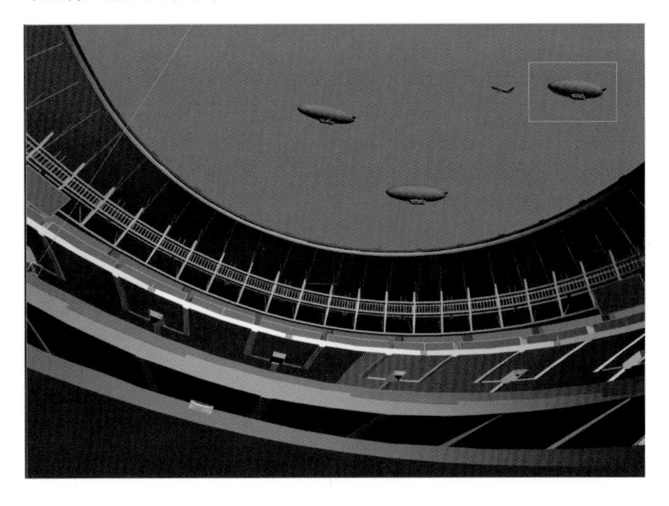

场上的观众也是用模型表现的，我先制作了一小组，因为非常远、非常密集，还会添加景深效果，所以模型制作得非常简单。

在场景中合理地摆放球迷，因为是巴西主场所以巴西球迷摆放得相对多些。至于被主角挡住的地方，可以不摆放球迷，这样可以节省资源。如果模型数量太大，计算机会非常卡。

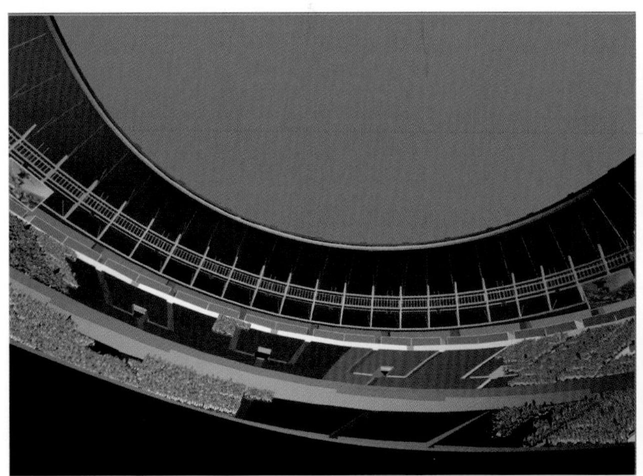

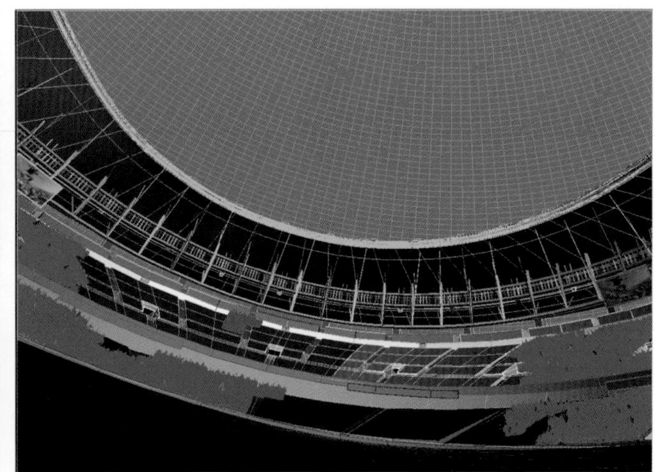

制作草坪

制作草坪，我使用的是 VRay 的一款自动植草插件——AutoGrass，目前已经有汉化版了。安装插件后打开 3ds Max，然后选择地面，在创建面板中选择 VRay 选项，接着单击“自动植草”按钮。

插件提供了很多预设的效果，并且还有草和泥土的材质供你选择。

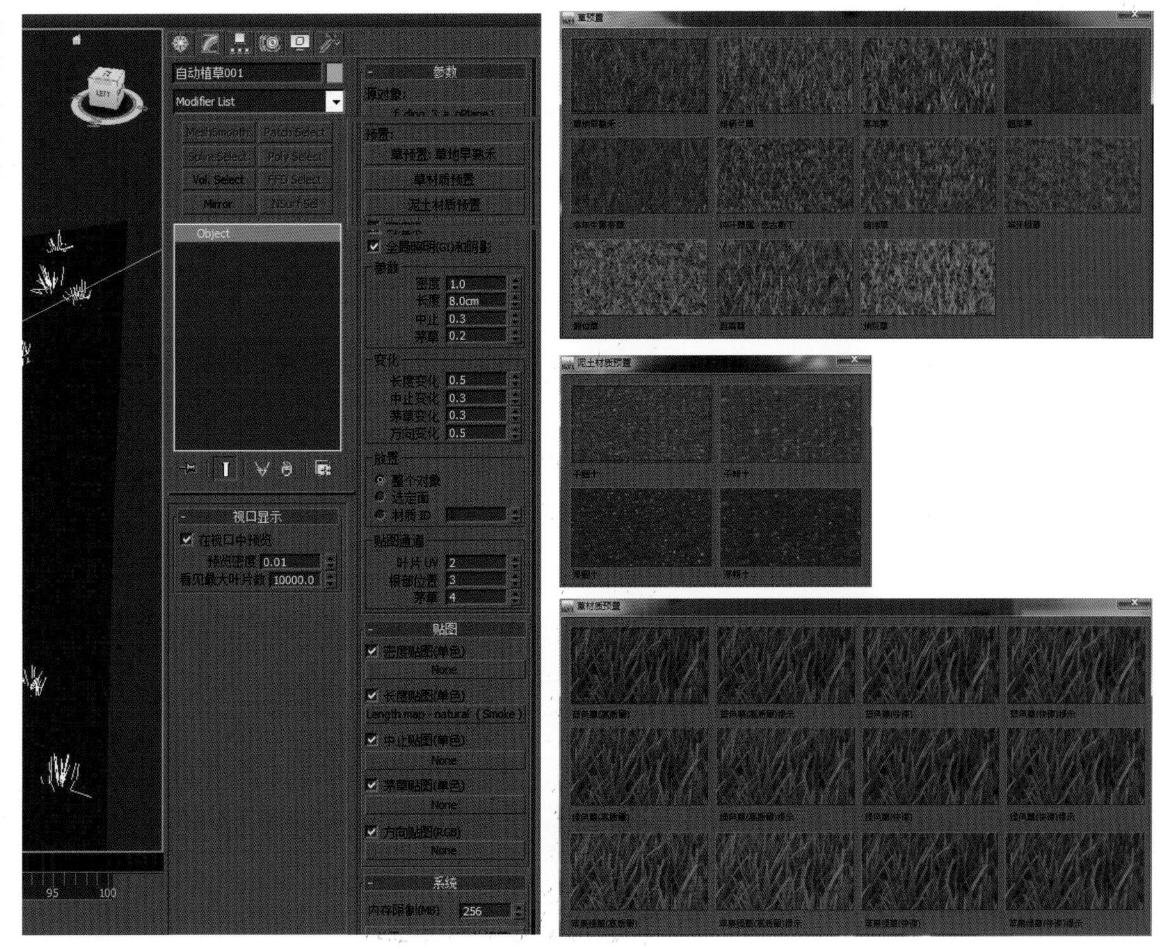

可以在面板中调整参数，改变草的形态。

使用黑白贴图控制某一局部的密度和长度等。

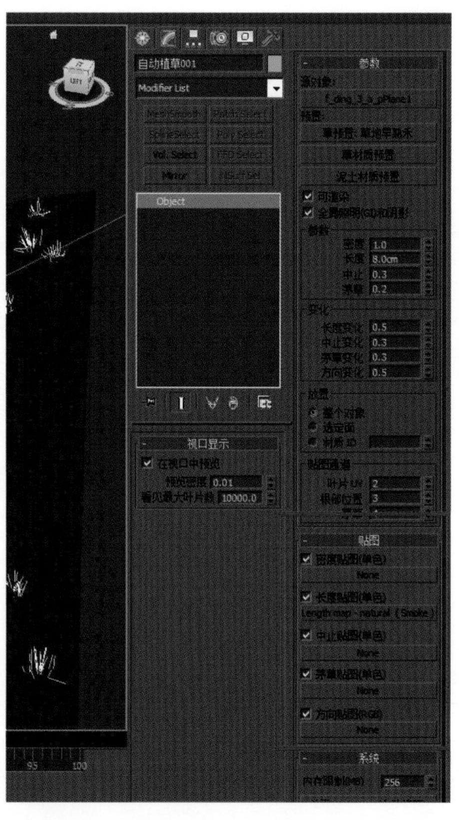

例如，作品中球迷铲过的草皮会消失，就需要使用贴图去局部控制，最后使用 VRay 渲染。

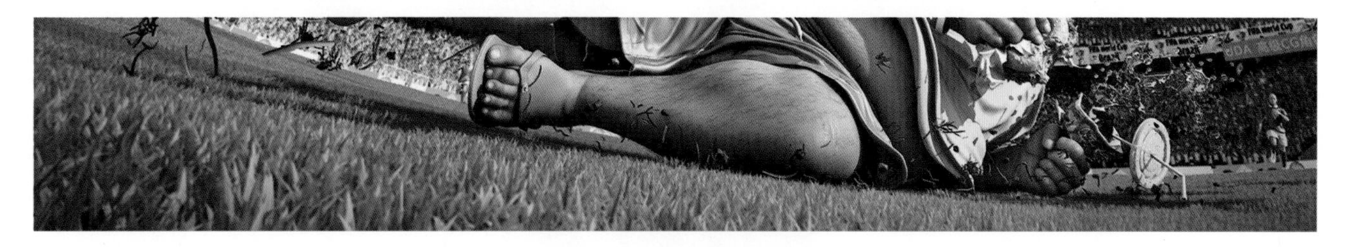

模型全部完成后，把所有模型的 UV 进行拆分，把 ZBrush 中的高模的面数降低，减少到 3ds Max 可以接受的范围。

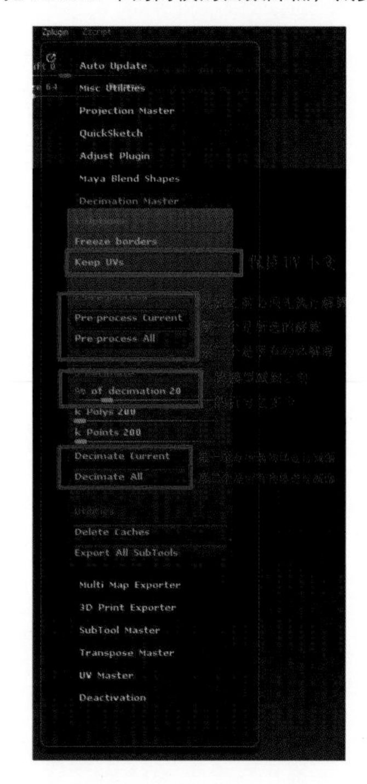

灯光设置
LIGHTING SETUP

模型制作完成后开始为场景打光，我使用的是 VRay 中的面光源。因为这个作品的时间定为白天，所以我为场景打了一盏主光来模拟太阳。

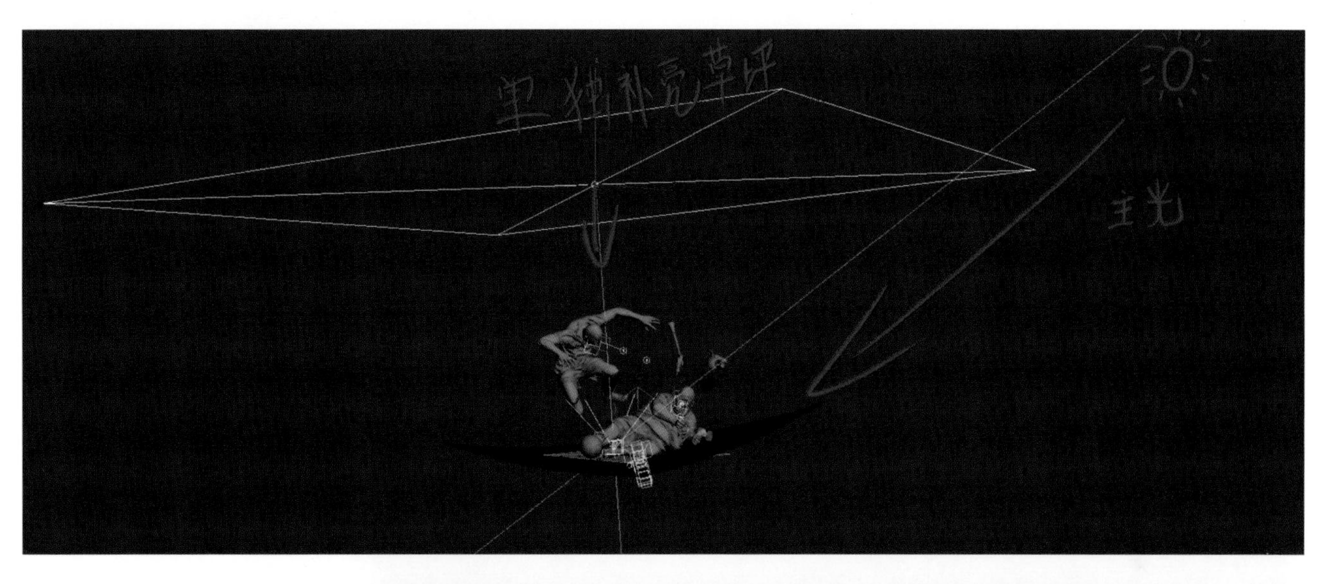

为眼球单独打光，产生我想要的高光。

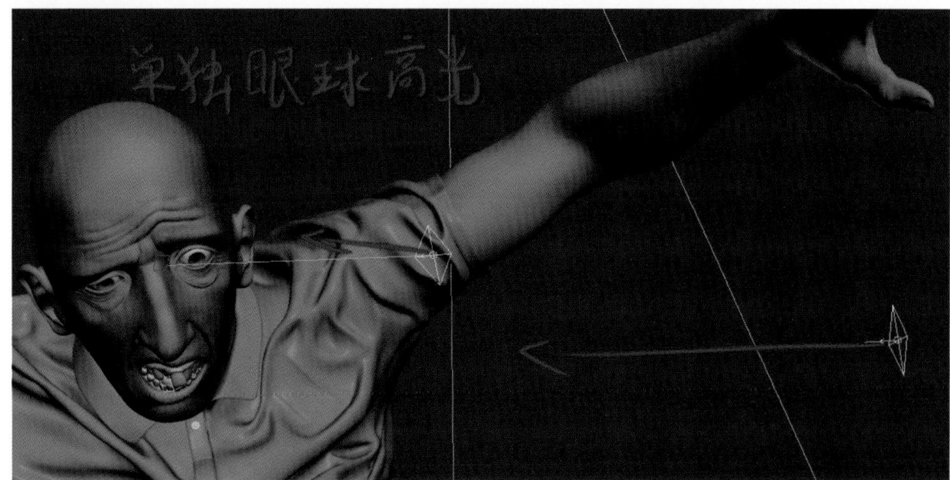

设置灯光属性下的Exclude。单击Exclude按钮，打开Exclude/Include对话框。如果单独只为某物体打光就选择Include选项，选择要打光的模型；如果只是想让某物体不受灯光影响，选择Exclude选项，选择要排除的模型。

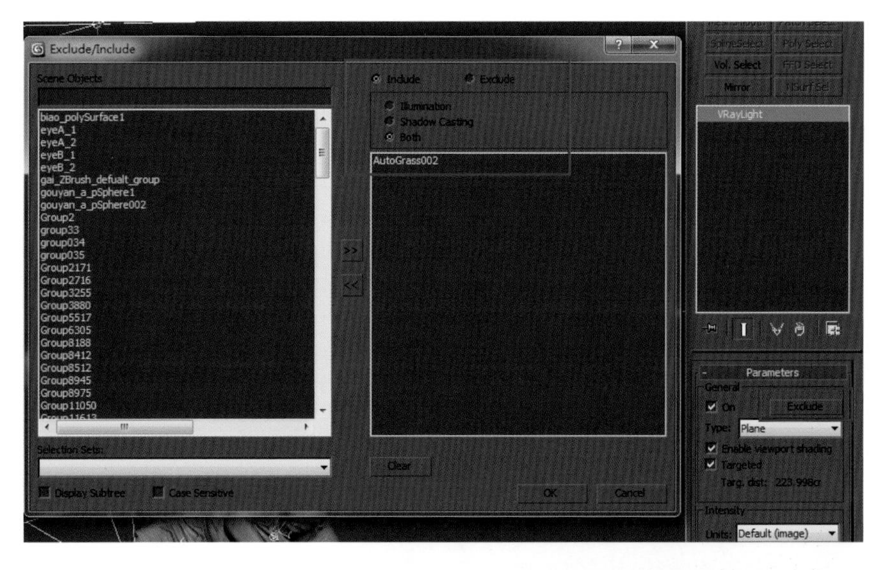

VRay的面光如果缩放的面积越大，产生的阴影就越虚；缩放面积越小，阴影越实。确定主光之后需要开启GI间接照明，它会自动帮你补光将死黑部分自动照亮，我们就不用再为此打许多光了。

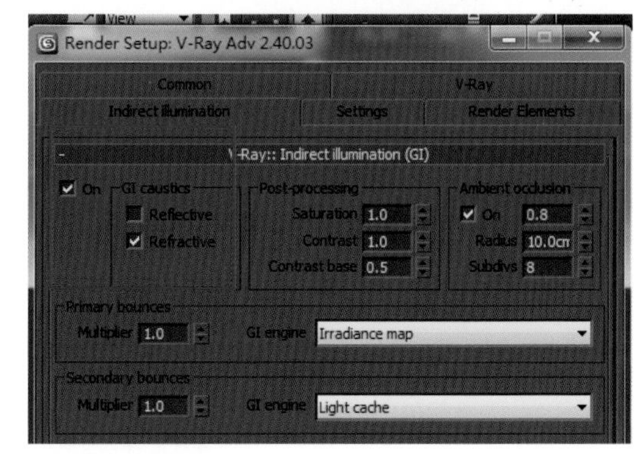

绘制贴图
DRAW MAPS

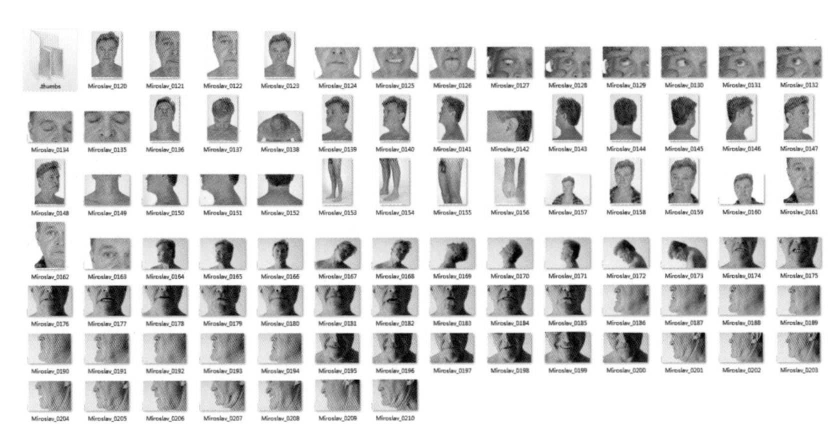

绘制球迷贴图

制作皮肤贴图我使用的是投射的方法，所以一开始需要收集许多适合球迷皮肤的素材图片。

这些贴图都是带有光影关系的照片，而我们需要的是一张无光影关系的 Diffuse，所以需要将这些图片在 Photoshop 中处理成无光影的图片，再进行投射。

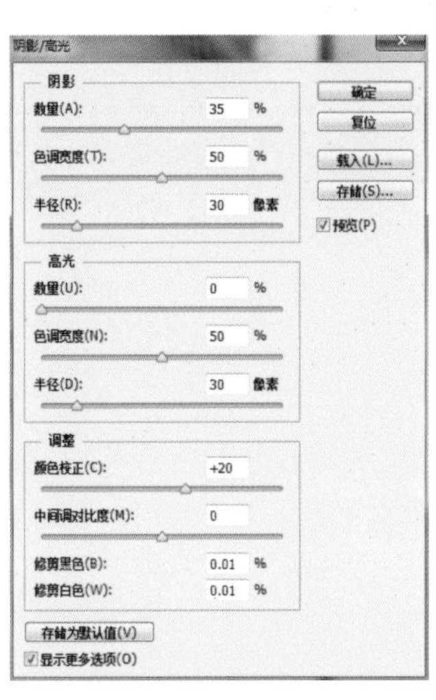

可以通过 Photoshop 中的阴影和高光功能进行调整。

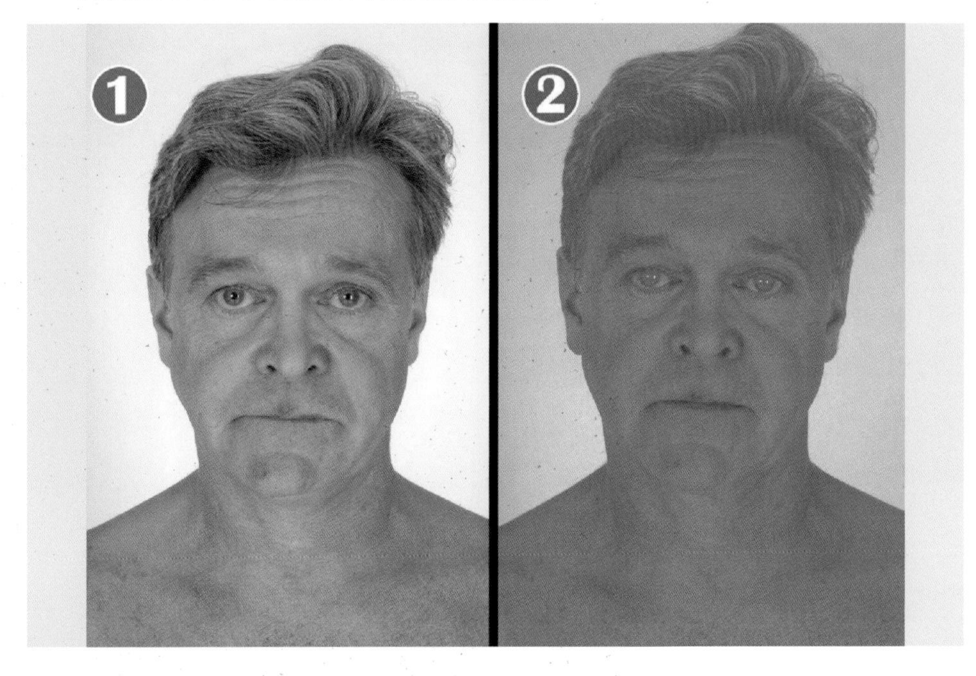

处理完之后将模型导入 Mudbox 进行贴图投射，将模型导入 Mudbox 后找到需要指定投射贴图的路径。

返回三维视图，按Q键开启投射；按住S键+鼠标中键可以移动图片，按住S键+鼠标左键可以缩放图片；按住S键+鼠标右键可以旋转图片。

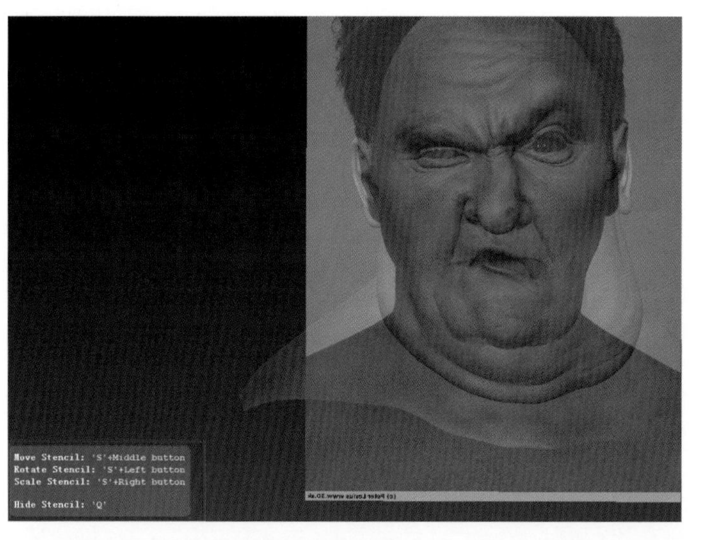

在右侧面板中出现一些属性可以编辑图片，可以设置Visibility属性，使图片呈半透明效果，这样便于进行贴图投射。

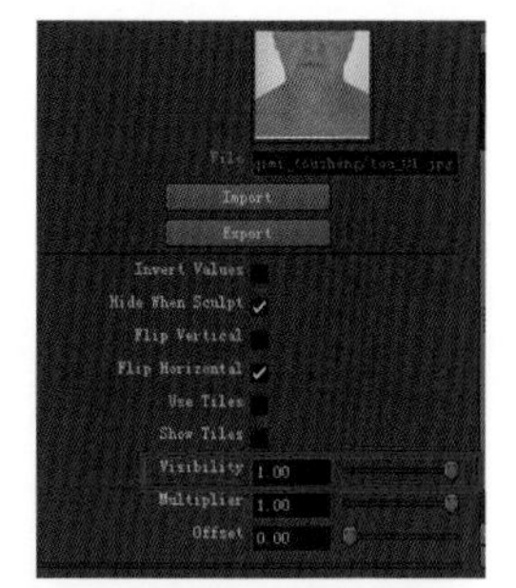

从多个角度进行贴图投射。

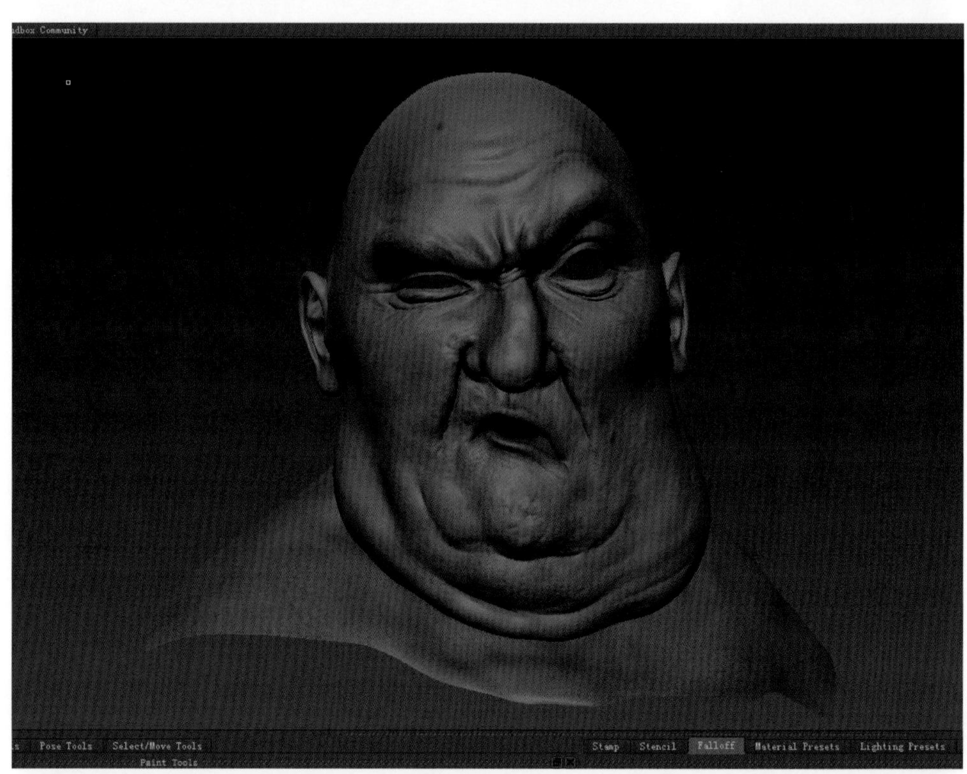

身体也使用同样的方法处理。

贴图文件投射完成后，将贴图导出，进入 Photoshop 再进行修整。

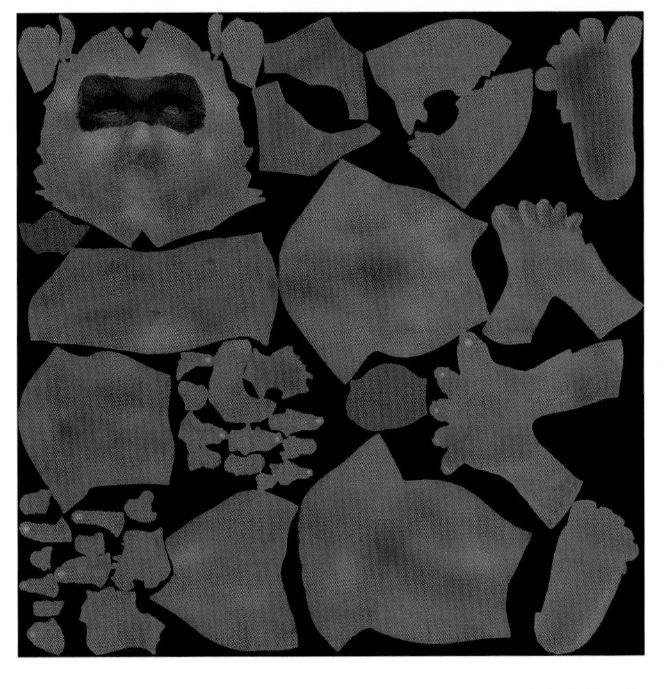

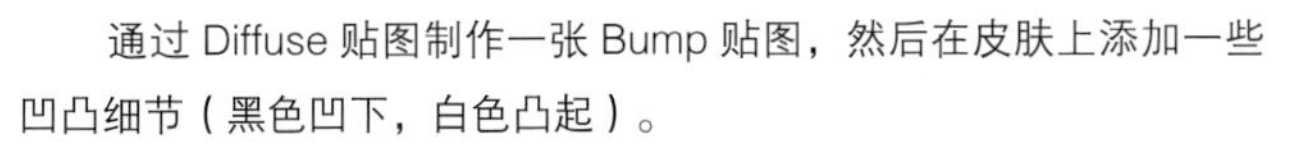

通过 Diffuse 贴图制作一张 Bump 贴图，然后在皮肤上添加一些凹凸细节（黑色凹下，白色凸起）。

我通过 Diffuse 做了一张高光贴图（越亮高光越强，越暗高光越弱），用来控制球迷皮肤的高光，渲染后让其更像皮肤。在鼻头、嘴唇、额头和颧骨等位置的高光强一些，并且在一些流汗的地方需要加强一些。

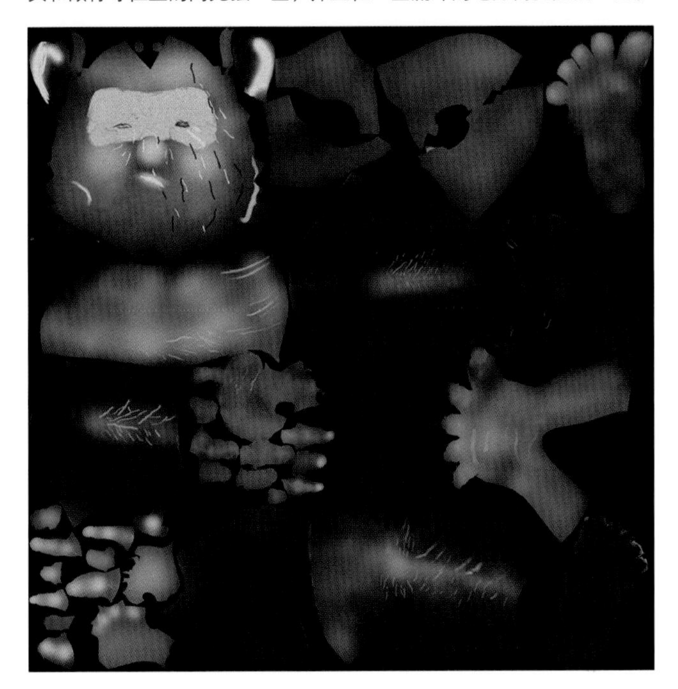

为了让模型表面的细节更丰富，高模还原得更好一些，我在 ZBrush 中烘焙了一张法线贴图。

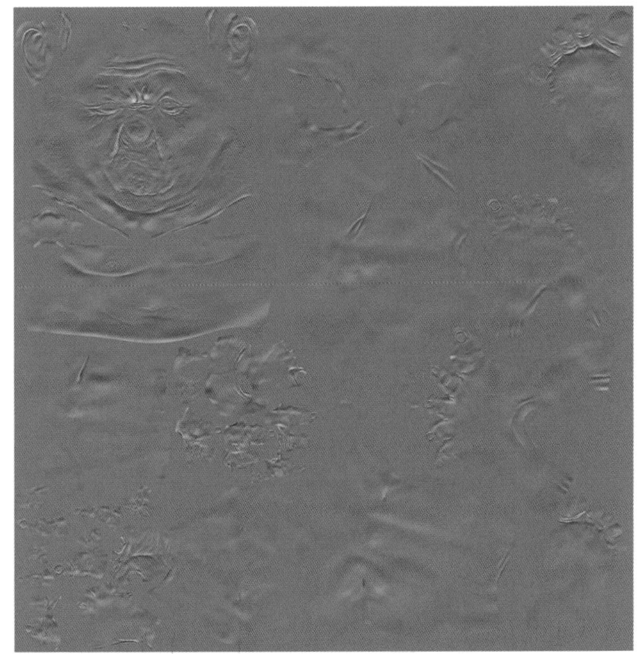

眼球截取于拍摄的图片，然后用 Photoshop 进行处理。

绘制衣服贴图

衣服的贴图是参考真实的巴西队服进行绘制的。

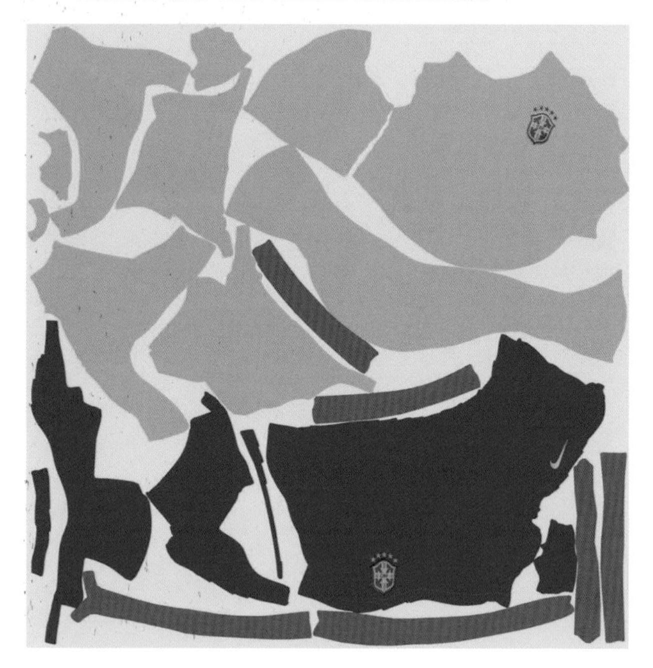

颜色绘制完成后，叠加了一层布料的纹理。

为了让布纹更明显，我又通过衣服的Diffuse 贴图转换了一张 Bump 贴图。

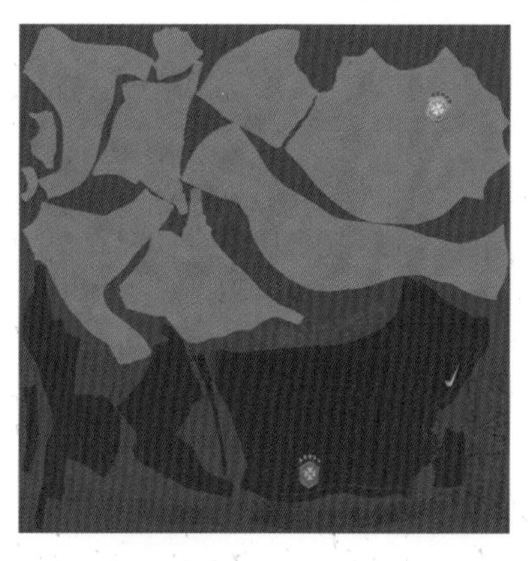

里贝里还有裁判的贴图绘制方法是一样的，而道具的贴图基本就是颜色和纹理叠加。

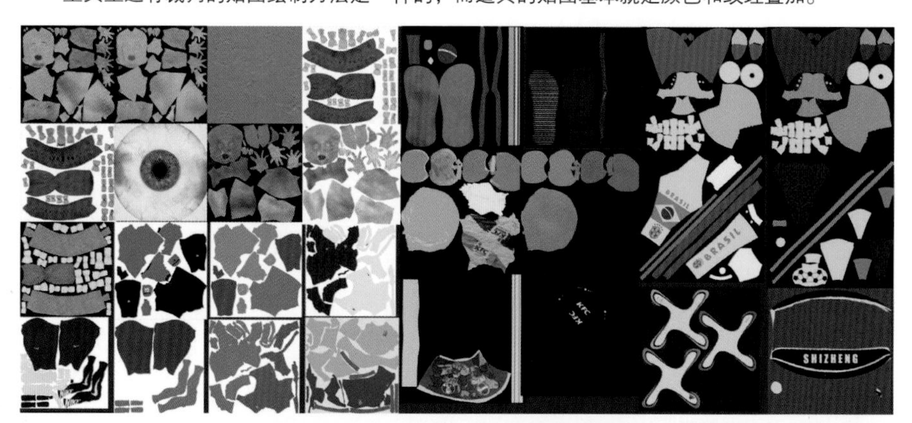

天空的贴图需要合适的素材，然后用 Photoshop 进行处理。

制作材质
MAKE MATERIAL

作品中的人物较多，因此在制作皮肤材质和眼球材质时，需要花费较多的精力。

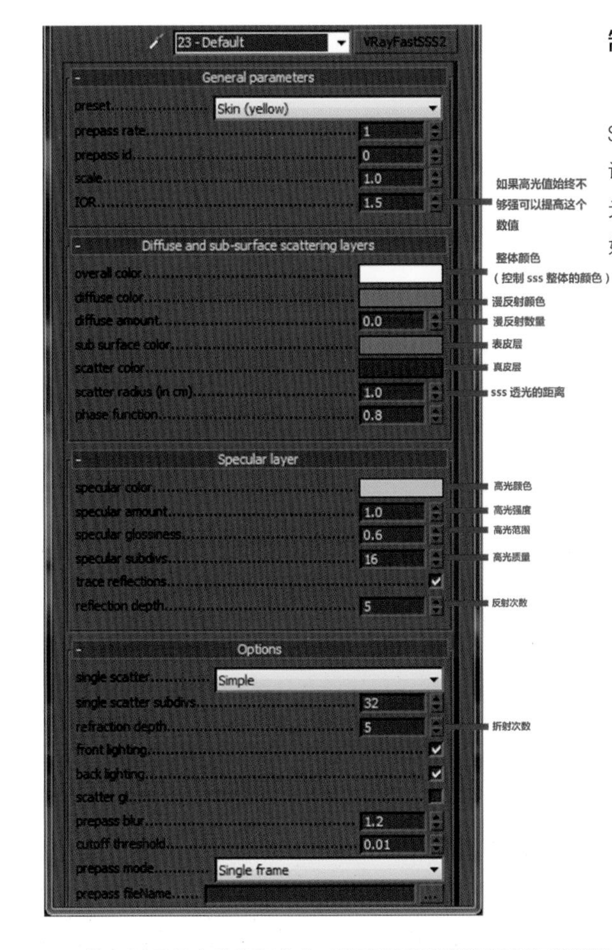

制作皮肤材质

皮肤部分我使用的是 VRay 的 SSS 材质，使用该材质最好将模型调整为真实世界中的大小，否则透光效果很难控制。主要用到的参数如左图所示。

将 Diffuse 贴图分别赋予漫反射颜色、表皮层和真皮层上，然后赋予 Bump、Normal 和 Specular 贴图。

Maps		
☑ bump	30.0	Map #212 (Normal Bump)
☑ overall color	100.0	None
☑ diffuse color	100.0	Map #64 (tou_sheng.jpg)
☑ diffuse amount	100.0	None
☑ specular color	100.0	None
☑ specular amount	100.0	19 (tou_sheng_gaoguang.jpg)
☑ specular glossiness	100.0	None
☑ sss color	100.0	Map #63 (tou_sheng.jpg)
☑ scatter color	100.0	Map #63 (tou_sheng.jpg)
☑ scatter radius	100.0	None
☑ displacement	100.0	None

制作眼球材质

眼球的材质分两层制作，第 1 层用 SSS 材质，主要在 SSS 接口连接了一张 Diffuse 贴图和一张 Bump 贴图。

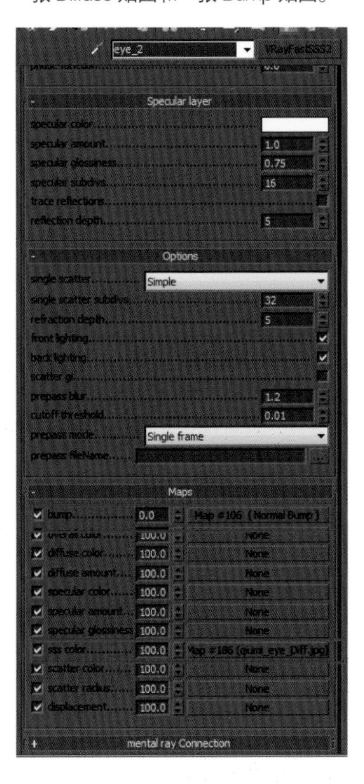

第 2 层是用来模拟晶状体的，使用的是 3ds Max 默认的材质，调节成半透效果，然后把高光范围调小，高光强度加大，接着在高光范围和 Bump 上连接贴图，控制高光的形态。

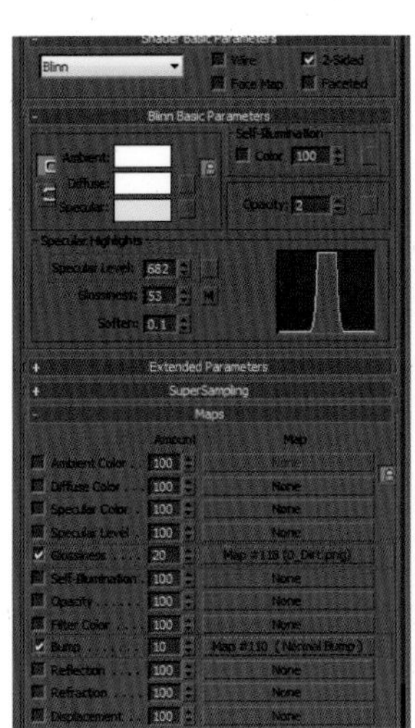

其他材质

服装和道具等都使用 VRay 的默认材质，表现不同的材质主要就是控制好物体的反射和高光，不同质感的物体呈现出不同形态的高光。

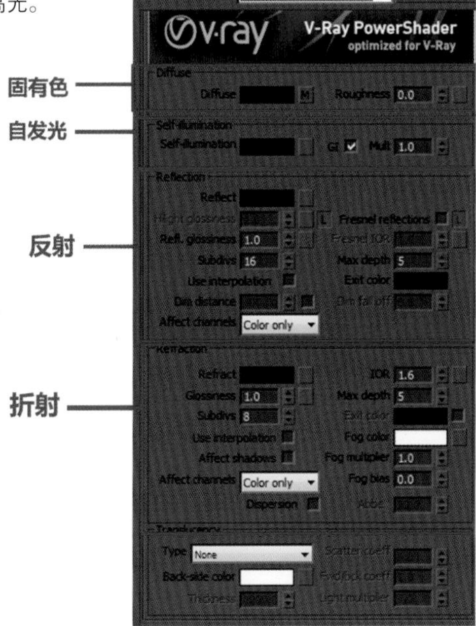

M 制作毛发
MODE HAIR

毛发的制作我使用的是毛发插件 Ornatrix，通过 Ornatrix 笔刷，能够很快地制作出需要的造型。图中主要是 Ornatrix 制作毛发的创建构架。

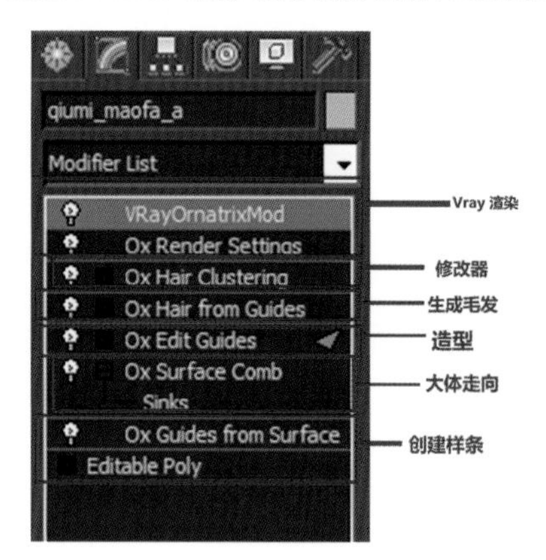

制作球迷的毛发

球迷的头发主要分两部分制作，一层是正常方向、正常形态生长的，另一层带有打结效果。

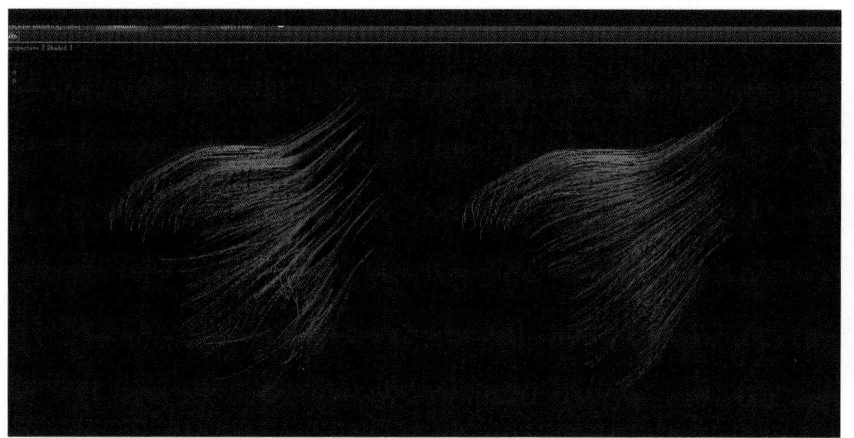

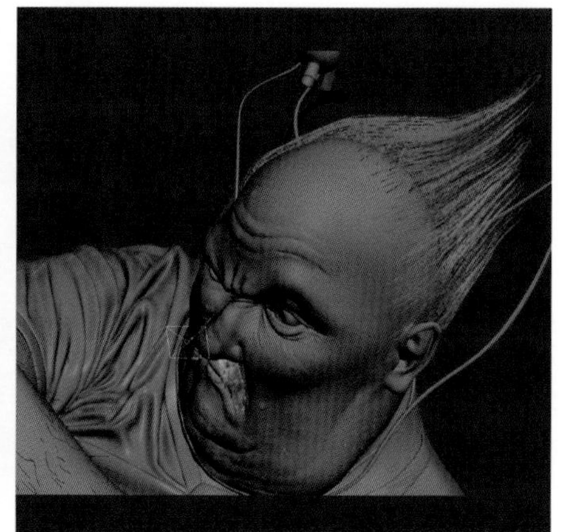

首先需要从头部提取一层头皮，然后添加 Ox Guides from Surface 创建样条。

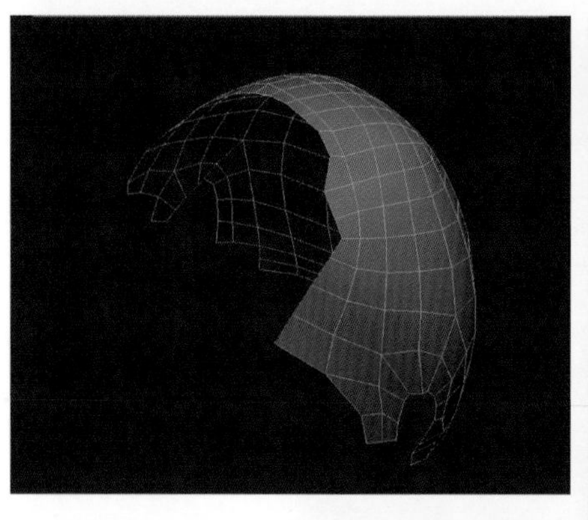

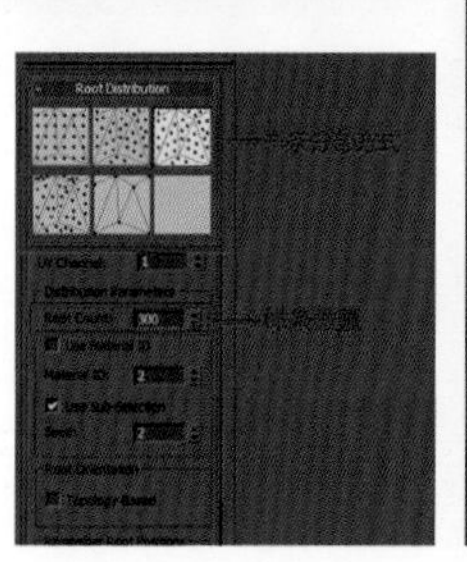

添加Ox Surface Comb 创建大体的走向。

创建引导线，然后添加 Ox Edit Guides 造型。

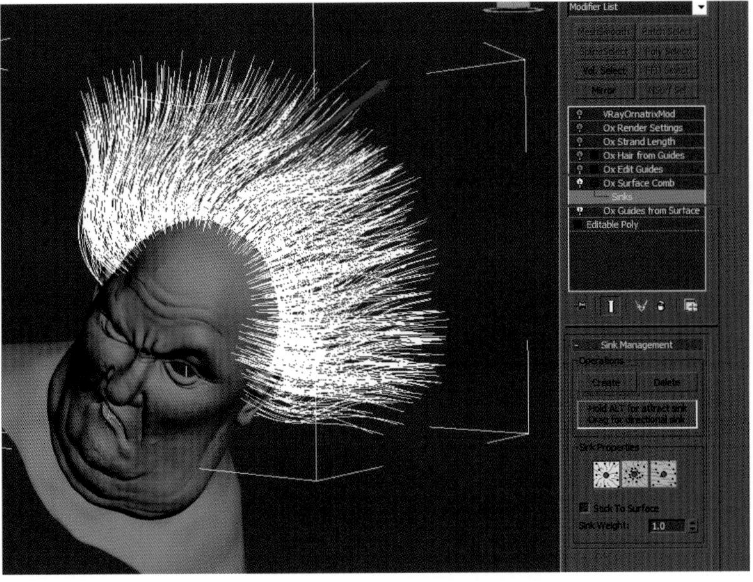

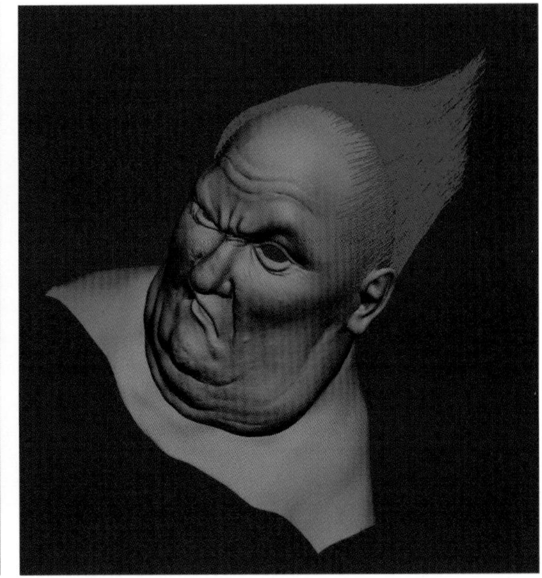

其中有各种造型的笔刷很好用，笔刷大小可按住Shift+左键上下移动来改变。

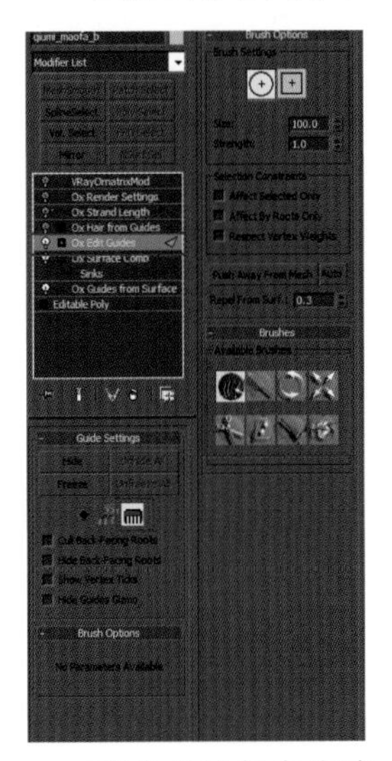

造型完成后再添加 Ox Hair from Guides 生成毛发。

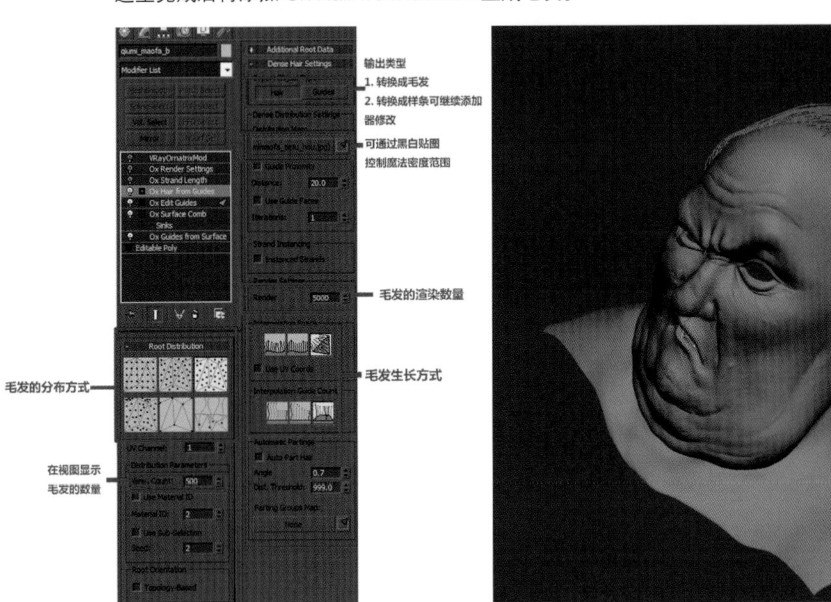

OX 会出现很多修改器，可以完成很多效果，例如长短、卷曲、弯曲和打结等。

在这里使用 OX Strand Length，是用来控制长短的可以打乱它的整齐度。

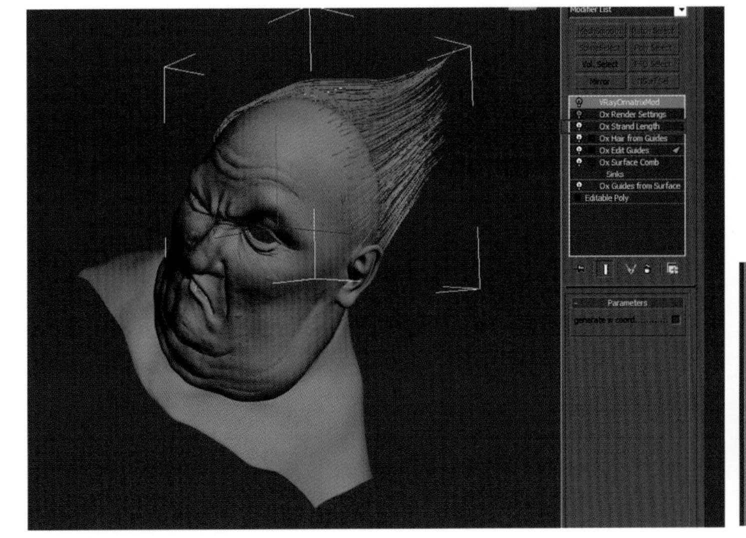

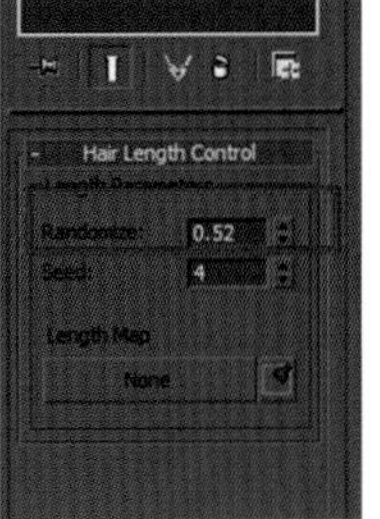

另外一层我添加了 OX Hair Clustering，使头发具有打结的效果。

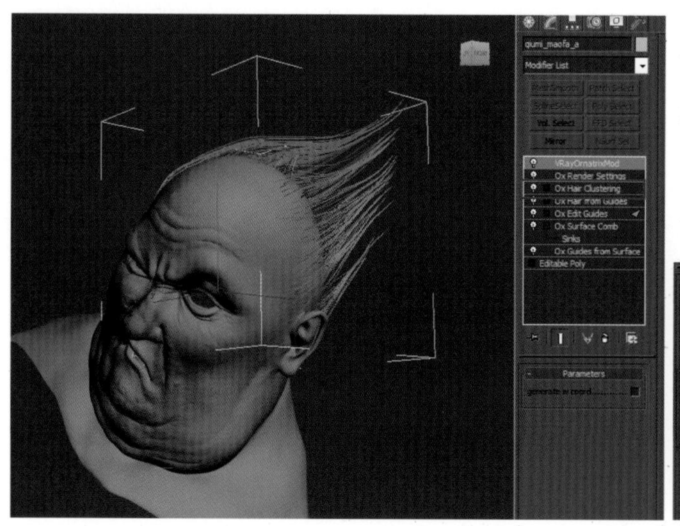

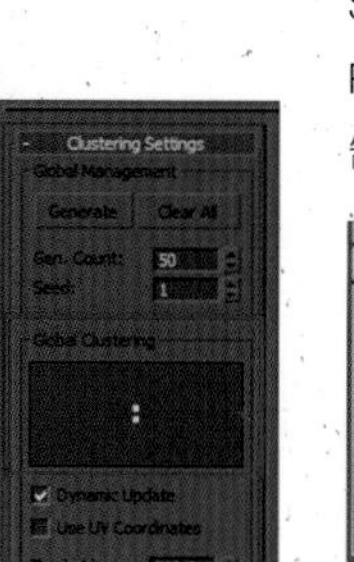

添加 Ox Render Settings，然后设置 Glbal Radius 为整体半径，主要控制毛发的整体粗细。

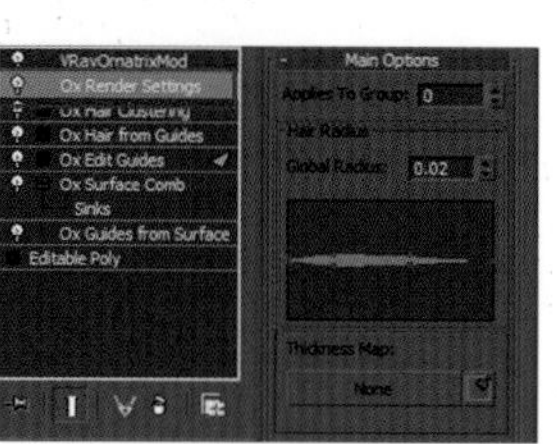

渲染前还需要添加 VRay OrnatrixMod，因为需要用 VRay 渲染。

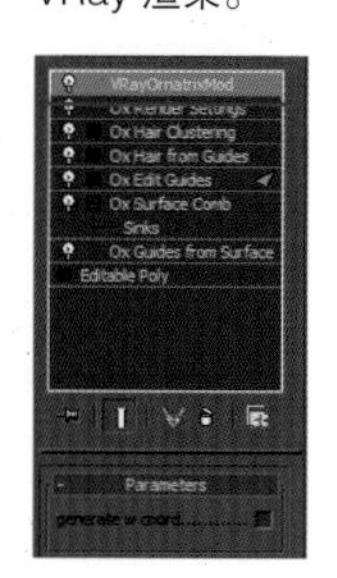

里贝里的毛发我做了 3 部分，一层是侧面的短发，另一层是正常走势，还有一层是打结效果。

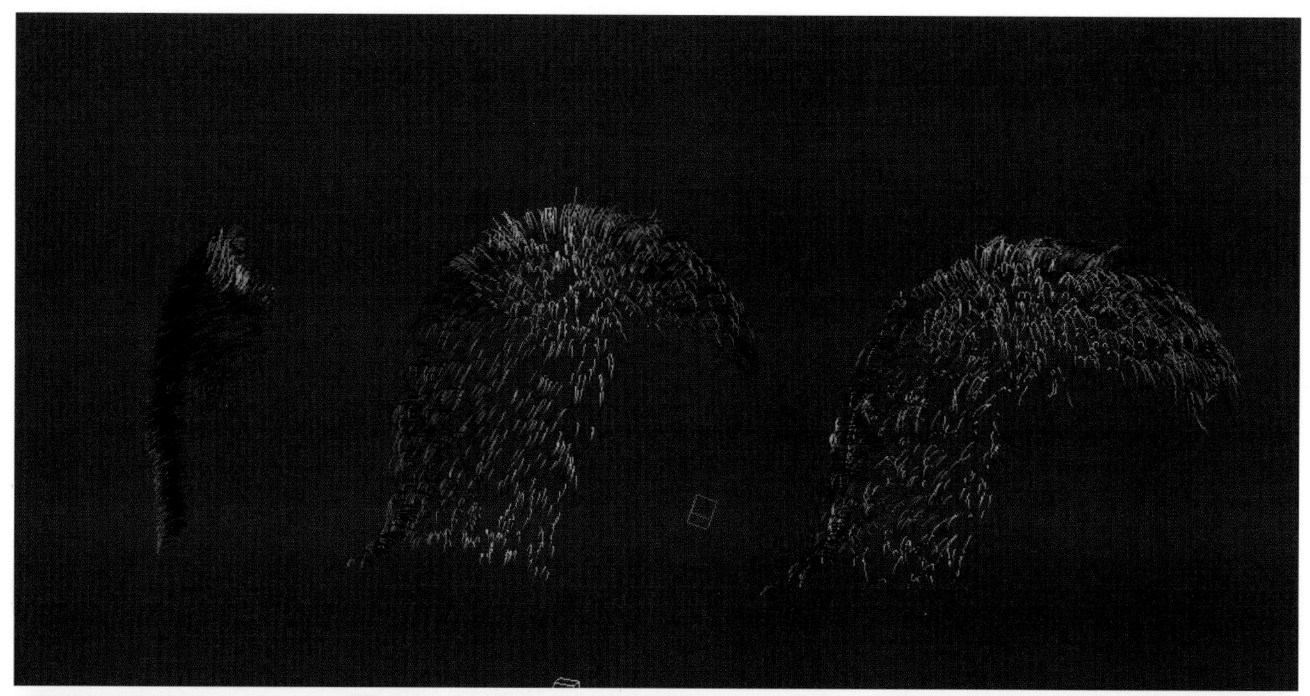

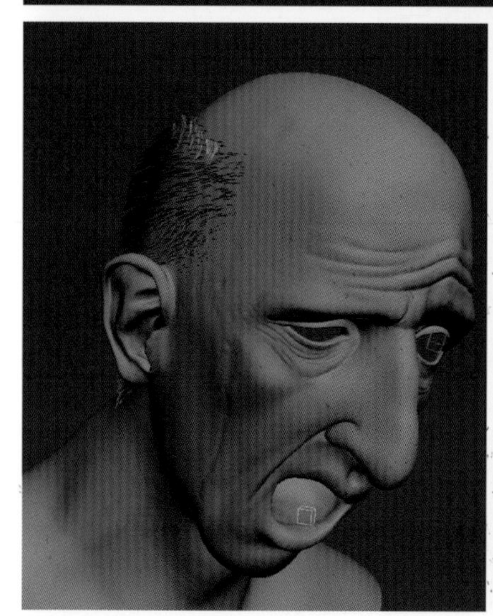

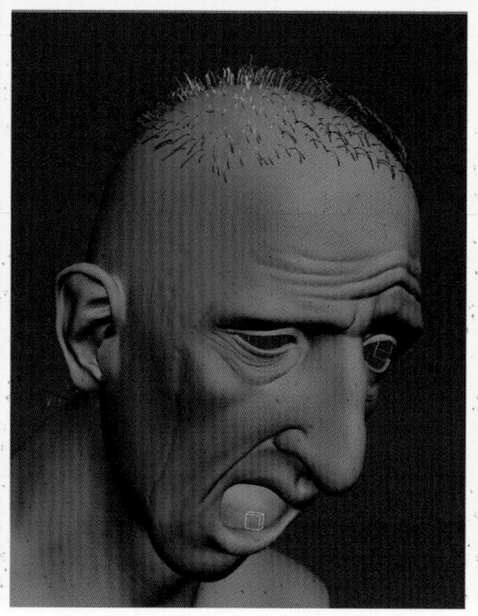

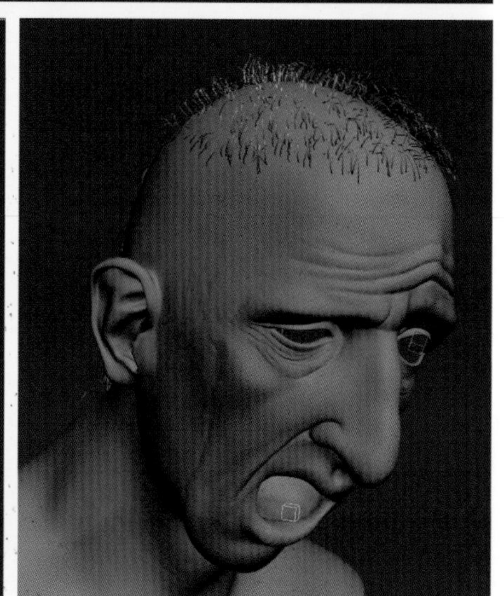

人物的眉毛、胡子、腿毛和胳膊毛都是用同样的方法制作的。

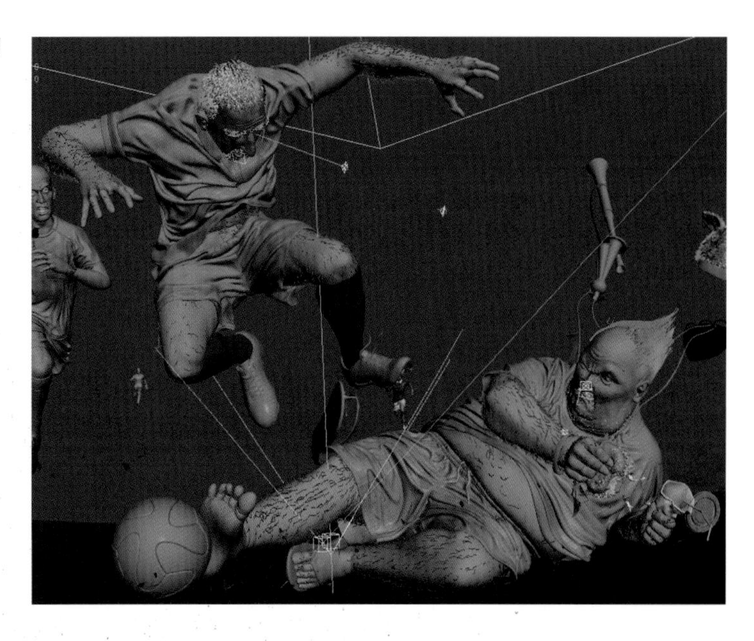

制作毛发材质

我使用 VRay 的 VayHairMtil 来制作毛发的材质，该材质有许多预设，可以选择一个类似的效果，然后在此基础上调整。

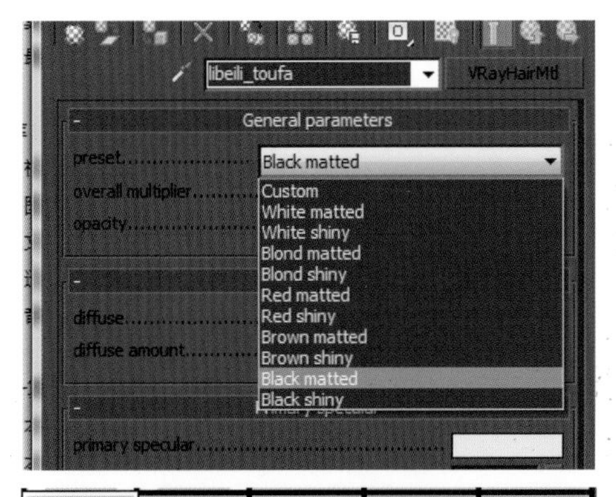

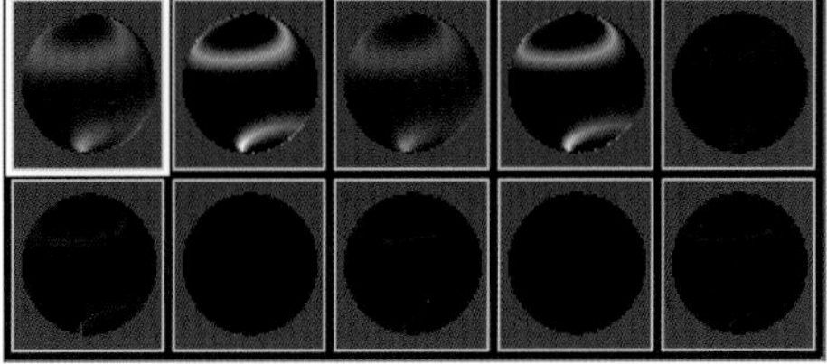

调整的参数，如右图所示。

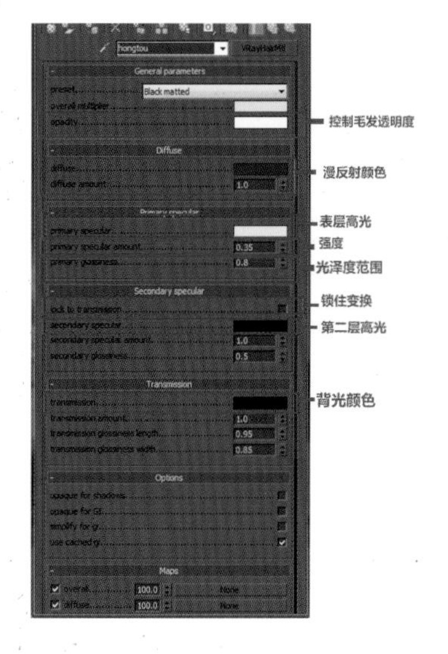

渲染 RENDERING

渲染采用 VRay 渲染器，由于场景过大，我分成了前景和后景两部分进行渲染，最后再将前景和后景整合起来。

渲染设置

后景

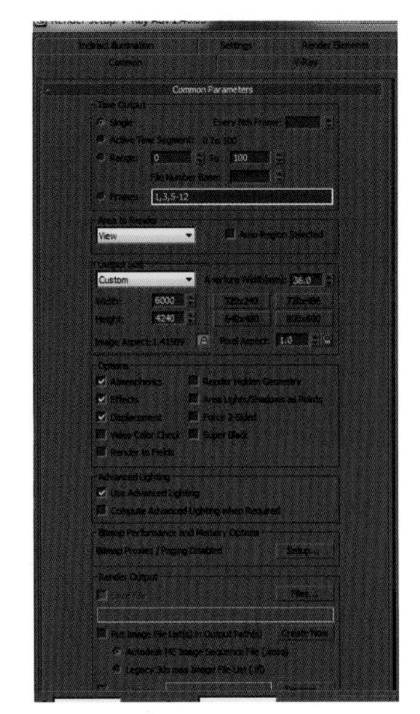

尺寸

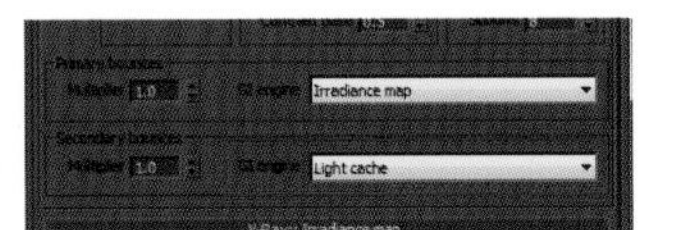

开启灯光缓存

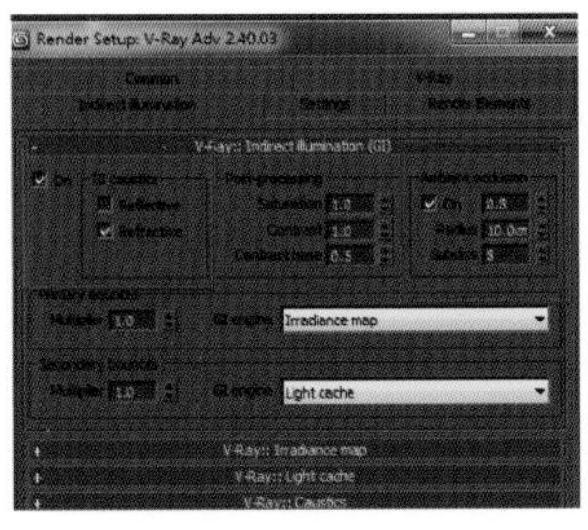

开启 GI 与 AO

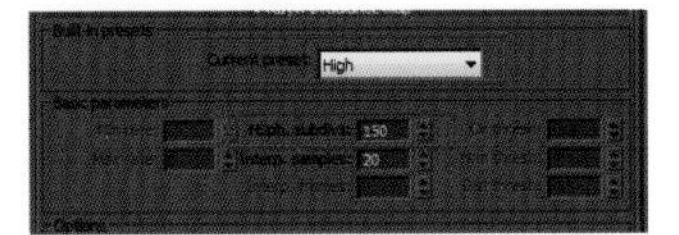

光子数量

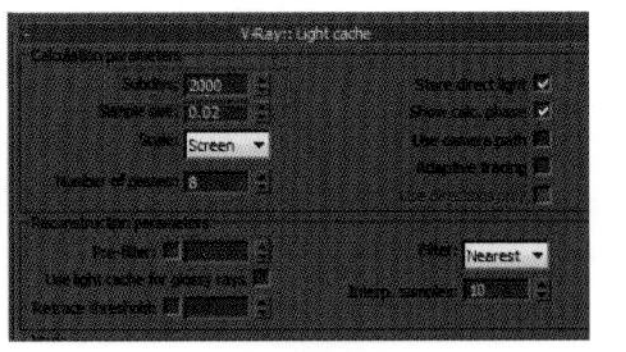

光子质量

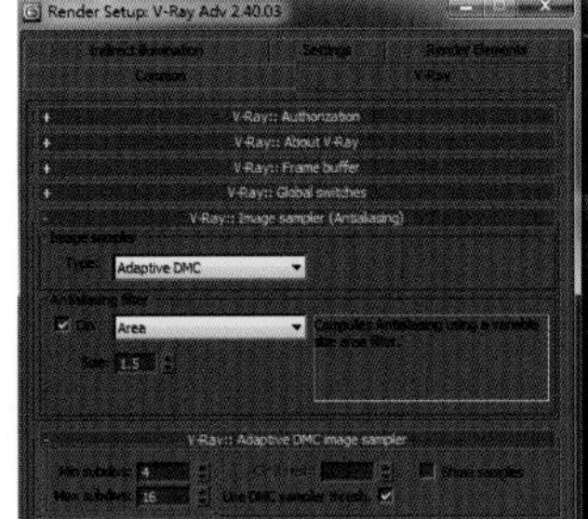

VRay 采样

输出

前景

后景

ID

毛发 ID（方便单独调整毛发）

景深

单击相机视角，在顶端窗口中拖曳 Tape 工具，轻轻地通过相机中最远的物体。图中的红色标记是对场景景深的粗略评估。

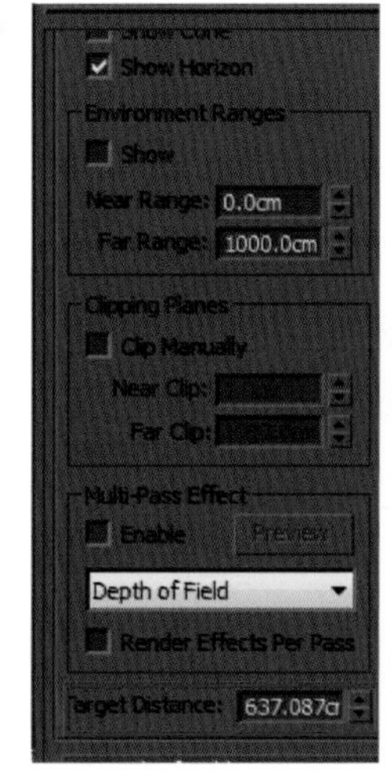

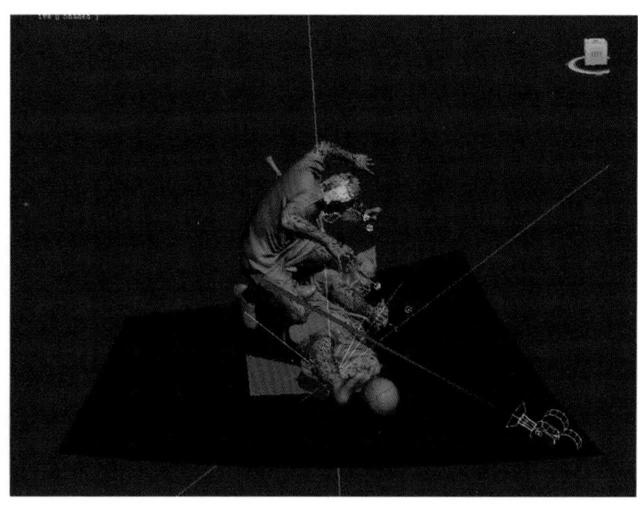

在 Render Element 选项卡中设置景深的参数，然后渲染输出。

后期处理
POST PROCESSING

这里是最后一个环节，如果只依赖渲染有些地方会非常难处理，而用后期处理会容易得多。

之前不敢把灯光调得太强怕损失细节，所以渲染出来的画面比较偏暗，我在 Photoshop 中整体调亮。将一些死黑的地方修整，把一些需要暗的地方压下去，调整色彩饱和度使画面更柔和，最后将后景稍微做虚，突出前景。

处理前

处理后

作品总结 WORK SUMMARY

这就是我做这幅作品的过程，有些地方还是做得不够精细、不够成熟。这是我第一次正式地编写制作过程，很高兴能把一些制作经验分享给大家，希望大家可以从中受益。其中有很多不足的地方，还请大家多多包涵。

新婚之夜
WEDDING NIGHT

李世林作品

使用软件：3ds Max、Maya、ZBrush、Photoshop、Mudbox

作者简介

李世林，深夜工作室创始人，1990 年出生于安徽阜阳，从小对中国传统艺术情有独钟。2006 年开始接触 CG，至今已累计 11 年的行业工作经验，工作内容涉及动画电影、游戏 CG 和广告等。作品曾先后获得国内外奖项。《新婚之夜》在 2014 年受邀刊登英国顶级 CG 杂志《3DArtist》和《3DCreative》，并在 CGTalk 等国际权威 CG 论坛获得广泛认可。

作品构思 WORK CONCEPTION

引言

《新婚之夜》是我 2014 年的作品，该作品的由来我觉得是对当今社会的一个真实写照，以古代风俗文化来表现。人为了得到一些小惠，往往会失去更多，人性的欲望是非常贪婪的，当然这只是一小部分人。总之，不忘初心，方得始终。

创作经验

本人平时喜欢上网，看到有意思的图片、段子及视频就分类保存到计算机里。久而久之，脑子里的想法和创作的欲望就会高涨起来，这时便把自己的想法记录下来，增加创作的灵感。当然也不要自己闷头造车，跟身边的朋友及前辈们探讨一下自己的想法，说不定会有意外的惊喜。

创作思路

曾经看到有人根据古人所列举之“人生四大喜事”而引申出所谓的“人生四大悲事”，即“久旱逢甘霖，一滴；他乡遇故知，债主；洞房花烛夜，隔壁；金榜题名时，重名”。看到这些说法，不经莞尔，所以乍一想到洞房花烛夜，就勾起了我的创作欲望，喜事也同时伴随悲事，所谓乐极生悲。当然我还是想以风趣的手法去表现它，同时开始收集相关文献、图片及电影素材。下面是我找到的一小部分参考资料。

我找了很多古代结婚和周边的一些陶艺雕塑以及电影作品。我还特意找到电影作品《雪花秘扇》，里面出现了一些古人洞房的镜头。只要和古代结婚相关的作品我都不会放过，每件作品都有它的参考价值，都值得我好好去学习、观摩。我会保留一些自己认为好的元素，融入到自己的创作中。在这个流程里学习到很多大师总结的精华，对自己的审美帮助很大，站在巨人的肩膀上前进。很多从业人员不管是做项目，还是个人创作，喜欢直接上去就做，没有去搜集参考资料和整理规划，这是一个很不好的习惯。从我的创作及工作经验看来，找到好的参考资料对工作和个人创作来说是非常有必要的，这会直接影响作品的效果及质量。

这幅艺术作品主要还是建立在原创基础上的，所以我需要找一些相关的照片，去感受作品人物的姿势及服饰的样式。就照片来说，当然是多角度、高清的越多越好。为此我特意请来朋友帮我扮演角色，摆出我想要的姿势，然后拍出多角度的照片，以及一些细节特写的照片以供我参考。这里非常感谢两位朋友，大夏天穿这么厚的衣服在室外为我扮演模特，拍完必须请他们吃冰棒，哈哈！

模型与构图 MATERIALS AND MAPS

角色低模

创建角色的低模，在这里我给大家推荐一款非常实用的软件——MakeHuman，这个小软件默认打开就是一个年轻男性角色的Pose模型。为什么选择这款软件呢？当然是MakeHuman有吸引我的地方，它内置很多变形工具，可以调节角色体型、身高、年龄和性别等，非常方便。而且MakeHuman还有几套内置绑定，而且这个绑定的文件是可以以FBX格式导出到Maya中的，这样我们就可以在Maya中调节基础模型的造型了，下面就让我简单介绍一下这款小软件。

创建基础模型

右图是MakeHuman默认打开的视图窗口的样子，那么我们怎么来编辑呢？软件左边的面板可以调整角色的外形，包括性别、年龄、肌肉、重量、身高、比例、非洲人种、亚洲人种和白种人，我们可以使用这些滑块调整出我们想要的基本形态。

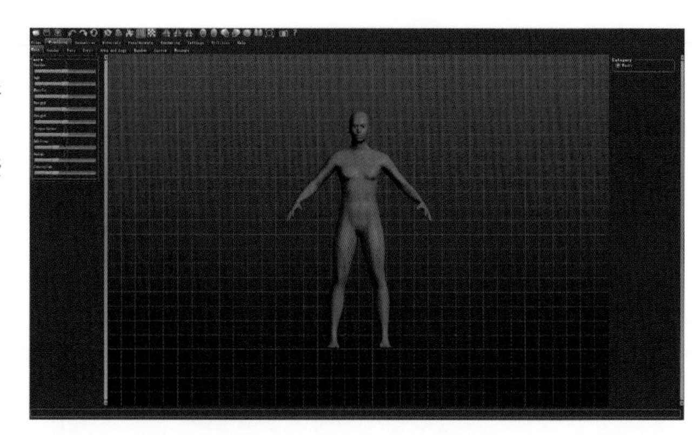

调整细节

如果你觉得不够，我们还可以继续调整基础角色的具体形态特征。我在这里简单介绍下图中的绿色数字标注部分。

部分 1：可以具体调整胸部的大小及形状。

部分 2：可以具体调整面部的基本形态包括脸型、头型等。

部分 3：可以调整身体躯干的形状。

部分 4：可以调整四肢及手脚的形状。

部分 5：可以调整整体随机值，从而快速创建不同类型、长相的角色。

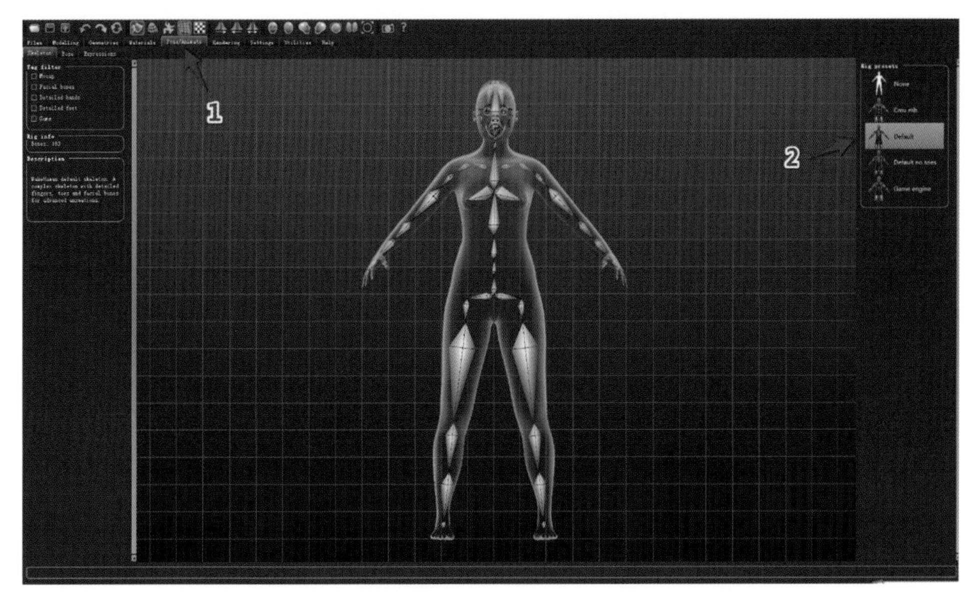

添加骨骼

模型调整完毕后，可以给编辑好的基础角色模型添加一套骨骼，如左图所示。切换到 Pose/Animate 选项卡，然后选择一套骨骼系统，MakeHuman 默认提供了 4 套骨骼绑定系统可供用户选择。这里我选择了第 2 套骨骼，我觉得比较适合我的需求，当然你也可以看看其他的骨骼，这个可以根据个人需求进行选择。

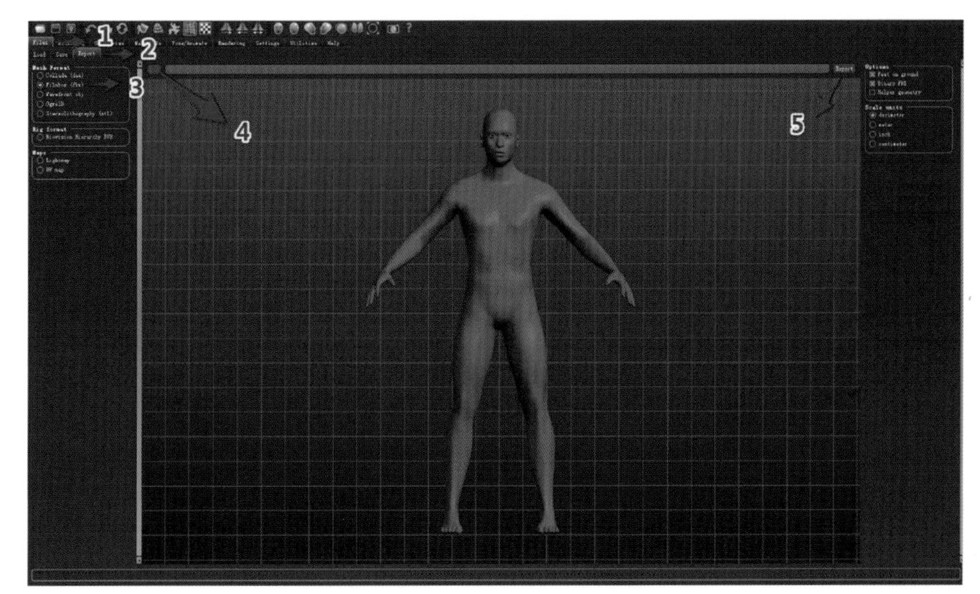

导出模型

添加完骨骼绑定系统后，这里就要去导出这套带有骨骼绑定系统的角色模型了。切换到 Files 选项卡，然后选择下面的 Export 选项卡，接着选择 Filmbox（fbx）选项，再设置导出文件的路径和文件名，最后单击 Export 按钮导出文件。完成以上操作后，我们就可以将导出的文件导入到 Maya 中进行基础 Pose 的调节了。

创建摄像机构图

开始还是搭建一些简单的长方体等基础模型，构建一个基础的场景布局，如图所示。然后创建一个摄像机，调整好构图角度及透视。我创建了几台摄像机，尝试多种不同的构图，最后还是觉得最后一幅的摄像机构图好一点。这里我也根据不同的摄像机简单调试了几个动作，现在还是在前期阶段就要勇于尝试不同的 Pose 和不同的摄像机构图，反正多尝试是好事，说不定突然灵感爆棚，有意外的收获呢！

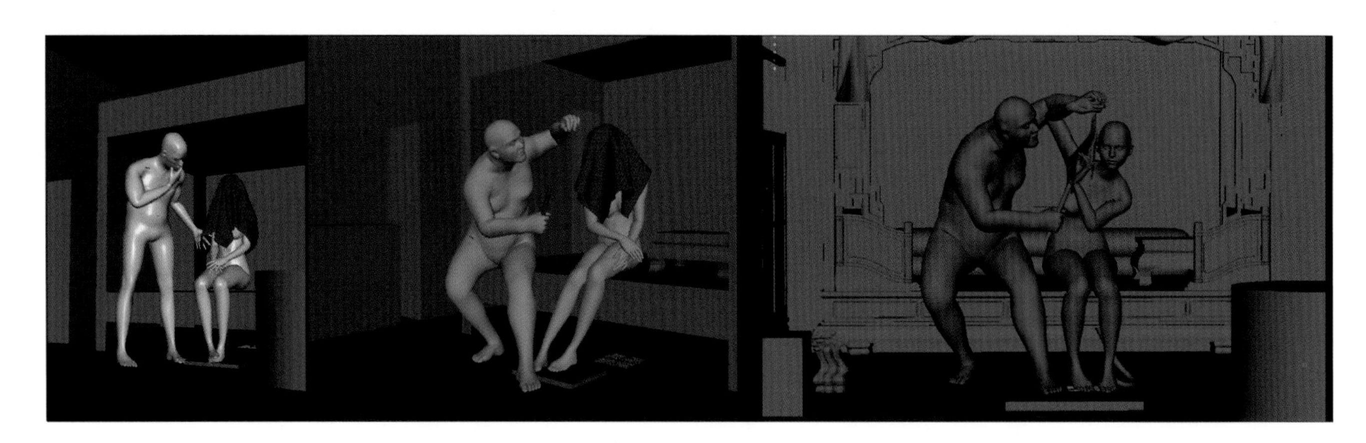

此时还是在找大的镜头感觉与构图，虽然看起来效果不是很理想，不过没有关系，这个只是初步的大感觉，后面还会再精心地调整一遍。

当大镜头确定下来，就要开始制作道具了。这个时候我并没有调整角色，因为我还没有确定下来角色具体要摆什么姿势、长相和服装造型，但是道具我是有明确参考的，我清楚地知道我需要什么样的道具。我要的是在场景中占主要画面的古代架子床，角色等我在制作道具的时候再来边做边想吧，有时候也急不来。

创建道具模型

作品中有大量的道具，包括架子床、香炉、凳子和桌子等，这些道具模型在 Maya 中制作低模，然后在 ZBrush 中深入刻画。

架子床模型

在我创作这个作品的时候，搜集了几张古代架子床的图片，我觉得参考资料还不够多。这时我准备搜集更多关于架子床的文献资料，包括照片结构等详细的参考资料，从中间挑选一个我觉得比较适合的。幸运的是，我在购物网站上找到一张参考图，其中有详细的描述，这个床的材质木料和长、宽、高的尺寸等，这样对于下面的制作就方便多了，于是我开始在 Maya 中制作床的模型。

创建一个方盒子，把床的尺寸输入对应床的尺寸，然后参考图片尽量多地还原图片的结构细节，这里根据床的真实木料切割，制作每一处的结合处。值得一说的是，床的木雕结构的制作技巧，有一些网友看到这个作品的时候会问：它是怎么制作的？我想在这里分享给大家其制作方法。

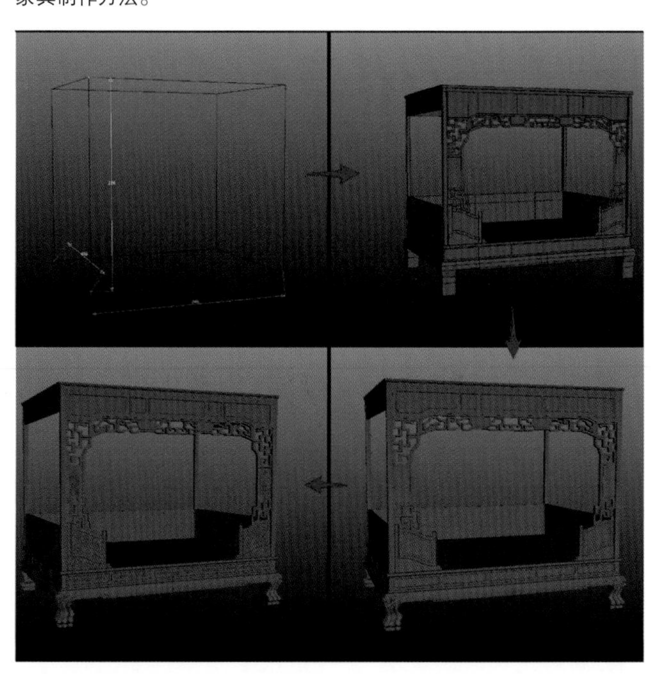

首先在网上找到我想要的灰度图，然后找出模型需要木雕的部分把 UV 展开，接着在 Photoshop 中对应好贴图与 UV，再把模型导入 ZBrush 尽量调节高的细分，下面介绍一下操作步骤。好了，最重要的环节来了。

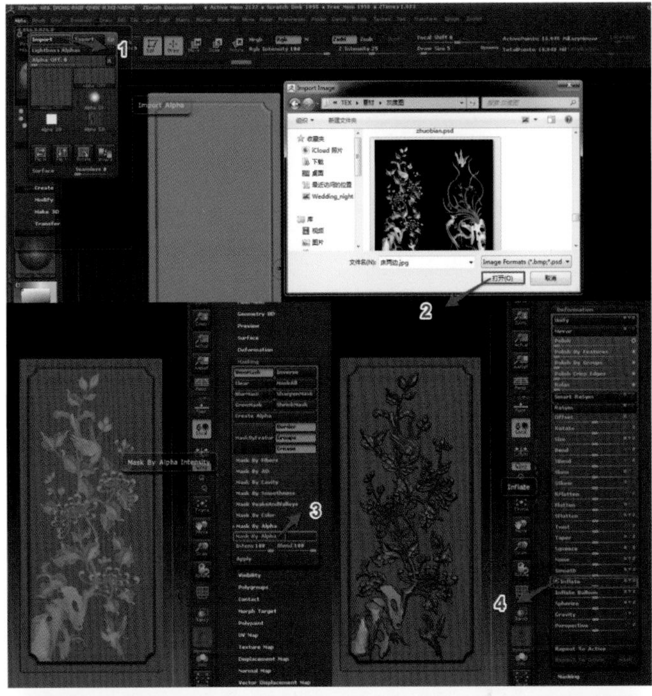

1. 选择“Alpha>Import”命令。
2. 选择要导入的灰度图，并导入进来。
3. 单击 Mask By Alpha 按钮把 Alpha 转换成 Mask。
4. 找到 Deformation 标签下 Inflate 属性，首先输入一定的数值，然后单击 Inflate 按钮，让模型往外膨胀，这样没有遮罩的模型部分就凸出来了，木雕基本上就完成了。其他木雕也可以采用同样的做法。

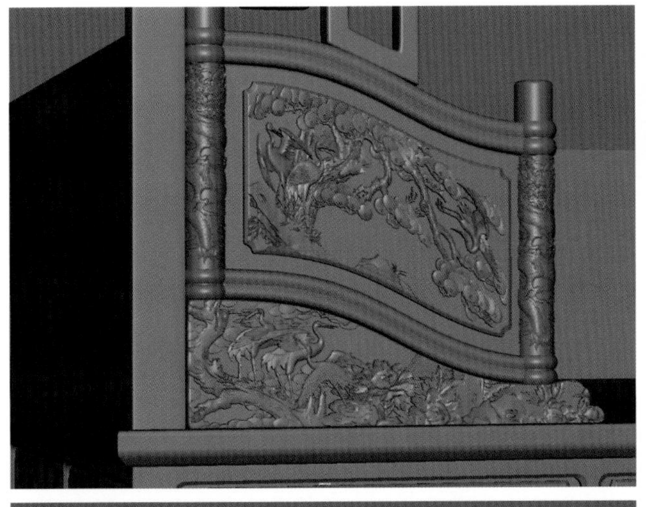

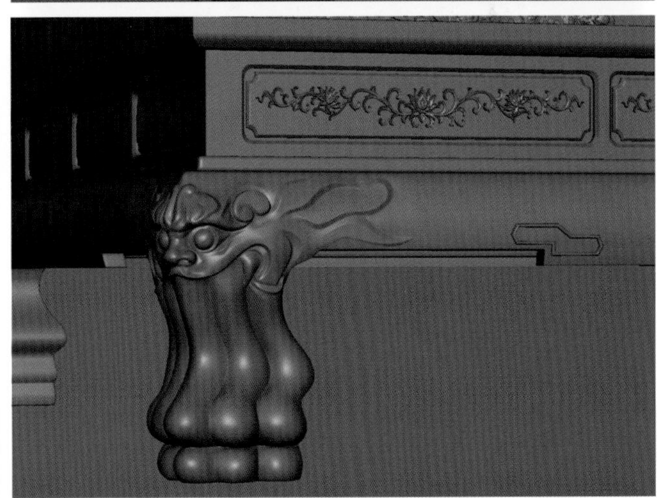

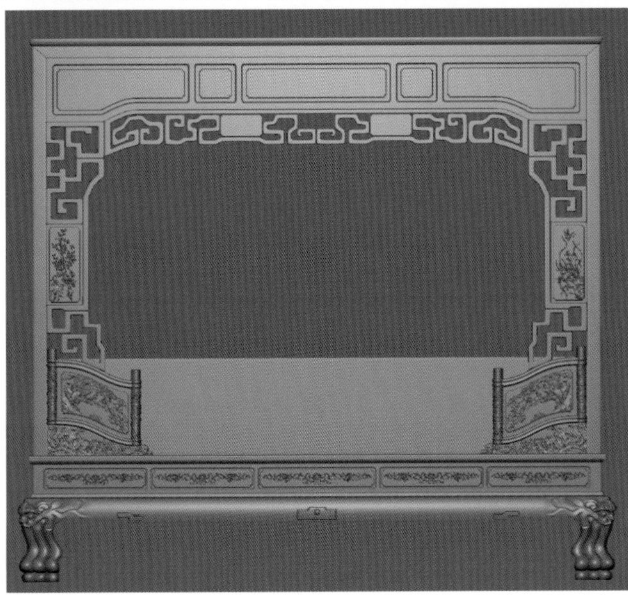

香炉模型

再来说一下比较典型的香炉模型的制作方法。首先我找到了这个香炉各个角度的结构细节参考图片，大家要尽量多地去搜集这些图片，参考资料的好坏直接会影响到制作模型的质量，包括后面模型细节的雕刻、添加贴图的效果，以及材质的调节等。后面还需要参考这些参考图的效果去制作模型，所以一定要多找参考资料，从中选择优秀的、高清的图片作为参考素材。

开始制作模型的大型，尽量调整到接近参考图片，操作步骤如下。

1. 制作出香炉的模型大型，注意外轮廓剪影的曲率与线条。
2. 对照参考图片制作香炉的镂空图案，此时只需要制作其中一部分，因为模型周围的雕花是一样的，复制过来就行。在制作雕花的时候，尽量保持模型原来的弧度造型。
3. 挤出雕花模型的厚度，然后在雕花边上卡好结构线，香炉顶部的镂空雕花也是这种方法制作的。
4. 香炉的 5 个脚架、祥云和上面的兽头装饰都是在 ZBrush 中雕刻出来的，只要雕刻一个，其他复制出来即可。

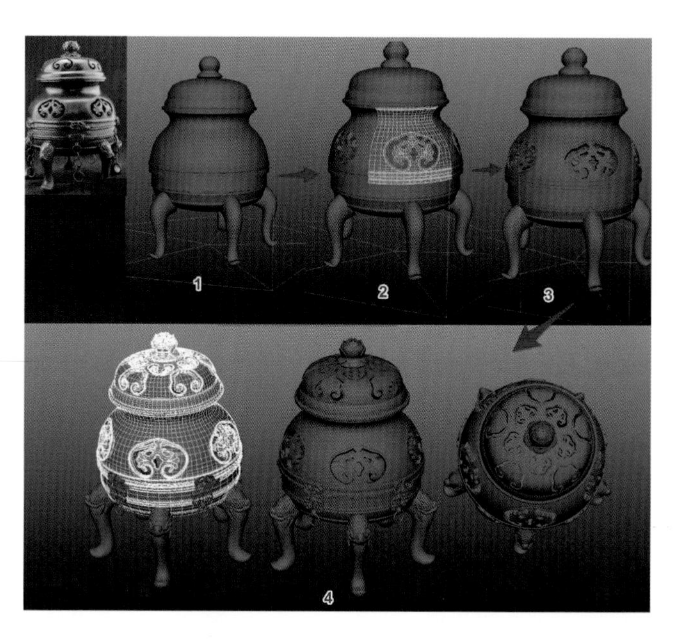

圆桌及圆凳模型

还是老样子，先收集古代圆桌和圆凳的参考资料，这样我们的制作才会有方向，在我们脑海中不是一个模糊的样子，是有真实照片作为依据的。我还是很强调这一点，我们不管是做模型、贴图或材质，最好不要在没有参考的情况下去创作，这个习惯非常不好，尤其是一些刚入行的新人。所以我们不管是做公司项目，还是个人作品，一定要养成先收集参考资料的好习惯，当然越详细越好。根据你的项目时间，来安排找参考的时间有多久。这个是经验之谈，好了闲话少说。当我们收集了这么多参考后，我们来分析一下我的制作思路。

在 Maya 中使用最简单几何体圆柱，这里我首先创建了红色线框的五边形圆柱，这个五边形圆柱主要是用于参考，因为桌子有 5 条腿，每个边也就代表着一条桌子腿的中间位置。绿色圆柱几何体的段数是 5 的倍数，这个就要用到数学知识了，希望你的数学不是语文老师教的。这个绿色的圆柱几何体是为了参考这个圆桌的段数，这里我开始创建圆桌的基础模型，算出需要 200 段，但是也要考虑一下横向的段数。

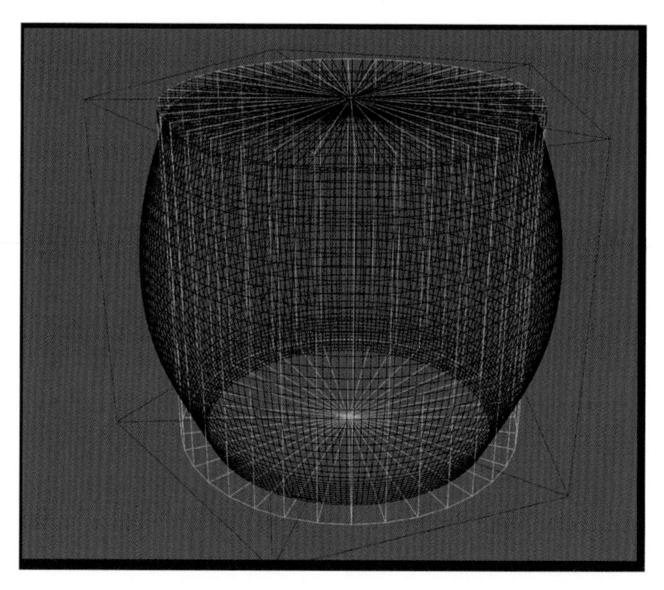

此时把桌面的基础模型创建出来，注意大型的曲率，后面调整模型的时候，尽量不要去破坏圆柱几何体的曲率。这时我们选择多余的面，分离出来并删掉。

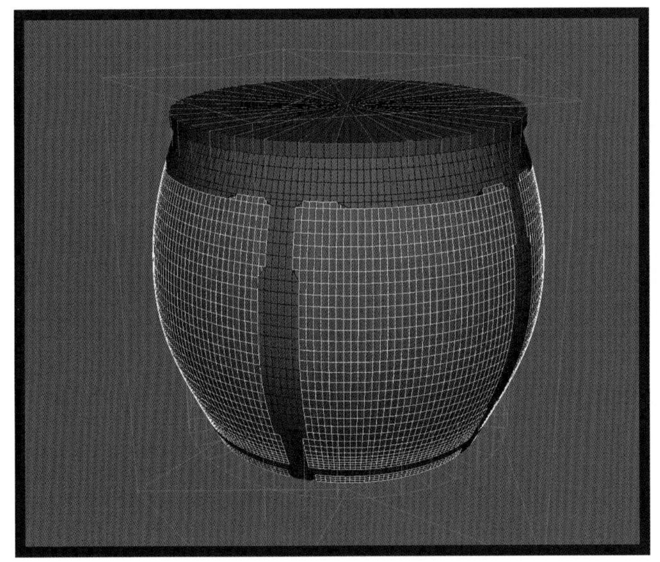

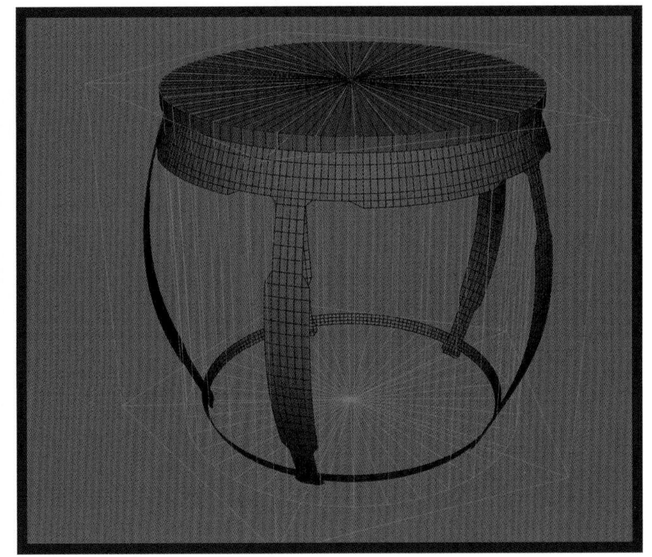

删除面后，我们需要去补一些三角面把角度变成斜角，这是需要细心去处理的。然后挤压模型，添加一定的厚度，同时顺便把左面处理一下，为边缘卡线形成大的倒角效果。记得把倒角的段数提高，这样看起来边缘更加光滑了。接着在桌面的内部选择横截面上的线，用 Maya 多边形建模命令中的 Connect 连接命令。此时就会在中间加入一圈线，把它缩放到合适的位置，设置倒角段数为 2。

把中间的线往下移动，然后给这 3 条边分别添加倒角，就出现如图中桌面的凹槽结构。桌子的底座也比较简单，用几个平行的空心圆柱体与 5 条桌腿连接即可。

给模型卡线，固定模型光滑后的形状，然后删除其他部分，因为每条腿都是一样的结构形状。选择桌子腿的边界，用倒角命令添加倒角，倒角的段数为 2。3 条边更能卡住形状，当我们卡好这条腿时，把桌子腿的坐标轴归到坐标中心，接着用 Maya 的 Duplicate Special 命令旋转 60° ，复制 4 个模型。再把桌子腿两边的格子龙镂空装饰制作出来，这个结果是根据参考图，用 Maya 的 Create Polygon Tool 工具先画出图案的轮廓，然后用 Lattice 变形工具匹配圆桌的曲率，并选择格子龙的全部面，用 Maya 的 Extrude Face 工具挤出一个合适的厚度，最后选择边角添加倒角制作而成的，记得倒角段数为 2。

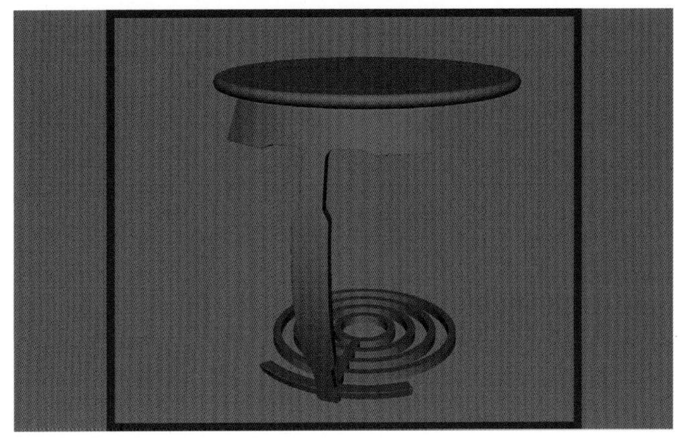

桌面的结构我觉得这样不是很好看，还是决定重新做一个。做法也比较简单，把桌面周围的圆角去掉，然后加入硬边。新桌子也做了两个凹槽，这样看着似乎更协调。在制作时只要发现不协调的地方，就应该改到自己满意为止，否则别人肯定也看着不舒服，一定要对自己的要求高一些。

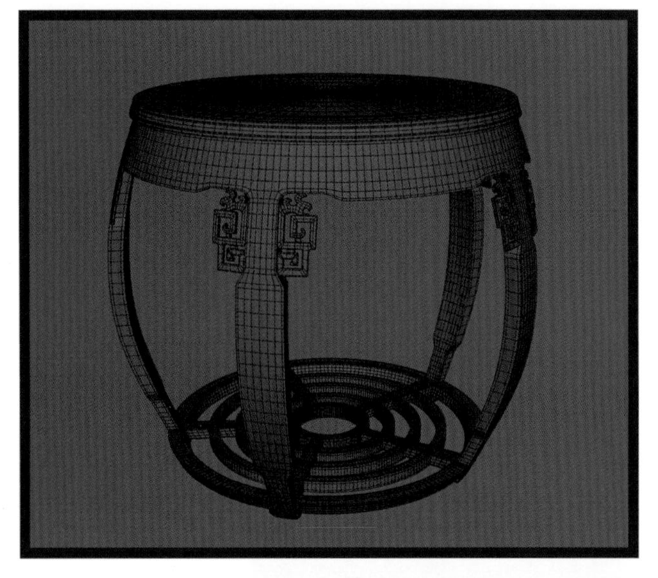

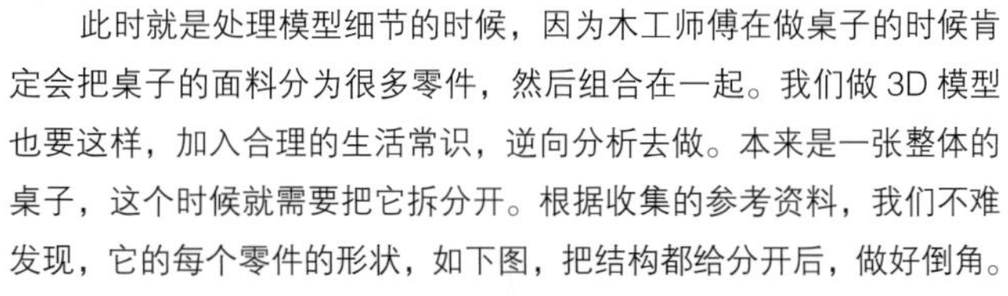

此时就是处理模型细节的时候，因为木工师傅在做桌子的时候肯定会把桌子的面料分为很多零件，然后组合在一起。我们做 3D 模型也要这样，加入合理的生活常识，逆向分析去做。本来是一张整体的桌子，这个时候就需要把它拆分开。根据收集的参考资料，我们不难发现，它的每个零件的形状，如下图，把结构都给分开后，做好倒角。

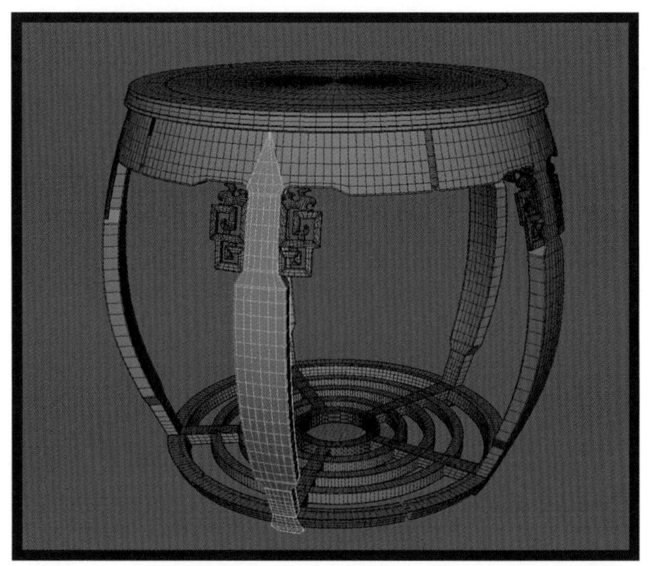

这个桌子模型的最后一步就是为圆桌表面添加细节纹饰，这个添加细节的方法可以参考架子床添加木雕的做法，步骤是一样的。圆凳的做法与圆桌的制作思路几乎一样，最终完成的模型效果如图所示。

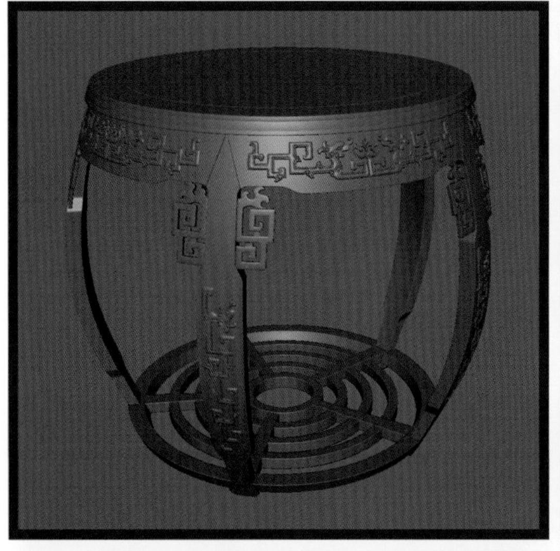

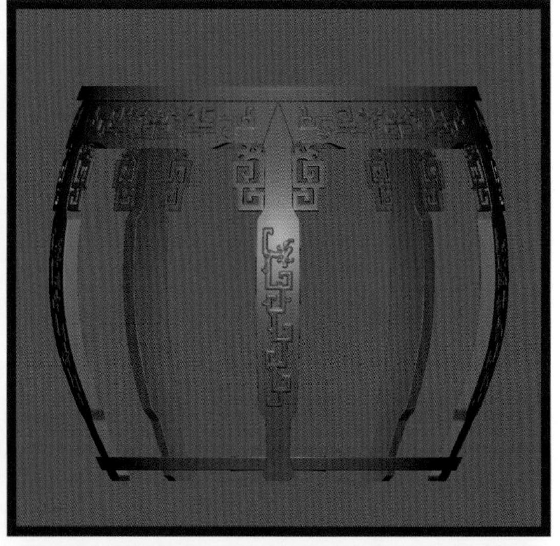

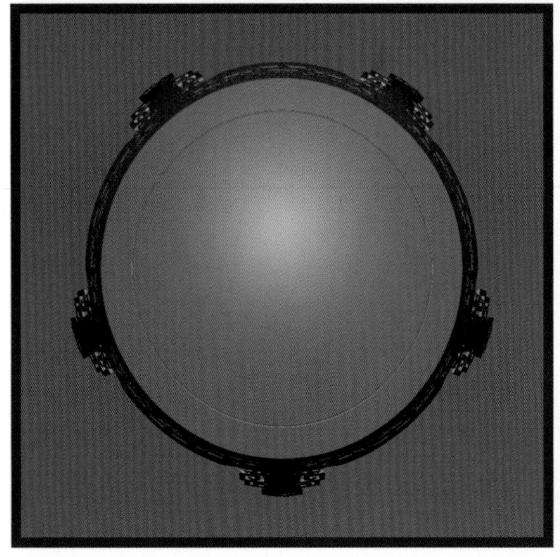

角色模型雕刻及服饰的制作

新郎制作思路与流程

新郎这个角色的形象其实我想了很久，我想表现的这个角色比较有特点，看起来又有比较滑稽、幽默的感觉。我也找了很多角色作为我这个男主角的形象参考。我想表现一个丑角，这个时候找到了一个反派形象，觉得再适合不过了，很适合当作品中男主角——新郎。创作出我理想中的新郎，样貌做得比较夸张。我觉得这个角色的设计创作过程对于我来说是非常有意思的，也给了我非常多的乐趣，下面讲一下具体的制作步骤及思路。

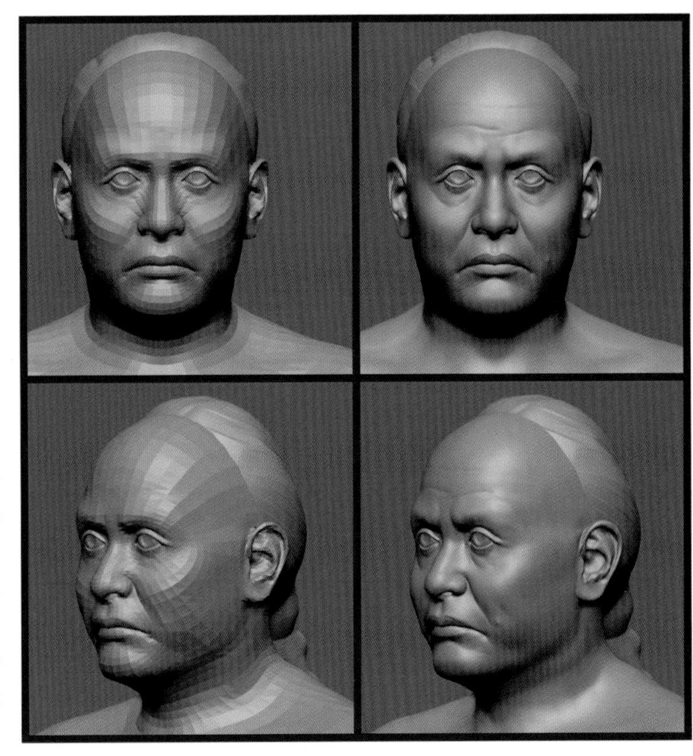

在 MakeHuman 中创建基础人体模型，然后以 OBJ 格式的文件导入 ZBrush 中去雕刻。MakeHuman 创建的模型都是有拓扑的，这样也省去我们在重新布线的步骤了，可以很大程度上省去大量时间。不管是创作个人作品，还是公司商业项目的制作，为了提高效率，节省时间，基本上很多人都会去拿现有的模型作为基础模型，通过修改调整来实现想要的效果。选择基础模型的时候，尽量选择布线均匀的模型，避免 5 边以上的面和多星点，否则在 ZBrush 中去雕刻模型的时候，会出现不平整的问题，很难刷平。

开始没有确定男主角形象的时候，我尝试雕刻了几个形象。这个时候也没有去深入雕刻，还是在找感觉的过程，看着都不太理想，感觉没有特别之处，没有给人深刻的印象。创作的过程，就要多去尝试不同的效果，也不要太拘谨，这个时候可以是天马行空的，放飞你的灵感。

后来我基本确定了角色的长相，这个时候就可以去调整角色的大型了。一开始在 ZBrush 中不用把模型细分得很高，在最低级别调整，这样也是比较方便的。我构想的这个角色的形象个头不是很高，就是一个“土肥圆”，只需要去调整一个大概的形体比例就可以了。

这里我主要用 ZBrush 的 Move 笔刷去调节大型，笔刷的强度也不必调整得过大，这样方便我们去控制笔刷，因为后面身体还需要去做服装，所以为了节省工作量也没有去细致地刻画身体。

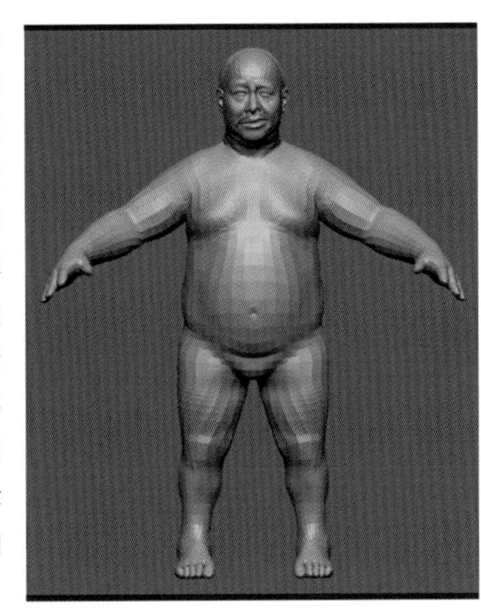

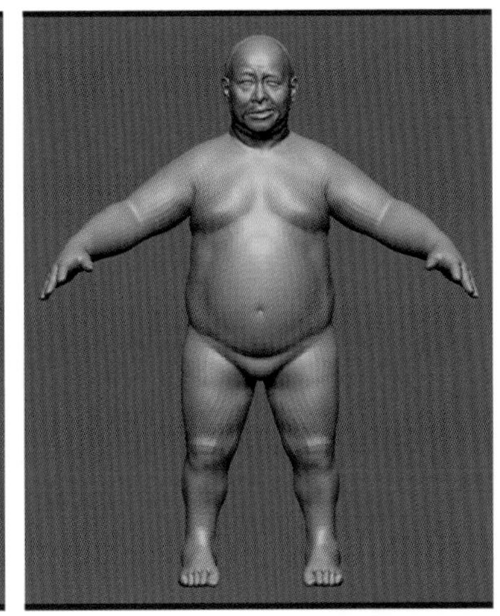

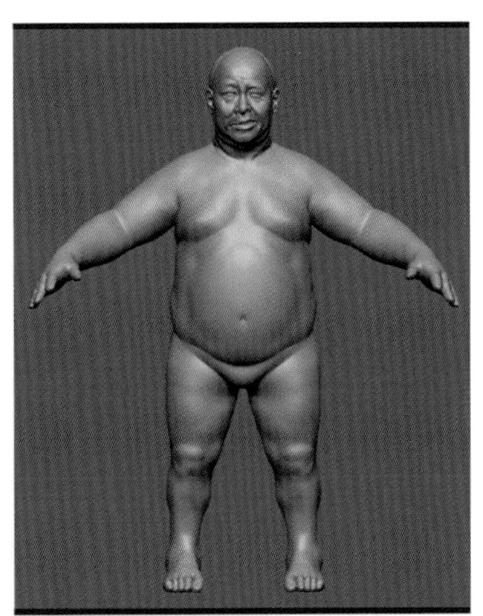

新郎的衣服和鞋子的基础模型是在 Maya 中用多边形创建的，主要运用的是 Maya 的多边形建模工具，这里就不一一讲解了。右图是一个衣服、鞋子的基础模型，后面我们调整好 Pose 后再进行布褶的雕刻及细节的添加。

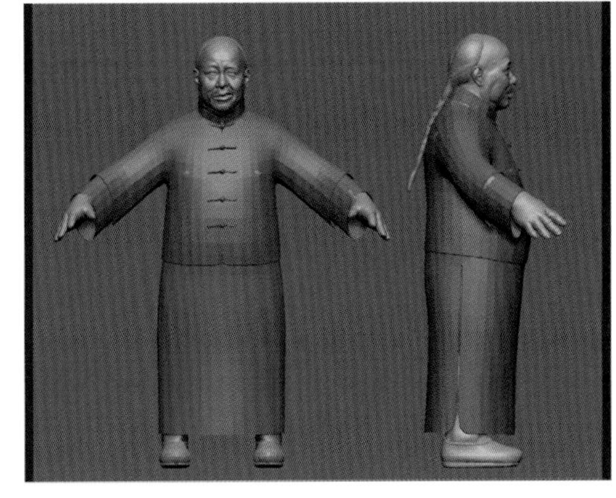

脸部我花了一点时间对着参考图进行了调整，看起来比之前的角色更有特点，也更有趣。开始我是对称雕刻的，现在简单地运用 Move 笔刷做了一些表情，这样看起来也会生动一些。目前面部的效果先告一段落，接下来准备新郎 Pose 的调节。

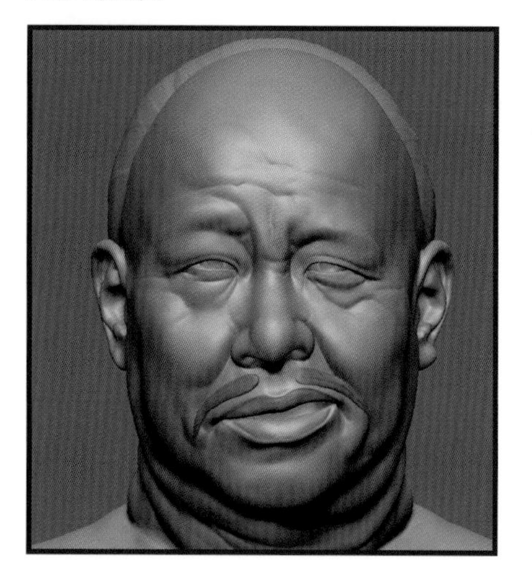

新郎的动作是我在 ZBrush 中使用 Transpose Master 调节的。在 Transpose Master 菜单下单击 TposeMesh 按钮进行计算，然后运用 ZBrsuh 的遮罩工具，我们按“,”键把遮罩的绘制模式改成 Lasso 模式。

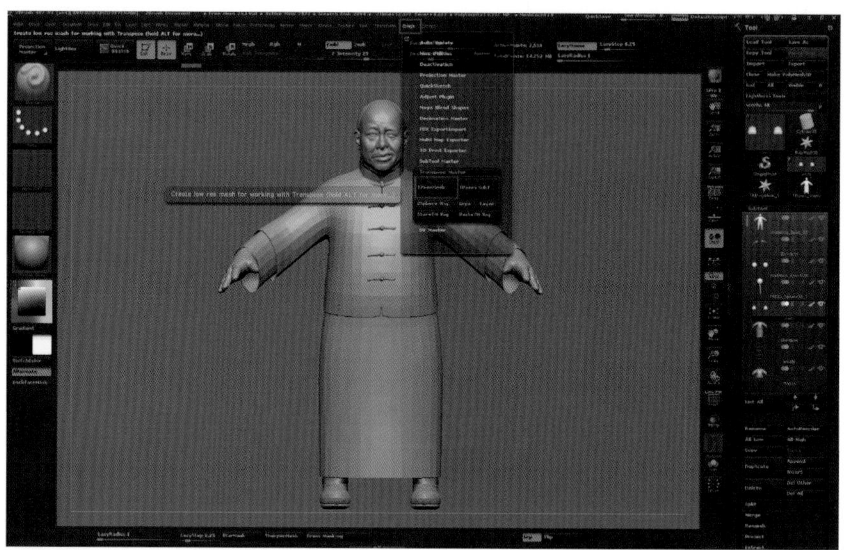

这样我们就可以在 ZBrush 的画布上直接绘制所要遮罩的区域了，然后在画布空白处单击，反选遮罩，如图所示。

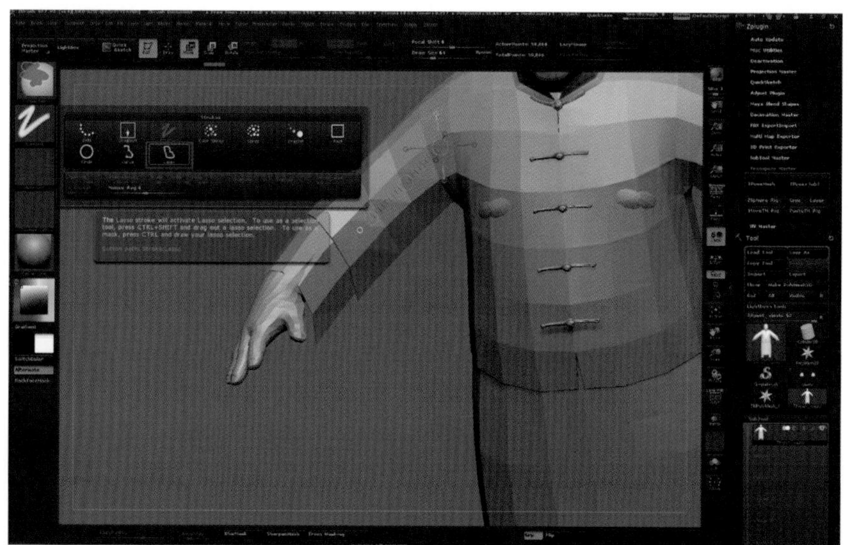

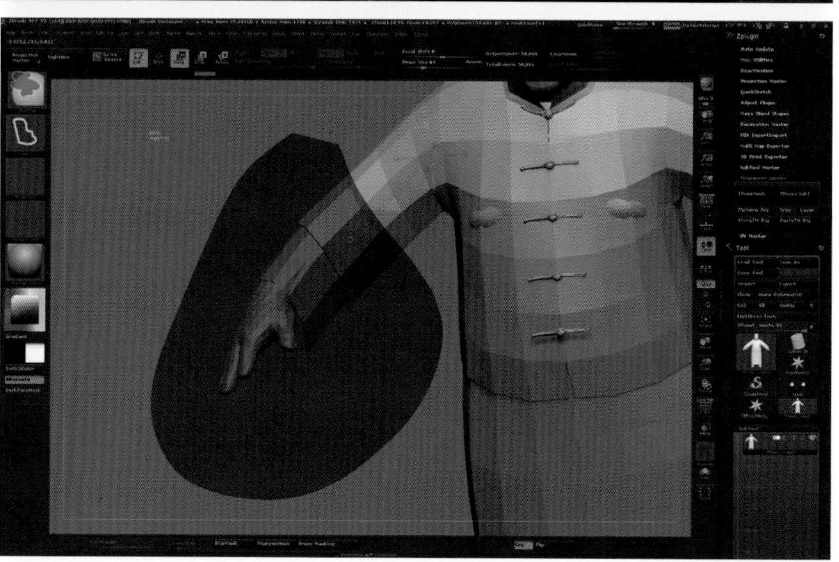

按 W 键（Move 移动的快捷键）在新郎的胳膊肘关节处沿着前臂的方向拖曳出一个操纵杆，然后按 R 键（Rotate 旋转的快捷键）切换到旋转模式。这时可以移动操纵杆手腕处的内环，根据 Pose 的需求耐心调解需要运动的每一个关节。当调整完动作姿势时，单击 Transpose Master 菜单下的 TPoseSubT 按钮，这个时候就会把你调整好的 Pose 传递到其他 Subtool 物体的高模上。

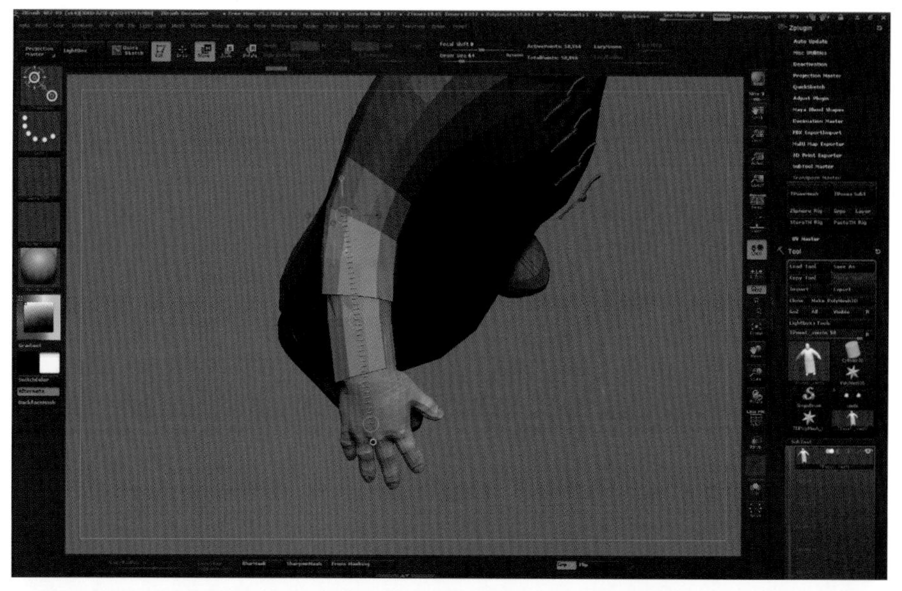

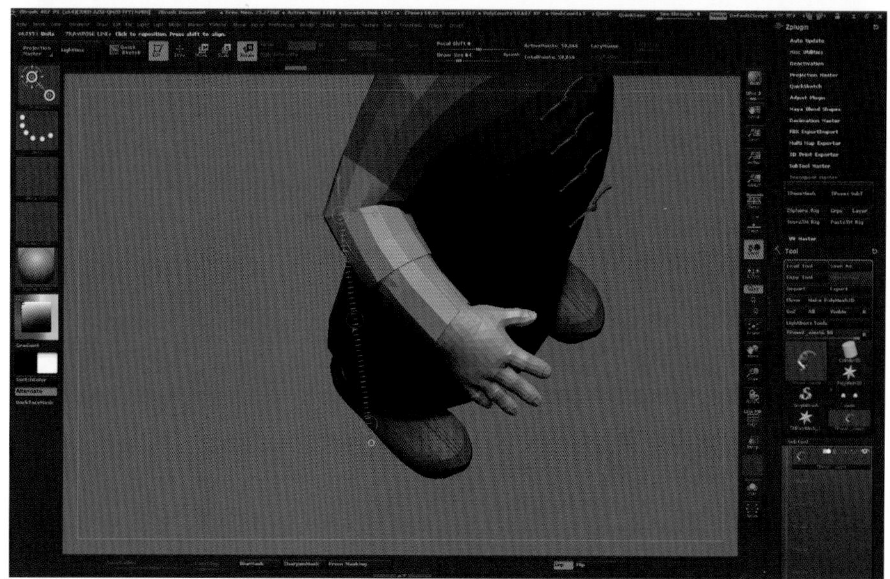

右图是使用 Transpose Master 调整好的一个最终 Pose 的效果。调整过后可能有一些关节的扭曲需要修正，但是这里有一个知识点你要去体会一下。当我们调整 Pose 的时候一定要注意角色的重心，这个角色是否站稳而不倒很重要，我们要从各个角度去观察他，而不是单单一个角度好了就可以了。还有就是注意整体的节奏感，要让每个关节都动起来，这样也就更生动、更能打动人。这个身体我并没有去非常细致地雕刻，因为他全身都穿着衣服，我只需要确定一个大的体型轮廓，Pose 定下来就可以了，这样也会减少工作量。

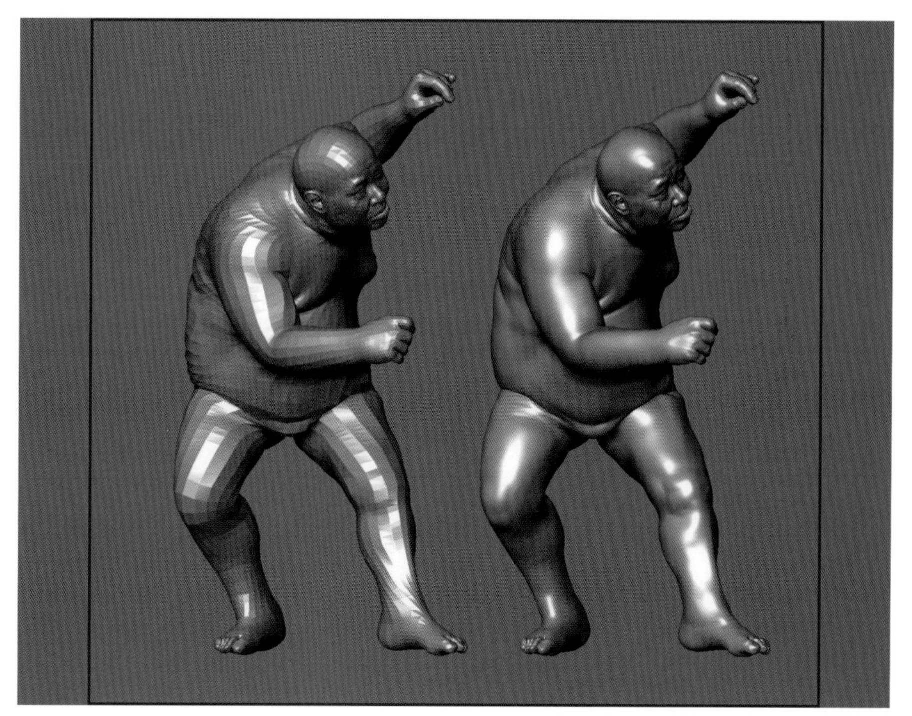

当我们身体 Pose 确定下来后，就可以开始制作身体服饰的部分了。服饰的基础模型都是使用 Maya 的多边形建模创建的，然后导入 ZBrush 中进行大型的调整和细节的添加。雕刻，我主要使用 Standard 笔刷去雕刻起伏纹理，包括皮肤的褶皱和布褶的转折，使用 Move 笔刷调整大型及外轮廓的变化。雕刻模型的时候一定不能只从一个角度去雕刻，记得时常转到其他角度，去观察形状轮廓是否协调，面部的细节雕刻我这里就不多说了。

TIPS

这里有一个我在网上分享的公开课案例，有兴趣的同学可以去看看，头像模型雕刻分享课地址：https://ke.qq.com/course/133884#term_id=100149877。主要讲解一个面部结构雕刻，以及细节毛孔的演示分享，右图为公开课头像雕刻案例。

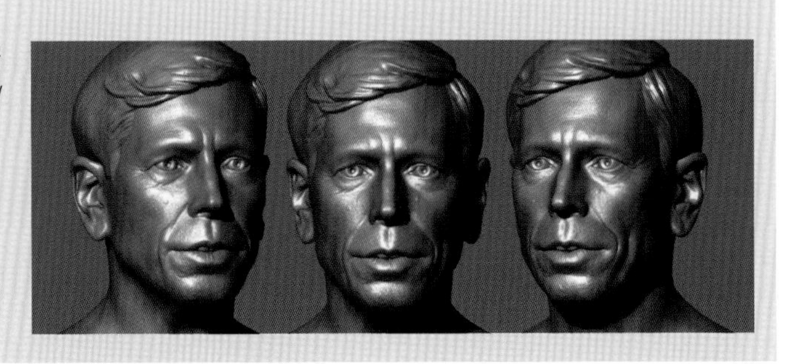

布褶的雕刻技巧，雕刻布褶一直是很多新人的苦恼，很多同学雕刻不好，或者雕刻得很杂乱，没有主次。当然在日常项目中，雕刻布褶也确实是一个难点，但经过下面的分析，你会觉得布褶雕刻会变得很简单。当雕刻布褶的时候，要学会分析角色的动态，布褶与角色动态肯定是息息相关的。这样就不难观察布褶大的走势方向，因为布褶是根据关节力的扭动方向和受布料重量自然下垂产生的。

用 ZBrush 中的 Standard 笔刷把布褶的轮廓走势画出来，画得不太准确的地方可以使用 Move 笔刷拖曳修正。继续使用 Standard 笔刷按住 Alt 键把之前凸起来的边雕凹下去。注意深浅的变化，同时把布褶转角的位置再描一遍，让转折更柔顺、清晰。

按住 Shift 键（Smooth 光滑的快捷键），把不平整的地方光滑一下。注意体积关系，不要把整体都光滑了。继续雕刻修正深浅变化，布褶转角处雕刻进去，让它与凸出来的布褶对比更强烈。

布褶的厚度一般体现在布褶的转角处，把转角雕刻得更加柔软，这样也就显得布料的质感更加柔软轻薄，这里可以用 Standard 笔刷结合 Move 笔刷去雕刻调整。为了让布褶的转折看起来有更多的边和细节，可以用 Standard 笔刷把布料表面增加一些小细节，然后用 Move 笔刷把转折的地方拖曳得更加硬朗、富有变化，这样看起来也就会更加生动，不会显得呆板。

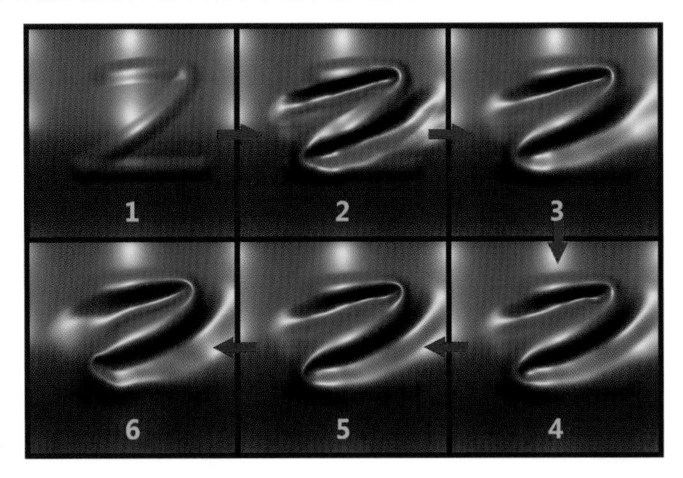

还有就是雕刻布料边缘的时候，最好做一些变化，不要整个是顺着过去的，例如新郎的袖口和裙摆，这里可以观察一下。雕刻布褶要注意主次之分，先雕刻布褶大的方向，然后再细化雕刻小的褶皱纹理细节。角色全身布褶的雕刻都用的是这个方法，现在看来是不是没有想象的困难了。新郎模型的制作先告一段落，下图是截取了一些新郎模型的特写展示。

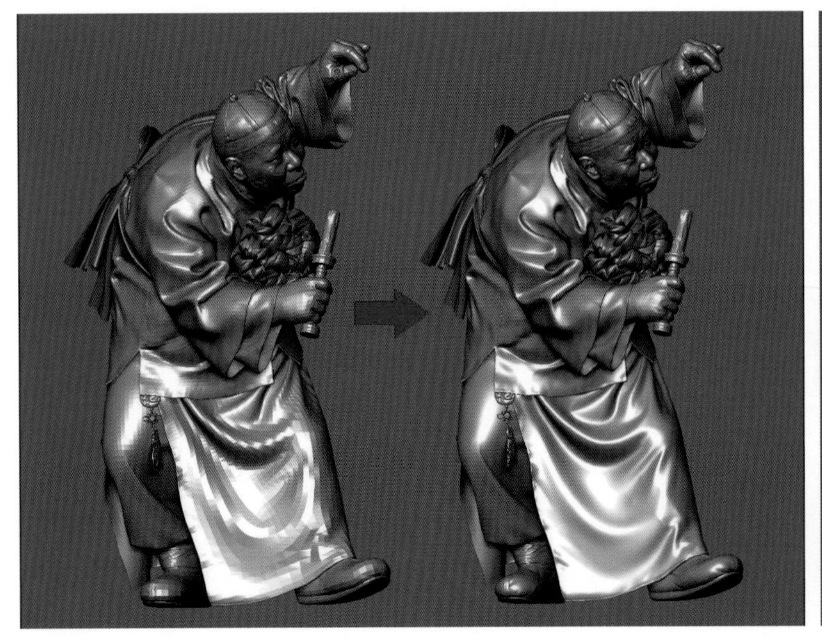

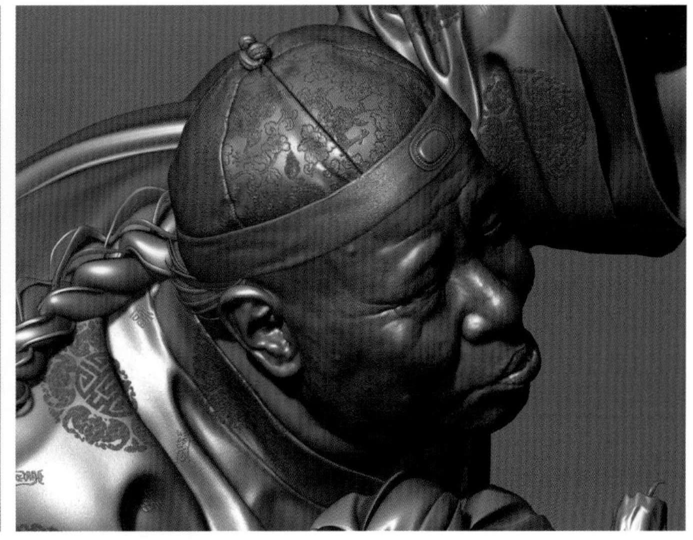

新娘制作思路与流程

新娘这个角色其实我也是构思挺久的，既想表现出东方女性柔美、内敛的气质，又想体现出内心丰富的变化。我找了一些中国女性图片作参考，主要参考了角色的气质。新娘这个角色其实也是这个作品的一个亮点，虽然在表情的刻画上没有新郎那么夸张，但是从面部结合动作也能看出其内心的活动是波澜壮阔的。不知道大家有没有看作品的原图，新娘我设定的是一个狐妖的角色。它不是人类，我觉得这才是这个作品有意思的地方。我为什么要这样设定呢？这样可以让大家去大胆想象，接下来会发生什么，每个人想的版本我觉得应该都不太一样。其实我也想了一下觉得这个新郎肯定会被吸干他的阳寿，从此狐妖会变成他的样子掌管他的家业。有没有发现与现在社会的某种现象比较像呢？大家可以放开思路，任由畅想一下。

新娘角色整体的制作步骤与新郎的大致相同，细心的同学会发现这个角色是有一条尾巴的。

下面是服装的款式参考，也是我精心挑选出来的。参考图一定要找好，这真能决定你做出来的效果的成败。缩影还是要认真对待的，再次再次强调一下。

新娘模型是在Maya中创建基础模型，然后导入ZBrush中调整Pose和轮廓大型，接着耐心地添加细节。布料的褶皱可以参考新郎的雕刻方法和思路。关于模型的刺绣纹理，这里也给大家介绍一下。其实这一步一般是在最后画完贴图去制作的，不过这里可以先给大家介绍。

展开Tool面板中的Displacement map菜单，然后在打开的选项窗口中单击Import按钮，接着导入这个模型对应的一幅灰白图，其实这幅图就是一个Bump贴图，也可以是置换贴图。贴图的效果是越白的地方越凸起，越黑的地方也就越凹陷。

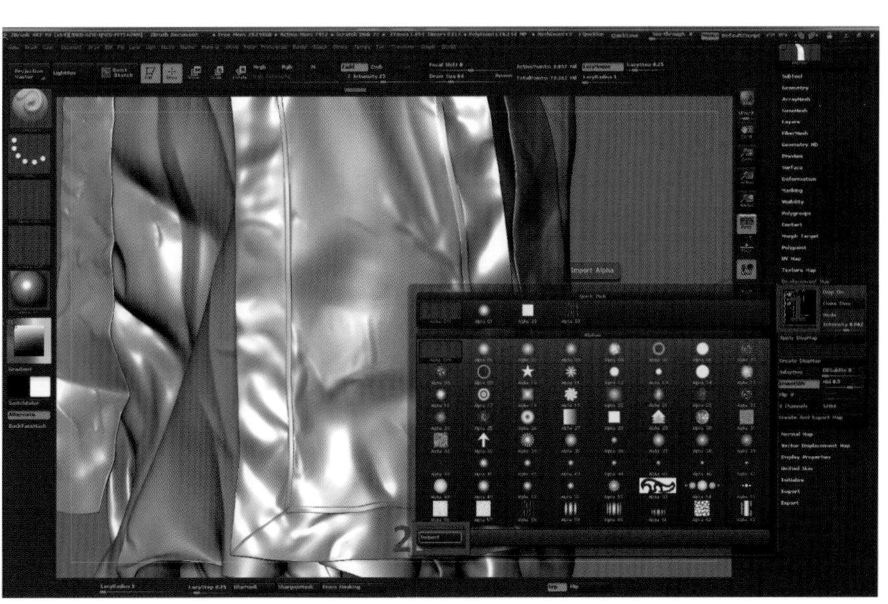

给 Intensity 一个强度值，这个值自己可以去测试一下。越大就越往外凸起，需要反复测试，这个没有一个固定的值，可以根据你的效果需求去调整。单击 Apply Dispmap 按钮，此时才会在 ZBrush 中看到效果。如果效果不够强或者太强，就可以按快捷键 Ctrl+Z 返回，然后调整 Intensity 的强度直到满意为止。

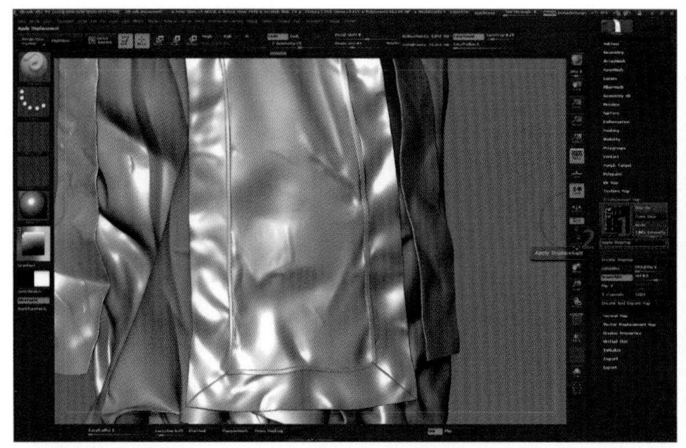

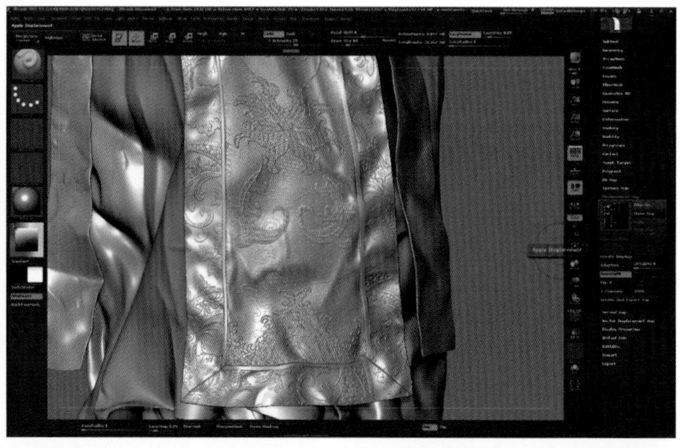

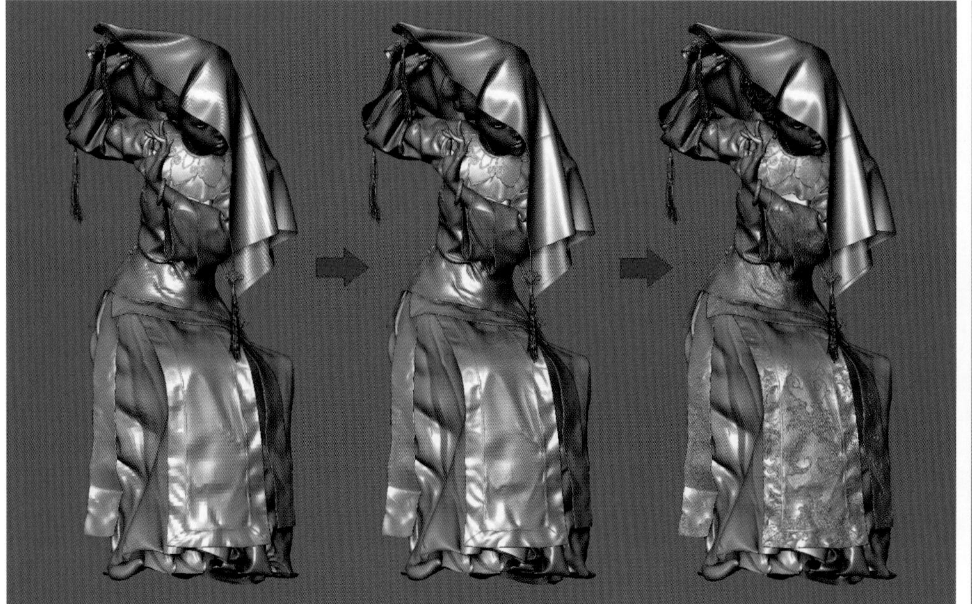

作品在制作模型上花去了我一大半的时间，由于道具比较多，也比较烦琐，需要静下心来制作。很多人做模型的时候就开始感觉吃力，会觉得很痛苦，我想告诉你，这个痛苦的经历我也有过，只有你坚持下去了才能有成果。很多人没有继续做下去，等待他的只有烂尾作品。很多所谓的大神也都是这样走过来的，所以我真心告诫大家一定到坚持下去，不要轻易放弃。当你觉得累的时候可以出去走走，回来继续做，感觉无聊的时候就听听段子、相声或音乐，去缓解一下压力。下图是 Maya 中的最终显示效果。

L 灯光设置
LIGHTING SETUP

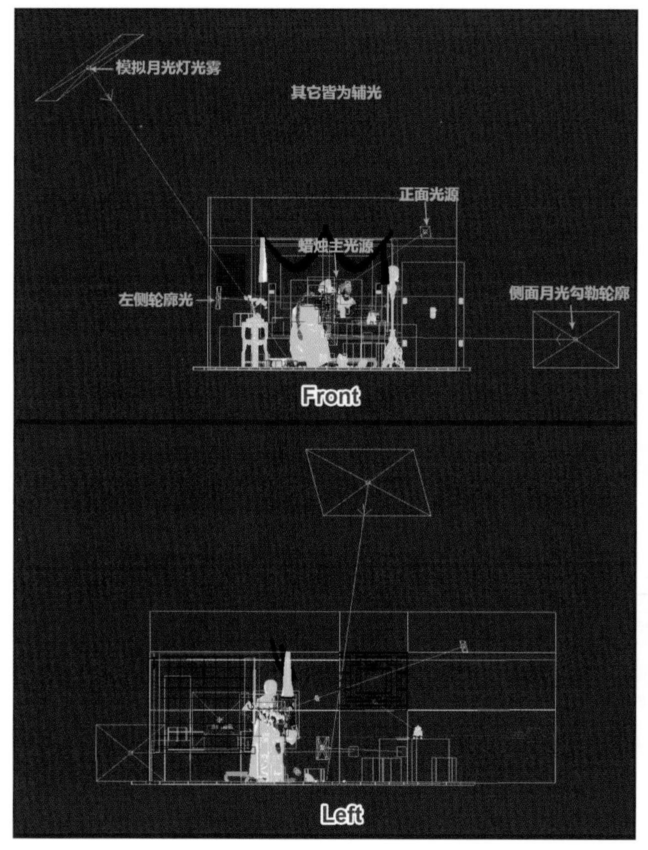

当全部模型制作完成时，我将制作好的模型和摄像机导入 3ds Max，制作后面的环节。这个场景的灯光看起来好像很复杂，其实很简单。我想要蜡烛成为整个画面的中心，蜡烛是暖色调的主光源，场景的两侧模拟窗外的月光，作为辅光，可以把角色和场景的轮廓勾勒出来。我用了比较强烈的冷暖灯光，让整个场景气氛对比更强烈一些。这里的灯光使用的是 VRay 灯光，因为接下来会用到 VRay 渲染器。

S 拆分 UV
SPLIT UV

UV 的拆分主要用的是 UVLayout，在 UVLayout 中 UV 的拆分是很简单、很有效率的，你只需要在模型上划分好切口，按 F 键它就会自动帮你拆分好，这点是很神奇。UVLayout 没有什么难点，主要还是 UV 的摆放，要尽可能合理地摆满整个 UV 坐标空间，这里我就以男角色为例。

我安装了 UVLayout 的 Maya 接口，这样就不需要手动把 Maya 的模型以 OBJ 格式导入 UVLayout 了。只需要单击 UVLayout 工具架下的 Info 按钮，就会出现一个窗口。在窗口中单击 Run UVLayout 按钮，就会运行 UVLayout。单击 SendMesh 按钮，就会把你选择的模型快速发送到 UVLayout。单击 Stop UVLayout 按钮，就会关闭 UVLayout。

如果你的模型是有 UV 的，只想去 UVLayout 中去编辑它，那么需要修改 UVLayout 中的 Set Load Options 设置，将 UVs 设置为 Edit 编辑模式，而不是 New 模式以一个新的 UV 导入进来，然后再单击 Send Mesh 按钮把需要拆分 UV 的模型发送到 UVLayout 中。

将模型导入 UVLayout 后，需要绘制 UV 展开的切口。如果模型是对称的，在 UVLayout 中有一个非常好用的功能，就是可以对称编辑 UV 功能。单击打开 Edit 选项卡，然后单击 Find 按钮，接着到 UVLayout 视图中单击模型中间的线，再把光标放到模型的任意一边按 Space 键，这个时候 UVLayout 就会标记对称模型了，模型会呈白灰色显示。

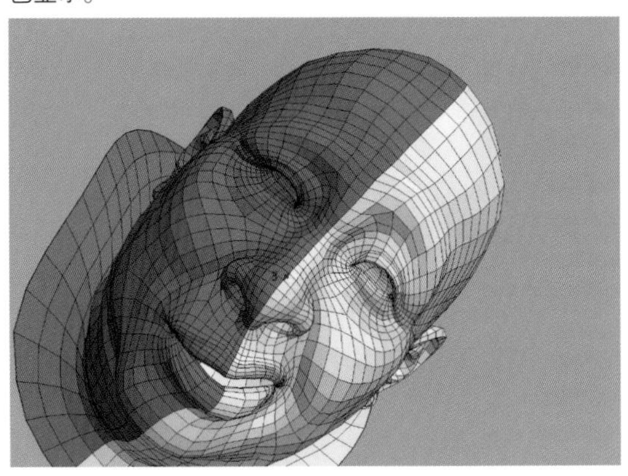

将光标放在需要切割的边上，然后按 C 键进行切割。其实这个时候并不是真正的切割，而是一种显示预览的模式。当我们切割过多时，可以将光标移至截止的边上，接着按 C 键，这时会出现一个红色的边，最后按 W 键，黄色的边就被缝合上了。

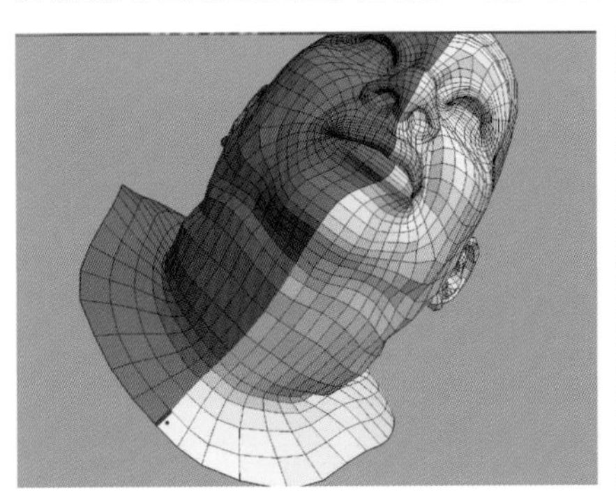

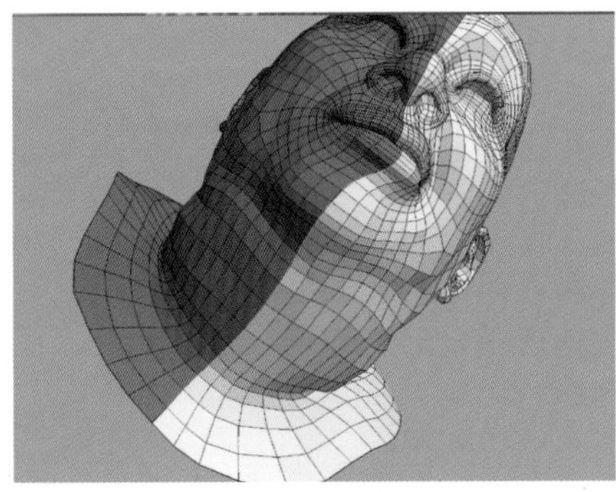

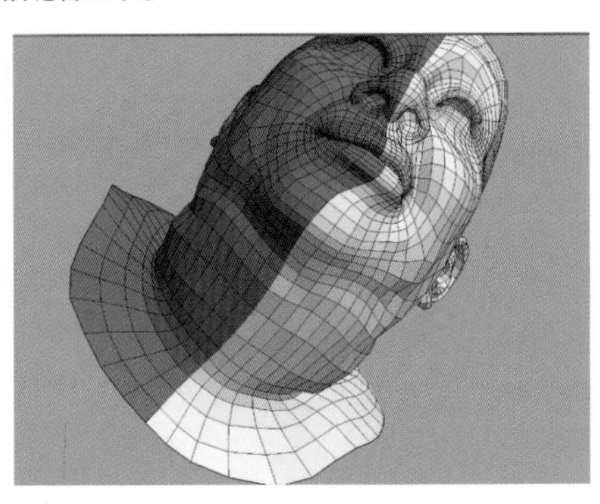

把头部后部的边也切割一下，这样 UV 会展得更均匀。

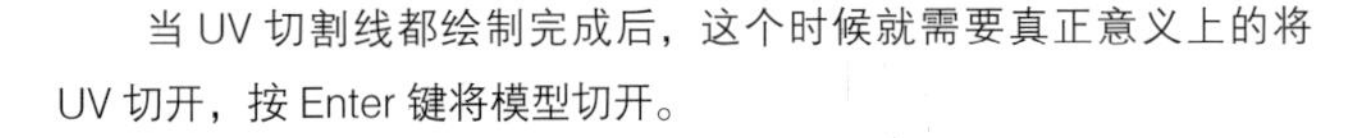

当 UV 切割线都绘制完成后，这个时候就需要真正意义上的将 UV 切开，按 Enter 键将模型切开。

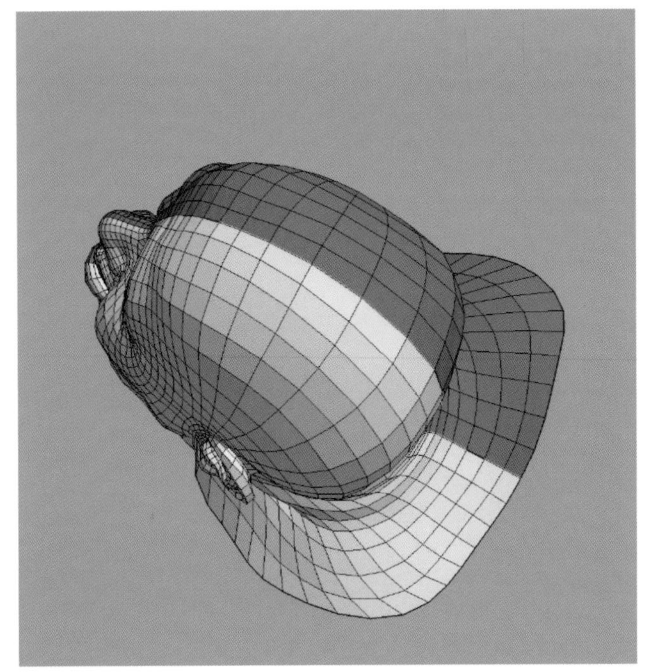

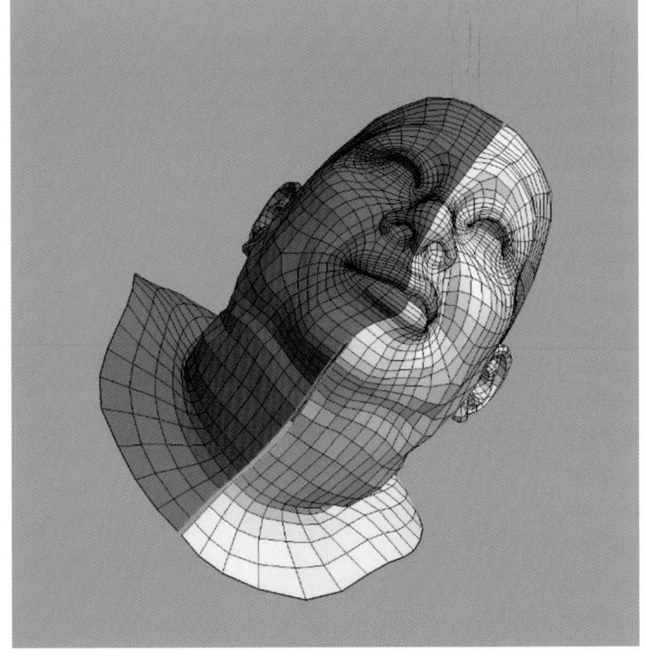

我们还需要把口腔内部的结构单独分开，先按 C 键绘制切割预览线。绘制完成后，按 Enter 键把这两个部分切割开。

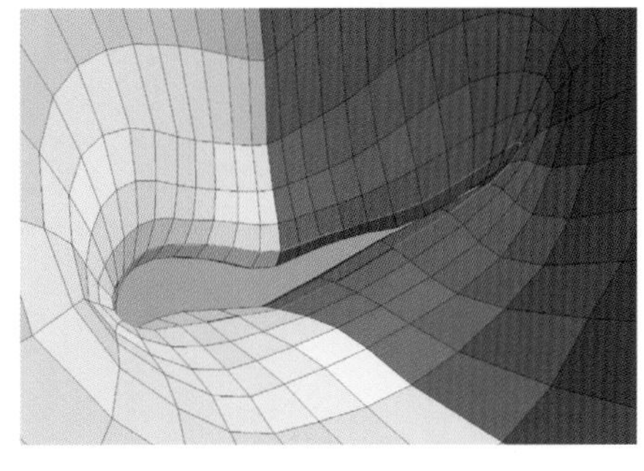

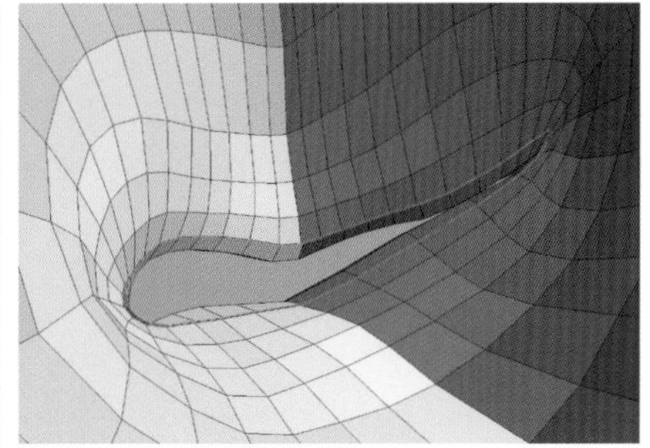

为了方便绘制其他的 UV 切割预览线，可以按住 Space 键 + 鼠标左键将切割后的模型移开。

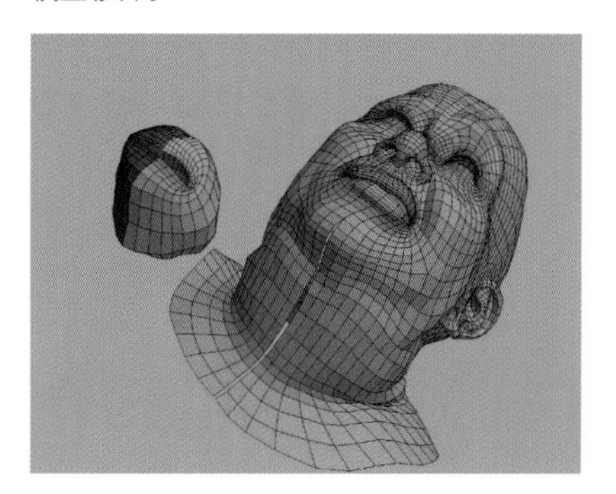

把口腔内部的 UV 切割预览线绘制好后，按 Enter 键切割。使用同样的方法切割其他部位的 UV。

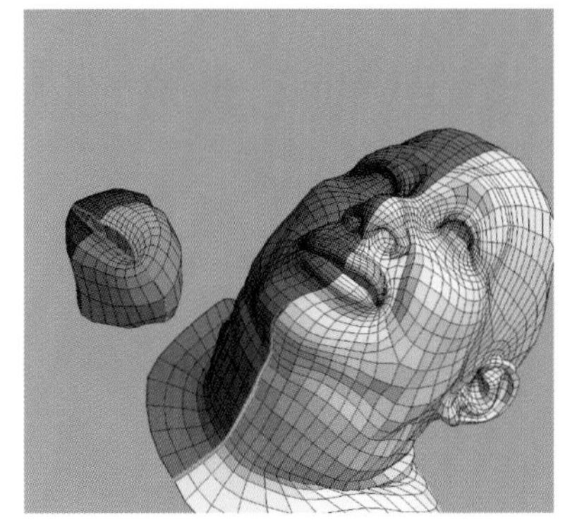

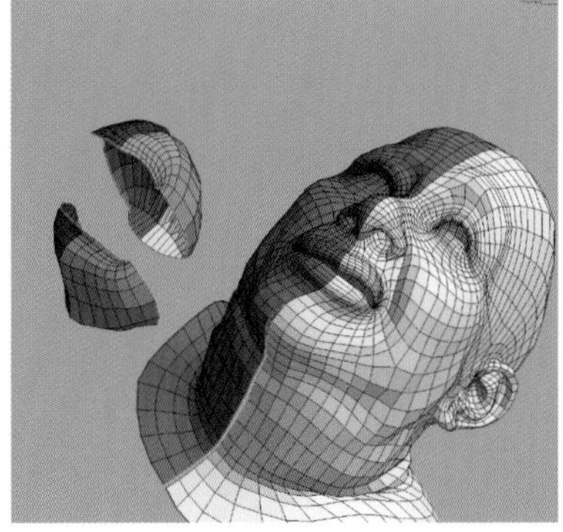

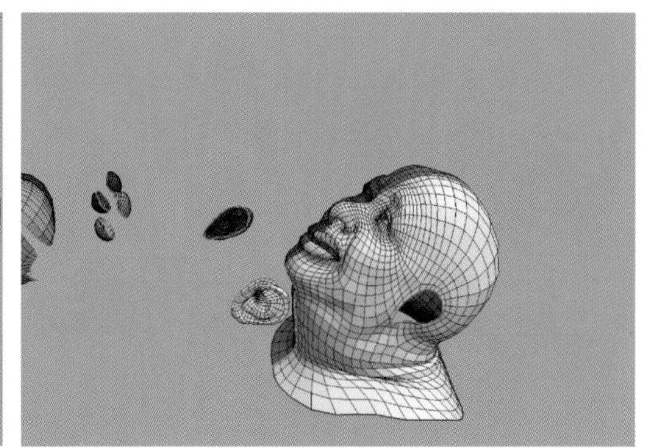

当模型的 UV 切口绘制好并切割后，需要按 D 键把切割好 UV 的模型发送到 UV 编辑窗口视图中，按数字 1 键把 UV 切割视图切换到 UV 展开编辑视图。

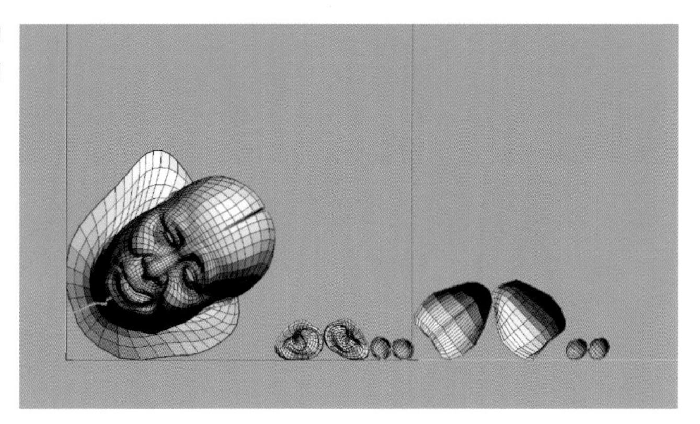

将光标移至需要展开 UV 的模型上，然后按快捷键 Shift+F 展开 UV，当 UV 完全展平后按 Space 键终止计算。使用同样的方法继续把其他的 UV 都展开。

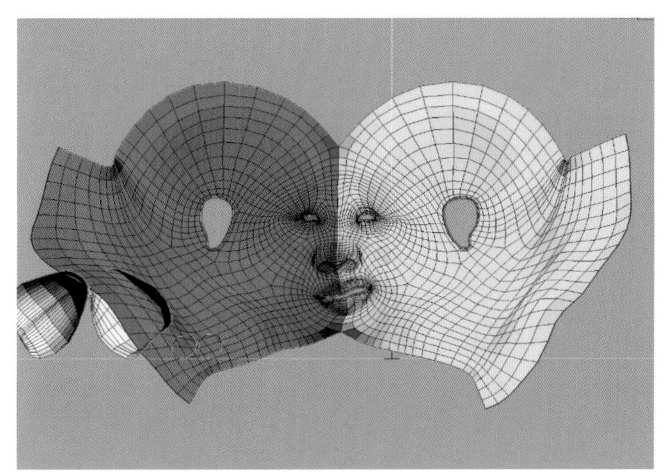

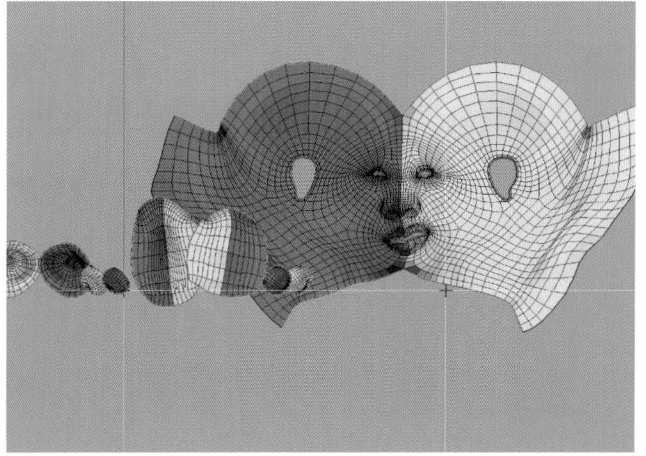

我们的模型是对称的拓扑结构，之前也设置了对称编辑 UV 功能，此时可以按 S 键使模型的 UV 对称。我们可以看到展开的 UV 分布着不同的色块，这个色块代表什么呢？越白的区域就代表 UV 分布是比较均匀的，拉伸比较小；而红色的就代表着 UV 挤压比较严重，没有展开；蓝色的区域代表着这块 UV 分布占的位置太大。

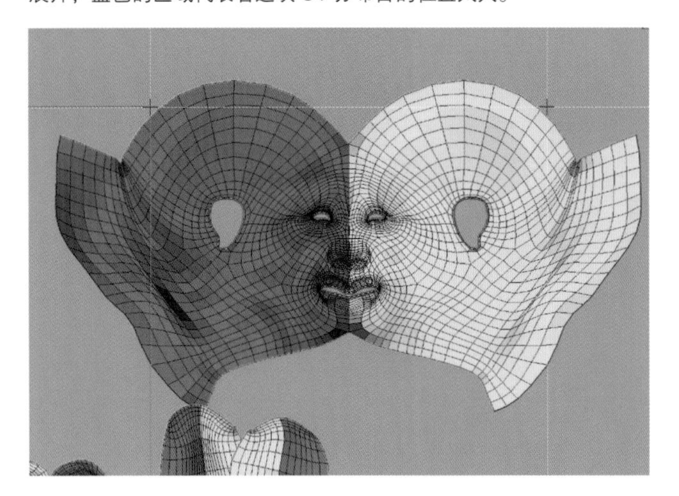

如果觉得 UV 展得不好，可以按 F 键继续松弛整块 UV，使其分布更加均匀。其他区域的 UV 也可以这样去展平。

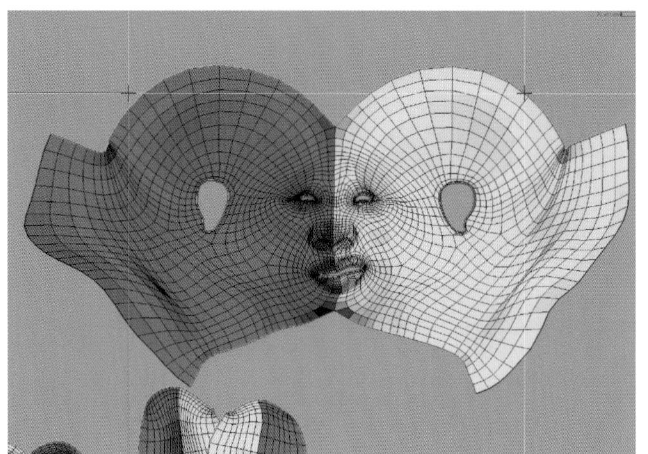

当 UV 都展平后，需要排列 UV 的位置和大小，这一步也可以放到 Maya 的 UV 编辑器中操作。在 UVLayout 中按住 Space 键 + 鼠标中键移动 UV 的位置，按住 Space 键 + 鼠标左键旋转 UV，按住 Space 键 + 鼠标右键缩放 UV。使用这些快捷键排列 UV，UV 全部编辑完成后，单击 Send 按钮把展好 UV 的模型发送到 Maya 中。打开 Maya 的 UV 编辑器后，你就会发现这个模型的 UV 已经展好，可以根据需要在 Maya 中编辑了。

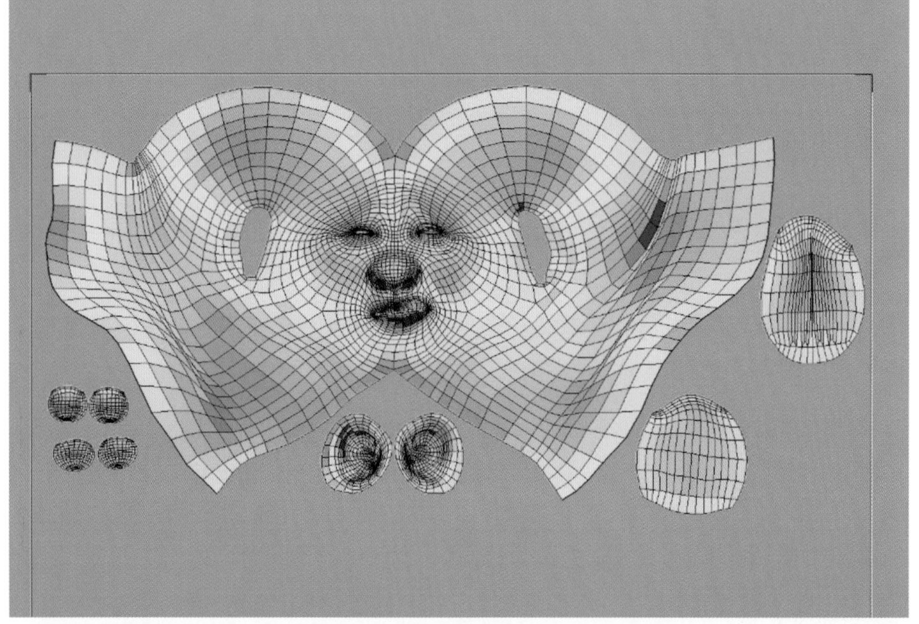

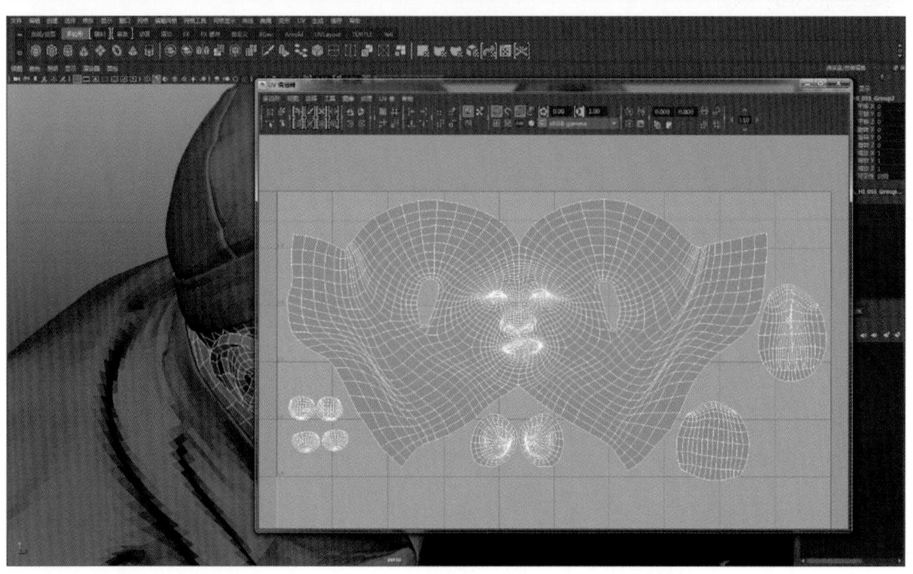

绘制贴图
MODE MAPS

角色头部

面部的贴图我是在 Mudbox 中进行照片投射的，投射之前最好在 Photoshop 中去除照片面部的阴影和高光，因为现在制作的是颜色贴图，所以尽量不要出现阴影与高光的信息，只保留颜色信息。只靠照片的颜色还是不够，我们可以在 Photoshop 中用画笔做一些颜色的变化。下面一步一步去操作。

在 Photoshop 中打开照片素材，这里想修掉照片素材上的高光和阴影，让整个照片素材看起来只有颜色信息。这样在渲染的时候，不会因为脸部有阴影或高光而影响效果。

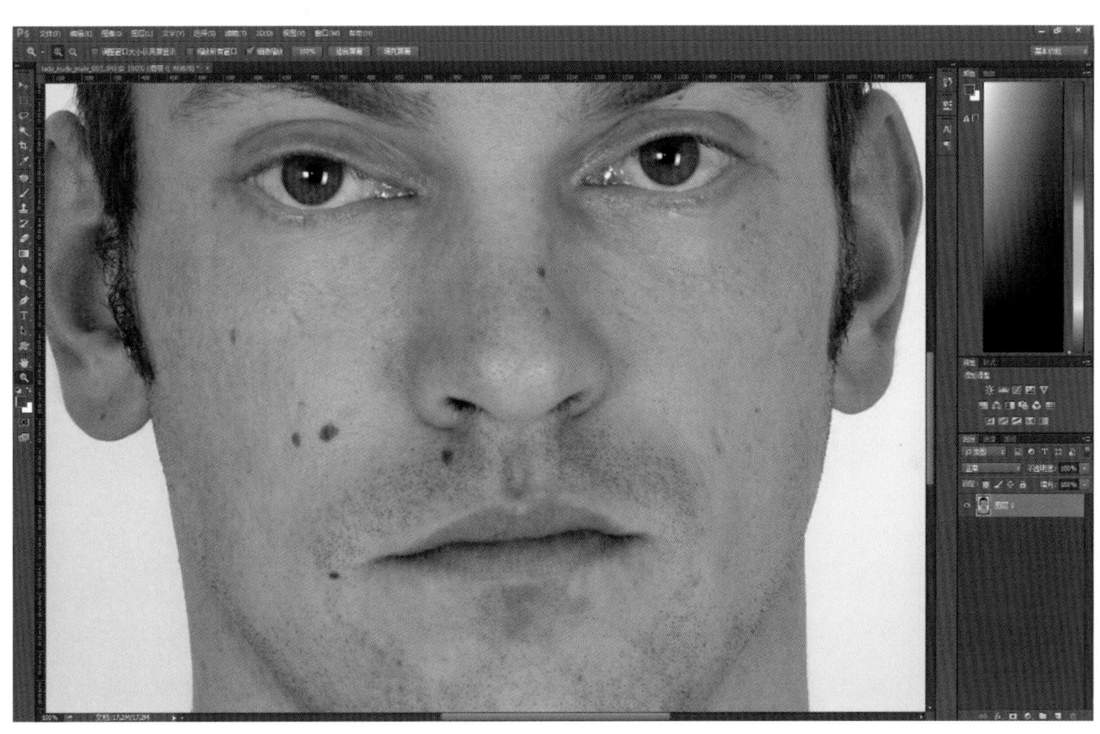

选择“图像 > 调整 > 阴影 / 高光”命令，打开“阴影 / 高光”对话框，然后选择“显示更多选项”，这样即可有更多的阴影和高光参数供我们调整。

将阴影的“数量”调到最高，然后调节阴影的色调，根据看到的色调效果去调整。接着调节阴影的“半径”，该属性是用来控制阴影的半径范围，建议不要设置得过高。再来调整高光，把高光的“数量”调到最高，并根据色调来调整高光的色调。最后调整高光的“半径”，该值也不建议调得太大。

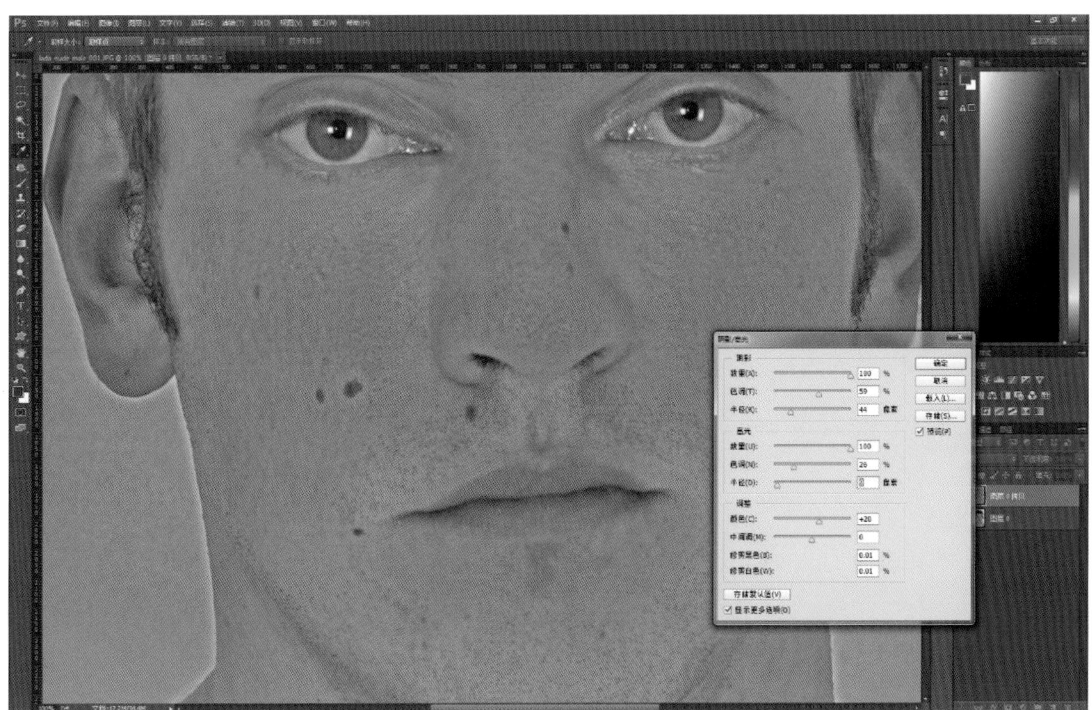

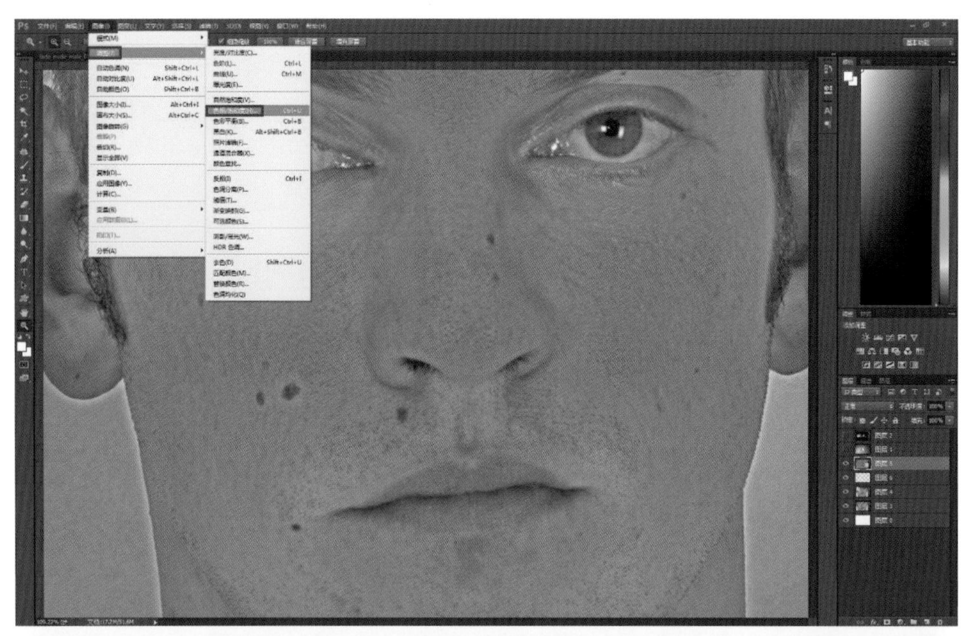

到此照片素材就已经去掉了高光和阴影。现在看来感觉照片素材的饱和度似乎太高了，可以把照片的饱和度降低一些。选择“菜单 > 调整 > 色相 / 饱和度”命令，然后适当降低饱和度。

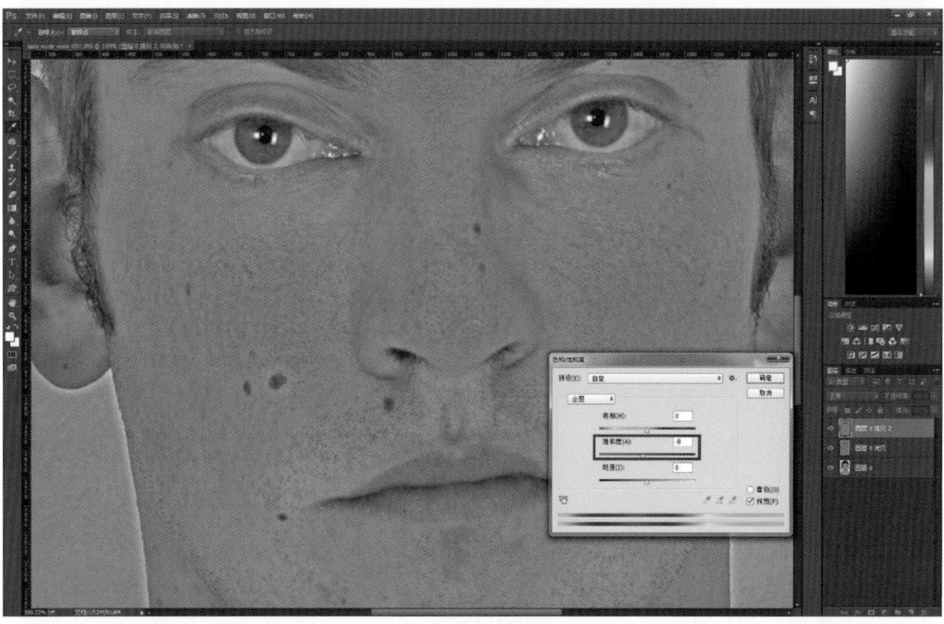

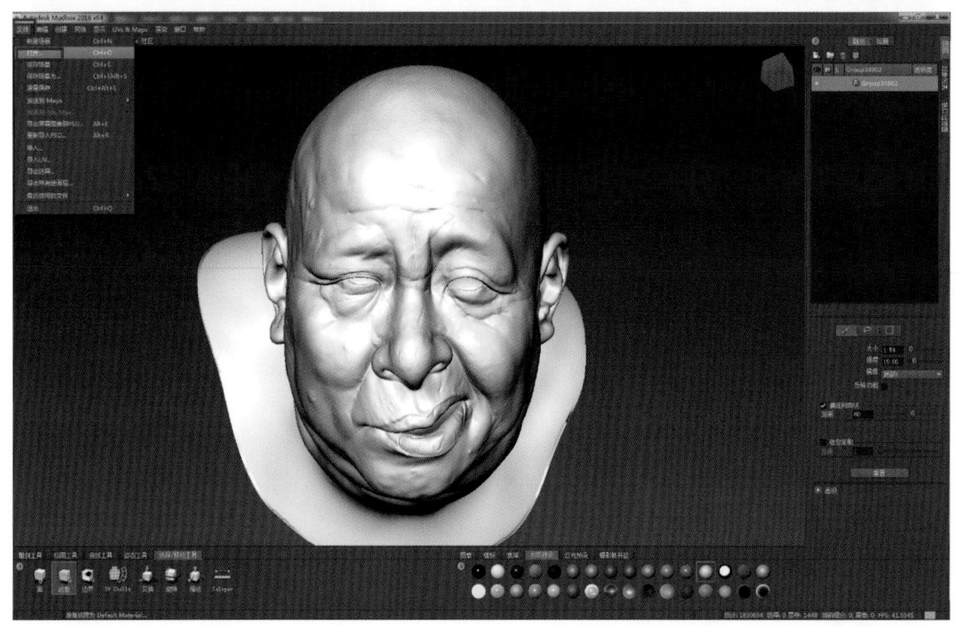

接下来准备在 Mudbox 中把照片素材的细节颜色信息映射到展好 UV 的模型上。选择“文件 > 打开”命令，然后导入展好 UV 的模型。

切换到“图像浏览器”选项卡，然后添加在 Photoshop 中处理好的照片素材，用来作为映射源。

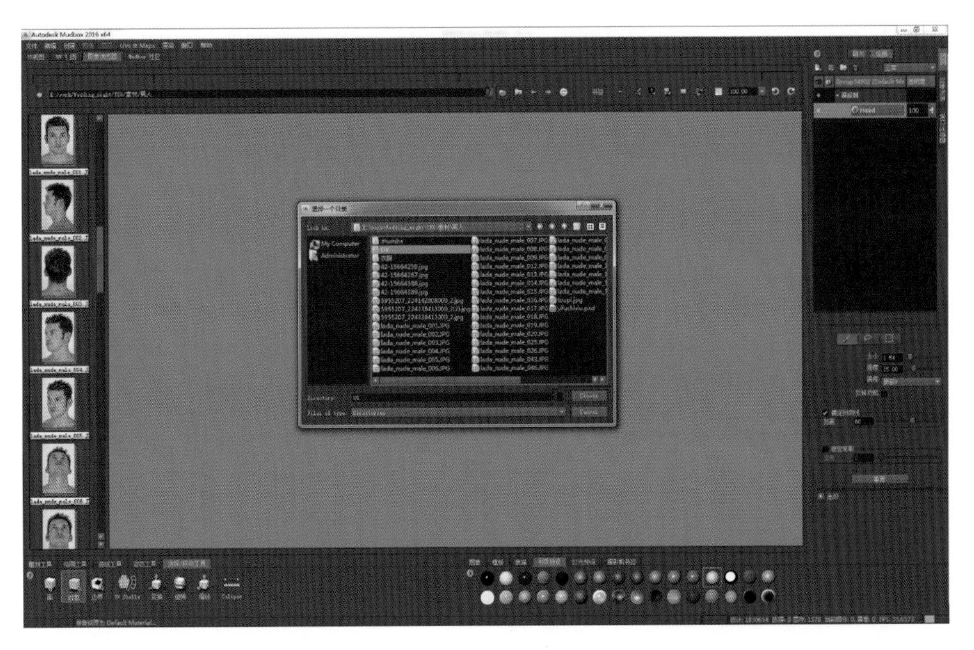

切换到“3D 视图”选项卡，在“图层”面板中选择“绘画”标签，接着单击“新建图层”按钮，在打开的对话框中设置图层的名称、分辨率、格式和通道等。可以根据自己的需要去设置属性，设置完成后单击 OK 按钮，在“绘画”标签下创建一个新的绘画层。

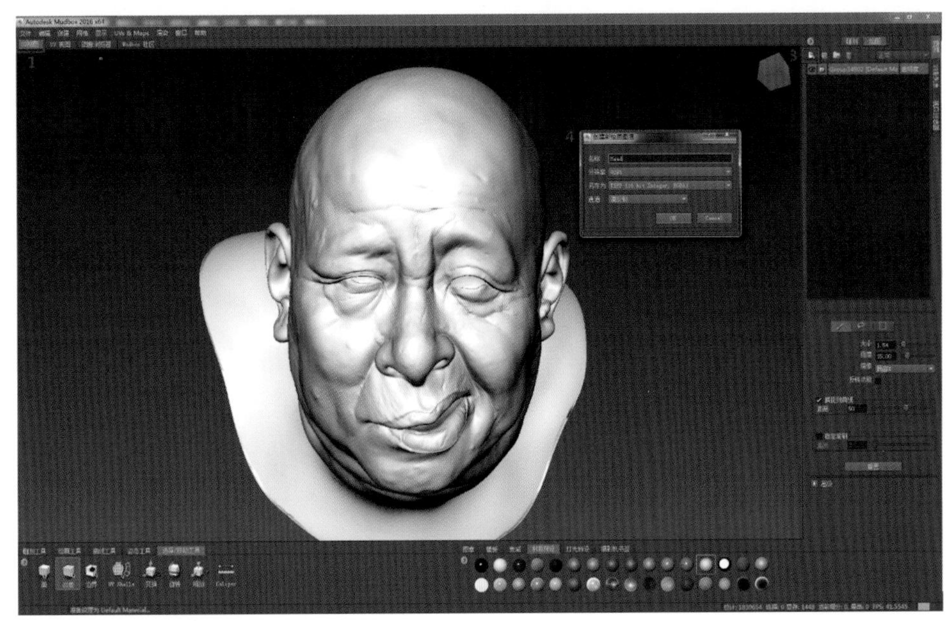

切换到“图像浏览器”选项卡，然后选择一个需要投射的照片素材，单击“设置模板”按钮，将选择的图片发送到 3D 视图，设置成映射模板。

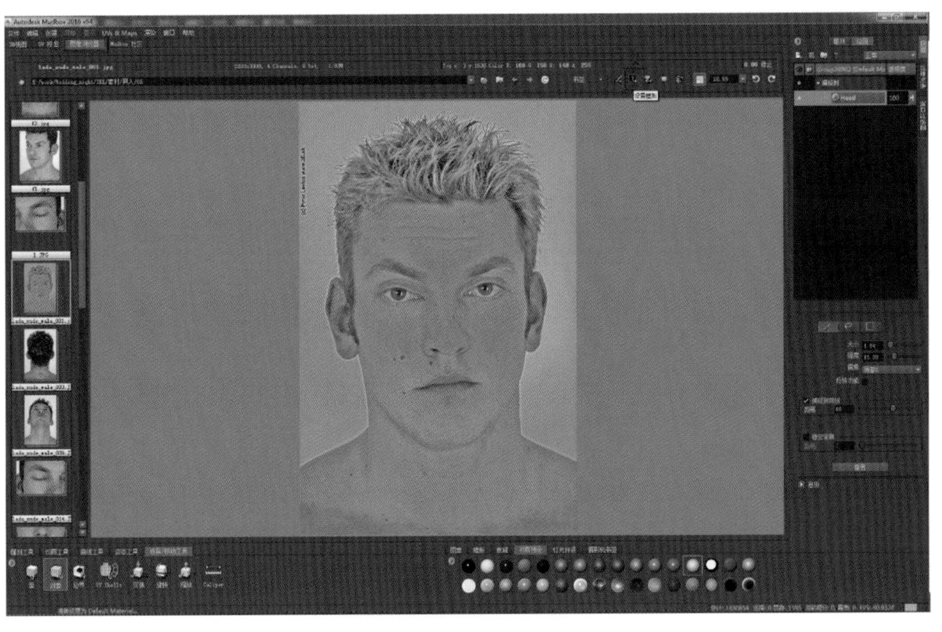

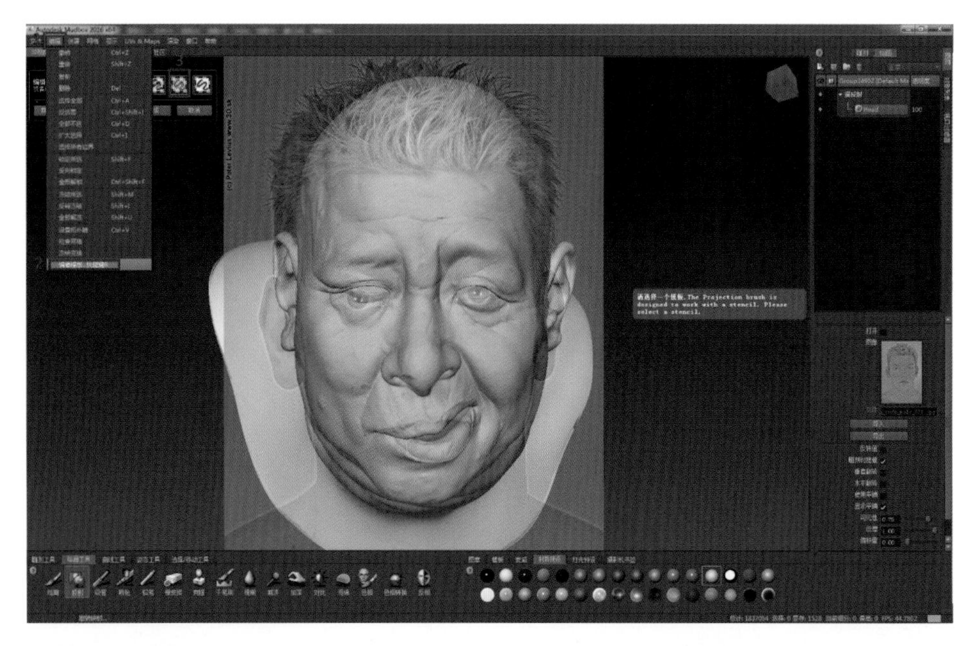

切换到“3D 视图”选项卡，可以对模块进行移动（快捷键为 S+ 鼠标中键）、旋转（快捷键为 S+ 鼠标左键）、缩放（快捷键为 S+ 鼠标右键）和隐藏（快捷键为 Q）操作，使照片模板和模型能更好地匹配。

如果经过上述操作，还是不能使照片模板和模型匹配，那么就需要调整模板图像。使用雕刻工具中的抓取笔刷，然后选择“编辑 > 编辑模板”命令，在打开的面板中选择第 2 种模式。

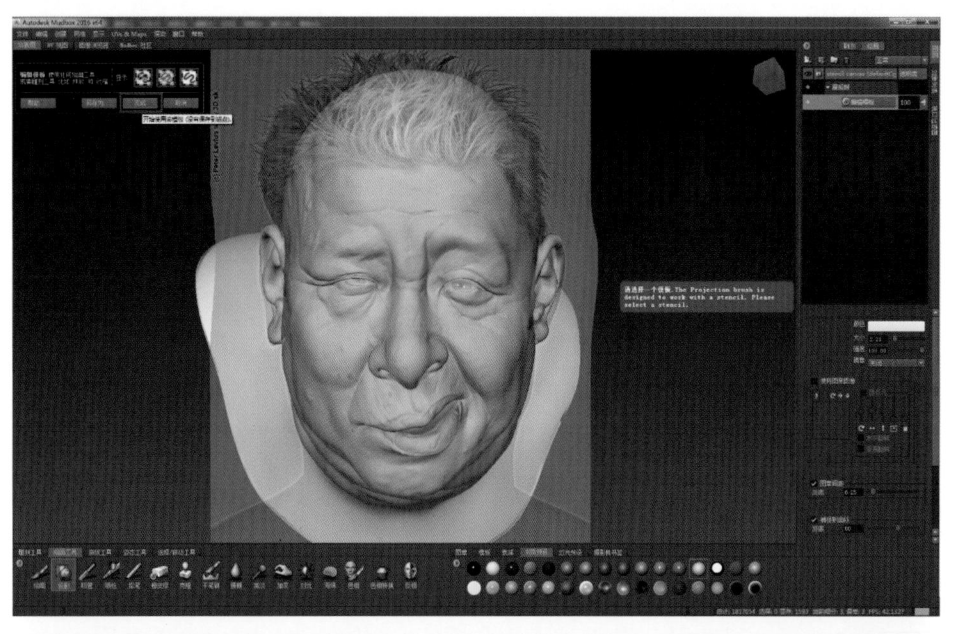

这个时候我们就可以使用抓取笔刷调整模板图像，使图像与模型匹配。调整笔刷大小的快捷键为 B+ 鼠标左键、笔刷力度的快捷键 M+ 鼠标左键。在调整的时候注意笔刷的力度和大小，当匹配好照片素材的时候单击“完成”按钮即可。

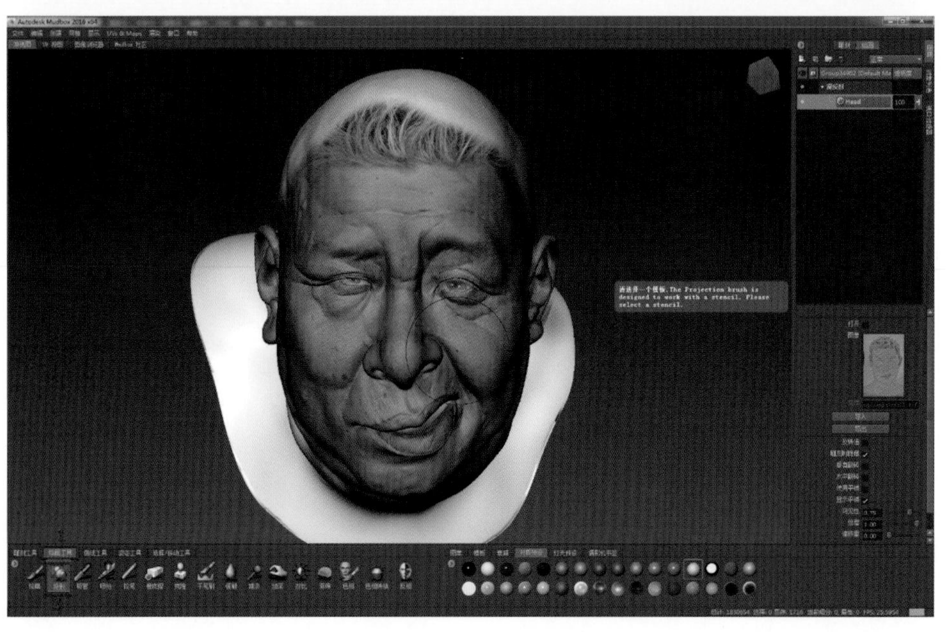

选择绘画工具中的“投影”工具，可以一点一点地将模板上的信息映射到模型上，注意每投射一个角度最好新建一个绘画层，这样方便在 Photoshop 中整合贴图。

当贴图都映射好后，把所有绘画层以PSD格式导入Photoshop中，然后在Photoshop中为每个图层创建一个蒙版，把拉伸模糊的地方处理掉，接着用画笔为贴图整体绘制一些机理的变化。例如脸颊、额头微微偏红、眼窝有点偏绿、内眼角可以偏淡紫色、有胡子的地方和头皮可以发青等，可以多绘制一些颜色变化。

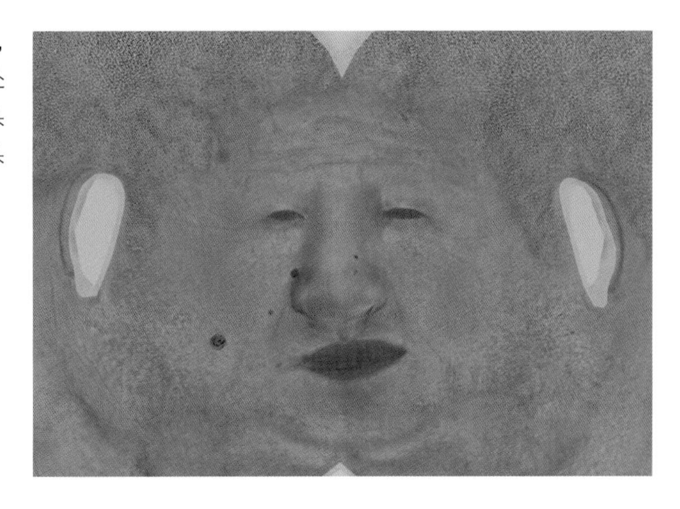

衣服刺绣

值得一提的是角色衣服刺绣图案的制作方法。刺绣看起来非常复杂，给人以感叹之余的同时，也能体现出我们的耐心，不要一下子就被它吓倒了。这个时候我想起很久以前的一个启蒙老师说过的一段话，“很多人看到自己的脚前方有一坨狗屎，这个时候会出现两种情况，一种是人看到狗屎的时候会选择不会继续前行；另一种是人直接踩上去了，但是踩过狗屎又何尝不是有另一番滋味呢，软软的感觉还不错”。所以我们不要被眼前的困难吓倒，当你做完后，心情会非常舒畅，这是一个进步的过程。闲话少说我们来开始讲解刺绣的制作流程。

用“钢笔”工具把刺绣的区域绘制出来，然后转成选区，填充一种颜色。

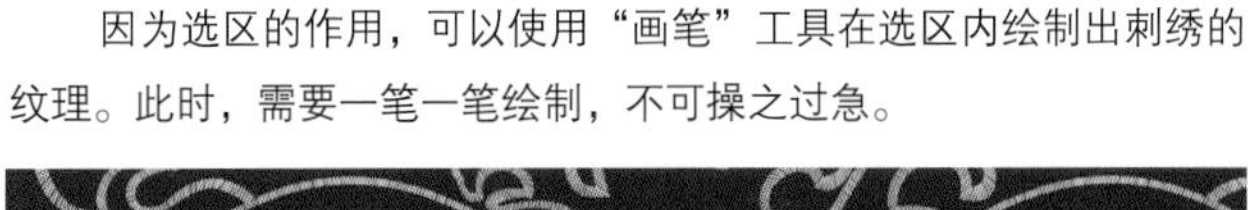

因为选区的作用，可以使用“画笔”工具在选区内绘制出刺绣的纹理。此时，需要一笔一笔绘制，不可操之过急。

同样，使用上述的方法把不同的区域、不同颜色的刺绣绘制出来。注意，这个时候要在选区内进行绘制，不要超出选区范围，也是为了保持刺绣的整齐效果。

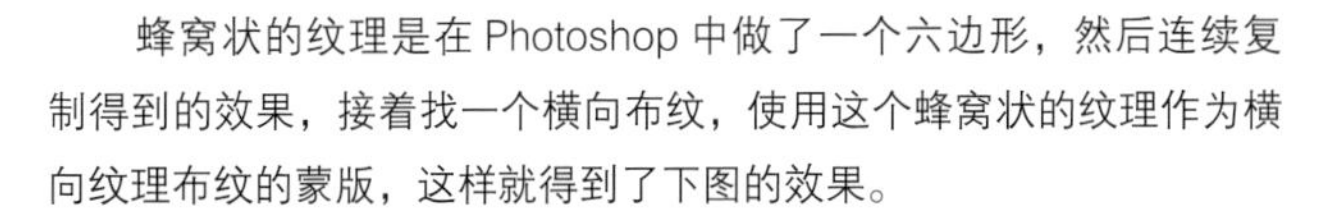

蜂窝状的纹理是在Photoshop中做了一个六边形，然后连续复制得到的效果，接着找一个横向布纹，使用这个蜂窝状的纹理作为横向纹理布纹的蒙版，这样就得到了下图的效果。

绘制完刺绣的颜色贴图后，就可以绘制 Bump 贴图了，这里有一些小技巧。选择全部的颜色贴图图层，添加到一个组中，然后在 Photoshop 中复制出一个组，此时可以把新复制出来的组作为 Bump 贴图的基础图层，将图层去色，得到一个黑白的效果。

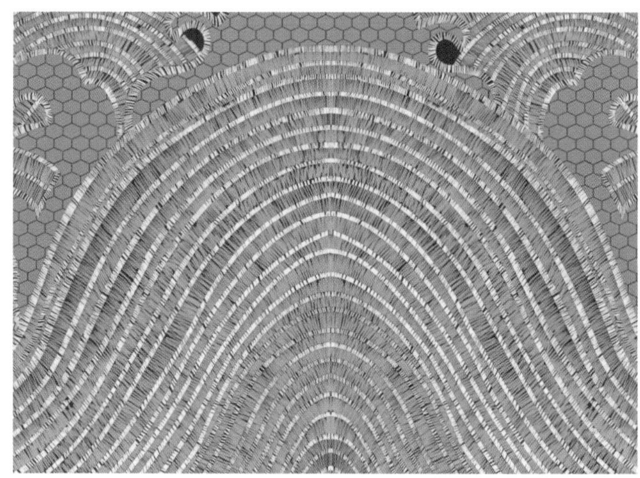

选择边缘刺绣选区，添加一个内阴影的图层样式，这样看起来就会显得边缘更立体了。从凹凸贴图的效果分析来看，中间亮的地方会更凸出来，边缘暗的地方会没有那么凸出，记得图层叠加模式选择正片叠底，这样会与底纹有一个融合效果。

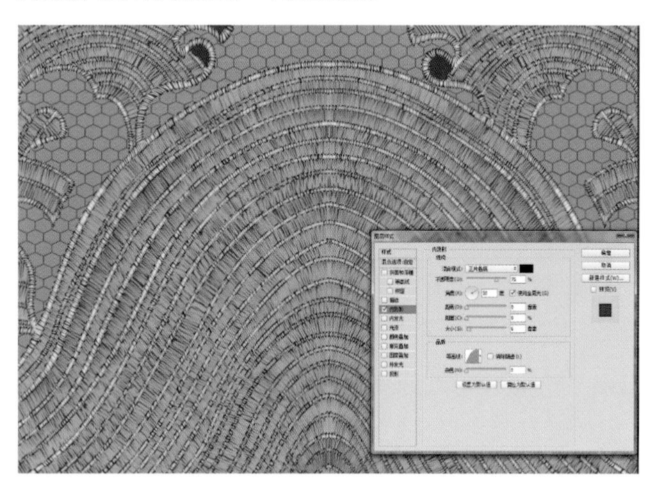

选择内部刺绣的图层选区，填充一个中灰度的颜色，然后添加一个内阴影的图层样式效果，接着将图层的叠加模式设置为正片叠底，与刺绣纹理做叠加融合效果，这样内部刺绣也就有了一个立体的效果。

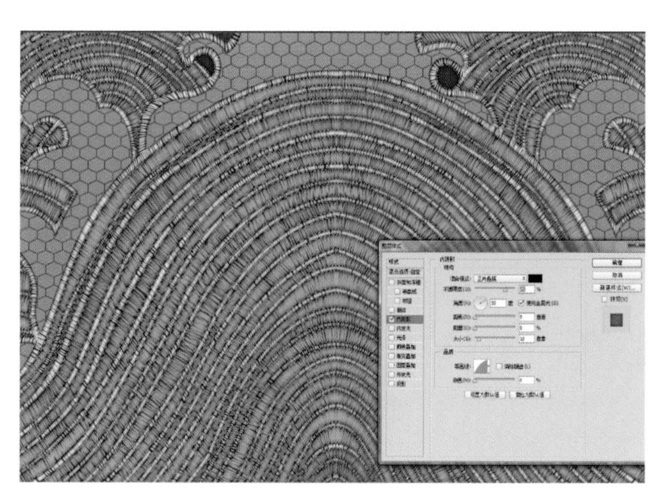

把边缘刺绣再复制出一个图层，将其调整得更亮一些，这样它会与内部的图层有一个对比层次的关系，在渲染的时候也会显得更有层次，边缘刺绣会更加往外突出。

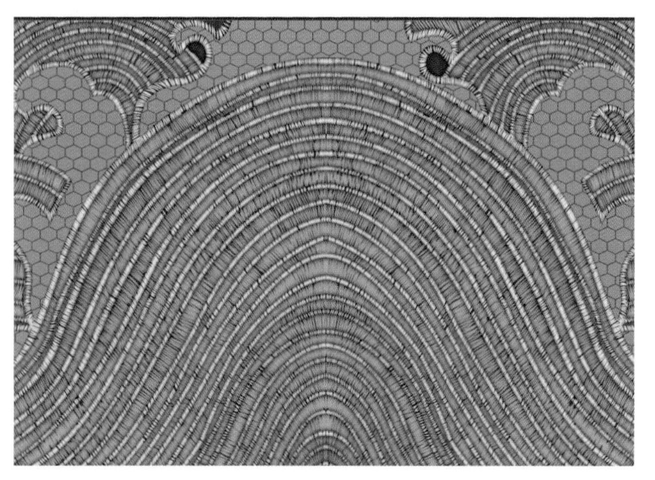

在全部的 Bump 图层上添加一个色阶，这里有一个小技巧，把 Bump 的全部图层添加到一个组，然后为组添加色阶滤镜，接着将光标移至色阶图层和组图层之间，再按住 Alt 键并单击，这样色阶滤镜只会对组图层产生作用，最后整体调整效果，使对比更强烈。

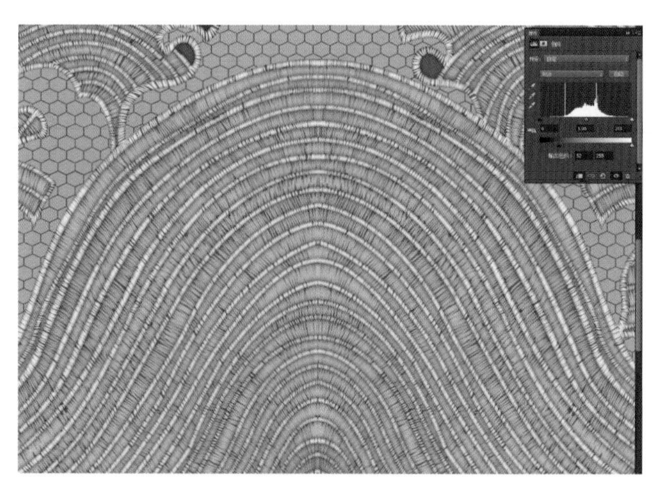

下面是刺绣外套上的云海最终效果。

刺绣贴图都是在 Photoshop 中，用“钢笔”工具把图案勾勒出来做好选区，然后用画笔一根一根地画刺绣的图案，没有用素材叠加。因为没有合适、清晰的素材图片，所以只能去手绘这些图案了。制作这个要花费大量的时间，我把角色身上的刺绣图案画完花费了我一周的时间，我没有更快的方法去制作它，如果你有，可以写邮件告诉我，最后刺绣图案出来的效果，还是比较满意的，这点我很欣慰。有人问我：“这么枯燥的过程，你是怎样调整心态的？”这里可以给大家分享一下，平时做这种无脑的工作时，其实可以听听相声、有声小说等，挺有意思的，也就不会觉得那么枯燥了。

制作材质 MADE MATERIAL

木头家具

在做木头家具之前，首先分析它的质感，因为它的表面会有一层油漆，所以会显得比较光滑，并且会有一些模糊的反光效果。这个家具我设定的也是新的油漆木头，有点类似我们现代的木地板的效果。因为是新婚，所以家具什么的还是崭新的。我们分析了这些后再去做木头的材质，相对来说就非常清晰地知道想要什么效果了。下面是木头床材质的调节参数，这里在 Reflect 上加了一个 Falloff 效果，Falloff 的衰减类型为 Fresnel，贴图上只用了 Diffuse 贴图来控制材质的颜色，Bump 贴图控制它的凹凸效果。

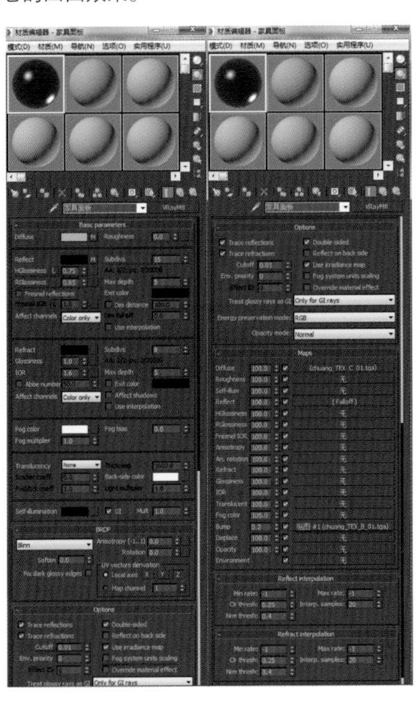

金属香炉

金属材质分为很多种类，可以根据需要去选择，其实金属材质与贴图的好坏有着很大的关系，尤其是高光贴图，我觉得金属质感的效果怎样，就看你的高光贴图画得好不好。

丝绸服饰

有很多朋友问我丝绸质感的制作方法，其实丝绸质感其实也没有想象中的那么难调节，模型首先要顺滑，表面不要出现凹凸不平的小疙瘩。因为丝绸在现实生活中也都是非常顺滑的，高光也是拉长的。下图是我所调节的丝绸材质的参数，有兴趣的朋友可以对着这看一下。

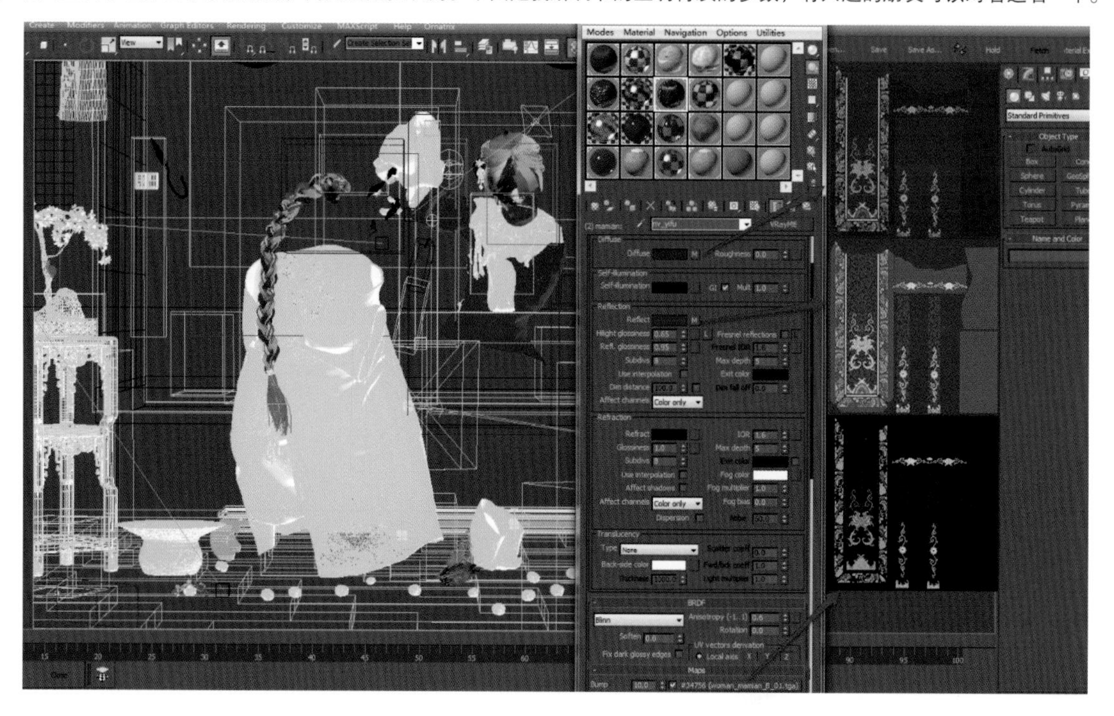

创建毛发 CREATE HAIR

先在 Maya 中把毛发的模型制作出来，然后导入 3ds Max 中提取样条线，用模型制作毛发会更容易去控制发型，调节起来也更方便。场景中新娘的发型也是同样的方法。汗毛是使用 3ds Max 的一个毛发插件 Ornatrix 来制作的，它用起来的效果很棒，也非常好控制，而且对 VRay 的支持也很好。当安装上插件后，你会发现 3ds Max 会多出一些 OX 的修改器。这个就不多讲了，本书中其他几位作者也进行了详细的讲解，这里只提供一个制作的思路。

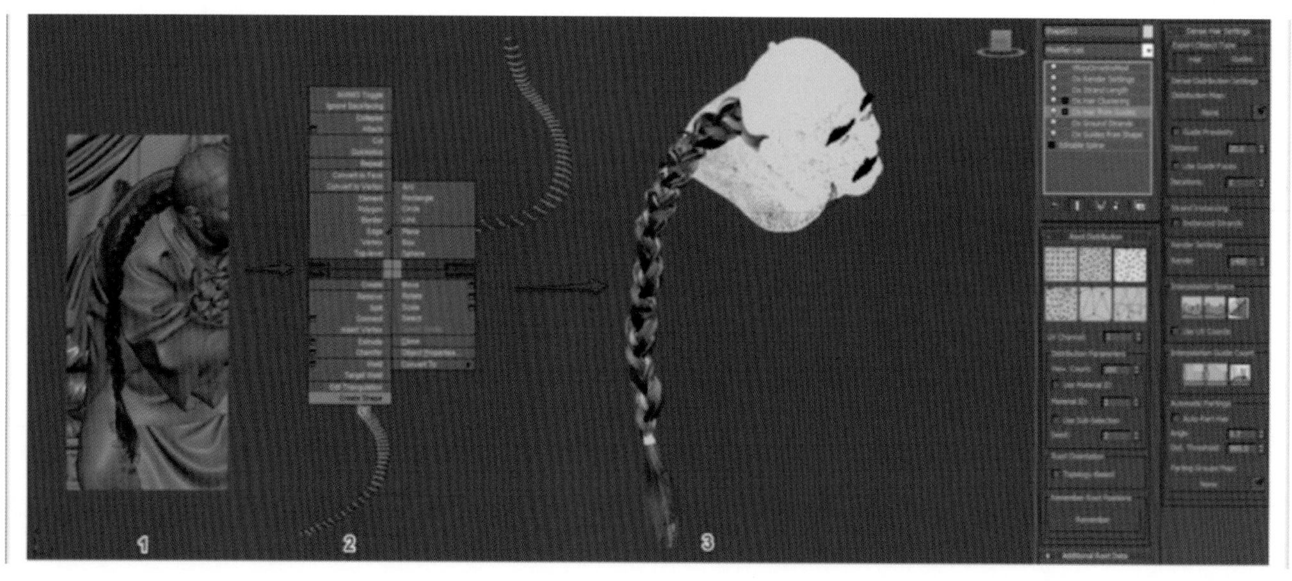

R 渲染输出 RENDER OUTPUT

渲染设置

当灯光和材质都测试好后，就可以渲染输出最终大图了。此时也是最让人激动万分的时刻，经过这么久的制作和各种测试，终于可以输出成品了。我们来看看原始图片信息的渲染输出。打开 VRay 渲染设置面板，把一些渲染抗锯齿和采样等精度开到一个合适的数值。

Settings 选项卡中的参数设置如下。Noise threshold 的值越大渲染越快，效果越差，反之亦然，这里设置为 0.01。设置 Render region division 中参数，将渲染格子设置为 16，最后取消选中 VRay log 中的 Show window 选项。

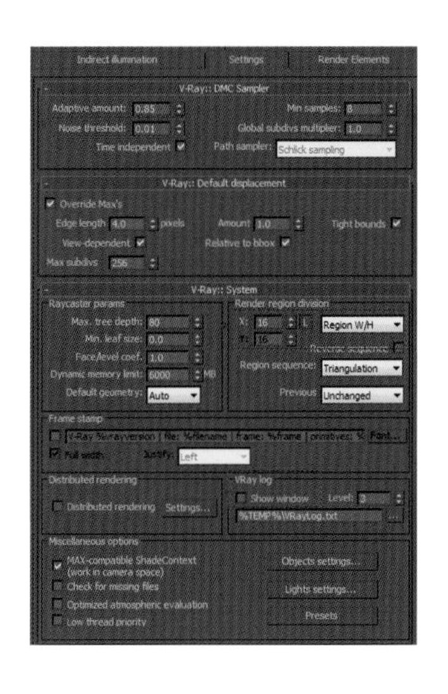

切换到 V-Ray 选项卡，设置其中的参数，图像的采样器类型可以设置为 AdaptiveDMC，然后将抗混叠过滤器设置为 Mitchell-Netiavali，这个模式渲染的图片看起来更锐利、清晰。

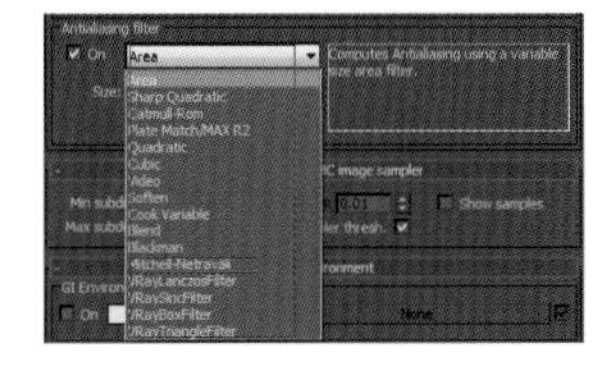

反弹的 GI engine 设置为 Irradiance map，二次反弹的 GI engine 设置为 Light cache。

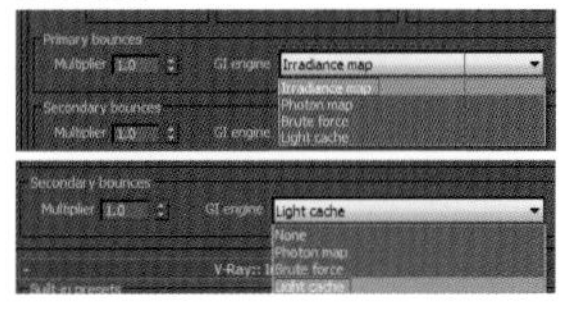

接着设置图像的采样 Min subdivs 为 1、Max subdivs 为 4。

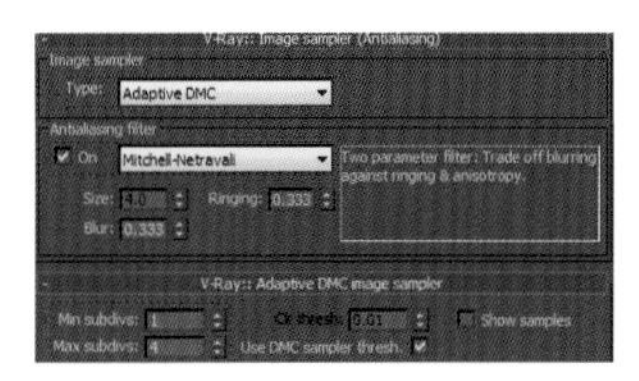

切换到 Indirect illumination（间接照明）选项卡，开启 GI 和 Ambient occlusion 功能，然后设置 Ambient occlusion 的参数。

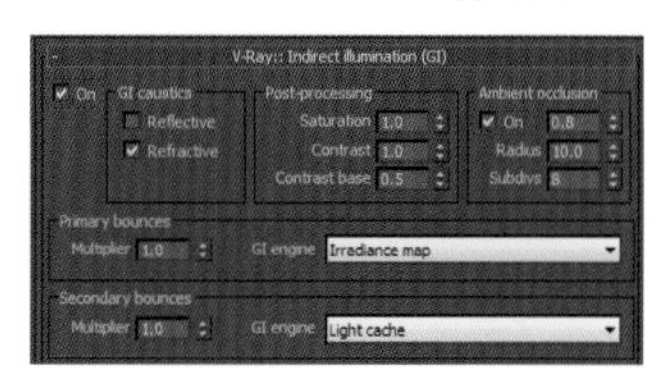

在 Irradiancemap 卷展栏中，如果要测试作品效果，可以设置 Current preset 为 Medium 中等质量；如果要渲染高质量效果，可以选择 High 高质量。

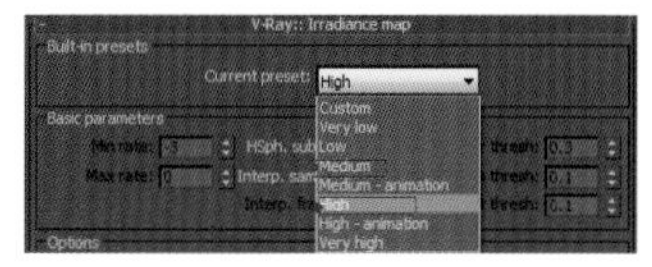

在 Lightcache 卷展栏中，将 Subdivs 的值提高，该值越大质量越好，渲染越慢。Sample size 一般为默认，不作修改。最后选择 Showcalc.phase 选项，预览计算渲染。

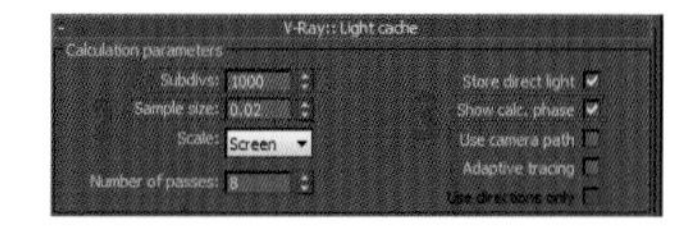

如果要进行产品级渲染，先设置 Current preset 为 High，然后将 HSph.subdivs 和 Interp.samples 的值提高。HSph.subdivs 的值越大光子越多，画面越细腻。Interp.samples 值越大，噪点越少。最后选择 Show direct light 选项，这样就能预览渲染计算了。

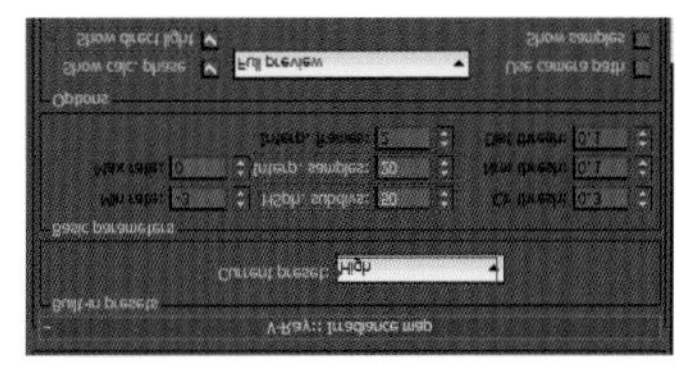

经过漫长的渲染后，我们就可以看到作品的效果了。

OCC 通道

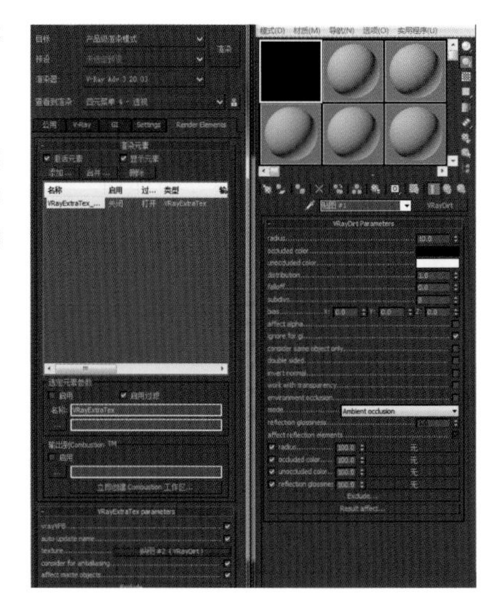

为了让效果看起来更真实，一般我们会在渲染完成后，增加一项 OCC 通道图。渲染 OCC 通道是为了增加效果图的体量感与立体感。渲染 OCC 通道图并不麻烦，效果图一般渲染很慢，而渲染 OCC 通道图往往只需要效果图几分之一的时间，那么如何渲染 OCC 通道图呢？

按 F10 键打开渲染设置面板，在 Render Elements 选项卡下单击"添加"按钮，添加 VRayExtraTex 通道。然后选择 VRayExtraTex 通道，在 VRayExtraTex Parameters 参数面板中单击 texture 参数后面的按钮，添加一个 V-Ray 的 VRayDirt 节点，这样我们就设置好了 OCC 通道。

如果对当期渲染的 OCC 通道不满意，还可以对 VRayDirt 节点进行设置，这时可以打开材质编辑器，把 VRayDirt 节点连接到材质编辑器任意的材质球上，这样就可以看到 VRayDirt 的具体参数了，可以根据需要调节。

ZDepth 通道

打开 VRay 的 Render Setup 对话框，然后切换到 Render Elements 选项卡，接着添加一个 VRayZDepth 通道。这里只需要设置两个参数，一个是 zdepth min 最小距离，另一个是 zdepth max 最大距离，这两个参数怎么得出的呢？可以通过调节 Target Camera 的 Target Distance 属性，测量出最远场景物体到摄像机的距离，以及最近物体到摄像机的距离。

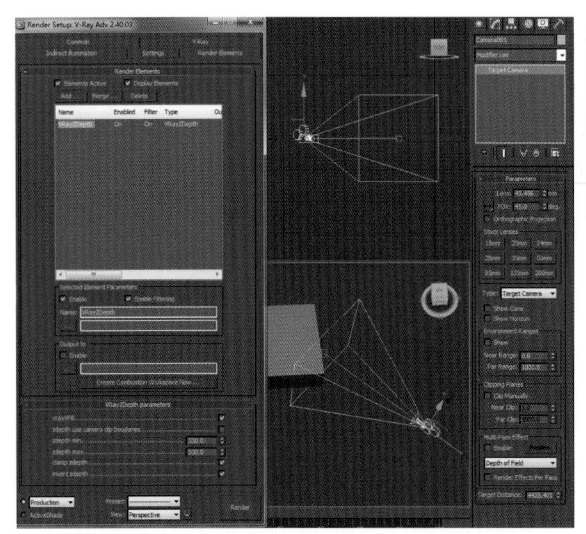

ID 通道

输出 I D 通道是为了容易选取不同的区域，这样方便单独去调整某个区域。我们只需要打开 VRay 的 RenderSetup 对话框，然后在 RenderElements 选项卡中添加一个 VRayDiffuseFilter 通道即可，接着在 Material Editor 对话框中设置不同的颜色材质球，并赋予不同对象。需要注意的是，相邻的对象最好不要赋予同样颜色的材质球，另外渲染设置质量可以设置得低一点。

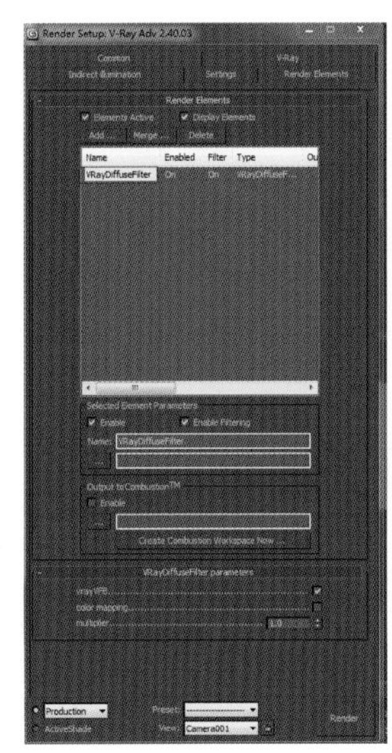

灯光通道

这里我只是想让角色的边缘产生一个比较漂亮的轮廓光，这个灯光是单独在一个 3ds Max 文件中制作的。把场景中除了角色以外的模型都删除掉，因为这里只需要保留角色。然后创建一个 VRay 灯光，把灯光放在角色的背面，调试到一个合适的位置，使角色的边缘产生一个漂亮的轮廓光。这个可以根据自己的需求去测试，灯光的颜色我调整得略微偏蓝，是一个冷色系的颜色。

渲染灯光通道我没有使用 VRay，我在 Material Editor 对话框中添加一个 VRayMtlWrapper 材质，这是 VRay 的一个遮罩材质，然后选择 MatteSurface 选项，并设置 Alphacontribution 为 -1，接着选择 Shadows 和 Affect alpha 选项，其他都保持默认不变。

渲染的质量与原始尺寸设置一样，可以把抗锯齿稍微降低一点，我们需要的只是边缘轮廓的灯光。

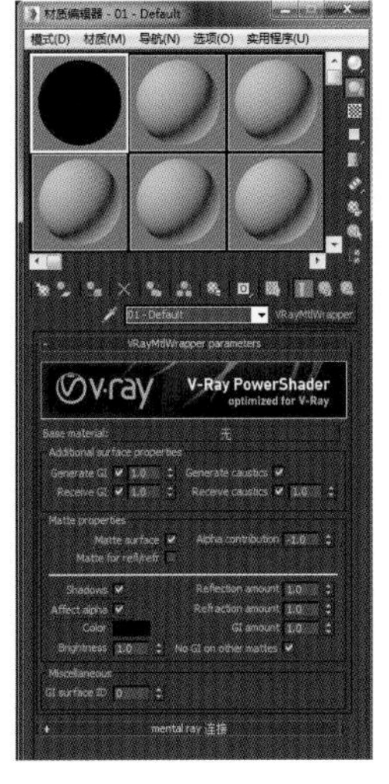

L 后期合成
LATE SYNTHESIS

为了方便 Photoshop 处理，这里渲染了多个通道。在 Photoshop 中主要把图像的对比度调得大了些，然后把暗部变得更蓝，把周围压暗了一些。可以通过亮度 / 对比度去调整图像的亮度，然后用曲线把暗部变得更偏冷色，亮部更偏暖色。这里调节的方法很多，可以根据自己的感觉去调整。

作品总结 WORK SUMMARY

《新婚之夜》是我第一个完整的个人作品，我非常喜欢中国传统文化的题材，在中国历史的长河中衍生了各种文化与经典。这个作品对于我来说挑战是非常大的，从故事的构思再到整个画面构图的把控，我觉得这两点非常难。从构思到最终出图大概花了 3 个月的时间，对于这样工作量很大的作品，我觉得能坚持做完也是一种考验。

这里我也想给大家多分享一下我做这个作品的过程，其实在做的过程中，很多时候特别浮躁。我相信没有一个艺术家在创作这样大工作量的作品时是轻松的，创作的过程本就是学习总结的过程，当我们做得非常吃力的时候，说明你在进步，走下坡才是轻松的，对吧！

我不断地告诉自己，坚持就是胜利，当做完的那一刹那，感觉整个世界都释然了，这种感觉非常棒！不管是个人作品创作，还是工作项目，不要一遇到困难，感觉吃力，就轻易放弃，一定要相信自己是可以的。我们要时常保持一个匠人的心，对自己要求苛刻一些，可以做得更好一些。这样你会发现，进步也是飞快的。最后送给大家 8 个字“不忘初心，方得始终”。